"十二五"职业教育国家规划教材
经全国职业教育教材审定委员会审定

课书房
新/形/态/教/材

高等职业教育建筑工程技术专业系列教材

总主编 /李　辉
执行总主编 /吴明军

建筑工程计量与计价

（第3版）

主　编　袁建新　袁　媛
副主编　李剑心　贺攀明
参　编　蒋　飞　吴英男　曹碧清
主　审　侯　兰

重庆大学出版社

内容提要

本教材从掌握工程造价计价方法的角度论述了定额计价方式和清单计价方式,阐述了两种计价方式之间的联系与区别,指出学员必须在掌握好定额计价方式的基础上,熟练地计算计价工程量,才能掌握好工程量清单报价的编制方法,并按照这一思路构建了新的教材结构体系。

本教材内容分为三篇,第1篇论述了建筑工程计价原理与方法,第2篇介绍了建筑工程量计量的方法,第3篇完整列举了建筑工程计量与计价实例。本书具有实用性、工学结合实践性强的特点,符合高职高专学生的学习规律和培养目标,可以作为建筑工程技术、建设工程管理、工程造价等专业的教学用书,也可供高校相关专业师生及在岗工程造价人员学习参考。

图书在版编目(CIP)数据

建筑工程计量与计价 / 袁建新,袁媛主编. -- 3 版
. -- 重庆:重庆大学出版社,2022.1(2025.1 重印)
高等职业教育建筑工程技术专业系列教材
ISBN 978-7-5624-8158-4

Ⅰ.①建… Ⅱ.①袁…②袁… Ⅲ.①建筑工程—计量—高等职业教育—教材②建筑造价—高等职业教育—教材 Ⅳ.①TU723.3

中国版本图书馆 CIP 数据核字(2022)第 084276 号

高等职业教育建筑工程技术专业系列教材

建筑工程计量与计价

（第 3 版）

主 编 袁建新 袁 媛
副主编 李剑心 贺攀明
主 审 侯 兰

责任编辑:刘颖果 版式设计:刘颖果
责任校对:谢 芳 责任印制:赵 晟

*

重庆大学出版社出版发行
出版人:陈晓阳
社址:重庆市沙坪坝区大学城西路 21 号
邮编:401331
电话:(023) 88617190 88617185(中小学)
传真:(023) 88617186 88617166
网址:http://www.cqup.com.cn
邮箱:fxk@ cqup.com.cn (营销中心)
全国新华书店经销
POD:重庆新生代彩印技术有限公司

*

开本:787mm×1092mm 1/16 印张:25.75 字数:644 千
2014 年 8 月第 1 版 2022 年 1 月第 3 版 2025 年 1 月第 12 次印刷
印数:53 001—54 000
ISBN 978-7-5624-8158-4 定价:69.00 元

编委会名单

序　言

进入 21 世纪,高等职业教育建筑工程技术专业办学在全国呈现出点多面广的格局。截至 2021 年,我国已有 890 多所院校开设了高职建筑工程技术专业,在校生 20 万余人。如何培养面向企业、面向社会的建筑工程技术技能型人才,是广大建筑工程技术专业教育工作者一直在思考的问题。建筑工程技术专业作为教育部、住房和城乡建设部确定的国家技能型紧缺人才培养专业,也被许多示范高职院校选为探索构建"工作过程系统化的行动导向教学模式"课程体系建设的专业,这些都促进了该专业的教学改革和发展,其教育背景以及理念都发生了很大变化。

为了满足建筑工程技术专业职业教育改革和发展的需要,重庆大学出版社在历经多年深入高职高专院校调研基础上,组织编写了这套"高等职业教育建筑工程技术专业系列教材"。该系列教材由四川建筑职业技术学院吴泽教授担任顾问,住房和城乡建设职业教育教学指导委员会副主任委员李辉教授、四川建筑职业技术学院吴明军教授分别担任总主编和执行总主编,以国家级示范高职院校及建筑工程技术专业为国家级特色专业、省级特色专业的院校为编著主体,全国共 20 多所高职高专院校建筑工程技术专业骨干教师参与完成,极大地保障了教材的品质。

本系列教材精心设计专业课程体系,共包含两大模块:通用的"公共模块"和各具特色的"体系方向模块"。公共模块包含专业基础课程、公共专业课程、实训课程三个小模块;体系方向模块包括传统体系专业课程、教改体系专业课程两个小模块。各院校可根据自身教改和教学条件实际情况,选择组合各具特色的教学体系,即传统教学体系(公共模块+传统体系专业课)和教改教学体系(公共模块+教改体系专业课)。

本系列教材在编写过程中,力求突出以下特色:

(1)依据《高等职业学校专业教学标准》中"高等职业学校建筑工程技术专业教学标准"和"实训导则"编写,紧贴当前高职教育的教学改革要求。

(2)教材编写以项目教学为主导,以职业能力培养为核心,适应高等职业教育教学改革的发展方向。

(3)教改教材的编写以实际工程项目或专门设计的教学项目为载体展开,突出"职业工作的真实过程和职业能力的形成过程",强调"理实"一体化。

（4）实训教材的编写突出职业教育实践性操作技能训练，强化本专业基本技能的实训力度，培养职业岗位需求的实际操作能力，为停课进行的实训专周教学服务。

（5）每本教材都有企业专家参与大纲审定、教材编写以及审稿等工作，确保教学内容更贴近建筑工程实际。

我们相信，本系列教材的出版将为高等职业教育建筑工程技术专业的教学改革和健康发展起到积极的促进作用！

住房和城乡建设职业教育教学指导委员会副主任委员

前 言（第3版）

目前，我国有定额计价和清单计价两种计价方式。定额计价方式是社会主义计划经济的产物，清单计价方式是社会主义市场经济的产物。

定额计价方式的重要特征是依据预算定额的工程量计算规则计算工程量和通过单位估价表计算定额直接费；清单计价方式的重要特征是依据工程量计算规范的工程量计算规则计算工程量。由于定额计价方式的工程量计算比清单计价方式的工程量计算要详细和复杂一些，所以会计算定额工程量，必然会计算清单工程量。因此，必须优先掌握定额工程量计算技能。

《建筑工程计量与计价》是高等职业教育建筑工程技术、工程造价、建设工程管理等专业的核心课程。通过本课程的学习，使学生掌握预算（计价）定额应用、建筑工程量计算、建筑工程施工图预算编制方法与技能，掌握建筑工程量清单报价编制方法与技能，是本课程的主要教学目标。

第3版教材根据住建部建办标函〔2019〕193号文件将工程造价计价依据中增值税税率调整为9%的规定，重新修编了书中有关增值税计算的相关内容，每一章节增加了知识点、技能点、课程思政和复习思考题等新内容，并运用现代信息技术手段增加了几十个解决学习重点和难点内容以及课程思政内容的微课。

第3版由四川建筑职业技术学院袁建新教授、上海城建职业学院袁媛副教授担任主编，四川建筑职业技术学院李剑心副教授和贺攀明造价工程师担任副主编，四川建筑职业技术学院蒋飞、吴英男和曹碧清参加编写。袁建新编写第1章、第2章、第3章、第12章、第19章，袁媛编写第4章、第5章、第6章、第18章，李剑心编写第7章、第8章、第9章、第20章，贺攀明编写第16章、第17章，蒋飞编写第10章、第11章、第13章，吴英男编写第14章，曹碧清编写第15章。

本书由四川建筑职业技术学院侯兰副教授主审。书稿在修订过程中得到了重庆大学出版社的大力支持和帮助，在此一并表示衷心的感谢。

由于作者水平有限，书中难免会有不足之处，敬请广大读者批评指正。

作 者

2021年11月

前　言（第2版）

　　"建筑工程计量与计价"是教育部颁发的《高等职业教育建筑工程技术专业教学标准》列入的专业核心课程。通过本课程的学习,使学生掌握预算(计价)定额应用、建筑工程量计算、建筑工程施工图预算编制方法与技能、建筑工程量清单报价编制方法与技能,这是本课程的主要教学目标。

　　本书第2版根据《中华人民共和国增值税暂行条例》的规定以及《住房和城乡建设部办公厅关于做好建筑业营改增建设工程计价依据调整准备工作的通知》(建办标〔2016〕4号)文件要求和建筑业增值税计算办法,增加了"营改增"后工程造价计算方法的内容。

　　另外,本书第2版根据中华人民共和国住房和城乡建设部颁发的《房屋建筑与装饰工程消耗量定额》(TY 01-31—2015)的内容,全面改写和更新了教材中有关章节的内容。

　　采用最新的规范与标准编写"建筑工程计量与计价"教材,将最新的内容呈现给广大学员与读者,是我们保证教材的实用性以及理论与实践紧密结合的一贯追求。

　　本书第2版由四川建筑职业技术学院袁建新教授、上海城建职业学院袁媛副教授担任主编,四川建筑职业技术学院侯兰高级工程师、李剑心高级工程师担任副主编。四川建筑职业技术学院秦丽萍、潘桂生、蒋飞、黄己伟、黄湧、彭友参加编写。

　　本书第2版由山西建筑职业技术学院田恒久、袁鹰主审。书稿修订过程中得到了重庆大学出版社的大力支持和帮助,在此一并表示衷心的感谢。

　　由于作者水平有限,书中难免会有不足之处,敬请广大读者批评指正。

作　者

2018年5月

前　言

　　本书根据《建设工程工程量清单计价规范》（GB 50500—2013）、《房屋建筑与装饰工程工程量计算规范》（GB 50854—2013）和《建筑安装工程费用项目组成》建标〔2013〕44 号文件的内容编写。

　　编制工程量清单报价是工程造价工作岗位的主要工作。要编出高质量的清单报价，首先应该熟悉和掌握施工图预算编制方法及工程量计算规则。因为清单报价中的综合单价编制必须按所选定的消耗量定额重新计算定额工程量，然后才能套用定额，最后确定分部分项清单项目的综合单价。

　　本书按照施工图预算与清单报价两者之间的内在联系，详细地介绍了定额计价方式和清单计价方式的计价方法，指出了这两种计价方式的联系与区别；为初学者按学习规律和工作规律编排了教材内容，并为读者提供了正确的学习路线。

　　本书以"工学结合"的思想为指导，按结合工程造价实际工作的要求，精心编排了学习内容，力求做到实际工作如何做，教材就如何写；工程造价的实际工作有什么要求，对学生也提出同样的要求。因此，教材中所选用的定额、图纸、规范，介绍的方法都与工程造价的实际工作保持一致，使学生在学校期间就能较好地掌握实际工作中的做法，真正达到"学以致用"的目标。

　　本书由四川建筑职业技术学院袁建新担任主编，四川建筑职业技术学院侯兰、李剑心担任副主编，四川建筑职业技术学院秦利萍、潘桂生、黄湧、蒋飞、黄己伟、彭友参加编写。具体编写分工如下：侯兰编写了第 1 篇第 3.8 节和第 4 章的内容，李剑心编写了第 2 篇第 9 章和第 13 章的内容，秦利萍编写了第 2 篇第 14 章的内容，潘桂生编写了第 2 篇第 7.3 节的内容，黄湧编写了第 2 篇第 15 章的内容，蒋飞编写了第 2 篇第 16 章的内容，黄己伟编写了第 2 篇第 8 章的内容，彭友编写了第 2 篇第 17 章的内容。其余各篇各章由袁建新编写。

　　本书由山西建筑职业技术学院田恒久和四川建筑职业技术学院袁鹰主审。四川建筑职业技术学院马慧丽完成了本书的文字录入工作。在教材编写过程中参考了有关文献资料，得到了重庆大学出版社的大力支持，谨此一并致谢。

　　如何编出工学结合的高质量教材，一直是我们追求的目标，新的内容、新的问题还会不断出现，加之我们的水平有限，书中难免有不妥之处，敬请广大师生和读者批评指正。

编　者

2014 年 2 月

本书配套微课资源

目　录

第1篇　建筑工程计价

第 3 篇　建筑工程计量与计价实务

第 1 篇

建筑工程计价

第 1 章
概　述

知识点

熟悉建筑工程造价费用包含的内容,熟悉概算造价,了解定额计价方式和清单计价方式,了解施工图预算,了解工程量计算过程以及工程造价费用计算过程。

技能点

能找到本地区预算(计价)定额中现浇混凝土基础项目,能找到本地区颁发的费用定额。

课程思政

陈云(1905.06.13—1995.04.10),伟大的无产阶级革命家、政治家,杰出的马克思主义者,中国社会主义经济建设的开创者和奠基人之一,是以毛泽东同志为核心的党的第一代中央领导集体和以邓小平同志为核心的党的第二代中央领导集体的重要成员。

他长期主持全国财政经济工作,创造性地贯彻党中央和毛泽东同志的指示,为新中国成立初期迅速恢复国民经济、安定人民生活,为国家社会主义工业化和社会主义经济建设的开创和奠基,作出了突出贡献。

向老一辈经济学家学习,坚持完成好工程造价工作岗位的各项任务,为我国进一步繁荣富强贡献自己的力量。

1.1　建筑工程造价简述

热爱专业,为现代化建筑业贡献力量

建筑工程造价是指承建建筑工程所发生的全部费用,包括直接费、间接费、利润和税金。

建筑工程造价按发生的过程可以分为概算造价、预算造价、招标控制价、投标价、中标价、结算价等。

（1）概算造价

概算造价也称为设计概算造价，是在建筑工程设计阶段，根据施工图、概算定额（或概算指标）和费用定额计算出来的拟建工程的建造费用。

（2）预算造价

预算造价也称为施工图预算造价，是工程施工前由业主或承包商根据施工图、预算定额、费用定额和有关施工条件计算出来的拟建工程的建造费用。

（3）招标控制价

招标控制价是指在工程招标前，招标人根据施工图、招标文件、消耗量定额（或预算定额）、工料机单价、费用定额和有关施工条件计算出来的发包拟建工程的期望造价，用作控制报价的依据。

（4）投标价

投标人在投标时响应招标文件要求所报出的对已标价工程量清单汇总后标明的造价。即投标人根据招标文件、施工图、工程量清单、消耗量定额、工料机单价、费用标准和施工方案计算出来的拟承接拟建工程的期望造价。

（5）中标价

中标价是指在招投标评标会上，按照招标文件的评标办法，经评标专家评定的、承发包双方都愿意接受的拟建工程的工程造价。

（6）结算价

结算价也称为工程结算造价，是指工程竣工验收后，承包商根据工程中标价、工程变更资料和有关条件计算出来的并得到业主认可的承建该工程的全部费用。

1.2　建筑工程计价方式简介

1.2.1　计价方式的概念

工程造价计价方式是指根据不同的计价原则、计价依据、造价计算方法、计价目的所确定工程造价的计价方法。

确定工程造价的计价原则包括按市场经济规则计价和按计划经济规则计价两种。

确定工程造价的计价依据主要包括：估价指标、概算指标、概算定额、预算定额、企业定额、建设工程工程量清单计价规范、工料机单价、利税率、间接费率、设计方案、初步设计、施工图、竣工图和施工方案等。

确定工程造价的主要方法有：建设项目评估、设计概算、施工图预算、工程量清单报价、竣工结算等。

在工程建设的不同阶段，有着不同的计价目的。例如，在建设工程决策阶段，主要确定建设工程的估算造价；在设计阶段，主要确定建设工程的概算造价或预算造价；在工程招标投标阶段,主要确定建设工程的承发包价格;在竣工验收阶段,主要确定建设工程的结算价格。

1.2.2 我国确定工程造价的主要计价方式

中华人民共和国成立初期,我国引进和沿用了苏联建筑工程定额计价方式,该方式是计划经济体制下的产物。由于各种原因,"文化大革命"期间没有执行定额计价方式,而是施工单位采用包工不包料和"三七切块"方式来与建设单位进行工程结算。

20世纪70年代末,我国开始加强了工程造价的管理工作,要求工程建设的定价严格按政府主管部门颁发的定额和价格计算工程造价。这一做法具有典型的计划经济特征。

随着我国改革开放的不断深入,以及建立社会主义市场经济体制要求的提出,定额计价方式进行了一些变革。例如,政府主管部门定期调整预算定额的人工费,变计划利润为竞争利润等。随着社会主义市场经济的进一步发展,政府主管部门又提出了用"量价分离"的方法来确定工程造价。应该指出,上述做法只是一些小改小革,没有从根本上改变计划价格的性质,基本上属于定额计价的范畴。

在2003年7月1日,国家颁发了《建设工程工程量清单计价规范》,在建设工程招标投标中实施了工程量清单计价,这时工程造价的确定真正体现了市场经济规律的要求。

1.2.3 计价方式的分类

工程计价方式可以从以下几个角度进行分类。

1)按经济体制分类

(1)计划经济体制下的计价方式

计划经济体制下的计价方式是指以国家行政主管部门统一颁发的概算指标、概算定额、预算定额、费用定额等为依据,按照国家行政主管部门规定的计算程序、取费项目和计算方法确定工程造价的计价方法。

(2)市场经济体制下的计价方式

市场经济的重要特征是具有竞争性。当建筑工程标的物及有关条件明确后,通过公开竞价来确定工程造价和承包商,这种方式符合市场经济的基本规律。根据《建设工程工程量清单计价规范》,采用清单计价方式,通过招标投标来确定工程造价,体现了市场经济规律的基本要求。因此,工程量清单计价是较典型的市场经济体制下的计价方式。

2)按编制依据分类

(1)定额计价方式

定额计价方式是指采用国家行政主管部门统一颁发的定额和计算程序及工料机指导价确定工程造价的计价方法。

(2)清单计价方式

清单计价方式是指按照《建设工程工程量清单计价规范》,根据招标文件发布的工程量清单和企业自身的条件,自主选择消耗量定额、工料机单价和有关费率确定工程造价的计价方法。

3）按在不同阶段发挥的作用分类

（1）在招标投标阶段发挥作用

工程量清单计价方式一般在工程招标投标中确定中标价和中标人时发挥作用。

（2）在工程造价控制的各阶段发挥作用

定额计价方式确定工程造价,在建设工程项目的决策阶段(采用指标编制估价)、设计阶段(编制设计概算)、招标投标阶段(以施工图预算为基础确定标底)、施工阶段(用施工图预算控制工程成本)、竣工验收阶段(采用施工图预算的方法确定工程变更项目的造价)均发挥着作用。因此,定额计价方式在工程造价控制的各阶段都发挥着重要作用。

1.2.4　计价方式简介

1）定额计价

定额计价方式主要是通过编制施工图预算来确定工程造价的。

（1）施工图预算的概念

施工图预算是确定建筑工程预算造价的技术经济文件。简而言之,施工图预算是在修建房子之前,事先算出房子建成需花多少钱的计价方法。因此,施工图预算的主要作用就是确定建筑工程预算造价。

施工图预算一般在施工图设计阶段、施工招标投标阶段编制,一般由设计单位或施工单位编制。

（2）施工图预算构成要素

①工程量。工程量是指依据施工图、预算定额、工程量计算规则计算出来的拟建工程的实物数量。例如,该工程经计算有多少立方米混凝土基础、多少立方米砖墙、多少平方米水泥砂浆抹墙面等工程量。

②工料机消耗量。人工、材料、机械台班(即工料机)消耗量是指根据分项工程量乘以预算定额子目的定额消耗量汇总而成的数量。例如,一幢办公楼工程需要多少个人工、多少吨水泥、多少吨钢材、多少个塔吊台班才能建成。

③直接费。直接费是指工程量乘以定额基价后汇总而成的费用。直接费是该工程工、料、机实物消耗量的货币表现。

④工程费用。工程费用包括间接费、利润和税金。间接费和利润一般根据工程直接费或工程人工费,分别乘以不同的费率计算;税金根据直接费、间接费、利润之和,乘以税率计算。直接费、间接费、利润、税金之和构成工程预算造价。

（3）编制施工图预算的步骤

第 1 步:根据施工图和预算定额确定预算项目并计算工程量;

第 2 步:根据工程量和预算定额分析工料机消耗量;

第 3 步:根据工程量和预算定额基价计算直接费;

第 4 步:根据直接费(或人工费)和间接费率计算间接费;

第 5 步:根据直接费(或人工费)和利润率计算利润;

第 6 步:根据直接费、间接费、利润之和及税率计算税金;

第7步:将直接费、间接费、利润、税金汇总为工程预算造价。

(4)施工图预算编制示例

【例1.1】 根据给出的某工程的基础平面图和剖面图(图1.1),计算其中1—1剖面所示C10混凝土基础垫层和1:2水泥砂浆基础防潮层两个项目的施工图预算造价。

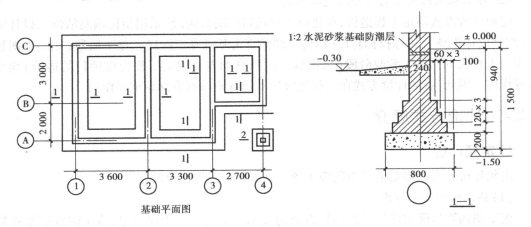

基础平面图

图1.1 某工程基础平面图和剖面图(单位:mm)

【解】 (1)计算工程量

①C10混凝土基础垫层

V=垫层宽×垫层厚×垫层长

外墙垫层长 = $\overset{\text{Ⓐ轴}}{(3.60+3.30)} + \overset{\text{Ⓒ轴}}{(3.60+3.30+2.70)} + \overset{\text{①轴}}{(2.0+3.0)} + \overset{\text{③轴}}{2.0} + \overset{\text{④轴}}{3.0} + \overset{\text{Ⓑ轴}}{2.70} = 29.20(\text{m})$

内墙垫层长 = $\left(\overset{\text{②轴}}{2.0+3.0} - \overset{\text{Ⓐ轴半个垫层宽}}{\frac{0.80}{2}} - \overset{\text{Ⓒ轴半个垫层宽}}{\frac{0.80}{2}} \right) + \left(\overset{\text{③轴}}{3.0} - \overset{\text{Ⓑ轴半个垫层宽}}{\frac{0.80}{2}} - \overset{\text{Ⓒ轴半个垫层宽}}{\frac{0.80}{2}} \right)$

$\qquad = 4.20 + 2.2 = 6.40(\text{m})$

$V = 0.80 \times 0.20 \times (29.20 + 6.40) = 5.696(\text{m}^3)$

②1:2水泥砂浆基础防潮层

S=内外墙长×墙厚

外墙长=垫层长=29.20(m)

内墙长 = $\left(\overset{\text{②轴}}{2.0+3.0} - \overset{\text{Ⓐ轴半个墙厚}}{\frac{0.24}{2}} - \overset{\text{Ⓒ轴半个墙厚}}{\frac{0.24}{2}} \right) + \left(\overset{\text{③轴}}{3.0} - \overset{\text{Ⓑ轴半个墙厚}}{\frac{0.24}{2}} - \overset{\text{Ⓒ轴半个墙厚}}{\frac{0.24}{2}} \right)$

$\qquad = 7.52(\text{m})$

$S = (29.20 + 7.52) \times 0.24 = 8.81(\text{m}^2)$

(2)计算直接费

计算直接费的依据除了工程量外,还需要预算定额。计算直接费一般采用两种方法,即单位估价法和实物金额法。单位估价法采用含有基价的预算定额,实物金额法采用不含有基价的预算定额。我们以单位估价法为例来计算直接费。含有基价的预算定额摘录见表1.1。

表 1.1 建筑工程预算定额(摘录)

工程内容:略

定额编号				8-16	9-53
项 目		单 位	单价/元	C10 混凝土基础垫层	1:2水泥砂浆基础防潮层
				1 m³	1 m²
基 价		元		159.73	7.09
其中	人工费	元		35.80	1.66
	材料费	元		117.36	5.38
	机械费	元		6.57	0.05
人工	综合用工	工日	20.00	1.79	0.083
材料	1:2水泥砂浆	m²	221.60		0.020 7
	C10 混凝土	m³	116.20	1.01	
	防水粉	kg	1.20		0.664
机械	400 L 混凝土搅拌机	台班	55.24	0.101	
	平板式振动器	台班	12.52	0.079	
	200 L 砂浆搅拌机	台班	15.38		0.003 5

直接费计算公式如下:

$$直接费 = \sum_{i=1}^{n} (工程量 \times 定额基价)_i \qquad (1.1)$$

也就是说,各项工程量分别乘以定额基价,汇总后即为直接费。例如,上述两个项目的直接费见表 1.2。

表 1.2 直接费计算表

序 号	定额编号	项目名称	单 位	工程量	基价/元	合价/元	备 注
1	8-16	C10 混凝土基础垫层	m³	5.696	159.73	909.82	
2	9-53	1:2水泥砂浆基础防潮层	m²	8.81	7.09	62.46	
小 计						972.28	

(3)计算工程费用

按某地区费用定额规定,本工程以直接费为基础计算各项费用。其中,间接费费率为 12%,利润率为 5%,营业税等税率为 3.092 8%,计算过程见表 1.3。

表 1.3 建筑工程费用(造价)计算表

序 号	费用名称	计算式	金额/元
1	直接费	详见计算表	972.28
2	间接费	972.28×12%	116.67
3	利 润	972.28×5%	48.61
4	增值税税金	(972.28+116.67+48.61)×9%	102.38
5	工程造价		1 239.94

说明:表中序 1、序 2、序 3 均以不包含增值税可抵扣进项税额的价格计算。

2) 工程量清单计价

（1）工程量清单计价包含的主要内容

《建设工程工程量清单计价规范》（GB 50500—2013）主要内容包括：工程量清单编制、招标控制价、投标价、合同价款约定、工程计量、合同价款调整、合同价款期中支付、竣工结算与支付、合同价款争议的解决、工程造价鉴定等内容。

本课程主要介绍工程量清单、招标控制价、投标价和应用实例编制方法。其余内容在工程造价控制、工程结算等课程中介绍。

（2）工程量清单计价规范的编制依据和作用

《建设工程工程量清单计价规范》是为规范建设工程施工发承包计价行为，统一建设工程工程量清单的编制原则和计价方法，根据《中华人民共和国建筑法》、《中华人民共和国合同法》（2020 年 5 月 28 日第十三届全国人大三次会议通过《中华人民共和国民法典》，自2021 年 1 月 1 日起施行，《中华人民共和国合同法》同时废止）、《中华人民共和国招标投标法》等法律法规制定的法规性文件。

规范规定，使用国有资金投资的建设工程施工发承包，必须采用工程量清单计价。规范要求非国有资金投资的建设工程，宜采用工程量清单计价。

不采用工程量清单计价的建设工程，应执行本规范除工程量清单等专门性规定外的其他规定。例如，在工程发承包过程中要执行合同价款约定、工程计量、合同价款调整、合同价款期中支付、竣工结算与支付、合同价款争议的解决等规定。

（3）工程量清单

工程量清单是指载明建设工程的分部分项工程项目、措施项目、其他项目的名称和相应数量以及规范、税金项目等内容的明细清单。工程量清单是招标工程量清单和已标价工程量清单的统称。

（4）招标工程量清单

招标工程量清单是指招标人依据国家标准、招标文件、设计文件以及施工现场实际情况编制的，随招标文件发布供投标报价的工程量清单，包括其说明和表格。

（5）已标价工程量清单

已标价工程量清单是指构成合同文件组成部分的投标文件中已标明价格，经算术性错误修正（如果有）且承包人已经确认的工程量清单，包括其说明和表格。

已标价工程量清单特指承包商中标后的工程量清单，不是指所有投标人的标价工程量清单。因为"构成合同文件组成部分"的"已标价工程量清单"只能是中标人的"已标价工程量清单"；另外，有可能在评标时评标专家已经修正了投标人"已标价工程量清单"的计算错误，并且投标人同意修正结果，最终又成为中标价的情况；或者投标人"已标价工程量清单"与"招标工程量清单"的工程数量有差别且评标专家没有发现错误，最终又成为中标价的情况。

上述两种情况说明"已标价工程量清单"有可能与"投标报价工程量""招标工程量清单"出现不同情况的事实，所以专门定义了"已标价工程量清单"的概念。

（6）招标控制价

招标人根据国家或省级、行业建设主管部门颁发的有关计价依据和办法，以及拟定的招标文件和招标工程量清单，结合工程具体情况编制的招标工程的最高投标限价。

（7）投标价

它是投标人根据国家或省级、行业建设主管部门颁发的计价办法，企业定额，国家或省级、行业建设主管部门颁发的计价定额，招标文件、工程量清单及其补充通知、答疑纪要，建设工程设计文件及相关资料，施工现场情况、工程特点及拟定的投标施工组织设计或施工方案，与建设项目相关的标准、规范等技术资料，市场价格信息或工程造价管理机构发布的工程造价信息编制的投标时报出的工程总价。

（8）签约合同价

签约合同价是指发承包双方在工程合同中约定的工程造价，即包括分部分项工程费、措施项目费、其他项目费、规范和税金的合同总价。

（9）竣工结算价

竣工结算价是指发承包双方依据国家有关法律、法规和标准规定，按照合同约定确定的，包括在履行合同过程中按合同约定进行的合同价款调整，承包人按合同约定完成了全部承包工作后，发包人应付给承包人的合同总金额。

在履行合同过程中按合同约定进行的合同价款调整是指工程变更、索赔、政策变化等引起的价款调整。

（10）工程量清单计价活动各种价格之间的关系

工程量清单计价活动各种价格主要指招标控制价、已标价工程量清单、投标价、签约合同价、竣工结算价。

①招标控制价与各种价格之间的关系。GB 50500—2013 第 6.1.5 条规定"投标人的投标价高于招标控制价的应予废标"，因此招标控制价是投标价的最高限价；GB 50500—2013 第 5.1.2 条规定"招标控制价应由具有编制能力的招标人或受其委托具有相应资质的工程造价咨询人编制和复核"。

招标控制价是工程实施时调整工程价款的计算依据。例如，分部分项工程量偏差引起的综合单价调整就需要根据招标控制价中对应的分部分项综合单价进行。招标控制价应根据工程类型确定合适的企业等级，根据本地区的计价定额、费用定额、人工费调整文件和市场信息价编制。招标控制价应反映建造该工程的社会平均水平工程造价。招标控制价的质量和复核由招标人负责。

②投标价与各种价格之间的关系。投标价一般由投标人编制。投标价根据招标工程量和有关依据进行编制。投标价不能高于招标控制价。包含工程量的投标价称为"已标价工程量清单"，它是调整工程价款和计算工程结算价的主要依据之一。

③签约合同价与各种价格之间的关系。签约合同价根据中标价（中标人的投标价）确定。发承包双方在中标价的基础上协商确定签约合同价。一般情况下承包商能够让利的话，签约合同价要低于中标价。签约合同价也是调整工程价款和计算工程结算价的主要依据之一。

④竣工结算价与各种价格之间的关系。竣工结算价由承包商编制。竣工结算价根据招标控制价、已标价工程量清单、签约合同价编制。

（11）编制工程量清单的步骤

第 1 步：根据施工图、招标文件和《建设工程工程量清单计价规范》，列出分部分项工程项目名称并计算分部分项清单工程量；

第 2 步：将计算出的分部分项清单工程量汇总到分部分项工程量清单表中；

第3步:根据招标文件、国家行政主管部门的文件和《建设工程工程量清单计价规范》列出单价措施项目清单和总价措施项目清单;

第4步:根据招标文件、国家行政主管部门的文件和《建设工程工程量清单计价规范》及拟建工程实际情况,列出其他项目清单、规费项目清单、税金项目清单;

第5步:将上述5种清单内容汇总成单位工程工程量清单。

(12)工程量清单编制示例

【例1.2】 根据给出的某工程基础施工图(图1.2)、地区工程量清单计价定额(见表1.4)和清单计价规范项目(见表1.5),计算砖基础清单工程量,列出分部分项工程量清单、措施项目清单、其他项目清单、规费和税金项目清单。

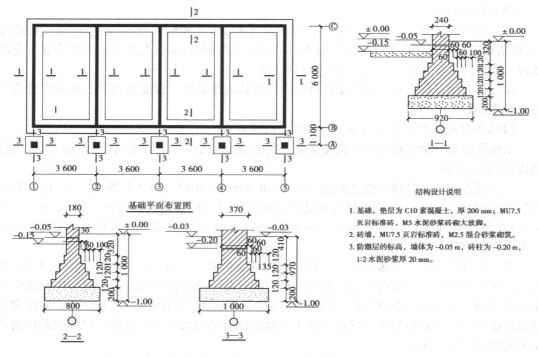

图1.2 某工程基础平面图、剖面图(尺寸单位:mm;标高单位:m)

结构设计说明

1. 基础,垫层为 C10 素混凝土,厚 200 mm;MU7.5 页岩标准砖、M5 水泥砂浆砌砖大放脚。
2. 砖墙,MU7.5 页岩标准砖,M2.5 混合砂浆砌筑。
3. 防潮层的标高,墙体为 −0.05 m,砖柱为 −0.20 m,1:2 水泥砂浆厚 20 mm。

表1.4 某地区计价定额摘录

工程内容:略

定额编号			AC0003	AG0523
项 目	单 位	单 价	M5 水泥砂浆砌砖基础 10 m³	1:2水泥砂浆墙基防潮层 100 m²
基 价	元		1 806.71	1 116.44
其中	人工费	元	726.72	546.82
	材料费	元	1 073.89	565.65
	机械费	元	6.10	3.97

定额编号				AC0003	AG0523
材料	M5 水泥砂浆	m³	120.00	2.38	
	红(青)砖	块	0.15	5 240	
	水泥 32.5	kg	0.30	(537.88)	(1 242.00)
	细 砂	m³	45.00	(2.761)	
	水	m³	1.30	1.76	4.42
	防水粉	kg	1.20		66.38
	1:2水泥砂浆	m³	232.00		2.07
	中 砂	m³	50.00		(2.153)

注:人工单价 60 元/工日。

表 1.5　砖砌体(编号:010401)

项目编码	项目名称	项目特征	计量单位	工程量计算规则	工作内容
010401001	砖基础	1.砖品种、规格、强度等级 2.基础类型 3.砂浆强度等级 4.防潮层材料种类	m³	按设计图示尺寸以体积计算 包括附墙垛基础宽出部分体积,扣除地梁(圈梁)、构造柱所占体积,不扣除基础大放脚T形接头处的重叠部分及嵌入基础内的钢筋、铁件、管道、基础砂浆防潮层和单个面积≤0.3 m²的孔洞所占体积,靠墙暖气沟的挑檐不增加 基础长度:外墙按外墙中心线,内墙按内墙净长线计算	1.砂浆制作、运输 2.砌砖 3.防潮层铺设 4.材料运输
010401002	砖砌挖孔桩护壁	1.砖品种、规格、强度等级 2.砂浆强度等级		按设计图示尺寸以立方米计算	1.砂浆制作、运输 2.砌砖 3.材料运输

注:摘自《房屋建筑与装饰工程工程量计算规范》(GB 50854—2013)附录 D 砌筑工程。

【解】 (1)计算清单工程量

砖基础清单工程量计算如下(不计算柱基):

2—2 剖面砖基础长 = 3.60×4×2(道) = 28.80(m)

1—1 剖面砖基础长 = 6.0×2+(6.0-0.18)×3(道) = 29.46(m)

砖基础工程量 = 砖基础长×砖基础断面积

$$= 28.80×(0.18×0.80+0.007\ 875×20) +$$
$$29.46×(0.24×0.80+0.007\ 875×20)$$
$$= 28.80×0.301\ 5+29.46×0.349\ 5 = 18.98(m^3)$$

根据清单计价规范(见表 1.5)的要求和上述计算结果,将内容填入表 1.6 中。

表 1.6 分部分项工程和单价措施项目清单与计价表

工程名称:某工程   标段: 第 1 页 共 1 页

序号	项目编码	项目名称	项目特征描述	计量单位	工程量	金额/元		
						综合单价	合价	其中:暂估价
		D.砌筑工程						
1	010401001001	砖基础	1.砖品种、规格、强度等级:MU7.5 页岩砖 240 mm×115 mm×53 mm 2.基础类型:带形 3.砂浆强度等级:M5 水泥砂浆 4.防潮层材料种类:1∶2水泥防水砂浆	m³	18.98			
		⋮						
		S.措施项目						
		综合脚手架	(略)		(略)			
		本页小计						
		合 计						

(2)根据清单计价规范、招标文件、行政主管部门的有关规定,列出总价措施项目清单(见表 1.7)、其他项目清单(见表 1.8)、规费和税金项目清单(见表 1.9)。

表 1.7 总价措施项目清单与计价表

工程名称:某工程   标段: 第 1 页 共 1 页

序 号	项目名称	计算基础	费率/%	金额/元
1	安全文明施工费			
2	夜间施工费			
3	二次搬运费			
4				
	合 计			

编制人(造价人员):   复核人(造价工程师):

表 1.8 其他项目清单与计价汇总表

工程名称:某工程   标段: 第 1 页 共 1 页

序 号	项目名称	计算单位	金额/元	备 注
1	暂列金额	项	500	
2	暂估价			
2.1	材料暂估价			
2.2	专业工程暂估价			
3	计日工			
4	总承包服务费			
	合 计		500	

注:材料(工程设备)暂估单价进入清单项目综合单价,此处不汇总。

表 1.9 规费、税金项目清单与计价表

工程名称:某工程　　　　　　　　标段:　　　　　　　　第 1 页 共 1 页

序　号	项目名称	计算基础	费率/%	金额/元
1	规费	定额人工费		
1.1	社会保险费	定额人工费		
(1)	养老保险费	定额人工费		
(2)	失业保险费	定额人工费		
(3)	医疗保险费	定额人工费		
(4)	生育保险费	定额人工费		
(5)	工伤保险费	定额人工费		
1.2	住房公积金	定额人工费		
1.3	工程排污费	按工程所在地环境保护部门收取标准,按实计入		
2	税金	分部分项工程费+措施项目费+其他项目费+规费-按规定不计税的工程设备金额		
合　计				

编制人(造价人员):　　　　　　　　　　　　　复核人(造价工程师):

(13)工程量清单报价编制

①工程量清单报价的概念。工程量清单报价是指根据工程量清单、消耗量定额、施工方案、市场价格、施工图、计价定额编制的,满足招标文件各项要求的,投标单位自主确定拟建工程投标价的工程造价文件。

②工程量清单报价的构成要素。

a.分部分项工程量清单费:是指根据发布的分部分项工程量清单乘以承包商自己确定的综合单价计算出来的费用。

b.单价措施项目和总价措施项目清单费:是指根据发布的措施项目清单,由承包商根据招标文件的有关规定自主确定的(非竞争性费用除外)各项措施费用。

c.其他项目清单费:是指根据招标方发布的其他项目清单中招标人的暂列金额及招标文件要求的有关内容,由承包商自主确定的有关费用。

d.规费:是指承包商根据国家行政主管部门规定的项目和费率计算的各项费用,如工程排污费、社会保险费等。

e.税金:是指按国家税法等有关规定,计入工程造价的增值税、城市维护建设税、教育费附加、地方教育附加。

③编制工程量清单报价的主要步骤。

第 1 步:根据分部分项工程量清单、清单计价规范、施工图、消耗量定额等计算计价工程量;

第 2 步:根据定额工程量、消耗量定额、工料机市场价、管理费率、利润率和分部分项工程量清单计算综合单价;

第 3 步:根据综合单价及分部分项工程量清单计算分部分项工程量清单费;

第 4 步:根据单价措施项目清单、总价措施项目清单、施工图等确定措施项目清单费;

第5步:根据其他项目清单,确定其他项目清单费;

第6步:根据规费项目清单和有关费率计算规费项目清单费;

第7步:根据分部分项工程量清单费、措施项目清单费、其他项目清单费、规费项目清单费和税率计算税金;

第8步:将上述5项费用汇总,即为拟建工程工程量清单报价。

④工程量清单报价编制示例。

【例1.3】 仍以图1.2为例,介绍工程量清单报价编制。

【解】 (1)计价工程量计算

根据表1.5工作内容的分析,砖基础清单项目按预算定额项目划分,应该划分为砖基础和防潮层两个项目。所以,要根据预算定额的工程量计算规则分别计算上述两项定额工程量。

①计算砖基础定额工程量。

由于砖基础计价工程量计算规则与清单工程量计算规则相同,故其工程量也相同,为 18.98 m^3。

②计算基础防潮层计价工程量。

1:2 水泥砂浆
基础防潮层工程量 =(3.60 × 4 × 2) × 0.18+[6.0 × 2+(6.0-0.18) × 3] × 0.24
=28.80 × 0.18+29.46 × 0.24=12.25(m²)

(2)确定综合单价

根据上述砖基础计价工程量和表1.4计价定额分析砖基础综合单价,见表1.10。

注意:某地区的管理费和利润计算为定额人工费×30%,按此规定计算综合单价分析表。

表 1.10 综合单价分析表

工程名称:某工程　　　　　　　　　　　　标段:　　　　　　　　　　　　第1页 共1页

项目编码	010401001001		项目名称	砖基础		计量单位		m^3	
清单项目综合单价组成明细									
定额编号	定额名称	定额单位	数量	单价/元				合价/元	
				人工费	材料费	机械费	管理费和利润	人工费	材料费	机械费	管理费和利润
AC0003	M5水泥砂浆砌砖基础	10 m^3	0.100	726.72	1 073.89	6.10	218.02	30.29	107.39	0.61	21.80
AG0523	1:2水泥砂浆墙基防潮层	100 m^2	0.006 45	546.82	565.65	3.97	165.05	3.53	3.65	0.03	1.06
人工单价	小 计							33.82	111.04	0.64	22.86

续表

60 元/工日	未计价材料费						
清单项目综合单价					168.34		
材料费明细	主要材料名称、规格、型号	单位	数量	单价/元	合价/元	暂估单价/元	暂估合价/元
	M5 水泥砂浆	m³	0.238	120.00	28.56		
	1:2水泥砂浆	m³	0.013 35	232.00	3.10		
	红(青)砖	块	524	0.15	78.60		
	水	m³	0.204 5	1.30	0.27		
	细　砂	m³	(0.276)	45.00	(12.42)		
	中　砂	m³	(0.013 9)	50.00	(0.69)		
	防水粉	kg	0.428	1.20	0.51		
	水泥 32.5	kg	(61.80)	0.30	(18.54)		
	其他材料费						
	材料费小计				111.04		

注:防潮层工程量=附项工程量÷主项工程量 = 12.25÷18.98=0.645,缩小 100 倍后为 0.006 45。

　　根据砖基础工程量清单和综合单价,计算分部分项工程和单价措施项目清单费,见表 1.11。

表 1.11　分部分项工程和单价措施项目清单与计价表

工程名称:某工程　　　　　　　　　　　标段:　　　　　　　　　　　第 1 页 共 1 页

序号	项目编码	项目名称	项目特征描述	计量单位	工程量	综合单价	合　价	其中:人工费
		D.砌筑工程						
1	010401001001	砖基础	1.砖品种、规格、强度等级:MU7.5 页岩砖 240 mm×115 mm×53 mm 2.基础类型:带形 3.砂浆强度等级:M5 水泥砂浆 4.防潮层材料种类:1:2水泥防水砂浆	m³	18.98	168.34	3 195.09	641.90
		⋮						

续表

序号	项目编码	项目名称	项目特征描述	计量单位	工程量	综合单价	合价	其中：人工费
		S.措施项目						
		综合脚手架	（略）		（略）			
本页小计							3 195.09	641.90
合 计							3 195.09	

（3）计算基础工程清单报价

根据招标文件、工程量清单、清单计价规范自主计算（非竞争性项目除外）总价措施项目清单费（见表1.12）、其他项目清单费（见表1.13和表1.14）、规费和税金项目清单费（见表1.15），并填制投标报价汇总表（见表1.16）。

表1.12 总价措施项目清单与计价表

工程名称：某工程　　　　　　　　　　标段：　　　　　　　　　　第1页 共1页

序 号	项目名称	计算基础	费率/%	金额/元
1	安全文明施工费	人工费（641.90）	30	192.57
2	夜间施工费	人工费	3	19.26
3	二次搬运费	人工费	2	12.84
4				
合 计				224.67

编制人（造价人员）：　　　　　　　　　　　　复核人（造价工程师）：

表1.13 暂列金额明细表

工程名称：某工程　　　　　　　　　　标段：　　　　　　　　　　第1页 共1页

序 号	项目名称	计量单位	暂定金额/元	备 注
1	工程量清单中工程量偏差和设计变更	项	500	
2				
3				
4				
合 计			500	

注：此表由招标人填写，如不详列，也可只列暂定金额总额，投标人应将上述暂列金额计入投标总价中。

表 1.14 其他项目清单与计价汇总表

工程名称:某工程 标段: 第 1 页 共 1 页

序 号	项目名称	金额/元	结算金额/元	备 注
1	暂列金额	500		明细表详见表 1.13
2	暂估价			
2.1	材料暂估价			
2.2	专业工程暂估价			
3	计日工			
4	总承包服务费			
合 计		500		

注:材料(工程设备)暂估单价计入清单项目综合单价,此处不汇总。

表 1.15 规费、税金项目清单与计价表

工程名称:某工程 标段: 第 1 页 共 1 页

序 号	项目名称	计算基础	费率/%	金额/元
1	规费			198.99
1.1	社会保险费	(1)+(2)+(3)+(4)+(5)		160.48
(1)	养老保险费	定额人工费(641.90)	14	89.87
(2)	失业保险费	定额人工费	2	12.84
(3)	医疗保险费	定额人工费	6	38.51
(4)	生育保险费	定额人工费	2	12.84
(5)	工伤保险费	定额人工费	1	6.42
1.2	住房公积金	定额人工费	6	38.51
1.3	工程排污费	根据工程所在地环境保护部门收取标准按实计入		
2	增值税税金	分部分项工程费+措施项目费+其他项目费+规费−4 118.75	9%	370.69
合 计				569.68

编制人(造价人员): 复核人(造价工程师):

表 1.16　单位工程投标报价汇总表

工程名称:某工程　　　　　　　　　　标段:　　　　　　　　　　第 1 页 共 1 页

序　号	汇总内容	金额/元	其中:暂估价/元
1	分部分项工程	3 195.09	
1.1	A.3 砌筑工程	3 195.09	
1.2			
1.3			
2	措施项目	224.67	
2.1	安全文明施工费	192.57	
3	其他项目	500	
3.1	暂列金额	500	
3.2	专业工程暂估价		
3.3	计日工		
3.4	总承包服务费		
4	规　费	198.99	
5	增值税税金	370.69	
投标报价合计 = 1+2+3+4+5		4 489.44	

注:本表适用于单位工程招标控制价或投标报价的汇总,如无单位工程划分,单项工程也使用本表汇总。

　　总之,确定建筑工程造价,有一套完整的计价理论和计价方法。如何从理论上掌握建筑工程造价的编制程序和编制内容,从实践上掌握建筑工程造价的编制方法,是本门课程主要的学习目的。

　　要想掌握建筑工程计量方法,就需要识读施工图,了解建筑力学与结构知识,熟悉施工过程和建筑材料的性能和用途。因此,就要求学好"建筑识图与构造""建筑力学与结构""建筑施工技术""建筑材料与检测"等相关课程。要想掌握本课程的计价理论,除了学好上述课程外,还要学好"建筑经济""市场经济"等相关课程。

复习思考题

1.什么是工程造价?

2.什么是概算造价? 何时编制?

3.什么是预算造价? 何时编制?

4.什么是招标控制价? 何时编制?

5.什么是投标价? 何时编制?

6.什么是中标价? 何时编制?

7.什么是结算价? 何时编制?

8.什么是工程造价计价方式? 主要有哪两种计价方式?

9.简述定额计价方式的计算步骤。

10.简述清单计价方式的计算步骤。

第 2 章
建筑工程计价原理

知识点

了解施工定额、劳动定额、材料消耗定额、机械台班使用定额的概念,熟悉建筑工程预算定额的构成要素,了解建筑工程预算定额的编制内容,熟悉施工图预算的费用构成,熟悉建筑产品特性和建设项目划分,熟悉工程造价数学模型和施工图预算编制程序,熟悉工程量清单报价费用构成,熟悉工程量清单计价方式的基本理论,熟悉工程量清单报价编制程序。

技能点

确认本地区使用的预算(计价)定额版本,写出单位估价法数学模型和工程量清单计价数学模型。

课程思政

上海中心大厦,一座巨型高层地标式摩天大楼,其总高 632 m,建筑面积 57.8 万 m^2,是我国乃至世界的超级工程。上海中心大厦项目从全生命周期角度出发,以 BIM 技术为手段,应用 Revit 建立模型,并在三维空间环境里完成对项目的深化设计和修改,针对项目的设计、施工以及运营的全过程,有效控制工程信息的采集、加工、存储和交流,从而帮助项目的最高决策者对项目进行合理的协调、规划和控制,是新技术、新工艺出色应用以及大国工匠杰出成就的典范。

2.1 工程定额简介

2.1.1 工程定额的内容

工程定额是一个大家族,除了建筑工程预算定额外,还包括以下内容:

(1)投资估算指标

投资估算指标是以一个建设项目为对象,用于确定设备、器具购置费用,建筑安装工程费用,工程建设其他费用,流动资金需用量的依据。投资估算指标是在建设项目决策阶段,编制投资估算,进行投资预测、投资控制、投资效益分析的重要依据。

(2)概算指标

概算指标是以整个建筑物或构筑物为对象,以"m""座"等为计量单位,用于确定人工、材料、机械台班消耗量及其费用的标准。概算指标是在初步设计阶段编制设计概算的依据,其主要作用是优选设计方案和控制建设投资。

(3)概算定额

概算定额是确定一定计量单位的扩大分项工程中人工、材料、机械台班消耗量的数量标准。概算定额是在扩大初步设计阶段或施工图设计阶段编制设计概算的主要依据。

(4)预算定额

预算定额是规定消耗在单位建筑产品上的人工、材料、机械台班的社会必要劳动消耗量的数量标准。预算定额是在施工图设计阶段及招标投标阶段,控制工程造价、编制标底和标价的重要依据。

(5)施工定额

施工定额是规定消耗在单位建筑产品上的人工、材料、机械台班的企业劳动消耗量的数量标准。施工定额主要用于编制施工预算和工程量清单报价,也是施工阶段签发施工任务书和限额领料单的重要依据。

(6)劳动定额

劳动定额是指在正常施工条件下,某工种某等级工人或工人小组,生产单位合格产品所消耗的劳动时间,或者是在单位工作时间内生产单位合格产品的数量标准。劳动定额的主要作用是下达施工任务单、核算企业内部的用工数量,也是编制施工定额、预算定额的依据。例如,砌 $1\ m^3$ 砖基础的时间定额为 0.956 工日/m^3。

(7)材料消耗定额

材料消耗定额是指在正常施工、节约和合理使用材料的条件下,生产单位合格产品所消耗的一定品种规格的材料数量。材料消耗定额的主要作用是下达施工限额领料单、核算企业内部用料数量,也是编制施工定额和预算定额的依据。例如,砌 $1\ m^3$ 砖基础的标准砖用量为 521 块/m^3。

(8)机械台班使用定额

机械台班使用定额规定了在正常施工条件下,利用某种机械,生产单位合格产品所消耗的机械工作时间,或者是在单位工作时间内机械完成合格产品的数量标准。例如,$8\ t$ 载重汽车运预制空心板,当运距为 $1\ km$ 时的产量定额为 $65.4\ t$/台班。

（9）工期定额

工期定额是指以单位工程或单项工程为对象，在平均施工管理水平、合理施工装备水平和正常施工条件下，按施工图设计的要求，按工程结构类型和地区划分的要求，规定的从工程开工到竣工验收合格交付使用全过程所需的合理施工日历天数。工期定额是编制招标文件的依据，是签订施工合同、处理施工索赔的基础，也是施工企业编制施工组织设计、安排施工进度的依据。

2.1.2 建筑工程预算定额的构成要素

预算定额一般由项目名称、单位、工料机消耗量等要素构成。若要反映其货币量，则还应包括定额基价。预算定额示例见表2.1。

（1）项目名称

预算定额的项目名称也称定额子目名称。定额子目是构成工程实体或有助于构成工程实体的最小组成部分。一般情况下，一个单位工程预算需要使用几十个甚至上百个定额子目。

（2）工料机消耗量

工料机消耗量是预算定额的主要内容，这些消耗量是完成单位建筑产品（一个单位的定额子目）的规定数量。例如，现浇 $1\ \mathrm{m}^3$ 混凝土圈梁的用工是2.93工日。

（3）定额基价

定额基价也称为工程单价，是上述定额子目中工料机消耗量的货币表现。其表达式为：

$$定额基价 = 工日数 \times 工日单价 + \sum_{i=1}^{n}（材料用量 \times 材料单价）_i +$$

$$\sum_{j=1}^{m}（机械台班数量 \times 台班单价）_j$$

(2.1)

表 2.1 预算定额摘录

工程内容：略

定额编号				5-408
项　目	单　位	单　价		现浇 C20 混凝土圈梁/m^3
基　价	元			199.05
其中	人工费 材料费 机械费	元 元 元		58.60 137.50 2.95
人工	综合用工	工日	20.00	2.93
材料	C20 混凝土 水	m^3 m^3	134.50 0.90	1.015 1.087
机械	混凝土搅拌机 400 L 插入式振动器	台班 台班	55.24 10.37	0.039 0.077

2.1.3 建筑工程预算定额的编制内容

（1）准备工作

编制预算定额前要完成许多准备工作。首先,要确定编几个分部(或编几章),每一分部分几个小节,每个小节需要划分几个子目;其次,要确定定额子目的计量单位,比如是采用"m",还是采用"m²"等;再次,要合理确定定额水平,要分析哪些施工企业的劳动消耗量水平能够反映社会必要劳动量的水平。

（2）测算预算定额子目消耗量

编制人员要采用一定的技术方法、计算方法、调查研究方法,测算各定额子目的人工、材料、机械台班消耗量。

（3）编排预算定额

根据划分好的定额子目和取得的测算资料,采用事先设计好的表格,计算和填写各项消耗标准,最终汇编成供人们使用的预算定额手册。

2.1.4 建筑工程预算定额编制示例

上述介绍的编制预算定额的过程,现以定额中砌筑分部砌砖小节砌灰砂砖墙定额子目的预算定额编制过程举例如下。

第1步:划分子目,确定计量单位。

砌灰砂砖墙拟划分为5个子目,其子目名称、计量单位的确定见表2.2。

表2.2　定额子目划分表

分部名称:砌筑　　　　　　　节名称:砌砖　　　　　　砌砖项目名称:灰砂砖墙

定额编号	定额子目名称	计量单位
4-1	1/2 砖厚灰砂砖墙	m³
4-2	3/4 砖厚灰砂砖墙	m³
4-3	1 砖厚灰砂砖墙	m³
4-4	1 砖半厚灰砂砖墙	m³
4-5	2 砖及 2 砖以上厚灰砂砖墙	m³

第2步:确定工料机消耗量。

依据现场测定资料和统计资料,确定各子目的工料机消耗量,见表2.3。

表2.3　定额子目工料机消耗量取定表

定额编号		4-1	4-2	4-3	4-4	4-5
子目名称	单位	混合砂浆砌灰砂砖墙				
		1/2 砖	3/4 砖	1 砖	1 砖半	2 砖及 2 砖以上
综合用工	工日	2.19	2.16	1.89	1.78	1.71
M5 混合砂浆	m³	0.195	0.213	0.225	0.240	0.245
灰砂砖	块	564	551	541	535	531
水	m³	0.113	0.11	0.11	0.11	0.11
200 L 灰浆搅拌机	台班	0.33	0.35	0.38	0.40	0.41

第 3 步:编制预算定额。

根据上述步骤计算确定的工料机消耗量,根据事先确定的工料机单价,用预算定额表格汇总成预算定额手册。其步骤如下:

①将工料机消耗量填入表 2.4 内。

②将工料机单价填入表 2.4 内。

③计算人工费、材料费、机械费。计算过程为:

$$人工费 = 综合用工数 \times 工日单价 = 2.19 \times 20.00 = 43.80(元)$$

$$材料费 = \sum_{i}^{n} (材料用量 \times 材料单价)_i$$

$$= 0.195 \times 99.00 + 564 \times 0.18 + 0.113 \times 0.90 = 120.93(元)$$

$$机械费 = \sum_{j}^{m} (台班用量 \times 台班单价)_j = 0.33 \times 15.38 = 5.08(元)$$

④将人工费、材料费、机械费汇总为定额基价。例如,4-1 号定额的基价为:

$$基价 = 43.80 + 120.93 + 5.08 = 169.81(元)$$

表 2.4   预算定额手册编制表

工程内容:略   定额单位:m³

定额编号				4-1
项 目		单 位	单 价	混合砂浆砌 1/2 砖灰砂砖墙
基 价		元		169.81
其中	人工费	元		43.80
	材料费	元		120.93
	机械费	元		5.08
人工	综合用工	工日	20.00	2.19
材料	M5 混合砂浆	m³	99.00	0.195
	灰砂砖	块	0.18	564
	水	m³	0.90	0.113
机械	200 L 灰浆搅拌机	台班	15.38	0.33

2.2   定额计价原理

定额计价原理是指主要采用预算定额,通过编制施工图预算的方法确定工程造价的基本理论。

2.2.1   施工图预算的费用构成

我们知道,施工图预算最主要的作用就是确定拟建工程的工程造价(以下简称工程造价)。如果我们从产品的角度看,工程造价就是建筑产品的价格。

从理论上讲,建筑产品的价格也同其他产品一样,都是由生产这个产品的社会必要劳动量来确定。劳动价值论将产品的价值(价格)表达为 $C+V+M$。现行的建设预算制度,将建筑产品的 $C+V$ 表达为工程直接费和间接费,将建筑产品的 M 表达为利润和税金。因此,施工图预算由上述4部分费用构成。

(1)直接费

直接费是与建筑产品生产直接有关的各项费用,包括直接工程费和措施费。

①直接工程费:是指构成工程实体的各项费用,主要包括人工费、材料费和施工机械使用费。

②措施费:是指有助于构成工程实体形成的各项费用,主要包括冬雨期施工增加费、夜间施工增加费、材料二次搬运费、脚手架搭设费、临时设施费等。

(2)间接费

间接费是指费用发生后,不能直接计入某个建筑工程,而只有通过分摊的办法间接计入建筑工程成本的费用,主要包括企业管理费和规费。

(3)利润

利润是劳动者为社会劳动、为企业劳动创造的价值。按国家或地方规定的利润率计取。

利润的计取具有竞争性。承包商投标时,可根据本企业的经营管理水平和建筑市场的供求状况,在一定的范围内确定本企业的利润水平。

(4)税金

税金是劳动者为社会劳动创造的价值。与利润的不同点是,它具有法令性和强制性。按现行规定,税金主要包括增值税、城市维护建设税、教育费附加和地方教育附加。

2.2.2 建筑产品的特性

建筑产品具有产品生产的单件性、建设地点的固定性、施工生产的流动性等特性。这些特性是建筑产品必须通过编制施工图预算确定工程造价的根本原因。

(1)单件性

建筑产品的单件性是指每个建筑产品都具有特定的功能和用途,即在建筑物的造型、结构、尺寸、设备配置和内外装修等方面都有不同的具体要求。就是用途完全相同的工程项目,在建筑等级、基础工程等方面都会发生不同的情况。可以这么说,在实践中找不到两个完全相同的建筑产品。因而,建筑产品的单件性使得建筑物在实物形态上千差万别,各不相同。

(2)固定性

建设地点的固定性是指建筑产品的生产和使用必须固定在某一个地点,不能随意移动。建筑产品固定性的客观事实,使得建筑物的结构和造型受当地自然气候、地质、水文、地形等因素的影响和制约,使得功能相同的建筑物在实物形态上仍有较大差别,从而使每个建筑产品的工程造价各不相同。

(3)流动性

建筑产品的固定性是产生施工生产流动性的根本原因。因为建筑物固定,施工队伍就要流动。流动性是指施工企业必须在不同的建设地点组织施工、建造房屋。由于每个建设地点离施工单位基地的距离、资源条件、运输条件、工资水平等不同,都会影响建筑产品的造价。

2.2.3　工程造价的确定

建筑产品的三大特性,决定了其在实物形态和价格要素上千差万别的特点。这种差别形成了制定统一建筑产品价格的障碍,给建筑产品定价带来了困难,通常工业产品的定价方法已经不适用于建筑产品的定价。

当前,建筑产品价格主要有两种表现形式:一是政府指导价,二是市场竞争价。施工图预算确定的工程造价属于政府指导价;招标投标确定的承包价属于市场竞争价。但是,应该指出,市场竞争价也是以施工图预算为基础确定的。因此,必须掌握用编制施工图预算确定工程造价的方法。

产品定价的基本规律除了价值规律外,还应该包括:通过市场竞争形成价格,同类产品的价格水平应该基本一致。

对于建筑产品来说,价格水平一致性的要求和建筑产品单件性的差别特性是一对需要解决的矛盾。因此我们无法做到以一个建筑物为对象来整体定价而达到保持价格水平一致性的要求。通过人们的长期实践和探讨,找到了用编制施工图预算确定建筑产品价格的方法,较好地解决了这个问题。因此,从这个意义上说,施工图预算是确定建筑产品价格的特殊方法。

2.2.4　定额计价方式的基本理论

将一个复杂的建筑工程分解为具有共性的基本构造要素——分项工程,编制单位分项工程的人工、材料、机械台班消耗量及货币量的预算定额,是确定建筑工程造价基本原理的重要基础。

1) 建设项目的划分

基本建设项目按照合理确定工程造价和基本建设管理工作的要求,划分为建设项目、单项工程、单位工程、分部工程、分项工程 5 个层次。

建设项目划分

(1) 建设项目

建设项目一般是指在一个总体设计范围内,由一个或几个工程项目组成,经济上实行独立核算,行政上实行独立管理,并且具有法人资格的建设单位。通常,在工程建设中一个企业、事业单位就是一个建设项目。

为什么要划分
建设项目

(2) 单项工程

单项工程又称工程项目,它是建设项目的组成部分,是指具有独立的设计文件,竣工后可以独立发挥生产能力或使用效益的工程。例如,一个工厂的生产车间、仓库等,学校的教学楼、图书馆等分别都是一个单项工程。

(3) 单位工程

单位工程是单项工程的组成部分。单位工程是指具有独立的设计文件,能单独施工,但建成后不能独立发挥生产能力或使用效益的工程。例如,一个生产车间的土建工程、电气照明工程、给排水工程、机械设备安装工程、电气设备安装工程都分别是一个单位工程,它们是生产车间这个单项工程的组成部分。

(4) 分部工程

分部工程是单位工程的组成部分。分部工程一般按工种、使用的材料或设备的不同来划分。例如,土建单位工程划分为:土石方工程、砌筑工程、脚手架工程、钢筋混凝土工程、木结构工程、金属结构工程、装饰工程等。分部工程也可按单位工程的构成部分来划分。例如，划分为基础工程、墙体工程、梁柱工程、楼地面工程、门窗工程、屋面工程等。一般地，建筑工程预算定额综合了上述两种方法来划分分部工程。

(5)分项工程

分项工程是分部工程的组成部分。一般按照分部工程划分的方法，再将分部工程划分为若干个分项工程。例如，基础工程还可以划分为基槽开挖、基础垫层、基础砌筑、基础防潮层、基槽回填土、土方运输等分项工程。

分项工程是建筑工程的基本构造要素。通常，我们把这一基本构造要素称为假定建筑产品。假定建筑产品虽然没有独立存在的意义，但是这一概念在预算编制原理、计划统计、建筑施工及管理、工程成本核算等方面都是十分重要的。

建设项目划分示意图如图2.1所示。

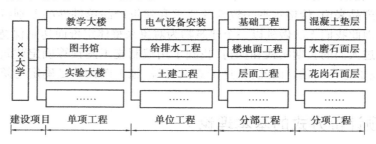

图2.1 建设项目划分示意图

2)建筑产品的共同要素

建筑产品是结构复杂、体型庞大的工程，要对这样一类完整产品进行统一定价，不太容易办到，这就需要按照一定的规则，将建筑产品进行合理分解，层层分解到构成完整建筑产品的共同要素——分项工程，才能实现对建筑产品定价的目的。

从建设项目划分的内容来看，将一个单位工程按结构构造部位和工程工种来划分，可以分解为若干个分部工程。但是，从对建筑产品定价的要求来看，仍然不能满足要求，因为以分部工程为对象定价，其影响因素较多。例如，同样是砖墙，由于它构造不同，如实砌墙或空花墙；材料不同，如标准砖或灰砂砖等，受这些因素影响，其人工、材料消耗的差别较大。所以，还必须按照不同的构造、材料等要求，将分部工程分解为更为简单的组成部分——分项工程，如M15混合砂浆砌240 mm厚灰砂砖墙、现浇C20钢筋混凝土圈梁等。

分项工程是经过逐步分解，得到的能够用较为简单的施工过程生产出来的、可以用适当计量单位计算的工程基本构造要素。

3)单位分项工程的消耗量标准

将建筑工程层层分解后，就能采用一定的方法编制出用于确定单位分项工程的人工、材料、机械台班消耗量的标准——预算定额。

虽然不同的建筑工程由不同的分项工程项目和不同的工程量构成，但是有了预算定额后，就可以计算出价格水平基本一致的工程造价。这是因为预算定额所确定的每一单位分项工程的人工、材料、机械台班消耗量起到了统一建筑产品劳动消耗水平的作用，从而使我们能够将千差万别的建筑工程中不同的工程数量，计算出符合统一价格水平的工程造价成为现实。

例如,甲工程砖基础工程量为 68.56 m³,乙工程砖基础工程量为 205.66 m³,虽然工程量不同,但使用统一的预算定额后,它们的人工、材料、机械台班消耗量水平是一致的。

如果在预算定额消耗量的基础上再考虑价格因素,用货币量反映定额基价,那么,我们就可以计算出直接费、间接费、利润和税金,从而计算出整个建筑产品的工程造价。

必须明确指出,施工图预算以单位工程为对象编制,也就是说,施工图预算确定的是单位工程的预算造价。

4)确定工程造价的数学模型

用编制施工图预算确定工程造价,一般采用下列 3 种方法,同时也需构建 3 种数学模型。

(1)单位估价法

单位估价法是编制施工图预算常采用的方法。该方法根据施工图和预算定额,通过计算分项工程量、分项直接工程费,将分项直接工程费汇总成单位工程直接工程费后,再根据措施费费率、间接费费率、利润率、税率分别计算出各项费用和税金,最后汇总成单位工程造价。其数学模型如下:

$$工程造价 = 直接费 + 间接费 + 利润 + 税金 \tag{2.2}$$

即

$$\begin{aligned}以直接费为取费基础的工程造价 = &\left[\sum_{i=1}^{n}(分项工程量 \times 定额基价)_i \times (1 + 措施费费率 + \right.\\ &\left. 间接费费率 + 利润率)\right] \times (1 + 税率)\end{aligned} \tag{2.3}$$

$$\begin{aligned}以人工费为取费基础的工程造价 = &\left[\sum_{i=1}^{m}(分项工程量 \times 定额基价)_i + \right.\\ &\sum_{i=1}^{n}(分项工程量 \times 定额基价中人工费)_i \times \\ &\left.(1 + 措施费费率 + 间接费费率 + 利润率)\right] \times (1 + 税率)\end{aligned} \tag{2.4}$$

提示:通过表 1.2、表 1.3 中的简例来理解上述工程造价数学模型。

(2)实物金额法

当预算定额中只有人工、材料、机械台班消耗量,而没有定额基价的货币量时,我们可以采用实物金额法来计算工程造价。

实物金额法的基本做法:先算出分项工程的人工、材料、机械台班消耗量,然后汇总成单位工程的人工、材料、机械台班消耗量,再将这些消耗量分别乘以各自的单价,最后汇总成单位工程直接工程费。后面各项费用的计算同单位估价法。其数学模型如下:

$$工程造价 = 直接费 + 间接费 + 利润 + 税金 \tag{2.5}$$

即

$$\begin{aligned}以直接费为取费基础的工程造价 = &\left\{\left[\sum_{i=1}^{n}(分项工程量 \times 定额用工量)_i \times 工日单价 + \right.\right.\\ &\sum_{j=1}^{m}(分项工程量 \times 定额材料用量)_j \times 材料单价 \times \\ &\left.\sum_{k=1}^{p}(分项工程量 \times 定额机械台班量)_k \times 台班单价\right] \times \\ &\left.(1 + 措施费费率 + 间接费费率 + 利润率)\right\} \times (1 + 税率)\end{aligned} \tag{2.6}$$

$$
\begin{aligned}
\text{以人工费为取费} \atop \text{基础的工程造价} = \Big[&\sum_{i=1}^{n}(\text{分项工程量} \times \text{定额用工量})_i \times \text{工日单价} \times \\
&(1 + \text{措施费费率} + \text{间接费费率} + \text{利润率}) + \\
&\sum_{j=1}^{m}(\text{分项工程量} \times \text{定额材料用量})_j \times \text{材料单价} + \\
&\sum_{k=1}^{p}(\text{分项工程量} \times \text{定额机械台班量})_k \times \text{台班单价} \Big] \times (1 + \text{税率})
\end{aligned}
$$

$$(2.7)$$

（3）分项工程完全单价计算法

分项工程完全单价计算法的特点是，以分项工程为对象计算工程造价，再将分项工程造价汇总成单位工程造价。该方法从形式上类似于工程量清单计价法，但又有本质上的区别。

分项工程完全单价计算法的数学模型为：

$$
\begin{aligned}
\text{以直接费为取费} \atop \text{基础计算的工程造价} = \sum_{i=1}^{n} \big[&(\text{分项工程量} \times \text{定额基价}) \times (1 + \text{措施费费率} + \\
&\text{间接费费率} + \text{利润率}) \times (1 + \text{税率}) \big]_i
\end{aligned}
$$

$$(2.8)$$

$$
\begin{aligned}
\text{以人工费为取费} \atop \text{基础计算的工程造价} = \sum_{i=1}^{n} \Big\{ \big[&(\text{分项工程量} \times \text{定额基价}) + (\text{分项工程量} \times \\
&\text{定额用工量} \times \text{工日单价}) \times (\text{措施费费率} + \text{间接费费率} + \\
&\text{利润率}) \big] \times (1 + \text{税率}) \Big\}_i
\end{aligned}
$$

$$(2.9)$$

上述数学模型分两种情况表述的原因是，建筑工程造价一般以直接费为基础计算；装饰工程造价或安装工程造价一般以人工费为基础计算。

5）施工图预算的编制

上述工程造价的数学模型反映了编制施工图预算的本质特征，同时也反映了编制施工图预算的方法与步骤。所谓施工图预算编制程序是指编制施工图预算时有规律的步骤和顺序。在介绍编制程序之前需要先介绍编制依据和编制内容。

（1）施工图预算编制依据

①施工图。施工图是计算工程量和套用预算定额的依据。广义地讲，施工图除了施工蓝图外，还包括标准施工图、图纸会审纪要和设计变更等资料。

②施工组织设计或施工方案。施工组织设计或施工方案是施工单位根据工程特点、现场条件等编制的，用来确定施工方案、布置现场和安排进度。它是编制施工图预算过程中，计算工程量和套用预算定额时，确定土方类别、基础工作面大小、构件运输距离及运输方式等的依据。

③预算定额。预算定额是确定分项工程项目、计量单位，计算分项工程量、分项工程直接费和人工、材料、机械台班消耗量的依据。

④地区材料预算价格。地区材料预算价格或材料指导价是计算材料费和调整材料价差的依据。

⑤费用定额和税率。费用定额包括措施费、间接费、利润和税金的计算基础和费率、税率的规定。

⑥施工合同。施工合同是确定收取哪些费用，按多少收取的依据。

（2）施工图预算编制内容

施工图预算编制的主要内容包括：

①列出分项工程项目,简称列项;

②计算工程量;

③套用预算定额及定额基价换算;

④工料机分析及汇总;

⑤计算直接费;

⑥材料价差调整;

⑦计算间接费;

⑧计算利润;

⑨计算税金;

⑩汇总为工程造价。

（3）施工图预算编制程序

按单位估价法编制施工图预算的程序,如图 2.2 所示。

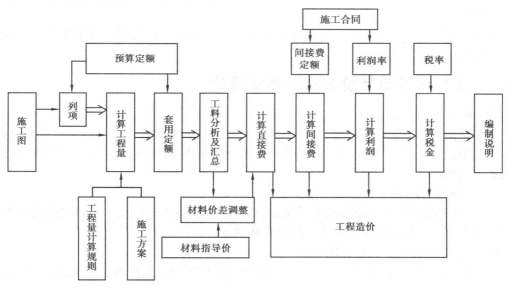

图 2.2　施工图预算编制程序示意图

2.3　工程量清单计价原理

2.3.1　工程量清单报价的费用构成

我们知道,工程量清单报价是一种确定建筑产品价格的计价方式,其费用也应由 $C+V+M$ 3 个部分构成。现行的《建设工程工程量清单计价规范》(GB 50500—2013)将这 3 个部分的费用表达为分部分项工程量清单费、措施项目清单费、其他项目清单费、规费和税金 5 部分费用。

（1）分部分项工程量清单费

分部分项工程量清单费包括以下费用：

①直接用于工程实体所消耗的各项费用，包括人工费、材料费、机械台班费等；

②不构成工程实体而在工程管理中必然发生的管理费；

③利润和风险费。

（2）措施项目清单费

措施项目清单费是指有助于工程实体构成的各项费用，包括总价措施项目的安全文明施工、临时设施费等，单价措施项目的脚手架搭设等各项费用。

（3）其他项目清单费

其项目清单费是指工程建设中预计发生的有关费用，一般包括暂列金额、材料暂估价、总承包服务费、计日工费等。

（4）规费

规费是指行政主管部门规定工程建设中必须缴纳的各项费用，包括工程排污费、失业保险费等。

（5）税金

税金是指按国家税法和相关文件规定，应计入工程造价的增值税、城市维护建设税、教育费附加和地方教育附加。

2.3.2　工程量清单计价方式的基本理论

（1）市场竞争理论

竞争是市场经济的有效法则，是市场经济有效性的根本保证。市场机制正是通过优胜劣汰的竞争，迫使企业降低成本、提高质量、改善管理、积极创新，从而达到提高效率、优化资源配置的目的。

（2）市场均衡理论

西方经济学认为，价格由供求关系决定，即商品的价格由市场供求均衡时的价格确定。市场均衡理论是工程量清单计价方式的重要基础理论。

（3）《建设工程工程量清单计价规范》

《建设工程工程量清单计价规范》是工程量清单计价的标准，具有强制性，大家必须遵守执行。这一特性使得各施工企业在同一个平台上进行竞争。

此规范的重要作用是：统一规定了工程量清单由分部分项工程量清单、措施项目清单、其他项目清单、规费项目清单和税金项目清单5部分内容构成；统一规定了工程量清单报价由分部分项工程量清单费、措施项目清单费、其他项目清单费、规费和税金5部分费用构成；统一规定了分部分项工程量清单的专业划分、项目名称、项目编码、项目特征、计量单位、工程内容和工程量计算规则。这3个方面的统一，搭起了一个规范的竞争平台。各投标人根据这一平台编制的工程量清单报价，具有较高的透明度，业主可以较容易地判断各承包商报价的高低情况，从而确定中标价。

（4）工程量清单计价方式确定工程造价的数学模型

工程造价 ＝ 分部分项工程量清单费 ＋ 措施项目费 ＋ 其他项目费 ＋ 规费 ＋ 税金

$$(2.10)$$

其中：

$$分部分项工程量清单费 = \sum_{i}^{n} (清单工程量 \times 综合单价)_i \tag{2.11}$$

$$
\begin{aligned}
综合单价 = \Bigg[&\sum_{i=1}^{n} (计价工程量 \times 定额用工量 \times 人工单价)_i + \\
&\sum_{j=1}^{m} (计价工程量 \times 定额材料消耗量 \times 材料单价)_j + \\
&\sum_{k=1}^{p} (计价工程量 \times 定额机械台班消耗量 \times 台班单价)_k \times \\
&(1 + 管理费率) \times (1 + 利润率) \Bigg] \div 清单工程量
\end{aligned}
\tag{2.12}
$$

$$单价措施项目清单费 = 脚手架费 + 模板费 + \cdots + 施工排水 \tag{2.13}$$
$$总价措施项目清单费 = 安全施工费 + 临时设施费 + \cdots + 二次搬运费 \tag{2.14}$$
$$其他项目清单费 = 暂列金额 + 总承包服务费 + \cdots + 计日工费 \tag{2.15}$$
$$规费 = 工程排污费 + 养老保险费 + \cdots + 工伤保险费 \tag{2.16}$$
$$
\begin{aligned}
税金 = \big[&分部分项工程量清单费 + 措施项目清单费(含单价和总价) + \\
&其他项目清单费 + 规费\big] \times 增值税税率
\end{aligned}
\tag{2.17}
$$

2.3.3　工程量清单报价的编制程序

上述工程量清单计价的数学模型反映了编制工程量清单的本质特征,同时也反映了工程量清单报价的编制程序。

1) 工程量清单报价的编制依据

①清单计价规范。《建设工程工程量清单计价规范》(GB 50500—2013)、《房屋建筑与装饰工程工程量计算规范》(GB 50854—2013)、《通用安装工程工程量计算规范》(GB 50856—2013)中的项目编码、项目名称、计量单位、计算规则、项目特征、工程内容等,是计算清单工程量和计价工程量的依据。清单计价规范中的费用划分是计算综合单价、措施项目费、其他项目费、规费和税金的依据。

②工程招标文件。工程招标文件包括对拟建工程的技术要求、分包要求、材料供货方式的要求等,是确定分部分项工程量清单、措施项目清单、其他项目清单的依据。

③建设工程设计文件及相关资料。建设工程设计文件是计算清单工程量、计价工程量、措施项目清单等的依据。

④企业定额,国家或省级、行业建设主管部门颁发的计价定额。该定额是计算计价工程量的工料机消耗量后,确定综合单价的依据。

⑤工料机市场价。工料机市场价是计算综合单价的依据。

⑥工程造价管理机构发布的管理费费率、利润率、规费费率、税率等造价信息。它们分别是计算管理费、利润、规费、增值税税金的依据。

2) 工程量清单报价的编制内容

①计算清单工程量(一般由招标人提供);

②计算计价工程量;

③根据计价工程量套用计价定额或有关消耗量定额进行工料分析;

④确定工料机单价;

⑤分析和计算清单工程量的综合单价；

⑥计算分部分项工程量清单费；

⑦计算措施项目费；

⑧计算其他项目清单费；

⑨计算规费和增值税税金；

⑩汇总工程量清单报价。

3) 工程量清单报价编制程序示意图

工程量清单报价编制程序示意图如图2.3所示。

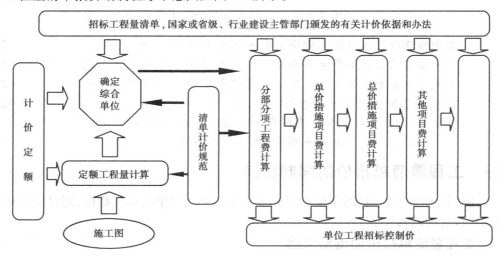

图2.3　工程量清单报价编制程序示意图

复习思考题

1.定额大家族中包括哪些定额？

2.简述建筑工程预算定额的构成要素。

3.简述建筑工程预算定额的编制步骤。

4.为什么说建筑产品的特性决定了工程造价计价方式？

5.简述建设项目划分在计价方式中的重要性。

6.为什么说分项工程是建筑产品的共同要素？

7.什么是单位估价法？

8.什么是实物金额法？

9.简述单位估价法与实物金额法的共同点与不同点。

10.编制施工图预算需要哪些依据？为什么？

11.简述工程量清单计价方式的基本理论。

12.编制清单报价需要哪些依据？为什么？

13.简述工程量清单报价编制程序。

第 3 章
建筑工程预算定额

知识点

　　熟悉技术测定法,了解经验估计法,熟悉比较类推法;熟悉预算定额的三个特性,理解预算定额编制原则;熟悉劳动定额的表现形式及相互关系;熟悉材料净用量定额与损耗量定额相互间的关系,熟悉砌体材料用量和块料面层材料用量计算方法;熟悉机械正常利用系数计算方法;熟悉预算定额消耗量主要内容、预算定额构成内容和预算定额换算方法。

技能点

　　能写出编制劳动定额的计算公式并举例说明,能计算标准砖墙体砖消耗量并举例说明,能计算砌块墙砌块消耗量并举例说明,会计算块料面层消耗量并举例说明,会计算机械台班定额并举例说明,会进行砌筑砂浆和抹灰砂浆换算,会进行构件混凝土和楼地面混凝土换算。

课程思政

　　《营造法式》是中国古代最完善的土木建筑工程著作之一,由北宋著名建筑学家李诫编著,全书共三十四卷,由释名、制度、功限、料例和图样等五部分构成。其中,"功限"相当于现在的人工定额,"料例"相当于现在的材料消耗定额。《营造法式》关于人工和材料消耗量定额的应用,彰显了古代劳动人民的聪明才智,也为现代研究建设定额的起源、理论与方法提供了宝贵的历史资料。

3.1　定额编制的方法

1)技术测定法

技术测定法也称为计时观察法,它是一种科学的编制定额的方法。该方法通过对施工过程的具体活动进行实地观察,详细记录工人和施工机械的工作时间消耗,测定完成产品的数量和有关影响因素,将观察记录结果进行分析研究,整理出可靠的数据资料,再运用一定的计算方法编制出定额的基础数据。

(1)技术测定法的主要步骤

①确定拟编定额项目的施工过程,对其组成部分进行必要的划分;

②选择正常的施工条件和合适的观察对象;

③到施工现场对观察对象进行测时观察,记录完成产品的数量、工时消耗及影响因素;

④分析整理观察资料。

(2)常用的技术测定方法

常用的技术测定方法有测时法、写实记录法、工作日写实法。

2)经验估计法

经验估计法是根据定额员、施工员、专业技术员、老工人的实际工作经验,对生产某一产品或完成某项工作所需的人工、材料、机械台班数量进行分析、讨论、估算,并最终确定消耗量的一种方法。

经验估计法的特点是简单、工作量小、精度差。

3)统计计算法

统计计算法是运用过去统计资料编制定额的一种方法。

统计计算法编制定额简单可行,只要对过去的统计资料加以分析和整理就可以计算出定额消耗指标。缺点是统计资料不可避免地包含各种不合理因素,这些因素必然会影响定额水平,降低定额质量。

4)比较类推法

比较类推法也称典型定额法。该方法是在同类型的定额子目中,选择有代表性的典型子目,用技术测定法确定各种消耗量,然后根据测定的定额用比较类推的方法编制其他相关定额。

比较类推法简单易行,有一定的准确性。缺点是该方法运用了正比例的关系来编制定额,故存在一定的局限性。

3.2 预算定额的特性与编制原则

3.2.1 预算定额的特性

在社会主义市场经济条件下,定额具有以下3个方面的特性。

(1)科学性

预算定额的科学性是指,定额是采用技术测定法、统计计算法等科学方法,在认真研究施工生产过程中客观规律的基础上,通过长期的观察、测定、统计分析总结生产实践经验,以及在广泛搜集现场资料的基础上编制的;在编制过程中,对工作时间、现场布置、工具设备改革、工艺过程及施工生产技术与组织管理等方面,进行科学的研究分析。因此,所编制的预算定额客观地反映了行业的社会平均水平,故定额具有科学性。简而言之,用科学的方法编制定额,使定额具有科学性。

（2）权威性

在计划经济体制下,定额具有法令性,即定额经国家主管机关批准颁发后,具有经济法规的性质,执行定额的所有各方必须严格遵守,不能随意改变定额的内容和水平。

但是,在市场经济条件下,定额的执行过程中允许施工企业根据招标投标的具体情况进行调整,内容和水平也可以变化,使其体现了市场经济竞争性的特点和自主报价的特点,故定额的法令性淡化了。所以,具有权威性的预算定额既能起到宏观调控建筑市场的作用,又能起到让建筑市场充分发育的作用。这种具有权威性的定额,能使承包商在竞争过程中有根据地改变其定额水平,起到推动社会生产力水平发展和提高建设投资效益的目的。

定额的权威性是建立在采用先进科学的编制方法,能正确反映本行业的生产力水平、符合社会主义市场经济发展规律基础之上的。

（3）群众性

定额的群众性是指定额的制定和执行都必须有广泛的群众基础。首先,定额的水平高低主要取决于建筑安装工人所创造的劳动生产力水平的高低;其次,工人直接参加定额的测定工作,有利于制定出容易使用和推广的定额;最后,定额的执行要依靠广大职工的生产实践活动才能完成。

3.2.2　预算定额的编制原则

预算定额的编制原则主要有以下两个:

（1）平均水平原则

平均水平是指编制预算定额时应遵循价值规律的要求,即按生产该产品的社会必要劳动量来确定其人工、材料、机械台班消耗量。这就是说,在正常施工条件下,以平均的劳动强度、平均的技术熟练程度、平均的技术装备条件,完成单位合格建筑产品所需的劳动消耗量来确定预算定额的消耗量水平。这种以社会必要劳动量来确定定额水平的原则,就称为平均水平原则。

（2）简明适用原则

定额的简明与适用是统一体中的一对矛盾体,如果只强调简明,适用性就差;如果单纯追求适用,简明性就差。因此,预算定额应在适用的基础上力求简明。

简明适用原则主要体现在以下几个方面:

①满足使用各方的需要。例如,满足编制施工图预算、编制竣工结算、编制投标报价、工程成本核算、编制各种计划等的需要,不但要注意项目齐全,而且还要注意补充新结构、新工艺的项目。另外,还要注意每个定额子目的内容划分要恰当。例如,预制构件的制作、运输、安装划分为 3 个子目较合适,因为在工程施工中,预制构件的制、运、安往往由不同的施工单位来完成。

②确定预算定额的计量单位时,要考虑简化工程量的计算。例如,砌墙定额的计量单位采用"m^3"要比用"块"更简便。

③预算定额中的各种说明,要简明扼要、通俗易懂。

④编制预算定额时要尽量少留"活口",因为补充预算定额必然会影响定额水平的一致性。

3.3 劳动定额编制

预算定额是根据劳动定额、材料消耗定额、机械台班定额编制的,在讨论预定额编制前应该了解上述 3 种定额的编制方法。

3.3.1 劳动定额的表现形式及相互关系

(1)产量定额

在正常施工条件下,某工种工人在单位时间内完成合格产品的数量,称为产量定额。产量定额的常用单位有 $m^2/$ 工日、$m^3/$ 工日、$t/$ 工日、套/工日、组/工日等。例如,砌一砖半厚标准砖基础的产量定额为 $1.08\ m^3/$ 工日。

(2)时间定额

在正常施工条件下,某工种工人完成单位合格产品所需的劳动时间,称为时间定额。时间定额的常用单位有工日/m^2、工日/m^3、工日/t、工日/组等。例如,现浇混凝土过梁的时间定额为 1.99 工日/m^3。

(3)产量定额与时间定额的关系

产量定额和时间定额是劳动定额两种不同的表现形式,它们之间是互为倒数的关系。

$$时间定额 = \frac{1}{产量定额} \tag{3.1}$$

或 $$时间定额 \times 产量定额 = 1 \tag{3.2}$$

利用这种倒数关系,我们就可以求另外一种表现形式的劳动定额。例如:

$$一砖半厚砖基础的时间定额 = \frac{1}{产量定额} = \frac{1}{1.08} = 0.926\ 工日\ /m^3$$

$$现浇过梁的产量定额 = \frac{1}{时间定额} = \frac{1}{1.99} = 0.503\ m^3/\ 工日$$

3.3.2 时间定额与产量定额的特点

产量定额以 $m^2/$ 工日、$m^3/$ 工日、$t/$ 工日、套/工日等单位表示,数量直观、具体,容易被工人理解和接受。因此,产量定额适用于向工人班组下达生产任务。

时间定额以工日/m^2、工日/m^3、工日/t、工日/组等为单位,不同的工作内容有共同的时间单位,定额完成量可以相加。因此,时间定额适用于劳动计划的编制和统计完成任务情况。

3.3.3 劳动定额编制方法简介

在取得现场测定资料后,一般采用下列计算公式编制劳动定额:

$$N = \frac{N_{基} \times 100}{100 - (N_{辅} + N_{准} + N_{息} + N_{断})} \tag{3.3}$$

式中　N——单位产品时间定额;

$N_{基}$——完成单位产品的基本工作时间;

$N_{辅}$——辅助工作时间占全部定额工作时间的百分比；

$N_{准}$——准备与结束时间占全部定额工作时间的百分比；

$N_{息}$——休息时间占全部定额工作时间的百分比；

$N_{断}$——不可避免的中断时间占全部定额工作时间的百分比。

【例 3.1】　根据下列现场测定资料，计算每 100 m^2 水泥砂浆抹地面的时间定额和产量定额。

①基本工作时间：1 450 工分/50 m^2；

②辅助工作时间：占全部工作时间的 3%；

③准备与结束工作时间：占全部工作时间的 2%；

④不可避免中断时间：占全部工作时间的 2.5%；

⑤休息时间：占全部工作时间的 10%。

【解】　$$\text{抹 100 m}^2 \text{水泥砂浆地面的时间定额} = \frac{1\ 450 \times 100}{100 - (3 + 2 + 2.5 + 10)} \div 50 \times 100 = \frac{145\ 000}{100 - 17.5} \times \frac{100}{50}$$

$$= \frac{145\ 000}{82.5} \times 2 = 3\ 515(\text{工分}) = 58.58(\text{工时})$$

$$= 7.32(\text{工日})$$

抹水泥砂浆地面的时间定额 = 7.32（工日/100 m^2）

抹水泥砂浆地面的产量定额 = $\dfrac{1}{7.32}$ = 0.137（100 m^2）/工日 = 13.7（m^2/工日）

3.4　材料消耗定额编制

3.4.1　材料净用量定额和损耗量定额

（1）材料消耗量定额的构成

材料消耗量定额包括：

①直接用于建筑安装工程上的构成工程实体的材料；

②不可避免地产生的施工废料；

③不可避免的材料施工操作损耗。

（2）材料消耗净用量定额与损耗量定额的划分

直接构成工程实体的材料称为材料消耗净用量定额，不可避免的施工废料和施工操作损耗称为材料损耗量定额。

（3）净用量定额与损耗量定额之间的关系

$$材料消耗定额 = 材料消耗净用量定额 + 材料损耗量定额 \tag{3.4}$$

$$材料损耗率 = \frac{材料损耗量定额}{材料消耗量定额} \times 100\% \tag{3.5}$$

或　　　　　　　$$材料损耗率 = \frac{材料损耗率}{材料总消耗量} \times 100\% \tag{3.6}$$

$$材料消耗定额 = \frac{材料消耗净用量定额}{1 - 材料消耗率} \qquad (3.7)$$

或
$$总消耗量 = \frac{净用量}{1 - 损耗率} \qquad (3.8)$$

在实际工作中,为了简化上述计算过程,常用下列公式计算总消耗量:

$$总消耗量 = 净用量 \times (1 + 损耗率') \qquad (3.9)$$

其中
$$损耗率' = \frac{损耗量}{净用量} \qquad (3.10)$$

3.4.2 编制材料消耗定额的基本方法

(1)现场技术测定法

采用现场技术测定法可以取得编制材料消耗定额的全部资料。一般地,材料消耗定额中的净用量比较容易确定,损耗量较难确定,我们可以通过现场技术测定方法来确定材料的损耗量。

(2)试验法

试验法是在实验室内采用专门的仪器设备,通过实验的方法来确定材料消耗定额的一种方法。用这种方法提供的数据,虽然精确度较高,但容易脱离现场实际情况。

(3)统计法

统计法是通过对现场用料的大量统计资料进行分析计算的一种方法,用该方法可以获得材料消耗定额的数据。虽然统计法比较简单,但不能准确区分材料消耗的性质,因而不能区分材料净用量和损耗量,只能笼统地确定材料消耗定额。

(4)理论计算法

理论计算法是运用一定的计算公式确定材料消耗定额的方法。该方法较适合计算块状、板状、卷材状的材料消耗量计算。

3.4.3 砌体材料用量计算方法

1)砌体材料用量计算的一般公式

$$每1m^3 砌体砌块净用量(块) = \frac{1m^3 砌体体积}{墙厚(m) \times (砌块长 + 灰缝)(m) \times (砖厚 + 灰缝)(m)} \times 分母体积中砌块的数 \qquad (3.11)$$

$$砂浆净用量 = 1m^3 砌体体积 - 砌块净用量 \times 砌块的单件体积(m^3) \qquad (3.12)$$

2)砖砌体材料用量计算

灰砂砖的尺寸为240 mm×115 mm×53 mm(图3.1),其材料用量计算公式为:

$$每1m^3 砌体灰砂砖净用量(块) = \frac{1}{墙厚 \times (砖长 + 灰缝) \times (砖厚 + 灰缝)} \times 墙厚的砖数 \times 2 \qquad (3.13)$$

$$灰砂砖总消耗量 = \frac{净用量}{1 - 损耗率} \qquad (3.14)$$

$$砂浆净用量 = 1\ m^3 - 灰砂砖净用量 \times 0.24 \times 0.115 \times 0.053 \qquad (3.15)$$

$$砂浆总消耗量 = \frac{净用量}{1 - 损耗率} \qquad (3.16)$$

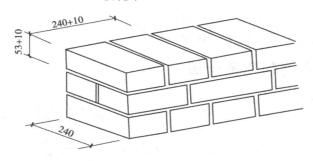

图 3.1　砖砌体计算尺寸示意图(尺寸单位:mm)

【**例** 3.2】　计算 $1\ m^3$ 一砖厚灰砂砖墙的砖和砂浆的总消耗量,灰缝 10 mm 厚,砖损耗率为 1.5%,砂浆损耗率为 1.2%。

【**解**】　(1) 灰砂砖净用量

$$\frac{每\ 1\ m^3\ 砖墙}{灰砂砖净用量} = \frac{1}{0.24 \times (0.24 + 0.01) \times (0.053 + 0.01)} \times 1 \times 2$$

$$= \frac{1}{0.24 \times 0.25 \times 0.063} \times 2 = 529.1(块)$$

(2) 灰砂砖总耗量

$$\frac{每\ 1\ m^3\ 砖墙}{灰砂砖总消耗量} = \frac{529.1}{1 - 1.5\%} = \frac{529.1}{0.985} = 537.16(块)$$

(3) 砂浆净用量

$$\frac{每\ 1\ m^3\ 砌体}{砂浆净用量} = 1 - 529.1 \times 0.24 \times 0.115 \times 0.053 = 1 - 0.773\ 967 = 0.226(m^3)$$

(4) 砂浆总消耗量

$$\frac{每\ 1\ m^3\ 砌体}{砂浆总消耗量} = \frac{0.226}{1 - 1.2\%} = \frac{0.226}{0.988} = 0.229(m^3)$$

3) 砌块砌体材料用量计算

【**例** 3.3】　计算尺寸为 390 mm×190 mm×190 mm 的每 $1\ m^3$ 190 mm 厚混凝土空心砌块墙的砌块和砂浆总消耗量,灰缝 10 mm,砌块与砂浆的损耗率均为 1.8%。

【**解**】　(1) 空心砌块总消耗量

$$\frac{每\ 1\ m^2\ 砌体}{空心砌块净用量} = \frac{1}{0.19 \times (0.39 + 0.01) \times (0.19 + 0.01)} \times 1$$

$$= \frac{1}{0.19 \times 0.40 \times 0.20} = 65.8(块)$$

$$\frac{每\ 1\ m^3\ 砌体}{空心砌块总消耗量} = \frac{65.8}{1 - 1.8\%} = \frac{65.8}{0.982} = 67.0(块)$$

（2）砂浆总消耗量

$$\frac{每\ 1\ m^3\ 砌体}{砂浆净用量} = 1 - 65.8 \times 0.19 \times 0.19 \times 0.39 = 1 - 0.926\ 4 = 0.074(m^3)$$

$$\frac{每\ 1\ m^3\ 砌体}{砂浆总消耗量} = \frac{0.074}{1 - 1.8\%} = \frac{0.074}{0.982} = 0.075(m^3)$$

3.4.4 块料面层材料用量计算

$$\frac{每\ 100\ m^2\ 块料面层}{块料净用量}(块) = \frac{100}{(块料长 + 灰缝) \times (块料宽 + 灰缝)} \tag{3.17}$$

$$每\ 100\ m^2\ 块料总消耗量(块) = \frac{净用量}{1 - 损耗率} \tag{3.18}$$

$$每\ 100\ m^2\ 结合层砂浆净用量 = 100\ m^2 \times 结合层厚度 \tag{3.19}$$

$$每\ 100\ m^2\ 结合层砂浆总消耗量 = \frac{净用量}{1 - 损耗率} \tag{3.20}$$

$$\frac{每\ 100\ m^2\ 块料面层}{灰缝砂浆净用量} = (100 - 块料长 \times 块料宽 \times 块料净用量) \times 灰缝深 \tag{3.21}$$

$$\frac{每\ 100\ m^2\ 块料面层}{灰缝砂浆总消耗量} = \frac{净用量}{1 - 损耗率} \tag{3.22}$$

【例3.4】 用水泥砂浆铺 500 mm×500 mm×15 mm 花岗石板地面，结合层 5 mm 厚，灰缝 1 mm 宽，花岗石损耗率为 2%，砂浆损耗率为 1.5%，试计算每 100 m² 地面的花岗石和砂浆的总消耗量。

【解】 （1）计算花岗石总消耗量

$$\frac{每\ 100\ m^2\ 地面}{花岗石净消耗量} = \frac{100}{(0.5 + 0.001) \times (0.5 + 0.001)} = \frac{100}{0.501 \times 0.501} = 398.4(块)$$

$$\frac{每\ 100\ m^2\ 地面}{花岗石总消耗量} = \frac{398.4}{1 - 2\%} = \frac{398.4}{0.98} = 406.5(块)$$

（2）计算砂浆总消耗量

$$\frac{每\ 100\ m^2\ 花岗石地面}{结合层砂浆净用量} = 100\ m^2 \times 0.005 = 0.5(m^3)$$

$$\frac{每\ 100\ m^2\ 花岗石地面}{灰缝砂浆净用量} = (100 - 0.5 \times 0.5 \times 398.4) \times 0.015$$

$$= (100 - 99.6) \times 0.015 = 0.006(m^3)$$

$$砂浆总消耗量 = \frac{0.5 + 0.006}{1 - 1.5\%} = \frac{0.506}{0.985} = 0.514(m^3)$$

3.4.5 预制构件模板摊销量计算

预制构件模板摊销量是按多次使用、平均摊销的方法计算的。计算公式如下：

$$模板一次使用量 = \frac{1\ m^3\ 构件模板}{接触面积} \times \frac{1\ m^2\ 接触面积}{模板净用量} \times \frac{1}{1 - 损耗率} \tag{3.23}$$

$$模板摊销量 = \frac{一次使用量}{周转次数} \qquad (3.24)$$

【例3.5】　根据选定的预制过梁标准图计算,每 1 m³ 构件的模板接触面积为 10.16 m²,每 1 m² 接触面积的模板净用量为 0.095 m³,模板损耗率为 5%,模板周转 28 次,试计算每 1 m³ 预制过梁的模板摊销量。

【解】　(1)模板一次使用量计算

$$模板一次使用量 = 10.16 \times 0.095 \times \frac{1}{1-5\%} = \frac{0.965\,2}{0.95} = 1.016(\text{m}^3)$$

(2)模板摊销量计算

$$预制过梁模板摊销量 = \frac{1.016}{28} = 0.036(\text{m}^3)$$

3.5　机械台班定额编制

施工机械台班定额是施工机械生产率的反映。编制高质量的机械台班定额是合理组织机械施工,有效利用施工机械,进一步提高机械生产率的必备条件。

编制机械台班定额,主要包括以下内容:

1)拟定正常施工条件

机械操作与人工操作相比,劳动生产率在很大程度上受施工条件的影响,所以需要更好地拟定正常的施工条件。

拟定机械工作正常的施工条件,主要是拟定工作地点的合理组织和拟定合理的工人编制。

2)确定机械纯工作 1 h 的正常生产率

确定机械正常生产率必须先确定机械纯工作 1 h 的正常劳动生产率。因为只有先取得机械纯工作 1 h 正常生产率,才能根据机械利用系数计算出施工机械台班定额。

机械纯工作时间,就是指机械必须消耗的净工作时间,包括正常负荷下工作时间、有根据降低负荷下工作时间、不可避免的无负荷工作时间、不可避免的中断时间。

机械纯工作 1 h 的正常生产率,就是在正常施工条件下,由具备一定技能的技术工人操作施工机械净工作 1 h 的劳动生产率。

确定机械纯工作 1 h 正常劳动生产率可分以下三步进行:

第 1 步,计算机械循环一次的正常延续时间。它等于本次循环中各组成部分延续时间之和,计算公式为:

$$机械循环一次正常延续时间 = \sum 循环内各组成部分延续时间 \qquad (3.25)$$

【例3.6】　某轮胎式起重机吊装大型屋面板,每次吊装一块,经过现场计时观察,测得循环一次的各组成部分的平均延续时间如下,试计算机械循环一次的正常延续时间。

①挂钩时的停车时间为 30.2 s;

②将屋面板吊至 15 m 高的时间为 95.6 s;

③将屋面板下落就位的时间为54.3 s;

④解钩时的停车时间为38.7 s;

⑤回转悬臂、放下吊绳空回至构件堆放处的时间为51.4 s。

【解】 $\dfrac{\text{轮胎式起重机循环一次}}{\text{的正常延续时间}} = 30.2 + 95.6 + 54.3 + 38.7 + 51.4 = 270.2(\text{s})$

第2步,计算机械纯工作1 h的循环次数,计算公式为:

$$\text{机械纯工作 1 h 的循环次数} = \frac{60 \times 60(\text{s})}{\text{一次循环的正常延续时间}} \qquad (3.26)$$

【例3.7】 根据上例计算结果,计算轮胎式起重机纯工作1 h的循环次数。

【解】 $\text{轮胎式起重机纯工作 1 h 的循环次数} = \dfrac{60 \times 60}{270.2} = 13.32(\text{次})$

第3步,求机械纯工作1 h的正常生产率,计算公式为:

$$\frac{\text{机械纯工作 1 h}}{\text{正常生产率}} = \frac{\text{机械纯工作 1 h}}{\text{正常循环次数}} \times \text{一次循环的产品数量} \qquad (3.27)$$

【例3.8】 根据上例计算结果和每次吊装1块的产品数量,计算轮胎式起重机纯工作1 h的正常生产率。

【解】 $\text{轮胎式起重机纯工作 1 h 正常生产率} = 13.32 \times 1 = 13.32(\text{块})$

3)确定施工机械的正常利用系数

机械的正常利用系数,是指机械在工作班内工作时间的利用率。机械正常利用系数与工作班内的工作状况有着密切关系。拟定工作班的正常状况,关键是如何保证合理利用工时,因此,要注意下列几个问题:

①尽量利用不可避免的中断时间、工作开始前与结束后的时间,进行机械的维护和养护;

②尽量利用不可避免的中间时间作为工人的休息时间;

③根据机械工作的特点,在担负不同工作时,规定不同的开始与结束时间;

④合理组织施工现场,排除由于施工管理不善造成的机械停歇。

确定机械正常利用系数,首先要计算工作班在正常状况下,准备与结束工作、机械开动、机械维护等工作必须消耗的时间,以及有效工作的开始与结束时间,然后再计算机械工作班的纯工作时间,最后确定机械正常利用系数。机械正常利用系数按下式计算:

$$\text{机械正常利用系数} = \frac{\text{工作班内机械纯工作时间}}{\text{机械工作班延续时间}} \qquad (3.28)$$

4)计算机械台班定额

计算机械台班定额是编制机械台班定额的最后一个环节。在确定了机械正常工作条件、机械纯工作1 h时间正常生产率和机械利用系数后,就可以确定机械台班的定额消耗指标。计算公式如下:

$$\frac{\text{施工机械台班}}{\text{产量定额}} = \frac{\text{机械纯工作 1 h}}{\text{正常生产率}} \times \text{工作班延续时间} \times \text{机械正常利用系数} \qquad (3.29)$$

【例3.9】 轮胎式起重机吊装大型屋面板,机械纯工作1 h的正常生产率为13.32块,工作班 8 h 内实际工作时间为 7.2 h,求产量定额和时间定额。

【解】　(1)计算机械正常利用系数

$$机械正常利用系数=\frac{7.2}{8}=0.9$$

(2)计算机械台班产量定额

$$轮胎式起重机台班产量定额=13.32×8×0.9=96(块/台班)$$

(3)求机械台班时间定额

$$轮胎式起重机台班时间定额=\frac{1}{96}=0.01(台班/块)$$

3.6　建筑工程预算定额编制

3.6.1　预算定额的编制步骤

编制预算定额一般分为以下 3 个阶段进行。

1)准备工作阶段

①根据工程造价主管部门的要求,组织编制预算定额的领导机构和专业小组;

②拟定编制定额的工作方案,提出编制定额的基本要求,确定编制定额的原则、适用范围,确定定额的项目划分及定额表格形式等;

③调查研究,收集各种编制依据和资料。

2)编制初稿阶段

①对调查和收集的资料进行分析研究;

②按编制方案中项目划分的要求和选定的典型工程施工图计算工程量;

③根据取定的各项消耗指标和有关编制依据,计算分项工程定额中的人工、材料和机械台班消耗量,编制出定额项目表;

④测算定额水平,定额初稿编出后,应将新编定额与原定额进行比较,测算新定额的水平。

3)修改和定稿阶段

组织有关部门和单位讨论新编定额,将征求到的意见交编制专业小组修改定稿,并写出送审报告,交审批机关审定。

3.6.2　确定预算定额消耗量指标

1)定额项目计量单位的确定

预算定额项目计量单位的选择,与预算定额的准确性、简明适用性有着密切关系。因此,首先要确定好定额各项目的计量单位。在确定项目计量单位时,应首先考虑采用该单位能否确切反映单位产品的工、料、机消耗量,保证预算定额的准确性;其次,要有利于减少定额项目数量,提高定额的综合性;最后,要有利于简化工程量计算和预算的编制,保证预算的准确性和及时性。

由于各分项工程的形状不同,定额计量单位应根据分项工程不同的形状特征和变化规律来确定。一般要求如下:

①凡物体的长、宽、高3个度量都在变化时,应采用 m³ 为计量单位。例如,土方、石方、砌筑、混凝土构件等项目。

②当物体有一固定的厚度,而长和宽两个度量所决定的面积不固定时,宜采用 m² 为计量单位。例如,楼地面面层、屋面防水层、装饰抹灰、木地板等项目。

③如果物体截面形状大小固定,但长度不固定时,应以延长米为计量单位。例如,装饰线、栏杆扶手、给排水管道、导线敷设等项目。

④有的项目体积、面积变化不大,但质量和价格差异较大,如金属结构制、运、安等,应当以质量单位"t"或"kg"计算。

⑤有的项目还可以"个、组、座、套"等自然计量单位计算。例如,屋面排水用的水斗、水口及给排水管道中的阀门、水嘴安装等均以"个"为计量单位;电气照明工程中的各种灯具安装则以"套"为计量单位。

定额项目计量单位确定之后,在预算定额项目表中,常用所采用单位的"10 倍"或"100倍"等倍数的计量单位来计算定额消耗量。

2) 预算定额消耗指标的确定

确定预算定额消耗指标,一般按以下步骤进行:

(1)按选定的典型工程施工图及有关资料计算工程量

编制定额的数据来源于典型工程的测算,因此计算工程量的目的是综合不同类型工程在本定额项目中实物消耗量的比例数,使定额项目的消耗量更具有广泛性、代表性。

(2)确定人工消耗指标

预算定额中的人工消耗指标是指完成该分项工程必须消耗的各种用工量,包括基本用工、材料超运距用工、辅助用工和人工幅度差。

①基本用工。它是指完成该分项工程的主要用工。例如,砌砖墙中的砌砖、调制砂浆、运砖等的用工。采用劳动定额综合成预算定额项目时,还要增加附墙烟囱、垃圾道砌筑等的用工。

②材料超运距用工。拟定预算定额项目的材料、半成品平均运距要比劳动定额中确定的平均运距远。因此在编制预算定额时,比劳动定额远的那部分运距要计算超运距用工。

③辅助用工。它是指施工现场发生的加工材料的用工,如筛砂子、淋石灰膏的用工。这类用工在劳动定额中是单独的项目,但在编制预算定额时要综合进去。

④人工幅度差。主要指在正常施工条件下,预算定额项目中劳动定额没有包含的用工因素,以及预算定额与劳动定额的水平差。例如,各工种交叉作业的停歇时间、工程质量检查和隐蔽工程验收等所占的时间。

预算定额的人工幅度差系数一般在 10%~15%。人工幅度差的计算公式为:

$$人工幅度差 =(基本用工 + 超运距用工 + 辅助用工)× 人工幅度差系数 \quad (3.30)$$

(3)材料消耗指标的确定

由于预算定额是在劳动定额、材料消耗定额、机械台班定额的基础上综合而成的,所以其

材料消耗量也要综合计算。例如,每砌 10 m³ 一砖内墙的灰砂砖和砂浆用量的计算过程如下:

①计算 10 m³ 一砖内墙的灰砂砖净用量;

②根据典型工程的施工图计算每 10 m³ 一砖内墙中梁头、板头所占体积;

③扣除 10 m³ 砖墙体积中梁头、板头所占体积;

④计算 10 m³ 一砖内墙砌筑砂浆净用量;

⑤计算 10 m³ 一砖内墙灰砂砖和砂浆的总消耗量。

(4)机械台班消耗指标的确定

预算定额中配合工人班组施工的施工机械,按工人小组的产量计算台班产量。计算公式为:

$$分项工程定额机械台班使用量 = \frac{分项工程定额计量单位值}{小组总产量} \qquad (3.31)$$

3.6.3　编制预算定额项目表

分项工程的人工、材料、机械台班消耗量指标确定后,就可以着手编制预算定额项目表。

3.6.4　预算定额编制实例

1)典型工程工程量计算

计算一砖厚标准砖内墙及墙内构件体积时,选择了 6 个典型工程,它们是某食品厂加工车间、某单位职工住宅、某中学教学楼、某职业技术学院教学楼、某单位综合楼、某住宅商品房。具体计算过程见表 3.1。

一砖内墙及墙内构件体积工程量计算表中门窗洞口面积占墙体总面积的百分比的计算公式为:

$$\frac{门窗洞口面积占}{墙体总面积百分比} = \frac{门窗面积}{砖墙体积 \div 墙厚 + 门窗面积} \times 100\% \qquad (3.32)$$

例如,加工车间门窗洞口面积占墙体总面积百分比的计算式为:

$$\frac{加工车间门窗洞口面积}{占墙总面积百分比} = \frac{24.50}{30.01 \div 0.24 + 24.50} \times 100\% = 16.38\%$$

通过上述 6 个典型工程测算,在一砖内墙中,单面清水、双面清水墙各占 20%,混水墙占 60%。

分部名称：砖石工程
分节名称：砌砖

项目：砖内墙
子目：一砖厚

表 3.1 标准砖一砖内墙及墙内构件体积工程计算表

序号	工程名称	砖墙体积/m³ 数量(1)	%(2)	门窗面积/m² 数量(3)	%(4)	板头体积/m³ 数量(5)	%(6)	梁头体积/m³ 数量(7)	%(8)	弧形及圆形旋/m 数量(9)	附墙烟囱孔/m 数量(10)	垃圾道/m 数量(11)	抗震柱孔/m 数量(12)	墙顶面抹灰找平/m² 数量(13)	壁橱/个 数量(14)	吊柜/个 数量(15)
1	加工车间	30.01	2.51	24.50	16.38	0.26	0.87									
2	职工住宅	66.10	5.53	40.00	12.68	2.41	3.65	0.17	0.26	7.18				8.21		
3	普通中学教学楼	149.13	12.47	47.92	7.16	0.17	0.1	2.00	1.3					10.33		
4	高职教学楼	164.14	13.72	185.09	21.30	5.89	3.59	0.46	0.28				59.39			
5	综合楼	432.12	36.12	250.16	12.20	10.01	2.32	3.55	0.82		217.36	19.45	161.31	28.68		
6	住宅商品楼	354.73	9.65	191.58	11.47	8.65	2.44				189.36	16.44	138.17	27.54	2	2
	合　计	1 196.23	100	739.25	81.89	27.39	2.29	6.18	0.52	7.18	406.72	35.89	358.87	74.76	2	2

2) 人工消耗指标确定

预算定额砌砖工程材料超运距计算见表 3.2。

表 3.2　预算定额砌砖工程材料超运距计算表　　　　　　　　单位:m

材料名称	预算定额运距	劳动定额运距	超运距
砂　子	80	50	30
石灰膏	150	100	50
灰砂砖	170	50	120

注:每砌 1 m³ 一砖内墙的砂子定额用量为 2.43 m³,石灰膏用量为 0.19 m³。

根据上述计算的工程量有关数据和某劳动定额计算的每 10 m³ 一砖内墙的预算定额人工消耗指标,见表 3.3。

表 3.3　预算定额项目劳动力计算表

子目名称:一砖内墙　　　　　　　　　　　　　　　　　　　　单位:10 m³

用工	施工过程名称	工程量	单位	劳动定额编号	工　种	时间定额	工日数
	1	2	3	4	5	6	7 = 2×6
基本用工	单面清水墙	2.0	m³	§4-2-10	砖工	1.16	2.320
	双面清水墙	2.0	m³	§4-2-5	砖工	1.20	2.400
	混水内墙	6.0	m³	§4-2-16	砖工	0.972	5.832
	小　计						10.552
	弧形及圆形旋	0.006	m	§4-2 加工表	砖工	0.03	0.002
	附墙烟囱孔	0.34	m	§4-2 加工表	砖工	0.05	0.170
	垃圾道	0.03	m	§4-2 加工表	砖工	0.06	0.018
	预留抗震柱孔墙	0.30	m	§4-2 加工表	砖工	0.05	0.150
	顶面抹灰找平	0.625	m²	§4-2 加工表	砖工	0.08	0.050
	壁　橱	0.002	个	§4-2 加工表	砖工	0.30	0.006
	吊　柜	0.002	个	§4-2 加工表	砖工	0.15	0.003
	小　计						0.399
	合　计　　10.951						
超运距用工	砂子超运 30 m	2.43	m³	§4-超运距加工表-192	普工	0.045 3	0.110
	石灰膏超运 50 m	0.19	m³	§4-超运距加工表-193	普工	0.128	0.024
	标准砖超运 120 m	10.00	m³	§4-超运距加工表-178	普工	0.139	1.390
	砂浆超运 130 m	10.00	m³	§4-超运距加工表-$\begin{cases}178\\173\end{cases}$	普工	$\begin{cases}0.051\ 6\\0.008\ 16\end{cases}$	0.598
	合　计　　2.122						
辅助工	筛砂子	2.43	m³	§1-4-82	普工	0.111	0.270
	淋石灰膏	0.19	m³	§1-4-95	普工	0.50	0.095
	合　计　　0.365						
共计	人工幅度差 = (10.951+2.122+0.365)×10% = 1.344(工日)						
	定额用工 = 10.951+2.122+0.365+1.344 = 14.782(工日)						

3)材料消耗指标确定

①10 m³ 一砖内墙灰砂砖净用量为：

$$\frac{每10 \ m³ 砌体}{灰砂砖净用量} = \frac{1}{0.24 \times 0.25 \times 0.063} \times 2 \times 10$$

$$= 529.1 \times 10 = 5\ 291(块/10 \ m³)$$

②扣除 10 m³ 砌体中梁、板头所占体积。查表 3.2,梁头和板头占墙体积的百分比为：

$$0.52\%(梁头) + 2.29\%(板头) = 2.81\%$$

扣除梁、板头体积后的灰砂砖净用量为：

$$灰砂砖净用量 = 5\ 291 \times (1 - 2.81\%) = 5\ 291 \times 0.971\ 9 = 5\ 142(块)$$

③10 m³ 一砖内墙砌筑砂浆净用量为：

$$砂浆净用量 = (1 - 529.1 \times 0.24 \times 0.115 \times 0.053) \times 10 = 2.26(m³)$$

④扣除梁、板头体积后的砂浆净用量为：

$$砂浆净用量 = 2.26 \times (1 - 2.81\%) = 2.26 \times 0.971\ 9 = 2.196(m³)$$

⑤材料总消耗量计算。

当灰砂砖损耗率为 1%,砌筑砂浆损耗率为 1% 时,计算灰砂砖和砂浆的总消耗量。

$$灰砂砖总消耗量 = \frac{5\ 142}{1 - 1\%} = 5\ 194(块/10 \ m³)$$

$$砌筑砂浆总消耗量 = \frac{2.196}{1 - 1\%} = 2.218(m³/10 \ m³)$$

4)机械台班消耗指标确定

预算定额项目中配合工人班组施工的机械台班消耗指标按小组产量计算。

根据上述 6 个典型工程的工程量数据和劳动定额规定,砌砖工人小组由 22 人组成,计算每 10 m³ 一砖内墙的塔吊和灰浆搅拌机的台班定额。

$$小组总产量 = 22 \times (单面清水 20\% \times 0.862 \ m³/工日 + 双面清水 20\% \times$$

$$0.833 \ m³/工日 + 混水 60\% \times 1.029 \ m³/工日)$$

$$= 22 \times 0.956\ 4 \ m³/工日 = 21.04(m³/工日)$$

$$2 \ t 塔吊时间定额 = \frac{分项定额计量单位值}{小组总产量} = \frac{10}{21.04} = 0.475(台班/10 \ m³)$$

$$200 \ L 砂浆搅拌机时间定额 = \frac{10}{21.04} = 0.475(台班/10 \ m³)$$

5)编制预算定额项目表

根据上述计算的人工、材料、机械台班消耗指标编制的一砖厚内墙的预算定额项目表,见表 3.4。

表 3.4　预算定额项目表

工程内容:略　　　　　　　　　　　　　　　　　　　　　　　　　　　单位:m³

定额编号			×××	×××	×××
项　目		单　位	内　墙		
			1 砖	3/4 砖	1/2 砖
人工	砖　工	工日	12.046		
	其他用工	工日	2.736		
	小　计	工日	14.782		
材料	灰砂砖	块	5 194		
	砂　浆	m³	2.218		
机械	2 t 塔吊	台班	0.475		
	200 L 砂浆搅拌机	台班	0.475		

3.7　建筑工程预算定额的应用

3.7.1　预算定额的构成

　　预算定额一般由总说明、分部说明、分节说明、建筑面积计算规则、工程量计算规则、分项工程消耗指标、分项工程基价、机械台班预算价格、材料预算价格、砂浆和混凝土配合比表、材料损耗率表等内容构成,如图 3.2 所示。

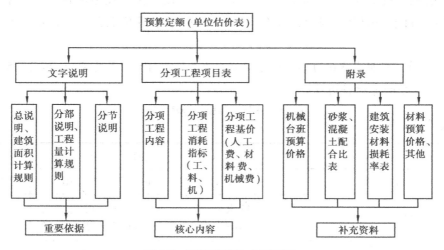

图 3.2　预算定额构成示意图

　　由此可见,预算定额由文字说明、分项工程项目表和附录三部分内容构成。其中,分项工程项目表是预算定额的核心内容。例如,表 3.5 为某地区土建部分砌砖项目工程的定额项目表,它反映了砌砖工程某子目工程的预算价值(定额基价)及人工、材料、机械台班消耗量指标。

表 3.5　建筑工程预算定额

工程内容:略

定额编号			定-1	×××
定额单位			10 m³	×××
项　　目	单　位	单价/元	M5 混合砂浆砌砖墙	×××
基　价	元		1 999.84	×××
其中	人工费	元		888.00	
	材料费	元		1 023.24	×××
	机械费	元		88.60	
人工	合计用工	工日	50.00	17.76	×××
材料	标准砖	千块	140	5.26	
	M5 混合砂浆	m³	127	2.24	
	水	m³	0.5	2.16	×××
	其他材料费	元		1.28	
机械	200 L 砂浆搅拌机	台班	15.92	0.475	
	2 t 内塔吊	台班	170.61	0.475	×××

需要强调的是,当分项工程项目中的材料项目栏中含有砂浆或混凝土半成品的用量时,其半成品的原材料用量要根据定额附录中的砂浆、混凝土配合比表的材料用量来计算。因此,当定额项目中的配合比与设计配合比不同时,附录半成品配合比表是定额换算的重要依据。

【例 3.10】　根据表 3.6 的"定-1"号定额和表 3.7 的"附-1"号定额,计算用 M5 水泥砂浆砌 10 m³ 砖基础的原材料用量。

表 3.6　建筑工程预算定额(摘录)

工程内容:略

定额编号			定-1	定-2	定-3	定-4
定额单位			10 m³	10³	10³	100 m²
项　　目	单位	单价/元	M5 水泥砂浆砌砖基础	现浇 C20 钢筋混凝土矩形梁	C15 混凝土地面垫层	1∶2水泥砂浆墙基防潮层
基　价	元		1 588.05	9 505.32	2 493.24	1 036.29

续表

	定额编号			定-1	定-2	定-3	定-4
其中	人工费	元		621.50	366.00	1 078.00	475.00
	材料费	元		958.99	5 684.33	1 384.26	557.31
	机械费	元		7.56	157.99	30.98	3.98
人工	基本工	工日	50.00	10.32	52.20	13.46	7.20
	其他工	工日	50.00	2.11	21.06	8.10	2.30
	合　计	工日	50.00	12.43	73.26	21.56	9.5
材料	标准砖	千块	127.00	5.23			
	M5 水泥砂浆	m³	124.32	2.36			
	木材	m³	700.00		0.138		
	钢模板	kg	4.60		51.53		
	零星卡具	kg	5.40		23.20		
	钢支撑	kg	4.70		11.60		
	ϕ10 内钢筋	kg	3.10		471		
	ϕ10 外钢筋	kg	3.00		728		
	C20 混凝土（0.5~4）	m³	146.98		10.15		
	C15 混凝土（0.5~4）	m³	136.02			10.10	
	1:2 水泥砂浆	m³	230.02				2.07
	防水粉	kg	1.20				66.38
	其他材料费	元			26.83	1.23	1.51
	水	m³	0.60	2.31	13.52	15.38	
机械	200 L 砂浆搅拌机	台班	15.92	0.475			0.25
	400 L 混凝土搅拌机	台班	81.52		0.63	0.38	
	2 t 内塔吊	台班	170.61		0.625		

表 3.7　砌筑砂浆配合比表（摘录）

	定额编号			附-1	附-2	附-3	附-4
	项　目	单位	单价/元	水泥砂浆			
				M5	M7.5	M10	M15
	基　价	元		124.32	144.10	160.14	189.98
材料	32.5 级水泥	kg	0.30	270.00	341.00	397.00	499.00
	中　砂	m³	38.00	1.140	1.100	1.080	1.060

【解】　32.5 MPa 水泥：2.36（$m^3/10\ m^3$）× 270（kg/m^3）= 637.20（$kg/10\ m^3$）

中砂：2.36（$m^3/10\ m^3$）× 1.14（m^3/m^3）= 2.690（$m^3/10\ m^3$）

3.7.2　预算定额的使用

1）预算定额的直接套用

当施工图的设计要求与预算定额的项目内容一致时,可直接套用预算定额。在编制单位工程施工图预算的过程中,大多数项目可以直接套用预算定额。套用时应注意以下几点:

①根据施工图、设计说明和做法说明,选择定额项目;

②要从工程内容、技术特征和施工方法上仔细核对,才能较准确地确定相对应的定额项目;

③分项工程的名称和计量单位要与预算定额相一致。

2）预算定额的换算

当施工图中的分项工程项目不能直接套用预算定额时,就产生了定额的换算。

（1）预算定额的换算原则

为了保持定额的水平,在预算定额的说明中规定了有关换算原则,一般包括:

①定额的砂浆、混凝土强度等级。如设计与定额不同时,允许按定额附录的砂浆、混凝土配合比表换算,但配合比中的各种材料用量不得调整。

②定额中抹灰项目已考虑了常用厚度,各层砂浆的厚度一般不作调整。如果设计有特殊要求时,定额中工、料可以按厚度比例换算。

③必须按预算定额中的各项规定换算定额。

（2）预算定额的换算类型

预算定额的换算类型有以下 4 种:

①砂浆换算:即砌筑砂浆换强度等级、抹灰砂浆换配合比及砂浆用量。

②混凝土换算:即构件混凝土、楼地面混凝土的强度等级、混凝土类型的换算。

③系数换算:按规定对定额中的人工费、材料费、机械费乘以各种系数的换算。

④其他换算:除上述 3 种情况以外的定额换算。

3）定额换算的基本思路

定额换算的基本思路是:根据选定的预算定额基价,按规定换入增加的费用,换出扣除的费用。这一思路用下列表达式表述:

$$换算后的定额基价 = 原定额基价 + 换入的费用 - 换出的费用 \qquad (3.33)$$

例如,某工程施工图设计用 M15 水泥砂浆砌砖墙,查预算定额中只有 M5,M7.5,M10 水泥砂浆砌砖墙的项目,这时就需要选用预算定额中的某个项目,再依据定额附录中 M15 水泥砂浆的配合比用量和基价进行换算。

换算后定额基价=M5（或 M10）水泥砂浆砌砖墙定额基价+定额砂浆用量×

M5 水泥砂浆基价−定额砂浆用量×M5（或 M10）水泥砂浆基价

上述项目的定额基价换算示意如图 3.3 所示。

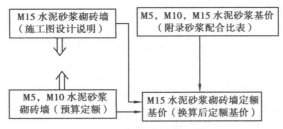

图 3.3 定额基价换算示意图

3.7.3 砌筑砂浆换算

1) 换算原因

当设计图纸要求的砌筑砂浆强度等级在预算定额中缺项时,就需要调整砂浆强度等级,求出新的定额基价。

2) 换算特点

由于砂浆用量不变,所以人工、机械费不变,因而只换算砂浆强度等级和调整砂浆材料费。

砌筑砂浆换算公式为:

$$\frac{\text{换算后}}{\text{定额基价}} = \frac{\text{原定额}}{\text{基价}} + \frac{\text{定额砂}}{\text{浆用量}} \times \left(\frac{\text{换入砂}}{\text{浆基价}} - \frac{\text{换出砂}}{\text{浆基价}}\right) \tag{3.34}$$

【例 3.11】 M7.5 水泥砂浆砌砖基础。

【解】 用式(3.34)换算。

换算定额号:定-1(见表 3.6),附-1、附-2(见表 3.7)

换算后定额基价 = 1 588.05+2.36×(144.10-124.32)

    = 1 588.05+2.36×19.78 = 1 634.73(元/10 m³)

换算后材料用量(每 10 m³ 砌体):

    32.5 MPa 水泥:2.36×341.00 = 804.76(kg)

    中砂:2.36×1.10 = 2.596(m³)

3.7.4 抹灰砂浆换算

1) 换算原因

当设计图纸要求的抹灰砂浆配合比或抹灰厚度与预算定额的抹灰砂浆配合比或厚度不同时,就要进行抹灰砂浆换算。

2) 换算特点

第一种情况:当抹灰厚度不变只换算配合比时,人工费、机械费不变,只调整材料费。

第二种情况:当抹灰厚度发生变化时,砂浆用量要改变,因而人工费、材料费、机械费均要换算。

3) 换算公式

第一种情况的换算公式:

$$\frac{\text{换算后}}{\text{定额基价}} = \frac{\text{原定额}}{\text{基价}} + \frac{\text{抹灰砂浆}}{\text{定额用量}} \times \left(\frac{\text{换入砂}}{\text{浆基价}} - \frac{\text{换出砂}}{\text{浆基价}}\right) \tag{3.35}$$

第二种情况换算公式：

$$\begin{aligned}\text{换算后}\atop\text{定额基价} = {\text{原定额}\atop\text{基价}} + \left({\text{定额}\atop\text{人工费}} + {\text{定额}\atop\text{机械费}}\right) \times (K-1) + \end{aligned}$$

$$\sum\left({\text{各层换入}\atop\text{砂浆用量}} \times {\text{换入砂}\atop\text{浆基价}} - {\text{各层换出}\atop\text{砂浆用量}} \times {\text{换出砂}\atop\text{浆基价}}\right) \tag{3.36}$$

其中：

$$K = \frac{\text{设计抹灰砂浆总厚}}{\text{定额抹灰砂浆总厚}} \tag{3.37}$$

$${\text{各层换入}\atop\text{砂浆用量}} = \frac{\text{定额砂浆用量}}{\text{定额砂浆厚度}} \times \text{设计厚度} \tag{3.38}$$

$${\text{各层换出}\atop\text{砂浆用量}} = \text{定额砂浆用量} \tag{3.39}$$

式中 K——工、机费换算系数。

【例 3.12】 1:2 水泥砂浆底 13 mm 厚,1:2 水泥砂浆面 7 mm 厚抹砖墙面。

【解】 用式(3.35)换算(砂浆总厚不变)。换算定额号:定-6(见表 3.8),附-6、附-7(见表 3.9)。

表 3.8 建筑工程预算定额(摘录)

工程内容:略

	定额编号			定-5	定-6
	定额单位			100 m²	100 m²
	项 目	单位	单价/元	C15 混凝土地面	1:2.5 水泥砂浆抹砖墙面
	基 价	元		1 523.78	1 273.44
其中	人工费	元		665.00	770.00
	材料费	元		833.51	451.21
	机械费	元		25.27	52.23
人工	基本工	工日	50.00	9.20	13.40
	其他工	工日	50.00	4.10	2.00
	合 计	工日	50.00	13.30	15.40
材料	C15 混凝土(0.5~4)	m³	136.02	6.06	
	1:2.5 水泥砂浆	m³	210.72		2.10(底厚:1.39;面:0.71)
	其他材料费	元			4.50
	水	m³	0.60	15.38	6.99
机械	200 砂浆搅拌机	台班	15.92		0.28
	400 L 混凝土搅拌机	台班	81.52	0.31	
	塔式起重机	台班	170.61		0.28

表 3.9 抹灰砂浆配合比表(摘录)

	定额编号			附-5	附-6	附-7	附-8
	项 目	单 位	单价/元	水泥砂浆			
				1:1.5:1	1:2	1:2.5	1:3
	基 价	元		254.40	230.02	210.72	182.82
材料	32.5 级水泥	kg	0.30	734	635	558	465
	中砂	m³	38.00	0.90	1.04	1.14	1.14

$$\begin{matrix}换算后\\定额基价\end{matrix} = 1\ 273.44 + 2.10 \times (230.02 - 210.72)$$

$$= 1\ 273.44 + 2.10 \times 19.30 = 1\ 313.97(元/100\ m^2)$$

换算后材料用量(每100 m²):

32.5 级水泥:2.10×635 = 1 333.50(kg)

中砂:2.10×1.04 = 2.184(m³)

【例3.13】　1:3水泥砂浆底15 mm厚,1:2.5 水泥砂浆面7 mm 厚抹砖墙面。

【解】　设计抹灰厚度发生了变化,故用式(3.36)换算。换算定额号:定-6(见表3.8),附-7、附-8(见表3.9)。

$$工、机费换算系数 K = \frac{15 + 7}{13 + 7} = \frac{22}{20} = 1.10$$

$$1:3水泥砂浆用量 = \frac{1.39}{13} \times 15 = 1.604(m^3)$$

1:2.5 水泥砂浆用量不变。

$$\begin{matrix}换算后\\定额基价\end{matrix} = 1\ 273.44 + (770.00 + 52.23) \times (1.10 - 1) + 1.604 \times 182.82 - 1.39 \times 210.72$$

$$= 1\ 273.44 + 822.23 \times 0.10 + 293.24 - 292.90 = 1\ 356.00(元/100\ m^2)$$

换算后材料用量(每100 m²):

32.5 级水泥:1.604×465+0.71×558 = 1 142.04(kg)

中砂:1.604×1.14+0.71×1.14 = 2.638(m³)

【例3.14】　1:2水泥砂浆底14 mm厚,1:2水泥砂浆面9 mm 厚抹砖墙面。

【解】　用式(3.36)换算。换算定额号:定-6(见表3.8)、附-6、附-7(见表3.9)。

$$工、机费换算系数 K = \frac{14+9}{13+7} = \frac{23}{20} = 1.15$$

$$1:2水泥砂浆用量 = \frac{2.10}{20} \times 23 = 2.415(m^3)$$

$$\begin{matrix}换算后\\定额基价\end{matrix} = 1\ 273.44 + (770.00 + 52.23) \times (1.15 - 1) + 2.415 \times$$

$$230.02 - 2.10 \times 210.72$$

$$= 1\ 273.44 + 882.23 \times 0.15 + 555.50 - 442.51$$

$$= 1\ 509.76(元/100\ m^2)$$

换算后材料用量(每100 m²):

32.5 级水泥:2.415×635 = 1 533.53(kg)

中砂:2.415×1.04 = 2.512(m³)

3.7.5　构件混凝土换算

1)换算原因

当设计要求构件采用的混凝土强度等级在预算定额中没有相符合的项目时,就产生了混凝土强度等级或石子粒径的换算。

2) 换算特点

混凝土用量不变,人工费、机械费不变,只换算混凝土强度等级或石子粒径。

3) 换算公式

$$\begin{matrix} \text{换算后} \\ \text{定额基价} \end{matrix} = \begin{matrix} \text{原定额} \\ \text{基价} \end{matrix} + \begin{matrix} \text{定额混凝土} \\ \text{用量} \end{matrix} \times \left(\begin{matrix} \text{换入混凝土} \\ \text{基价} \end{matrix} - \begin{matrix} \text{换出混凝土} \\ \text{基价} \end{matrix} \right) \qquad (3.40)$$

【例 3.15】 现浇 C25 钢筋混凝土矩形梁。

【解】 用式(3.40)换算。换算定额号:定-2(见表 3.6),附-10、附-11(见表 3.10)。

换算后定额基价 = 9 505.32 + 10.15 × (162.63 − 146.98)

= 9 505.32 + 10.15 × 15.65

= 9 664.17(元/10 m³)

换算后材料用量(每 10 m³):

52.5 级水泥:10.15 × 313 = 3 176.95(kg)

砂:10.15 × 0.46 = 4.669(m³)

0.5~4 砾石:10.15 × 0.89 = 9.034(m³)

表 3.10 普通塑性混凝土配合比表(摘录)

单位:m³

定额编号			附-9	附-10	附-11	附-12	附-13	附-14
项 目	单位	单价/元	最大粒径:40 mm					
			C15	C20	C25	C30	C35	C40
基 价	元		136.02	146.98	162.63	172.41	181.48	199.18
材料	42.5 级水泥	kg	0.30	274	313.00				
	52.5 级水泥	kg	0.35			313	343	370	
	62.5 级水泥	kg	0.40						368
	中 砂	m³	38.00	0.49	0.46	0.46	0.42	0.41	0.41
	0.5~4 砾石	m³	40.00	0.88	0.89	0.89	0.91	0.91	0.91

3.7.6 楼地面混凝土换算

1) 换算原因

楼地面混凝土面层的定额单位一般是 m²。因此,当设计厚度与定额厚度不同时,就产生了定额基价的换算。

2) 换算特点

同抹灰砂浆的换算特点。

3) 换算公式

$$\begin{matrix} \text{换算后} \\ \text{定额基价} \end{matrix} = \begin{matrix} \text{原定额} \\ \text{基价} \end{matrix} + \left(\begin{matrix} \text{定额} \\ \text{人工费} \end{matrix} + \begin{matrix} \text{定额} \\ \text{机械费} \end{matrix} \right) \times (K - 1) + \begin{matrix} \text{换入混凝土} \\ \text{用量} \end{matrix} \times$$

$$\frac{换入混凝土}{基价} - \frac{换出混凝土}{用量} \times \frac{换出混凝土}{基价} \qquad (3.41)$$

其中：

$$K = \frac{混凝土设计厚度}{混凝土定额厚度} \qquad (3.42)$$

$$换入混凝土用量 = \frac{定额混凝土用量}{定额混凝土厚度} \times 设计混凝土厚度 \qquad (3.43)$$

$$换出混凝土用量 = 定额混凝土用量 \qquad (3.44)$$

式中　K——工、机费换算系数。

【例 3.16】　C20 混凝土地面面层 80 mm 厚。

【解】　用式(3.41)和式(3.42)换算。换算定额号：定-5(见表 3.8)，附-9、附-10(见表 3.10)。

$$工、机费换算系数 K = \frac{8}{6} = 1.333$$

$$换入混凝土用量 = \frac{6.06}{6} \times 8 = 8.08(m^3)$$

$$\begin{aligned} \frac{换算后}{定额基价} &= 1\,523.78 + (665.00 + 25.27) \times (1.333 - 1) + 8.08 \times 146.98 - 6.06 \times 136.02 \\ &= 1\,523.78 + 690.27 \times 0.333 + 1\,187.60 - 824.28 \\ &= 2\,116.96(元/100\ m^2) \end{aligned}$$

换算材料用量(每 100 m²)：

42.5 级水泥：$8.08 \times 313 = 2\,529.04(kg)$

中砂：$8.08 \times 0.46 = 3.717(m^3)$

0.5~4 砾石：$8.08 \times 0.89 = 7.191(m^3)$

3.7.7　乘系数的换算和其他换算

1)乘系数换算

乘系数换算，是指在使用某些预算定额项目时，定额的一部分或全部乘以规定的系数。例如，某地区预算定额规定，砌弧形砖墙时，定额人工费乘以 1.10 系数；楼地面垫层用于基础垫层时，定额人工费乘以系数 1.20。

【例 3.17】　C15 混凝土基础垫层。

【解】　根据题意按某地区预算定额规定，楼地面垫层定额用于基础垫层时，定额人工费乘以 1.20 系数。

$$\begin{aligned} 换算后定额基价 &= 原定额基价 + 定额人工费 \times (系数 - 1) \\ &= 2\,493.24 + 1\,078.00 \times (1.20 - 1) \\ &= 2\,708.84(元/10\ m^3) \end{aligned}$$

其中：人工费 $= 1\,078.00 \times 1.20 = 1\,293.6(元/10\ m^3)$

2)其他换算

其他换算是指不属于上述几种换算情况的定额基价换算。

【例 3.18】 1:2防水砂浆墙基防潮层(加水泥用量8%的防水粉)。

【解】 根据题意和定额"定-4"(见表3.6)内容应调整防水粉的用量。

换算定额号:定-4(见表3.6),附-6(见表3.9)。

$$防水粉用量 = 定额砂浆用量 × 砂浆配合比中的水泥用量 × 8\%$$
$$= 2.07 × 635 × 8\% = 105.16(kg)$$

$$\begin{matrix}换算后\\定额基价\end{matrix} = \begin{matrix}原定额\\基价\end{matrix} + \begin{matrix}防水粉\\单价\end{matrix} × \left(\begin{matrix}防水粉\\换入量\end{matrix} - \begin{matrix}防水粉\\换出量\end{matrix}\right)$$
$$= 1\ 036.29 + 1.20 × (105.16 - 66.38)$$
$$= 1\ 082.83(元/100\ m^2)$$

材料用量(每100 m²):

32.5级水泥:2.07×635 = 1 314.45(kg)

中砂:2.07×1.04 = 2.153(m³)

防水粉:2.07×635×8% = 105.16(kg)

3.7.8 定额基价换算公式小结

1)定额基价换算总公式

$$换算后定额基价 = 原定额基价 + 换入费用 - 换出费用 \tag{3.45}$$

2)定额基价换算通用公式

$$\begin{matrix}换算后\\定额基价\end{matrix} = \begin{matrix}原定额\\基价\end{matrix} + \left(\begin{matrix}定额\\人工费\end{matrix} + \begin{matrix}定额\\机械费\end{matrix}\right) × (K-1) +$$
$$\sum\left(\begin{matrix}换入半成\\品用量\end{matrix} × \begin{matrix}换入半成\\口基价\end{matrix} - \begin{matrix}换出半成\\品用量\end{matrix} × \begin{matrix}换出半成\\品基价\end{matrix}\right) \tag{3.46}$$

3)定额基价换算通用公式的变换

在定额基价换算通用公式中:

①当半成品为砌筑砂浆时,公式变为

$$\begin{matrix}换算后\\定额基价\end{matrix} = \begin{matrix}原定额\\基价\end{matrix} + \begin{matrix}砌筑砂浆\\定额用量\end{matrix} × \left(\begin{matrix}换入砂\\浆基价\end{matrix} - \begin{matrix}换出砂\\浆基价\end{matrix}\right) \tag{3.47}$$

说明:砂浆用量不变,工、机费不变,K=1;换入半成品用量与换出半成品用量同是定额砂浆用量,提相同的公因式;半成品基价定为砌筑砂浆基价。经过此变换就由式(3.46)变化为上述换算公式。

②当半成品为抹灰砂浆,砂浆厚度不变,且只有一种砂浆时的换算公式为:

$$\begin{matrix}换算后\\定额基价\end{matrix} = \begin{matrix}原定额\\基价\end{matrix} + \begin{matrix}抹灰砂浆\\定额用量\end{matrix} × \left(\begin{matrix}换入砂\\浆基价\end{matrix} - \begin{matrix}换出砂\\浆基价\end{matrix}\right) \tag{3.48}$$

③当抹灰砂浆厚度发生变化,且各层砂浆配合比不同时,用以下公式换算:

$$\begin{matrix}换算后\\定额基价\end{matrix} = \begin{matrix}原定额\\基价\end{matrix} + \left(\begin{matrix}定额\\人工费\end{matrix} × \begin{matrix}定额\\机械费\end{matrix}\right) × (K-1) +$$
$$\sum\left(\begin{matrix}换入砂\\浆用量\end{matrix} × \begin{matrix}换入砂\\浆基价\end{matrix} - \begin{matrix}换出砂\\浆用量\end{matrix} × \begin{matrix}换出砂\\浆基价\end{matrix}\right) \tag{3.49}$$

④当半成品为混凝土构件时,公式变为:

$$\begin{array}{l} 换算后 \\ 定额基价 \end{array} = \begin{array}{l} 原定额 \\ 基价 \end{array} + \begin{array}{l} 定额混凝 \\ 土用量 \end{array} \times \left(\begin{array}{l} 换入混凝 \\ 土基价 \end{array} - \begin{array}{l} 换出混凝 \\ 土基价 \end{array} \right) \qquad (3.50)$$

⑤当半成品为楼地面混凝土时,公式变为:

$$换算后定额基价 = \begin{array}{l} 原定额 \\ 基价 \end{array} + \left(\begin{array}{l} 定额 \\ 人工费 \end{array} + \begin{array}{l} 定额 \\ 机械费 \end{array} \right) \times (K-1) +$$

$$\begin{array}{l} 换入混凝 \\ 土用量 \end{array} \times \begin{array}{l} 换入混凝 \\ 土基价 \end{array} - \begin{array}{l} 换出混凝 \\ 土用量 \end{array} \times \begin{array}{l} 换出混凝 \\ 土基价 \end{array} \qquad (3.51)$$

综上所述,只要掌握了定额基价换算的通用公式,就掌握了4种类型的换算方法。

复习思考题

1.什么是技术测定法?

2.什么是经验估计法?

3.什么是统计计算法?

4.什么是比较类推法?

5.简述定额的科学性。

6.简述定额的权威性。

7.预算定额为什么要坚持平均水平原则?

8.预算定额为什么要坚持简明实用原则?

9.劳动定额为什么要有两种表现形式?

10.材料损耗量是如何确定的? 为什么采用这种方法?

11.编制材料消耗定额有哪几种方法?

12.简述预制构件模板摊销量的计算方法。

13.如何确定机械纯工作1 h的正常生产率?

14.如何确定施工机械的正常利用系数?

15.简述预算定额的编制步骤。

16.如何确定预算定额消耗指标?

17.如何计算典型工程工程量?

18.预算定额基价是如何确定的?

19.有哪几种预算定额换算方式?

20.简述预算定额换算思路。

第4章
工程单价

知识点

熟悉人工单价的概念和编制方法;熟悉材料单价的概念以及采购保管费的内容;熟悉机械台班费的构成,了解第一类费用和第二类费用的内容。

技能点

会自拟题目根据劳务市场行情确定人工单价,会自拟题目计算材料加权平均原价,会自拟题目计算运杂费,会自拟题目计算材料采购保管费,会自拟题目计算台班折旧费。

课程思政

"交子"是北宋时期我国乃至世界上发行最早的纸币。当时的四川地区通行铁钱,铁钱值低量重,使用极为不便。当时一铜钱抵铁钱十,每千铁钱的重量,大钱25斤,中钱13斤。买一匹布需铁钱两万,重约500斤,要用车载。纸币比金属货币容易携带,可以在较大范围内使用,有利于商品的流通,促进了商品经济的发展。"交子"的发明,彰显了中华民族对发展商品经济的伟大贡献,是我们国家的骄傲。

4.1 人工单价编制方法

1) 人工单价的概念

人工单价是指工人一个工作日应该得到的劳动报酬。一个工作日一般指工作 8 h。

人工单价的内容一般包括基本工资、工资性津贴、养老保险费、失业保险费、医疗保险费、住房公积金等。

①基本工资是指完成基本工作内容所得的劳动报酬；

②工资性津贴是指流动施工津贴、交通补贴、物价补贴、煤(燃)气补贴等；

③养老保险费是指工人在工作期间所交养老保险所发生的费用；

④失业保险费是指工人在工作期间所交失业保险所发生的费用；

⑤医疗保险费是指工人在工作期间所交医疗保险所发生的费用；

⑥住房公积金是指工人在工作期间所交住房公积金所发生的费用。

2)人工单价的编制方法

人工单价的编制方法主要有以下几种：

(1)根据劳务市场行情确定人工单价

目前,根据劳务市场行情确定人工单价已经成为计算工程劳务费的主流,这是社会主义市场经济发展的必然结果。根据劳务市场行情确定人工单价时应注意以下几个问题：

①要尽可能掌握劳动力市场价格中长期历史资料,这对于我们以后采用数学模型预测人工单价成为可能。

②在确定人工单价时要考虑用工的季节性变化。当大量聘用农民工时,要考虑农忙季节时人工单价的变化。

③在确定人工单价时要采用加权平均的方法综合各劳务市场的劳动力单价。

④要分析拟建工程的工期对人工单价的影响。如果工期紧,那么人工单价按正常情况确定后要乘以大于 1 的系数。如果工期有拖长的可能,那么也要考虑工期延长带来的风险。

根据劳务市场行情确定人工单价的数学模型描述如下：

$$人工单价 = \sum_{i=1}^{n}\left(\begin{matrix}某劳务市场\\人工单价\end{matrix} \times 权重\right)_i \times 季节变化系数 \times 工期风险系数 \quad (4.1)$$

【例 4.1】 根据市场调查取得的资料分析,抹灰工在劳务市场的价格分别是:甲劳务市场 35 元/工日,乙劳务市场 38 元/工日,丙劳务市场 34 元/工日。调查表明,各劳务市场可提供抹灰工的比例分别为:甲劳务市场 40%,乙劳务市场 26%,丙劳务市场 34%。当季节变化系数、工期风险系数均为 1 时,试计算抹灰工的人工单价。

【解】 抹灰工的人工单价 =(35.00×40%+38.00×26%+34.00×34%)×1×1

$$= (14+9.88+11.56) \times 1 \times 1$$

$$= 35.44(元/工日)(取定为 35.50 元/工日)$$

(2)根据以往承包工程的情况确定

如果在本地以往承包过同类工程,可以根据以往承包工程的情况确定人工单价。

例如,以往在某地区承包过 3 个与拟建工程基本相同的工程,砖工每个工日支付了 30.00~35.00 元,这时我们就可以进行具体对比分析,在上述范围内(或超过一点范围)确定投标报价的砖工人工单价。

（3）根据预算定额规定的工日单价确定

凡是分部分项工程项目含有基价的预算定额，都明确规定了人工单价，我们可以以此为依据确定拟投标工程的人工单价。

例如，某省 2000 年预算定额，土建工程的技术工人每个工日 20.00 元，我们可以根据市场行情在此基础上乘以 1.2~1.6 的系数，确定拟投标工程的人工单价。

4.2　材料单价编制方法

材料单价是指材料从采购起运到工地仓库或堆放场地后的出库价格。

1）构成材料单价费用的几种方式

①材料供货到工地现场。当材料供应商将材料供货到施工现场或施工现场的仓库时，材料单价由材料原价、采购保管费构成。

②在供货地点采购材料。当需要派人到供货地点采购材料时，材料单价由材料原价、运杂费、采购保管费构成。

③需二次加工的材料。当某些材料采购回来后，还需要进一步加工的，材料单价除了上述费用外，还包括二次加工费。

2）材料原价的确定

材料原价是指材料、工程设备的出厂价格或商家供应价格。当某种材料有两个或两个以上的材料供应商供货且材料原价不同时，要计算加权平均材料原价。

加权平均材料原价的计算公式为：

$$加权平均材料原价 = \frac{\sum\limits_{i=1}^{n}（材料原价 \times 材料数量）_i}{\sum\limits_{i=1}^{n}（材料数量）_i} \tag{4.2}$$

式（4.2）中，i 是指不同的材料供应商；包装费及手续费均已包含在材料原价中。

【例 4.2】　某工地所需的三星牌墙面面砖由 3 个材料供应商供货，其数量和原价见表 4.1，试计算墙面砖的加权平均原价。

表 4.1　例 4.2 表

供应商	面砖数量/m²	供货单价/（元·m⁻²）
甲	1 500	68.00
乙	800	64.00
丙	730	71.00

【解】　墙面砖加权平均原价 $= \dfrac{68 \times 1\,500 + 64 \times 800 + 71 \times 730}{1\,500 + 800 + 730}$

$$= \frac{205\ 030}{3\ 030} = 67.67 (元/m^2)$$

3）材料运杂费计算

材料运杂费是指材料、工程设备自来源地运至工地仓库或指定地点所发生的全部费用，包括装卸费和运输费。

①材料装卸费按行业市场价支付。

②材料运输费按行业运输价格计算，若供货来源地点不同且供货数量不同时，需要计算加权平均运输费，其计算公式为：

$$加权平均运输费 = \frac{\sum_{i=1}^{n}(运输单价 \times 材料数量)_i}{\sum_{i=1}^{n}(材料数量)_i} \tag{4.3}$$

③材料运输损耗费是指在运输和装卸材料过程中，不可避免产生损耗后发生的费用。一般按下列公式计算：

$$材料运输损耗费 = (材料原价 + 装卸费 + 运输费) \times 运输损耗率 \tag{4.4}$$

【例4.3】 上例中墙面砖由 3 个地点供货，根据表4.2所列资料计算墙面砖运杂费。

表4.2 例4.3表

供货地点	面砖数量/m^2	运输单价/(元·m^{-2})	装卸费/(元·m^{-2})	运输损耗率/%
甲	1 500	1.10	0.50	1
乙	800	1.60	0.55	1
丙	730	1.40	0.65	1

【解】 （1）计算加权平均装卸费

$$墙面砖加权平均装卸费 = \frac{0.50 \times 1\ 500 + 0.55 \times 800 + 0.65 \times 730}{1\ 500 + 800 + 730}$$

$$= \frac{1\ 664.5}{3\ 030} = 0.55 (元/m^2)$$

（2）计算加权平均运输费

$$墙面砖加权平均运输费 = \frac{1.10 \times 1\ 500 + 1.60 \times 800 + 1.40 \times 730}{1\ 500 + 800 + 730}$$

$$= \frac{3\ 952}{3\ 030} = 1.30 (元/m^2)$$

（3）计算运输损耗费

$$墙面砖运输损耗费 = (材料原价 + 装卸费 + 运输费) \times 运输损耗率$$
$$= (67.67 + 0.55 + 1.30) \times 1\% = 0.70 (元/m^2)$$

（4）运杂费小计

$$墙面砖运杂费 = 装卸费 + 运输费 + 运输损耗费$$

$$= 0.55 + 1.30 + 0.70 = 2.55(元/m^2)$$

4)材料采购保管费计算

材料采购保管费是组织采购、供应和保管材料、工程设备过程中所需的各项费用。包括采购费、仓储费、工地保管费和仓储损耗。

采购保管费一般按前面计算的与材料有关的各项费用之和乘以一定的费率计算,通常取 1%~3%。计算公式为:

$$材料采购保管费 = (材料原价 + 运杂费) \times 采购保管费率 \tag{4.5}$$

【例 4.4】 上述墙面砖的采购保管费率为 2%,根据前面墙面砖的两项计算结果,计算其采购保管费。

【解】 墙面砖采购保管费 $= (67.67+2.55) \times 2\% = 70.22 \times 2\% = 1.40(元/m^2)$

5)材料单价确定

通过上述分析,我们知道材料单价的计算公式为:

$$材料单价 = \frac{加权平均}{材料原价} + \frac{加权平均}{材料运杂费} + 采购保管费 \tag{4.6}$$

或

$$材料单价 = \left(\frac{加权平均}{材料原价} + \frac{加权平均}{材料运杂费}\right) \times (1 + 采购保管费率) \tag{4.7}$$

【例 4.5】 根据以上计算出的结果,汇总成材料单价。

$$墙面砖材料单价 = 67.67 + 2.55 + 1.40 = 71.62(元/m^2)$$

或

$$墙面砖材料单价 = (67.67 + 2.55) \times (1 + 2\%) = 71.62(元/m^2)$$

4.3 机械台班单价编制方法

机械台班单价是指在单位工作班中为使机械正常运转所分摊和支出的各项费用。

1)机械台班费用的构成

按有关规定机械台班单价由 7 项费用构成。这些费用按其性质划分为第一类费用和第二类费用。

①第一类费用。第一类费用也称为不变费用,是指属于分摊性质的费用,包括折旧费、大修理费、经常修理费、安拆及场外运输费等。

②第二类费用。第二类费用也称为可变费用,是指属于支出性质的费用,包括燃料动力费、人工费、养路费及车船使用税等。

2)第一类费用计算

从简化计算的角度出发,我们提出以下计算方法:

(1)折旧费

$$台班折旧费 = \frac{购置机械全部费用 \times (1 - 残值率)}{耐用总台数} \tag{4.8}$$

其中,购置机械全部费用是指机械从购买运到施工单位所在地发生的全部费用,包括原价、购置税、保险费及牌照费、运费等。

耐用总台班计算方法为：

$$耐用总台班 = 预计使用年限 × 年工作台班 \tag{4.9}$$

机械设备的预计使用年限和年工作台班可参照有关部门指导性意见,也可根据实际情况自主确定。

【例4.6】 5 t 载重汽车的成交价为 75 000 元,购置附加税税率为 10%,运杂费为 2 000 元,残值率为 3%,耐用总台班为 2 000 个,试计算台班折旧费。

【解】 5 t 载重汽车台班折旧费 $= \dfrac{[75\,000×(1+10\%)+2\,000]×(1-3\%)}{2\,000}$

$$= \frac{81\,965}{2\,000} = 40.98(元/台班)$$

（2）大修理费

大修理费是指机械设备按规定到了大修理间隔台班所需进行大修理,以恢复正常使用功能所需支出的费用。计算公式为：

$$台班大修理费 = \frac{一次大修理费 × (大修理周期 - 1)}{耐用总台班} \tag{4.10}$$

【例4.7】 5 t 载重汽车一次大修理费为 8 700 元,大修理周期为 4 个,耐用总台班为 2 000 个,试计算台班大修理费。

【解】 5 t 载重汽车台班大修理费 $= \dfrac{8\,700×(4-1)}{2\,000} = \dfrac{26\,100}{2\,000} = 13.05(元/台班)$

（3）经常修理费

经常修理费是指机械设备除大修理外的各级保养及临时故障维修所需支出的费用。它包括为保障机械正常运转所需替换设备,随机配置的工具、附具的摊销及维护费用,机械正常运转及日常保养所需润滑、擦拭材料费用和机械停置期间的维护保养费用等。

台班经常修理费可以用下列简化公式计算：

$$台班经常修理费 = 台班大修理费 × 经常修理费系数 \tag{4.11}$$

【例4.8】 经测算 5 t 载重汽车的台班经常修理费系数为 5.41,按计算出的 5 t 载重汽车大修理费和计算公式,计算台班经常修理费。

【解】 5 t 载重汽车台班经常修理费 $= 13.05×5.41 = 70.60(元/台班)$

（4）安拆费及场外运输费

安拆费是指施工机械(大型机械另计)在施工现场进行安装与拆卸所需人工、材料、机械费和试运转费,以及机械辅助设施(如行走轨道、枕木等)的折旧、搭设、拆除等费用。

场外运输费是指机械整体或分体自停置地点运至施工现场或由一工地运至另一工地的运输、装卸、辅助材料及架设费用。

该项费用,在实际工作中可以采用两种方法计算:一是当发生时在工程报价中已经计算了这些费用,那么编制机械台班单价就不再计算;二是根据往年发生的费用的年平均数,除以年工作台班计算。计算公式为：

$$台班安拆及场外运输费 = \frac{历年统计安拆费及场外运输费的年平均数}{年工作台班} \tag{4.12}$$

【例 4.9】 6 t 内塔式起重机(行走式)的历年统计安拆及场外运输费的年平均数为 9 870 元,年工作台班 280 个。试求台班安拆及场外运输费。

【解】 $$\frac{台班安拆及}{场外运输费} = \frac{9\,870}{280} = 35.25(元/台班)$$

3)第二类费用计算

(1)燃料动力费

燃料动力费是指机械设备在运转过程中所耗用的各种燃料、电力、风力、水等的费用。计算公式为:

$$台班燃料动力费 = \frac{每台班耗用的}{燃料或动力数量} \times 燃料或动力单位 \qquad (4.13)$$

【例 4.10】 5 t 载重汽车每台班耗用汽油 31.66 kg,单价 3.15 元/kg,求台班燃料费。

【解】 台班燃料费 = 31.66×3.15 = 99.72(元/台班)

(2)人工费

人工费是指机上司机、司炉和其他操作人员的工日工资。计算公式为:

$$台班人工费 = 机上操作人员人工工日数 \times 人工单价 \qquad (4.14)$$

【例 4.11】 5 t 载重汽车每个台班的机上操作人员工日数为 1 个工日,人工单价 35 元,求台班人工费。

【解】 台班人工费 = 35.00×1 = 35.00(元/台班)

(3)养路费及车船使用税

养路费及车船使用税是指按国家规定应缴纳的机动车养路费、车船使用税、保险费及年检费。计算公式为:

$$\frac{台班养路费}{及车船使用税} = \frac{核定吨位 \times [养路费(元/t\cdot月) \times 12 + 车船使用税(元/t\cdot车)]}{年工作台班} + 保险费及年检费 \qquad (4.15)$$

其中: $$保险费及年检费 = \frac{年保险费及年检费}{年工作台班} \qquad (4.16)$$

【例 4.12】 5 t 载重汽车每月每吨应缴纳养路费 80 元,每年应缴纳车船使用税 40 元/t,年工作台班为 250 个,5 t 载重汽车年缴保险费、年检费共计 2 000 元。试计算台班养路费及车船使用税。

【解】 $$\frac{台班养路费}{及车船使用税} = \frac{5 \times (80 \times 12 + 40)}{250} + \frac{2\,000}{250}$$

$$= \frac{5\,000}{250} + \frac{2\,000}{250} = 28.00(元/台班)$$

(4)机械台班单价计算实例

将上述计算 5 t 载重汽车台班单价的计算过程汇总成台班单价计算表,见表 4.3。

表 4.3　机械台班单价计算表

项　目			5 t 载重汽车		
		单位	金额	计算式	
台班单价			元	287.35	$40.98+162.72=287.35$
第一类费用	折旧费		元	40.98	$\dfrac{5\times(80+12+40)}{250}+\dfrac{2\,000}{250}=40.98$
	大修理费		元	13.05	$\dfrac{8\,700\times(4-1)}{2\,000}=13.05$
	经常修理费		元	70.60	$13.05\times5.41=70.60$
	安拆及场外运输费		元	—	—
	小　计		元	124.63	
第二类费用	燃料动力费		元	99.72	$31.66\times3.15=99.72$
	人工费		元	35.00	$35.00\times1=35.00$
	养路费及车船使用税		元	28.00	$\dfrac{5\times(80\times12+40)}{250}+\dfrac{2\,000}{250}=28.00$
	小　计		元	162.72	

复习思考题

1. 人工单价中工资性津贴包括哪些内容？

2. 人工单价中养老保险费包括哪些内容？

3. 如何根据劳务市场行情确定人工单价？请举例说明。

4. 构成材料单价费用的方式有哪几种？分别包括哪些费用？

5. 机械大修理费属于第几类费用？为什么？

6. 机械安拆费及场外运输费包括哪些费用？

7. 机械燃料动力费属于哪一类费用？为什么？

8. 机械养路费及车船使用税属于哪一类费用？为什么？

第5章
定额计价方法

知识点

熟悉工程量的概念;熟悉建筑安装工程费用组成内容和企业管理费内容,了解企业管理费费率确定方法,熟悉规费内容及计算方法,熟悉营改增,熟悉建筑安装工程费用计算程序;熟悉直接费内容,熟悉用单位估价法和实物金额法计算直接工程费,熟悉材料价差调整方法。

技能点

能通过调研找到本地区计算建筑安装工程费用的文件,能设计以人工费为计算基础计算企业管理费费率的实例,能设计某地区建筑安装工程费用计算程序,能根据教材例题设计建筑安装工程费用(造价)计算实例。

课程思政

我国独立建成的天宫空间站,打破了西方国家在空间技术上的垄断,使中国载人航天事业迈入新的阶段! 空间站可进行各种科学实验活动,可以开发空间资源及进行高新技术试验,可作为飞往月球和火星的过渡站,可从事侦察照相等各种军事活动。

与国际空间站相比,天宫空间站所有的部件设计之初都是可替换的,能一直在天上作为我们深空探索的前哨基地;"巡天"光学望远镜比"哈勃"望远镜更方便维修和保养,天宫空间站有自带的霍尔推进器,自己就有动力实现空间姿态调整。

天宫空间站的建立,是中华民族不畏西方列强的科技封锁,奋发图强、团结一心、刻苦钻研及大国工匠精神发扬光大,大涨中国人民志气的典型高科技工程项目。

5.1　工程量计算

1) 工程量的概念

工程量是指用物理计量单位或自然计量单位表示的建筑分项工程的实物数量。

物理计量单位是指需度量的具有物理属性的单位, 如 m, m^2, m^3, t, kg 等单位; 自然计量单位是指无须度量的具有自然属性的单位, 如个、组、件、套等单位。

2) 计算工程量的依据

①施工图及图纸会审纪要;

②经审定的施工组织设计或施工方案;

③工程承包合同;

④预算定额。

3) 计算工程量的有关规定

①每个单位工程的工程量项目根据拟建工程施工图与预算定额双向选择确定;

②工程量的计量单位由对应的预算定额子目的计量单位确定;

③工程量计算中各项目之间的划分、计算内容的取舍、计算尺寸的取定均按工程量计算规则执行。

4) 工程量计算方法

①工程量计算主要采用表达工程实物的长度、面积和体积计算公式计算;

②工程量计算必须执行工程量计算规则的各项规定。

各种工程量计算方法详见第 2 篇。

5.2　建筑安装工程费用组成

5.2.1　费用项目内容组成及计算方法

建筑安装工程费用亦称建筑安装工程造价, 是指构成发承包工程造价的各项费用。

为了加强建设项目投资管理和适应建筑市场的发展, 有利于合理确定和控制工程造价, 提高建设投资效益, 国家统一了建筑安装工程费用划分的口径。这一做法使得设计单位、业主、承包商、监理单位、造价咨询公司、招标代理公司、政府主管及监督部门各方, 在编制设计概算、施工图预算、建设工程招标文件、招标控制价、投标报价、确定工程承包价、工程成本核算、工程结算等方面有了统一的标准。

根据《建筑安装工程费用项目组成》建标〔2013〕44 号文件精神, 按照费用不同划分方法, 可以将建筑安装工程费用分为两类。

1) 按照费用构成要素划分

建筑安装工程费按照费用构成要素划分, 由人工费、材料(包含工程设备, 下同)费、施工机具使用费、企业管理费、利润、规费和税金组成。其中人工费、材料费、施工机具使用费、企业管理费和利润包含在分部分项工程费、措施项目费、其他项目费中（见图5.1）。

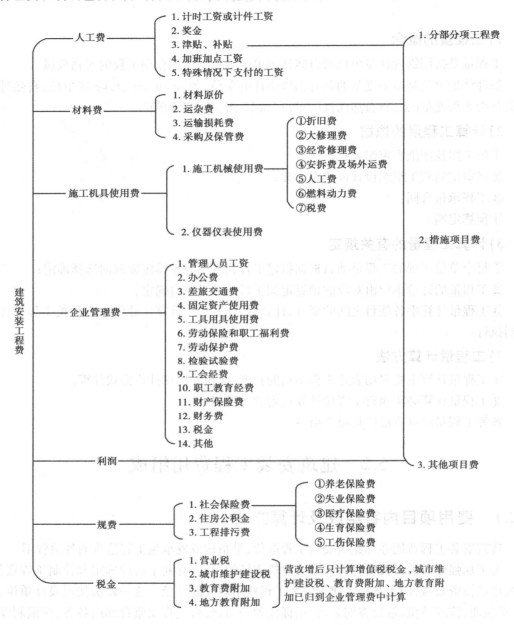

图5.1 建筑安装工程费用项目组成图（按费用构成要素划分）

（1）人工费

人工费是指按工资总额构成规定,支付给从事建筑安装工程施工的生产工人和附属生产单位工人的各项费用。内容包括：

①计时工资或计件工资:是指按计时工资标准和工作时间或对已做工作按计件单价支付给个人的劳动报酬。

②奖金:是指对超额劳动和增收节支支付给个人的劳动报酬,如节约奖、劳动竞赛奖等。

③津贴补贴:是指为了补偿职工特殊或额外的劳动消耗和因其他特殊原因支付给个人的津贴,以及为了保证职工工资水平不受物价影响支付给个人的物价补贴。如流动施工津贴、特殊地区施工津贴、高温(寒)作业临时津贴、高空津贴等。

④加班加点工资:是指按规定支付的在法定节假日工作的加班工资和在法定日工作时间外延时工作的加点工资。

⑤特殊情况下支付的工资:是指根据国家法律、法规和政策规定,因病、工伤、产假、计划生育假、婚丧假、事假、探亲假、定期休假、停工学习、执行国家或社会义务等原因按计时工资标准或计时工资标准的一定比例支付的工资。

(2)材料费

材料费是指施工过程中耗费的原材料、辅助材料、构配件、零件、半成品或成品、工程设备的费用。内容包括:

①材料原价:是指材料、工程设备的出厂价格或商家供应价格。

②运杂费:是指材料、工程设备自来源地运至工地仓库或指定堆放地点所发生的全部费用。

③运输损耗费:是指材料在运输装卸过程中不可避免的损耗。

④采购及保管费:是指为组织采购、供应和保管材料、工程设备的过程中所需要的各项费用。包括采购费、仓储费、工地保管费、仓储损耗。

工程设备是指构成或计划构成永久工程一部分的机电设备、金属结构设备、仪器装置及其他类似的设备和装置。

(3)施工机具使用费

施工机具使用费是指施工作业所发生的施工机械、仪器仪表使用费或其租赁费。

①施工机械使用费:以施工机械台班耗用量乘以施工机械台班单价表示。施工机械台班单价应由下列 7 项费用组成:

a.折旧费:指施工机械在规定的使用年限内,陆续收回其原值的费用。

b.大修理费:见 4.3 节关于"大修理费"的解释。

c.经常修理费:见 4.3 节关于"经常修理费"的解释。

d.安拆费及场外运费:见 4.3 节关于"安拆费及场外运费"的解释。

e.人工费:指机上司机(司炉)和其他操作人员的人工费。

f.燃料动力费:指施工机械在运转作业中所消耗的各种燃料及水、电等。

g.税费:指施工机械按照国家规定应缴纳的车船使用税、保险费及年检费等。

②仪器仪表使用费:是指工程施工所需使用的仪器仪表的摊销及维修费用。

(4)企业管理费

企业管理费是指建筑安装企业组织施工生产和经营管理所需的费用。内容包括:

①管理人员工资:是指按规定支付给管理人员的计时工资、奖金、津贴补贴、加班加点工资及特殊情况下支付的工资等。

②办公费:是指企业管理办公用的文具、纸张、账表、印刷、邮电、书报、办公软件、现场监控、会议、水电、烧水和集体取暖降温(包括现场临时宿舍取暖降温)等费用。

③差旅交通费:是指职工因公出差、调动工作的差旅费、住勤补助费,市内交通费和误餐补助费,职工探亲路费,劳动力招募费,职工退休、退职一次性路费,工伤人员就医路费,工地转移费以及管理部门使用的交通工具的油料、燃料等费用。

④固定资产使用费:是指管理和试验部门及附属生产单位使用的属于固定资产的房屋、设备、仪器等的折旧、大修、维修或租赁费。

⑤工具用具使用费:是指企业施工生产和管理使用的不属于固定资产的工具、器具、家具、交通工具和检验、试验、测绘、消防用具等的购置、维修和摊销费。

⑥劳动保险和职工福利费:是指由企业支付的职工退职金、按规定支付给离休干部的经费、集体福利费、夏季防暑降温、冬季取暖补贴、上下班交通补贴等。

⑦劳动保护费:是企业按规定发放的劳动保护用品的支出。如工作服、手套、防暑降温饮料以及在有碍身体健康的环境中施工的保健费用等。

⑧检验试验费:是指施工企业按照有关标准规定,对建筑以及材料、构件和建筑安装物进行一般鉴定、检查所发生的费用,包括自设实验室进行试验所耗用的材料等费用。不包括新结构、新材料的试验费,对构件做破坏性试验及其他特殊要求检验试验的费用和建设单位委托检测机构进行检测的费用,对此类检测发生的费用,由建设单位在工程建设其他费用中列支。但对施工企业提供的具有合格证明的材料进行检测不合格的,该检测费用由施工企业支付。

⑨工会经费:是指企业按《工会法》规定的全部职工工资总额比例计提的工会经费。

⑩职工教育经费:是指按职工工资总额的规定比例计提,企业为职工进行专业技术和职业技能培训、专业技术人员继续教育、职工职业技能鉴定、职业资格认定以及根据需要对职工进行各类文化教育所发生的费用。

⑪财产保险费:是指施工管理用财产、车辆等的保险费用。

⑫财务费:是指企业为施工生产筹集资金或提供预付款担保、履约担保、职工工资支付担保等所发生的各种费用。

⑬税金:是指企业按规定缴纳的房产税、车船使用税、土地使用税、印花税等。

⑭其他:包括技术转让费、技术开发费、投标费、业务招待费、绿化费、广告费、公证费、法律顾问费、审计费、咨询费、保险费等。

(5)利润

利润是指施工企业完成所承包工程获得的盈利。

(6)规费

规费是指按国家法律、法规规定,由省级政府和省级有关权力部门规定必须缴纳或计取的费用。包括:

①社会保险费:

a.养老保险费:是指企业按照规定标准为职工缴纳的基本养老保险费。

b.失业保险费:是指企业按照规定标准为职工缴纳的失业保险费。

c.医疗保险费:是指企业按照规定标准为职工缴纳的基本医疗保险费。

d.生育保险费:是指企业按照规定标准为职工缴纳的生育保险费。

e.工伤保险费:是指企业按照规定标准为职工缴纳的工伤保险费。

②住房公积金:是指企业按规定标准为职工缴纳的住房公积金。

③工程排污费:是指按规定缴纳的施工现场工程排污费。

其他应列而未列入的规费,按实际发生计取。

(7)税金

税金是指国家税法规定的应计入建筑安装工程造价内的增值税、城市维护建设税、教育费附加以及地方教育附加。

从工程造价原理上讲,上述建筑安装工程费用又可以划分为由直接费、间接费、利润和税金组成。直接费由人工费、材料费、施工机械使用费组成,间接费由企业管理费和规费组成,规费由社会保险费、住房公积金和工程排污费组成;利润;税金由增值税、城市维护建设税、教育费附加以及地方教育附加等组成。

其中,直接费与间接费之和称为工程成本。

2) 按照工程造价形成划分

建筑安装工程费按照工程造价形成由分部分项工程费、措施项目费、其他项目费、规费、税金组成,如图5.2所示。

分部分项工程费、措施项目费、其他项目费均包含人工费、材料费、施工机具使用费、企业管理费和利润。

(1)分部分项工程费

分部分项工程费是指各专业工程的分部分项工程应予列支的各项费用。

①专业工程:是指按现行国家计量规范划分的房屋建筑与装饰工程、仿古建筑工程、通用安装工程、市政工程、园林绿化工程、矿山工程、构筑物工程、城市轨道交通工程、爆破工程等各类工程。

②分部分项工程:指按现行国家计量规范对各专业工程划分的项目。如房屋建筑与装饰工程划分的土石方工程、地基处理与桩基工程、砌筑工程、钢筋及钢筋混凝土工程等。

各类专业工程的分部分项工程划分见现行国家或行业计量规范。

(2)措施项目费

措施项目费是指为完成建设工程施工,发生于该工程施工前和施工过程中的技术、生活、安全、环境保护等方面的费用。内容包括:

①安全文明施工费:

a.环境保护费:是指施工现场为达到环保部门要求所需要的各项费用。

b.文明施工费:是指施工现场文明施工所需要的各项费用。

c.安全施工费:是指施工现场安全施工所需要的各项费用。

d.临时设施费:是指施工企业为进行建设工程施工所必须搭设的生活和生产用的临时建筑物、构筑物和其他临时设施费用。包括临时设施的搭设、维修、拆除、清理费或摊销费等。

②夜间施工增加费:是指因夜间施工所发生的夜班补助费、夜间施工降效、夜间施工照明设备摊销及照明用电等费用。

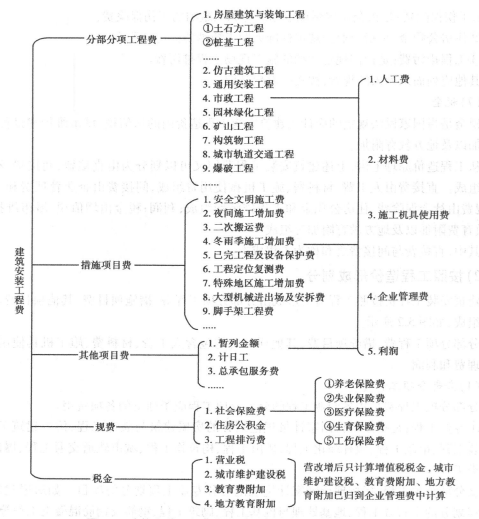

图5.2 建筑安装工程费用项目组成图(按造价形成划分)

③二次搬运费:是指因施工场地条件限制而发生的材料、构配件、半成品等一次运输不能到达堆放地点,必须进行二次或多次搬运所发生的费用。

④冬雨季施工增加费:是指在冬季或雨季施工需增加的临时设施、防滑、排除雨雪,人工及施工机械效率降低等费用。

⑤已完工程及设备保护费:是指竣工验收前,对已完工程及设备采取的必要保护措施所发生的费用。

⑥工程定位复测费:是指工程施工过程中进行全部施工测量放线和复测工作的费用。

⑦特殊地区施工增加费:是指工程在沙漠或其边缘地区、高海拔、高寒、原始森林等特殊地区施工增加的费用。

⑧大型机械设备进出场及安拆费:是指机械整体或分体自停放场地运至施工现场或由一个施工地点运至另一个施工地点,所发生的机械进出场运输及转移费用及机械在施工现场进行安装、拆卸所需的人工费、材料费、机械费、试运转费和安装所需的辅助设施的费用。

⑨脚手架工程费:是指施工需要的各种脚手架搭、拆、运输费用以及脚手架购置费的摊销(或租赁)费用。

措施项目及其包含的内容详见各类专业工程的现行国家或行业计量规范。

(3)其他项目费

①暂列金额:是指建设单位在工程量清单中暂定并包括在工程合同价款中的一笔款项。用于施工合同签订时尚未确定或者不可预见的所需材料、工程设备、服务的采购,施工中可能发生的工程变更、合同约定调整因素出现时的工程价款调整以及发生的索赔、现场签证确认等的费用。

②计日工:是指在施工过程中,施工企业完成建设单位提出的施工图纸以外的零星项目或工作所需的费用。

③总承包服务费:是指总承包人为配合、协调建设单位进行的专业工程发包,对建设单位自行采购的材料、工程设备等进行保管以及施工现场管理、竣工资料汇总整理等服务所需的费用。

(4)规费

定义同"费用构成要素划分"。

(5)税金

定义同"费用构成要素划分"。

5.2.2　企业管理费、规费、利润、税金计算方法及费率

1)企业管理费计算方法及费率

企业管理费计算方法一般有 3 种,即以定额直接费为计算基础进行计算、以定额人工费为计算基础进行计算和以定额人工费加定额机械费为计算基础进行计算。

(1)以直接费为计算基础

$$间接费 = \sum 分项工程项目定额直接费 \times 间接费费率(\%) \tag{5.1}$$

(2)以定额人工费为计算基础

$$间接费 = \sum 分项工程项目定额人工费 \times 间接费费率(\%) \tag{5.2}$$

(3)以定额人工费加定额机械费为计算基础

$$间接费 = \sum (分项工程项目定额人工费 + 定额机械费) \times 间接费费率(\%) \tag{5.3}$$

(4)企业管理费费率

①以分部分项工程费为计算基础。

$$\begin{matrix}企业管理\\费费率\end{matrix}(\%) = \frac{生产工人年平均管理费}{年有效施工天数 \times 人工单价} \times \begin{matrix}人工费占分部分项\\工程费比例(\%)\end{matrix} \tag{5.4}$$

②以人工费和机械费合计为计算基础。

$$\begin{matrix}企业管理\\费费率\end{matrix}(\%) = \frac{生产工人年平均管理费}{年有效施工天数 \times (人工单价 + 每一工日机械使用费)} \times 100\% \tag{5.5}$$

③以人工费为计算基础。

$$\text{企业管理费费率}(\%) = \frac{\text{生产工人年平均管理费}}{\text{年有效施工天数} \times \text{人工单价}} \times 100\% \tag{5.6}$$

工程造价管理机构在确定计价定额中企业管理费时,应以定额人工费或(定额人工费+定额机械费)作为计算基数,其费率根据历年工程造价积累的资料,辅以调查数据确定,列入分部分项工程和措施项目中。

2)规费计算方法

规费计算方法一般是以定额人工费为基础计算,即

$$\text{规费} = \sum \text{分项工程项目定额人工费} \times \text{对应的规费费率}(\%) \tag{5.7}$$

(1)社会保险费和住房公积金

社会保险费和住房公积金应以定额人工费为计算基础,根据工程所在地省、自治区、直辖市或行业建设主管部门规定费率计算。

$$\text{社会保险费和住房公积金} = \sum (\text{工程定额人工费} \times \text{社会保险费和住房公积金费率}) \tag{5.8}$$

式中,社会保险费和住房公积金费率可以每万元发承包价的生产工人人工费和管理人员工资含量与工程所在地规定的缴纳标准综合分析取定。

(2)工程排污费

工程排污费等其他应列而未列入的规费应按工程所在地环境保护等部门规定的标准缴纳,按实计取列入。

3)利润计算方法

①施工企业根据企业自身需求并结合建筑市场实际自主确定,列入报价中。

②工程造价管理机构在确定工程造价利润时,应以定额人工费或(定额人工费+定额机械费)作为计算基数,其费率根据历年工程造价积累的资料,并结合建筑市场实际确定,以单位(单项)工程测算,利润在税前建筑安装工程费的比重可按不低于5%且不高于7%的费率计算。

$$\text{利润} = \sum \text{分项工程定额人工费}(\text{或人工费} + \text{机械费}) \times \text{利润率} \tag{5.9}$$

4)税金计算方法与税率

税金计算公式如下:

$$\text{税金} = \text{税前造价} \times \text{增值税税率}(\%) \tag{5.10}$$

实行营业税改征增值税后的计算公式:

$$\text{增值税税金} = \text{税前造价} \times 9\% \tag{5.11}$$

5.2.3 建筑安装工程费用计算方法

1)建筑安装工程费用(造价)理论计算方法

建筑安装工程的理论计算程序见表5.1。

表 5.1　建筑安装工程费用(造价)理论计算方法(营改增后)

序　号	费用名称	计算式	
（一）	直接费	定额直接工程费	$\sum$（分项工程量 × 定额基价）
		措施费	定额直接工程费×有关措施费费率 或　定额人工费×有关措施费费率 或　按规定标准计算
（二）	间接费	（一）×间接费费率　或　定额人工费×间接费费率	
（三）	利　润	（一）×利润率　或　定额人工费×利润率	
（四）	增值税税金	［（一）+（二）+（三）］×9%	
	工程造价	（一）+（二）+（三）+（四）	

说明:表中序(一)、序(二)、序(三)各项费用均以不包含增值税可抵扣进项税额的价格计算。

2) 建筑安装工程费用的计算原则

定额直接工程费根据预算定额基价算出,这具有很强的规范性。按照这一思路,对于措施费、规费、企业管理费等有关费用的计算也必须遵循其规范性,以保证建筑安装工程造价的社会必要劳动量的水平。为此,工程造价主管部门对各项费用的计算作出了明确规定:

①建筑工程一般以定额直接工程费为基础计算各项费用;

②安装工程一般以定额人工费为基础计算各项费用;

③装饰工程一般以定额人工费为基础计算各项费用;

④材料价差不能作为计算间接费等费用的基础。

为什么要规定上述计算基础呢? 因为这是确定工程造价的客观需要。

首先,要保证计算出的措施费、间接费等各项费用的水平具有稳定性。我们知道,措施费、间接费等费用是按一定的取费基础乘以规定的费率确定的。当费率确定后,要求计算基础必须相对稳定。因此,以定额直接工程费或定额人工费作为取费基础,具有相对稳定性,不管工程在定额执行范围内的什么地方施工,不管由哪个施工单位施工,都能保证计算出水平较一致的各项费用。

其次,以定额直接工程费作为取费基础,既考虑了人工消耗与管理费用的内在关系,又考虑了机械台班消耗量对施工企业提高机械化水平的推动作用。

再者,由于安装工程、建筑装饰工程的材料、设备设计的要求不同,使材料费产生较大幅度的变化,而定额人工费具有相对稳定性,再加上措施费、间接费等费用与人员的管理幅度有直接联系。所以,安装工程、装饰工程采用定额人工费为取费基础计算各项费用较合理。

3) 建筑安装工程费用计算程序

建筑安装工程费用计算程序亦称建筑安装工程造价计算程序,是指计算建筑安装工程造价有规律的顺序。

建筑安装工程费用计算程序没有全国统一的格式,一般由省、市、自治区工程造价主管部门结合本地区具体情况确定。

(1)建筑安装工程费用计算程序的拟定

拟定建筑安装工程费用计算程序主要有两个方面的内容,一是拟定费用项目和计算顺序;二是拟定取费基础和各项费率。

①建筑安装工程费用项目及计算顺序的拟定。各地区参照国家主管部门规定的建筑安装工程费用项目和取费基础,结合本地区实际情况拟定费用项目和计算顺序,并颁布在本地区使用的建筑安装工程费用计算程序。

②费用计算基础和费率的拟定。在拟定建筑安装工程费用计算基础时,应遵照国家的有关规定和工程造价的客观经济规律,使工程造价的计算结果较准确地反映本行业的生产力水平。

当取费基础和费用项目确定之后,就可以根据有关资料测算出各项费用的费率,以满足计算工程造价的需要。

(2)建筑安装工程费用计算程序实例

某地区根据建标〔2013〕44号文件设计的建筑安装工程费用计算程序见表5.2。

表5.2　某地区建筑安装工程费用计算程序

序号	费用名称		建筑工程	装饰、安装工程
			计算基数	计算基数
1	直接费		$\sum$ 分项工程费 + 单价措施项目费	$\sum$ 分项工程费 + 单价措施项目费
2	企业管理费		$\sum$ 分项工程、单价措施项目定额人工费 + 定额机械费	$\sum$ 分项工程、单价措施项目定额人工费 + 定额机械费
3	利润			
4	总价措施费	安全文明施工费	$\sum$ 分项工程、单价措施项目人工费	$\sum$ 分项工程、单价措施项目人工费
5		夜间施工增加费		
6		冬雨季施工增加费	$\sum$ 分项工程费	$\sum$ 分部分项工程费
7		二次搬运费	$\sum$ 分部分项工程费 + 单价措施项目费	$\sum$ 分项工程费 + 单价措施项目费
8		提前竣工费	按经审定的赶工措施方案计算	按经审定的赶工措施方案计算
9	其他项目费	暂列金额	$\sum$ 分项工程费 + 措施项目费	$\sum$ 分项工程费 + 措施项目费
10		总承包服务费	分包工程造价	分包工程造价
11		计日工	按暂定工程量 × 单价	按暂定工程量 × 单价

序号	费用名称		建筑工程	装饰、安装工程
			计算基数	计算基数
12	规费	社会保险费	$\sum$ 分项工程、单价措施项目人工费	$\sum$ 分项工程、单价措施项目人工费
13		住房公积金		
14		工程排污费	$\sum$ 分项工程费	$\sum$ 分项工程费
15	增值税税金		序 1 ～ 序 14 之和	序 1 ～ 序 14 之和
	工程造价		序 1 ～ 序 15 之和	序 1 ～ 序 15 之和

说明：表中序 1 至序 14 各项费用均以不包含增值税可抵扣进项税额的价格计算。

5.2.4　施工企业工程取费级别与费率

1) 施工企业工程取费级别

每个施工企业都要由省级建设行政主管部门根据规定的条件核定规费的取费等级。某地区施工企业工程取费等级评审条件见表 5.3。

表 5.3　某地区施工企业工程取费级别评审条件

取费等级	评审条件
特级	1.企业具有特级资质证书； 2.企业近 5 年来承担过两个以上一类工程； 3.企业参加了社会劳保统筹,退(离)休职工人数占在册职工人数 30% 以上
一级	1.企业具有一级资质证书； 2.企业近 5 年来承担过两个以上二类及其以上工程； 3.企业参加了社会劳保统筹,退(离)休职工人数占在册职工人数 20% 以上
二级	1.企业具有二级资质证书； 2.企业近 5 年来承担过两个三类及其以上工程； 3.企业参加了社会劳保统筹,退(离)休职工人数占在册职工人数 10% 以上
三级	1.企业具有三级资质证书； 2.企业近 5 年来承担过两个四类及其以上工程； 3.企业参加了社会劳保统筹,退(离)休职工人数占在册职工人数 10% 以上

2) 间接费、利润、税金费(税)率实例

间接费中不可竞争费费率由省级或行业行政主管部门规定外,其余费率可以由企业自主确定。

建标〔2013〕44 号文件的精神是利润率由工程造价管理机构确定,利润在税前建筑安装工程费的比重可按不低于 5%且不高于 7%的费率计算。

例如,某地区建筑安装工程费用标准见表 5.4。

表 5.4　某地区建筑安装工程费用标准

费用名称	建筑、装饰工程费率			安装工程费率		
	取费基数	企业等级	费率/%	取费基数	企业等级	费率/%
企业管理费	∑分项工程、单价措施项目定额人工费 + 定额机械费	一级	30	∑分部分项、单价措施项目定额人工费 + 定额机械费	一级	34
		二级	25		二级	30
		三级	20		三级	26
安全文明施工费	∑分项工程、单价措施项目定额人工费	—	28	∑分部分项、单价措施项目定额人工费	—	28
夜间施工增加费	∑分项工程、单价措施项目定额人工费	—	2	∑分项工程、单价措施项目定额人工费	—	2
冬雨季施工增加费	∑分项工程费	—	0.5	∑分项工程费	—	0.5
二次搬运费	∑分项工程费 + 单价措施项目费	—	1	∑分项工程费 + 单价措施项目费	—	1
提前竣工费	按经审定的赶工措施方案计算			按经审定的赶工措施方案计算		
总承包服务费	分包工程造价	—	2	分包工程造价	—	2
社会保险费	∑分项工程、单价措施项目人工费	一级	18	∑分项工程、单价措施项目人工费	一级	18
		二级	15		二级	15
		三级	13		三级	13
住房公积金	∑分项工程、单价措施项目人工费	一级	6	∑分项工程、单价措施项目人工费	一级	6
		二级	5		二级	5
		三级	3		三级	3
工程排污费	∑分项工程费		0.6	∑分项工程费		0.6
利润	∑分项工程、单价措施项目定额人工费	一级	32	∑分项工程、单价措施项目定额人工费	一级	32
		二级	27		二级	27
		三级	24		三级	24
增值税税率	税前造价		9	税前造价		9

5.2.5　建筑安装工程费用(造价)计算实例

某工程由二级施工企业施工,根据下列数据和某地区建筑安装工程费用标准(见表5.4)

计算该工程的建筑工程预算造价。

①工程在市区。

②取费等级：二级企业。

③分项工程定额直接费：317 445.86 元。

其中 定额人工费：84 311.00 元；

定额材料费：210 402.63 元；

定额机械费：22 732.23 元。

④单价措施项目定额直接费：10 343.54 元。

其中 定额人工费：3 183.25 元；

定额材料费：6 665.35 元；

定额机械费：494.94 元。

⑤企业管理费、规费、增值税税金按表 5.4 中的规定计算。

某工程建筑工程施工图预算造价计算见表 5.5。

表 5.5 某工程建筑工程施工图预算造价计算表

序号	费用名称		计算基数	费率/%	金额/元
1	直接费		$\sum$ 分项工程费 + 单价措施项目费 （317 445.86 + 10 343.54） 其中：定额人工费 87 494.25 定额机械费 3 227.17		327 789.40
2	企业管理费		$\sum$ 分项工程、单价措施项目定额人工费 + 定额机械费（90 721.42）	25	22 680.36
3	利 润			27	24 494.78
4	总价措施费	安全文明施工费	$\sum$ 分项工程、单价措施项目人工费（87 494.25）	28	24 498.39
5		夜间施工增加费		2	1 749.89
6		冬雨季施工增加费	$\sum$ 分项工程费（317 445.86）	0.5	1 587.23
7		二次搬运费	$\sum$ 分部分项工程费 + 单价措施项目费（327 789.40）	1	3 277.89
8		提前竣工费	按经审定的赶工措施方案计算		
9	其他项目费	暂列金额	$\sum$ 分项工程费 + 措施项目费		
10		总承包服务费	分包工程造价		
11		计日工	按暂定工程量 × 单价		
12	规费	社会保险费	$\sum$ 分项工程、单价措施项目人工费（87 494.25）	15	13 124.14
13		住房公积金		5	4 377.71
14		工程排污费	$\sum$ 分项工程费（317 445.86）	0.60	1 904.68
15		增值税税金	税前造价（序 1 ~ 序 14 之和）（425 484.47）	9	38 293.60
工程造价			序 1 ~ 序 15 之和		463 778.07

5.3 直接费计算与工料分析及材料价差调整

5.3.1 直接费计算及工料分析

当一个单位工程的工程量计算完毕后,就要套用预算定额基价进行直接费的计算。本节只介绍直接工程费的计算方法,措施费的计算方法详见"5.4 建筑工程费用计算实例"。

计算直接工程费常采用两种方法,即单位估价法和实物金额法。

1)用单位估价法计算直接工程费

预算定额项目的基价构成,一般有以下两种形式:

第一种:基价中包含了全部人工费、材料费和机械使用费,这种方式称为完全定额基价,建筑工程预算定额常采用此种形式。

第二种:基价中包含了全部人工费、辅助材料费和机械使用费,不包括主要材料费,这种方式称为不完全定额基价,安装工程预算定额和装饰工程预算定额常采用此种形式。

凡是采用完全定额基价的预算定额计算直接工程费的方法称为单位估价法,计算出的直接工程费也称为定额直接工程费。

(1)单位估价法计算直接工程费的数学模型

$$单位工程定额直接工程费 = 定额人工费 + 定额材料费 + 定额机械费 \qquad (5.12)$$

其中

$$定额人工费 = \sum(分项工程量 \times 定额人工费单价)$$

$$定额机械费 = \sum(分项工程量 \times 定额机械费单价) \qquad (5.13)$$

$$定额材料 = \sum[(分项工程量 \times 定额基价) - 定额人工费 - 定额机械费] \qquad (5.14)$$

(2)单位估价法计算定额直接工程费的方法与步骤

①先根据施工图和预算定额计算分项工程量;

②根据分项工程量的内容套用相对应的定额基价(包括人工费单价、机械费单价);

③根据分项工程量和定额基价计算出分项工程定额直接工程费、定额人工费和定额机械费;

④将各分项工程的各项费用汇总成单位工程定额直接工程费、单位工程定额人工费、单位工程定额机械费。

(3)单位估价法简例

【例 5.1】 某工程有关工程量如下:C15 混凝土地面垫层 48.56 m³,M5 水泥砂浆砌砖基础 76.21 m³。根据这些工程量数据和表 3.6 中的预算定额,用单位估价法计算定额直接工程费、定额人工费、定额机械费,并进行工料分析。

【解】 (1)计算定额直接工程费、定额人工费、定额机械费,计算过程和计算结果见表 5.6。

表 5.6 直接工程费计算表(单位估价法)

定额编号	项目名称	单位	工程数量	单价/元			总价/元		
				基价	其中		合 价	其 中	
					人工费	机械费		人工费	机械费
1	2	3	4	5	6	7	8＝4×5	9＝4×6	10＝4×7
	一、砌筑工程								
定-1	M5 水泥砂浆	m³	76.21	111.57	14.92	0.76	8 502.75	1 137.05	57.92
	分部小计						8 502.75	1 137.05	57.92
	二、脚手架工程								
	分部小计								
	三、楼地面工程								
定-3	C15 混凝土	m³	48.56	167.40	25.8	3.10	8 128.94	1 256.25	150.54
	⋮								
	分部小计						8 128.94	1 256.25	150.54
	合　计						16 631.69	2 393.30	208.46

(2)工料分析。人工工日及各种材料分析见表 5.7。

表 5.7 人工、材料分析表

定额编号	项目名称	单位	工程量	人工/工日	主要材料					
					标准砖/块	M5 水泥砂浆/m³	水/m³	C15 混凝土/m³		
	一、砌筑工程									
定-1	C15 水泥砂浆砌砖基础	m³	76.21	$\dfrac{1.243}{94.73}$	$\dfrac{523}{39.858}$	$\dfrac{0.236}{17.986}$	$\dfrac{0.231}{17.60}$			
	分部小计			94.73	39.858	17.986	17.60			
	二、楼地面工程									
定-3	C15 混凝土地面垫层	m³	48.56	$\dfrac{2.156}{104.70}$			$\dfrac{1.538}{74.69}$	$\dfrac{1.01}{49.046}$		
	分部小计			104.70			74.69	49.046		
	合　计			199.43	39.858	17.986	92.29	49.046		

注:主要材料栏的分数中,分子表示定额用量,分母表示工程量乘以定额用量的结果。

2)用实物金额法计算直接工程费

(1)实物金额法的数学模型

$$单位工程直接工程费 = 人工费 + 材料费 + 机械费 \tag{5.15}$$

其中

$$人工费 = \sum(分项工程量 \times 定额用工量) \times 工日单价 \tag{5.16}$$

$$材料费 = \sum(分项工程量 \times 定额材料用量) \times 材料单价 \tag{5.17}$$

$$机械费 = \sum(分项工程量 \times 定额台班用量) \times 机械台班单价 \tag{5.18}$$

(2)实物金额法计算直接工程费的方法与步骤

凡是用分项工程量分别乘以预算定额子目中的实物消耗量标准(即人工工日、材料数量、机械台班数量)求出分项工程的人工、材料、机械台班消耗量,然后汇总成单位工程实物消耗量,再分别乘以工日单价、材料单价、机械台班单价求出单位工程人工费、材料费、机械使用费,最后汇总成单位工程直接工程费的方法,都称为实物金额法。

(3)实物金额法计算直接工程费简例

【例5.2】 某工程有关工程量为:M5 水泥砂浆砌砖基础 76.21 m^3;C15 混凝土地面垫层 48.56 m^3。根据上述数据和表 5.8 中的预算定额分析工料机消耗量,再根据表 5.9 中的单价计算直接工程费。

表 5.8 建筑工程预算定额(摘录)

定额编号				S-1	S-2
定额单位				10 m^3	10 m^3
项 目			单位	M5 水泥砂浆砌砖基础	C15 混凝土地面垫层
人工		基本工	工日	10.32	13.46
		其他工	工日	2.11	8.10
		合计	工日	12.43	21.56
材料		标准砖	千块	5.23	
		M5 水泥砂浆	m^3	2.36	
		C15 混凝土(0.5~4 砾石)	m^3		10.10
		水	m^3	2.31	15.38
		其他材料费	元		1.23
机械		200 L 砂浆搅拌机	台班	0.475	
		400 L 混凝土搅拌机	台班		0.38

表 5.9 人工单价、材料单价、机械台班单价表

序 号	名 称	单 位	单价/元
一	人工单价	工日	25.00
二	材料单价		
1	标准砖	千块	127.00
2	M5 水泥砂浆	m^3	124.32
3	C15 混凝土(0.5~4 砾石)	m^3	136.02

续表

序　号	名　称	单　位	单价/元
4	水	m³	0.60
三	机械台班单价		
1	200 L 砂浆搅拌机	台班	15.92
2	400 L 混凝土搅拌机	台班	81.52

【解】　(1)人工、材料、机械台班消耗量计算过程见表5.10。

表5.10　人工、材料、机械台班分析表

定额编号	项目名称	单位	工程量	人工/工日	标准砖/千块	M5 水泥砂浆/m³	C15 混凝土/m³	水/m³	其他材料费/元	200 L 砂浆搅拌机/台班	400 L 混凝土搅拌机/台班
	一、砌筑工程										
S-1	M5 水泥砂浆砌砖基础	m³	76.21	1.243⁄94.73	0.523⁄39.858	0.236⁄17.986		0.231⁄17.605		0.047 5⁄3.620	
	二、楼地面工程										
S-2	C15 混凝土地面垫层	m³	48.56	1.215⁄104.70			1.01⁄49.046	1.538⁄74.685	0.123⁄5.97		0.038⁄1.845
	合　计			199.43	39.858	17.986	49.046	92.29	5.97	3.620	1.845

注:分子为定额用量,分母为计算结果。

(2)计算直接工程费,计算过程见表5.11。

表5.11　直接工程费计算表(实物金额法)

序号	名　称	单位	数量	单价/元	合价/元	备　注
1	人工	工日	199.43	25.00	4 985.75	人工费:4 985.75 元
2	标准砖	千块	39.858	17.00	5 061.97	
3	M5 水泥砂浆	m³	17.986	124.32	2 236.02	
4	C15 混凝土(0.5~4 砾石)	m³	49.046	136.02	6 671.24	材料费:14 030.57 元
5	水	m³	92.29	0.60	55.37	
6	其他材料费	元	5.97		5.97	
7	200 L 砂浆搅拌机	台班	3.620	15.92	57.63	
8	400 L 混凝土搅拌机	台班	1.845	81.52	150.40	机械费:208.03 元
	合　计				19 224.35	直接工程费:19 224.35 元

5.3.2 材料价差调整

1)材料价差产生的原因

凡是使用完全定额基价的预算定额编制的施工图预算,一般需要调整材料价差。

目前,预算定额基价中的材料费是根据编制定额所在地区的省会所在地的材料单价计算的。由于材料单价随着时间的变化而发生变化,其他地区使用该预算定额时材料单价也会发生变化。所以,用单位估价法计算定额直接工程费后,一般还要根据工程所在地区的材料单价调整材料价差。

2)材料价差调整方法

材料价差的调整有两种基本方法,即单项材料价差调整法和材料价差综合系数调整法。

(1)单项材料价差调整

当采用单位估价法计算定额直接工程费时,一般对影响工程造价较大的主要材料(如钢材、木材、水泥等)进行单项材料价差调整。

单项材料价差调整的计算公式为:

$$\text{单项材料价差调整} = \sum \left[\text{单位工程某种材料用量} \times \left(\text{现行材料预算价格} - \text{预算定额中材料单价} \right) \right] \quad (5.19)$$

【例5.3】 根据某工程有关材料消耗量和现行材料单价,调整材料价差,有关数据见表5.12。

表5.12 材料单价表

材料名称	单 位	数 量	现行材料单价	预算定额中材料单价
42.5级水泥	kg	7 345.10	0.35 元/kg	0.30 元/kg
Φ10圆钢筋	kg	5 618.25	2.65 元/kg	2.80 元/kg
花岗岩板	m²	816.40	350.00 元/m²	290.00 元/m²

【解】 (1)直接计算。

某工程单项材料价差 $= 7\,345.10 \times (0.35-0.30) + 5\,618.25 \times (2.65-2.80) + 816.40 \times (350-290)$

$= 7\,345.10 \times 0.05 - 5\,618.25 \times 0.15 + 816.40 \times 60 = 48\,508.52(\text{元})$

(2)用"单项材料价差调整表"计算,见表5.13。

表5.13 单项材料价差调整表

工程名称:××工程

序号	材料名称	数 量	现行材料单价	预算定额中材料单价	价差/元	调整金额/元
1	52.5级水泥	7 345.10 kg	0.35 元/kg	0.30 元/kg	0.05	367.26
2	Φ10圆钢筋	5 618.25 kg	2.65 元/kg	2.80 元/kg	−0.15	−842.74
3	花岗岩板	816.40 m²	350.00 元/m²	290.00 元/m²	60.00	48 984.00
	合 计					48 508.52

（2）综合系数调整材料价差

采用单项材料价差的调整方法，其优点是准确性高，但计算过程较繁杂。因此，一些用量大、单价相对低的材料（如地方材料、辅助材料等）常采用综合系数的方法来调整单位工程材料价差。

采用综合系数调整材料价差的具体做法就是用单位工程定额材料费或定额直接工程费乘以综合调整系数，求出单位工程材料价差，其计算公式如下：

$$\begin{matrix}\text{单位工程采用综合} \\ \text{系数调整材料价差}\end{matrix} = \begin{matrix}\text{单位工程} \\ \text{定额材料费}\end{matrix}\begin{pmatrix}\text{定额直接} \\ \text{工程费}\end{pmatrix} \times \begin{matrix}\text{材料价差综} \\ \text{合调整系数}\end{matrix} \qquad (5.20)$$

【例 5.4】　某工程的定额材料费为 786 457.35 元，按规定以定额材料费为基础乘以综合调整系数 1.38%，计算该工程地方材料价差。

【解】　某工程地方材料的材料价差 = 786 457.35×1.38% = 10 853.11（元）

5.4　建筑工程费用计算实例

某工程由某二级施工企业施工，根据下列条件和数据，按表 5.4 的费用标准和费用项目计算该工程的工程造价。有关条件如下：

①工程在市区。

②取费等级：二级。

③分项工程定额直接费：128 805 元。

其中　定额人工费：13 352 元；

定额材料费：299 845 元；

定额机械费：15 608 元。

④单价措施项目定额直接费：22 512 元。

其中　定额人工费：2 476 元；

定额材料费：18 010 元；

定额机械费：2 026 元。

⑤单项材料价差调整：8 124 元。

⑥材料价差综合系数调整：1 539 元。

某工程建筑工程施工图预算造价计算过程见表 5.14。

表 5.14　某工程建筑工程施工图预算造价计算表

序号	费用名称	计算基数	费率	金额/元
1	定额直接费	$\sum$ 分项工程费 + 单价措施项目费（128 805 + 22 512） 其中：定额人工费 15 828 　　　定额机械费 17 634		151 317
2	企业管理费	$\sum$ 分项工程、单价措施项目定额人工费 + 定额机械费（33 462）	25	8 365.50
3	利　润		27	9 034.74

续表

序号	费用名称		计算基数	费率	金额/元
4	总价措施费	安全文明施工费	∑ 分项工程、单价措施项目人工费(15 828)	28	4 431.84
5		夜间施工增加费		2	316.56
6		冬雨季施工增加费	∑ 分项工程定额直接费(128 805)	0.5	644.03
7		二次搬运费	∑ 分部分项工程费 + 单价措施项目费(151 317)	1	1 513.17
8		提前竣工费	按经审定的赶工措施方案计算		
9	其他项目费	暂列金额	∑ 分项工程费 + 措施项目费		
10		总承包服务费	分包工程造价		
11		计日工	按暂定工程量 × 单价		
12	规费	社会保险费	∑ 分项工程、单价措施项目人工费(15 828)	15	2 374.20
13		住房公积金		5	791.40
14		工程排污费	∑ 分项工程定额直接费(128 805)	0.60	772.83
15	价差	单项材料价差调整	见计算表		8 124
16		综合系数调整材料价差	见计算表		1 539
17	税金	增值税税金	税前造价(序 1 ~ 序 16 之和)(181 914.27)	9	16 372.28
工程造价			序 1 ~ 序 15 之和		198 286.55

复习思考题

1.为什么要计算工程量?

2.简述按照费用构成要素划分的工程造价费用构成内容。

3.了解企业管理费的具体内容。

4.为什么要按照工程造价形成划分费用项目?

5.简述规费计算方法。

6.简述建筑安装工程费用(造价)理论计算方法。

7.简述建筑安装工程费用的计算原则。

8.简述建筑安装工程费用的计算程序。

9.简述用单位估价法计算直接工程费的特点。

10.简述用实物金额法计算直接工程费的特点。

11.为什么要调整材料价差?

12.简述综合系数调整材料价差的方法。

13.简述单项材料价差调整的方法。

第6章

工程量清单计价方法

知识点

熟悉分项工程清单项目六大要素;了解工程计量规范的作用,熟悉房屋建筑与装饰工程工程量计算规范使用方法;熟悉工程量清单编制内容,熟悉房屋建筑与装饰工程主要分部分项工程量清单内容;熟悉措施项目清单编制方法、其他项目清单编制方法、规费和税金项目清单编制方法;熟悉投标价的概念,以及投标报价的编制依据与作用;熟悉综合单价的概念。

技能点

会编制综合单价,会计算分部分项工程费,会计算单价措施项目费和总价措施项目费,会编制其他项目费,会计算规费和税金,会编制单位工程投标报价汇总表。

课程思政

"杂交水稻之父"袁隆平,一个属于中国,也属于世界的名字,他发起的"第二次绿色革命"给全人类带来了福音。我国大江南北的农田普遍种上中国工程院院士袁隆平研制的杂交水稻,杂交水稻为我国粮食增产发挥了重要作用。我国政府授予袁隆平"全国先进科技工作者""全国劳动模范"和"全国先进工作者"等光荣称号。联合国世界知识产权组织授予他金质奖章和"杰出的发明家"荣誉称号。袁隆平就就业业,坚持几十年如一日,把青春和生命全部献给杂交水稻事业的精神,永远值得我们敬佩!

6.1 工程量清单编制方法

6.1.1 概述

2013 年住建部共颁发了 9 个专业的工程量计算规范,分别是:房屋建筑与装饰工程(GB

50854—2013);仿古建筑工程(GB 50855—2013);通用安装工程(GB 50856—2013);市政工程(GB 50857—2013);园林绿化工程(GB 50858—2013);矿山工程(GB 50859—2013);构筑物工程(GB 50860—2013);城市轨道交通工程(GB 50861—2013);爆破工程(GB 500862—2013)。

一般情况下,一个民用建筑或工业建筑(单项工程)需要使用房屋建筑与装饰工程、通用安装工程等工程量计算规范。每个专业工程量计算规范主要包括总则、术语、工程计量、工程量清单编制和附录等。附录按"附录A、附录B、附录C……"划分,每个附录编号就是一个分部工程,包含若干个分项工程清单项目。每个分项工程清单项目包括项目编码、项目名称、项目特征、计量单位、工程量计算规则、工作内容六大要素。

附录是工程量计算规范的主要内容,我们要尽可能熟悉附录内容、尽可能使用附录内容,时间长了自然熟能生巧。

6.1.2　分项工程清单项目六大要素

1)项目编码

分项工程和措施清单项目的编码共12位。其中9位由工程量计算规范确定,后3位由清单编制人确定。其中,第1,2位是专业工程编码,第3,4位是分章(分部工程)编码,第5,6位是分节编码,第7,8,9位是分项工程编码,第10,11,12位是工程量清单项目顺序码。例如,工程量清单编码010401001001的含义如下:

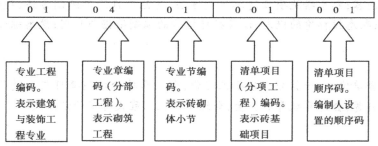

2)项目名称

项目名称栏目内列入了分项工程清单项目的简略名称。例如,上述010401001001对应的项目名称是"砖基础",并没有列出"M5水泥砂浆砌带形砖基础"这样完整的项目名称。因为通过该项目的"项目特征"描述后,内容就很完整了,所以在表述完整的清单项目名称时,就需要使用项目特征的内容来描述。

3)项目特征

项目特征是构成分项工程和措施清单项目自身价值的本质特征。

这里的"价值"可以理解为每个分项工程和措施项目都在产品生产中起到不同的有效的作用,即体现它们的有用性。"本质特征"是区分此分项工程不同于彼分项工程不同事物的特性体现,所以项目特征是区分不同分项工程的判断标准。因此,我们要准确地填写说明该项目本质特征的内容,为分项工程清单项目列项和准确计算综合单价服务。

4）计量单位

工程量计算规范规定，分项工程清单项目以"t""m""m^2""m^3""kg"等物理单位，以"个""件""根""组""系统"等自然单位为计量单位。计价定额一般采用扩大了的计量单位，例如"10 m^3""100 m^2""100 m"等。分项工程清单项目计量单位的特点是"一个单位"，没有扩大计量单位。也就是说，综合单价的计量单位按"一个单位"计算，没有扩大。

5）工程量计算规则

工程量计算规则规范了清单工程量计算方法和计算结果。例如，内墙砖基础长度按内墙净长计算的工程量计算规则的规定，就确定了内墙基础长度的计算方法；其内墙净长的规定，重复计算了与外墙砖基础放脚部分的砖体积，也影响了砖基础实际工程量的计算结果。

清单工程量计算规则与计价定额的工程量计算规则是不完全相同的。例如，平整场地，清单工程量的计算规则是"按设计图示尺寸以建筑物首层建筑面积计算"，某地区计价定额的平整场地工程量计算规则是"以建筑物底面积每边放出 2 m 计算面积"，两者之间是有差别的。

需要指出的是，这两者之间的差别是由不同角度的考虑引起的。清单工程量计算规则的设置主要考虑在切合工程实际的情况下，方便准确地计算工程量，发挥其"清单工程量统一报价基础"的作用；而计价定额工程量计算规则是结合了工程施工的实际情况确定的，因为平整场地要为建筑物的定位放线作准备，要为挖有放坡的沟槽土方作准备，所以在建筑物底面积基础上每边放出 2 m 宽是合理的。

从上述例子可以看出，计价定额的计算规则考虑了采取施工措施的实际情况，而清单工程量计算规则没有考虑施工措施。

6）工作内容

每个分项工程清单项目都有对应的工作内容。通过工作内容，我们可以知道该项目需要完成哪些工作任务。

工作内容具有两大功能，一是通过对分项工程清单项目工作内容的解读，可以判断施工图中的清单项目是否列全。例如，施工图中的"预制混凝土矩形柱"需要"制作、运输、安装"，清单项目列几项呢？通过对该清单项目（010509001）工作内容的解读，知道了将"制作、运输、安装"的工作内容合并为一项，不需要分别列项。二是在编制清单项目的综合单价时，可以根据该项目的工作内容判断需要几个定额项目组合才能完整计算综合单价。例如，砖基础清单项目（010401001）的工作内容既包括砌砖基础，还包括基础防潮层铺设，因此砖基础综合单价的计算要将砌砖基础和铺基础防潮层组合在一个综合单价里。又如，如果计价定额的预制混凝土构件的"制作、运输、安装"分别是不同的定额，那么"预制混凝土矩形柱"（010509001）项目的综合单价就要将计价定额预制混凝土构件的"制作、运输、安装"定额项目综合在一起。

应该指出，清单项目中的工作内容是综合单价由几个计价定额项目组合在一起的判断依据。

6.1.3 房屋建筑与装饰工程工程量计算规范使用方法

1)工程计量规范的作用

工程计量规范的主要作用是规范工程造价计量行为,统一工程量清单的编制、项目设置和计量规则。

房屋建筑与装饰工程计量规范适用于房屋建筑与装饰工程施工发承包计价活动中的工程量清单编制和工程量计算。

2)房屋建筑与装饰工程工程量计算规范使用方法

在工程招投标过程中,由招标人发布的工程量清单是重要的内容,工程量清单必须根据工程计量规范编制,所以要完全掌握计量规范的使用方法。

(1)熟悉工程量计算规范是造价人员的基本功

《房屋建筑与装饰工程工程量计算规范》(GB 50854—2013)的内容包括正文、附录、条文说明三部分。其中正文包括总则、术语、工程计量、工程量清单编制,共计 29 项条款;附录共有 17 个分部、557 个清单工程项目。

工程量计算规范的分项工程项目的划分与计价定额的分项工程项目的划分在范围上大部分都相同,少部分不同。要记住,计量规范的项目可以对应于一个计价定额项目,也可以对应几个计价定额项目,它们之间的工作内容不同,所以没有一一对应的关系,初学者一定要重视这方面的区别,以便今后准确编制清单报价的综合单价。

房屋建筑与装饰工程计量规范中的 557 个分项工程项目,不是编制每个单位工程工程量清单都要使用,一般一个单位工程只需要选用其中的一百多个项目,就能完成一个单位工程的清单编制任务。但是,由于每个工程选用的项目是不相同的,所以每个造价员必须全部熟悉 557 个项目,这需要长期的积累。有了熟悉全部项目的基本功才能成为一名合格的造价员。

(2)根据拟建工程施工图按照工程量计算规范的要求列全分部分项清单项目是造价员的业务能力

拿到一套房屋施工图后,就需要翻开工程量计算规范,看看这个工程根据计量规范的项目划分,应该有多少个分项工程项目。

想一想,要正确将项目全部确定出来(简称为"列项"),你需要什么能力? 如何判断有没有漏项? 如何判断是重复列了项目? 解决这些问题就体现了造价员的业务能力。

那么解决这些问题的方法是什么呢? 其实要具备这种能力也不难,主要是要具备正确理解工程量计算规范中每个分项工程项目的"项目特征、工作内容"的能力。其重点是要在掌握建筑构造、施工工艺、建筑材料等知识的基础上,全面理解计量规范附录中每个项目的"工作内容"。因为"工作内容"规定了一个项目的完整工作内容,划分了与其他项目的界限,因此我们要在学习中抓住这个重点。

应该指出,掌握好"列项"的方法,需要在完成工程量清单编制或使用工程量清单的过程中不断积累经验,不可能编一两个工程量清单或清单报价就能完全掌握工程量计算规范的全部内容。

（3）工程量清单项目的准确性是相对的

为什么说工程量清单项目的准确性是相对的呢？主要是由以下几个方面的因素决定的。

第一，每一个房屋建筑工程的施工图是不同的，因此造成了每个工程的分部分项工程量清单项目也是不同的。没有一个固定的模板来套用，需要造价员确定和列出项目。但由于每个造价员的理解不同、业务能力不同，所以一个工程找 100 个造价员来编制工程量清单，编出的清单项目不会完全相同。因此工程量清单项目的准确性是相对的。

第二，每一个房屋建筑工程的施工图是不同的，因此造价员每次都要计算新工程的工程量，不能使用曾经计算的工程量。由于每个造价员的识图能力不同、业务水平不同，他们计算出的工程数量也是不同的，两个造价员之间计算同一个项目的工程量肯定会出现差别，因此工程量清单的准确性是相对的。

第三，由于图纸的设计深度不够，有些问题需要进一步确认或者需要造价员按照自己的理解处理，而每个造价员的理解有差别，计算出的工程量会有差别，所以工程量清单的准确性是相对的。

工程量清单的准确性是相对的这一观点告诉我们，工程造价的工作成果不可能绝对准确，只能相对准确。这种相对性主要可以通过总的工程造价来判断，即采用概率的方法来判断，假如同一工程由 100 个造价员计算工程造价，如果算出的工程造价是在 100 个造价平均值的 1% 的范围内，那么我们就可以判断工程造价的准确程度是 99%。

（4）工程量清单项目的权威性是绝对的

虽然工程量清单项目的工程量不能绝对准确，但是工程量清单项目的权威性是绝对的。因为当招标工程量清单发布以后，投标人必须按照其项目和数量进行报价，投标时发现数量错了也不能自己去改变或纠正。这一规定体现了招标工程量清单的权威性。

统一性是发布工程量清单的根本原因。即使投标前发现了清单工程量有错误，那也要在投标截止前，发布修改后的清单工程量统一修改，或者在工程实施中按照清单计价规范"工程计量"的规定进行调整。

6.1.4　工程量清单编制内容

1）分部分项清单工程量项目列项

分部分项清单工程量项目列项步骤如下：

第 1 步，先将常用的项目找出来，例如平整场地、挖沟槽（坑）土方、现浇混凝土构件等项目。

第 2 步，将图纸上的内容能对应计量规范附录的项目，一一对应列出来。

第 3 步，施工图上的内容与计量规范附录对应时，拿不稳的项目，查看计量规范附录后再敲定。例如，砖基础清单项目除了包括防潮层外，还包不包括混凝土基础垫层？经过查看，砖基础清单项目的工作内容不包括混凝土基础垫层，于是将砖基础作为一个项目后，混凝土基础垫层也是一个清单项目。

第 4 步，列项工作基本完成后，还要将施工图全部翻开，一张一张地在图纸上复核，列了项目的打一个钩，仔细检查，发现"漏网"的项目赶紧补上，以确保项目的完整性。

2）工程量清单编制的内容

工程量清单编制的内容包括：分部分项工程量清单、单价措施项目清单、总价措施项目清单、其他项目清单、规费和税金项目清单。其编制示意图如图 6.1 所示。

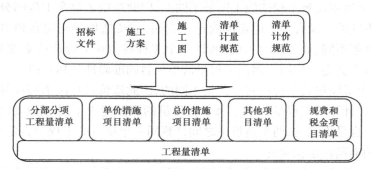

图 6.1　工程量清单编制示意图

从图 6.1 中可以看出，编制工程量清单的顺序是：分部分项工程量清单→单价措施项目清单→总价措施项目清单→其他项目清单→规费和税金项目清单。

分部分项工程量清单编制的依据主要有：招标文件、拟建工程施工图、施工方案、清单计价规范、清单计量规范。

分部分项工程量清单是根据招标文件、施工方案、施工图、清单计量规范和清单计价规范编制的。

总之，通过不断编制工程量清单，就可以很好地掌握工程量清单的编制方法。

6.1.5　房屋建筑与装饰工程主要分部分项工程量清单编制方法

分部分项工程量清单是根据施工图和《房屋建筑与装饰工程工程量计算规范》编制的。通过下面的例子来介绍分部分项工程量清单的编制方法。

（1）举例工程用施工图

举例工程用施工图如图 6.2 所示。

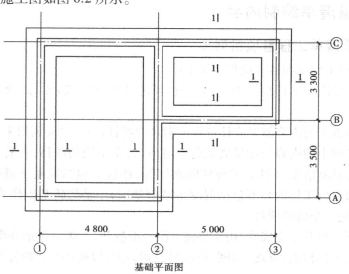

基础平面图

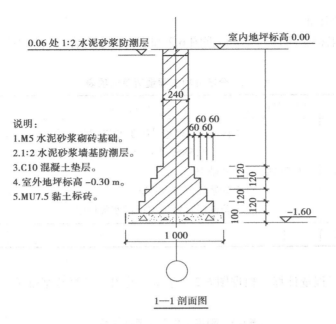

1—1 剖面图

图 6.2　举例用图

（2）砖基础分项工程量清单

砖基础分项工程量清单是依据《房屋建筑与装饰工程工程量计算规范》中的清单项目列项，见表 6.1。

表 6.1　《房屋建筑与装饰工程工程量计算规范》摘录

		表 D.1　砖砌体（编号：010401）				
		项目编码	项目名称	项目特征	计量单位	工程量计算规则	工作内容
附录D	砌筑工程	010401001001	砖基础	1.砖品种、规格、强度等级 2.基础类型 3.砂浆强度等级 4.防潮层材料种类	m³	按设计图示尺寸以体积计算。包括附墙垛基础宽出部分体积，扣除地梁（圈梁）、构造柱所占体积，不扣除基础大放脚T形接头处的重叠部分及嵌入基础内的钢筋、铁件、管道、基础砂浆防潮层和单个面积≤0.3 m²的孔洞所占体积，靠墙暖气沟的挑檐不增加 基础长度：外墙按外墙中心线，内墙按内墙净长线计算	1.砂浆制作、运输 2.砌砖 3.防潮层铺设 4.材料运输
		⋮	⋮	⋮	⋮	⋮	⋮

（3）清单工程量计算

①砖基础清单工程量项目列项。根据图6.2和表6.1中内容,砖基础清单工程量项目列项见表6.2。

表6.2　分部分项工程量清单列项表

序号	清单编码	项目名称	项目特征	计量单位
1	010401001001	砖基础	1.砖品种、规格、强度等级:黏土砖标准砖 240×115×53、MU7.5 2.基础类型:带形 3.砂浆强度等级:M5 4.防潮层材料种类:1∶2水泥砂浆	m^3
	⋮	⋮		

②砖基础清单工程量计算。根据图6.2和表6.1的内容计算砖基础项目清单工程量,见表6.3。

表6.3　砌筑工程工程量计算表

项目编码	项目名称	项目特征	计量单位	工程量计算规则	计算实例	工作内容
010401001001	砖基础	1.砖品种、规格、强度等级:黏土砖、240×115×53、MU7.5 2.基础类型:带形基础 3.砂浆强度等级:M5 4.防潮层材料种类:水泥砂浆	m^3	按设计图示尺寸以体积计算。包括附墙垛基础宽出部分体积,扣除地梁(圈梁)、构造柱所占体积,不扣除基础大放脚T形接头处的重叠部分及嵌入基础内的钢筋、铁件、管道、基础砂浆防潮层和单个面积≤0.3 m²的孔洞所占体积,靠墙暖气沟的挑檐不增加 基础长度:外墙按外墙中心线,内墙按内墙净长线计算	采用图纸:举例用图6.2计算 M5 水泥砂浆砌外墙砖基础工程量: V = 基础长×基础断面积 = 33.20(同垫层长)×[基础墙断面积+放脚层数×(放脚层数+1)×0.007 875] = 33.20×[0.24×(1.60-0.10)+4×5×0.007 875] = 33.20×(0.36+0.157 5) = 33.20×0.517 5 = 17.18(m³)	1.砂浆制作、运输 2.砌砖 3.防潮层铺设 4.材料运输

（4）分部分项工程和单价措施项目清单与计价表

将举例工程砖基础分项工程清单项目填入"分部分项工程和单价措施项目清单与计价表",见表6.4。

表6.4　分部分项工程和单价措施项目清单与计价表

工程名称:举例工程　　　　　　　　　　　标段:　　　　　　　　　第1页 共1页

序号	项目编码	项目名称	项目特征描述	计量单位	工程量	金额/元		
						综合单价	合价	其中:暂估价
		A.土石方工程						
		┆						
		分部小计						
		D.砌筑工程						
4	010401001001	砖基础	1.砖品种、规格、强度等级:黏土砖、240×115×53、MU7.5 2.基础类型:带形基础 3.砂浆强度等级:M5 4.防潮层材料种类:水泥砂浆	m³	17.18			
		┆						
		分部小计						
	本页小计							
	合　计							

注:为计取规费等的使用,可在表中增设"其中:定额人工费"。

6.1.6　措施项目清单编制方法

1)措施项目清单

措施项目是指有助于形成工程实体而不构成工程实体的项目。

措施项目清单包括单价项目和总价项目两类。由于措施项目清单项目除了执行"××专业工程工程量计算规范"外,还要依据所在地区的措施项目细则确定。所以,措施项目的确定与计算方法具有较强的地区性,教学时应紧密结合本地区的有关规定学习和举例。例如,以下一些解释就是依据了某些地区的措施项目细则规定。

措施项目清单的编制需要考虑多种因素,除工程本身的因素外,还涉及水文、气象、环境、安全等因素。由于这些影响措施项目设置的因素太多,工程量计算规范不可能将施工中可能出现的措施项目——列出。我们在编制措施项目清单时,因工程情况不同出现一些工程量计算规范中没有列出的措施项目,可以根据工程的具体情况对措施项目清单作必要的补充。

(1)单价措施项目

单价项目是指可以计算工程量,列出了项目编码、项目名称、项目特征、计量单位、工程量计算规则和工作内容的措施项目。例如,《房屋建筑与装饰工程工程量计算规范》附录 S 的措施项目中,"综合脚手架"措施项目的编码为"011701001",项目特征包括"建筑结构形式和檐口高度",计量单位"m²",工程量计算规则为"按建筑面积计算",工作内容包括"场内、场外材料搬运,搭、拆脚手架等"。

（2）总价措施项目

总价项目是指不能计算工程量，仅列出了项目编码、项目名称，未列出项目特征、计量单位、工程量计算规则的措施项目。例如，《房屋建筑与装饰工程工程量计算规范》附录 S 的措施项目中，"安全文明施工"措施项目的编码为"011707001"，工作内容包括"环境保护、文明施工"等。

2）单价措施项目编制

单价措施项目主要包括"S.1 脚手架工程""S.2 混凝土模板及支架（撑）""S.3 垂直运输""S.4 超高施工增加""S.5 大型机械设备进出场及安拆""S.6 施工排水、降水"等项目。

单价措施项目需要根据工程量计算规范的措施项目确定编码和项目名称，需要计算工程量，采用"分部分项工程和单价措施项目清单与计价表"发布单价措施项目清单。

（1）综合脚手架

"综合脚手架"是对应于"单项脚手架"的项目，是综合考虑了施工中需要脚手架的项目和包含了斜道、上料平台、安全网等工料机的内容。

某地区工程造价主管部门规定：凡能够按《建筑工程建筑面积计算规范》计算建筑面积的建筑工程，均按综合脚手架项目计算脚手架摊销费。综合脚手架已综合考虑了砌筑、浇筑、吊装、抹灰、油漆、涂料等脚手架费用。某些地区规定，装饰脚手架需要另外单独计算。

综合脚手架工程量按建筑面积计算。例如，举例工程的"综合脚手架"是单价措施项目，工程量为：$(4.80+5.00+0.24) \times (3.50+3.30) - 5.00 \times 3.50 = 70.68 - 17.50 = 53.18(\text{m}^2)$。

（2）单项脚手架

单项脚手架是指分别按双排、单排、里脚手架立项，单独计算搭设工程量的项目。

某地区规定：凡不能按《建筑工程建筑面积计算规范》计算建筑面积的建筑工程，但施工组织设计规定需搭设脚手架时，均按相应单项脚手架定额计算脚手架摊销费。单项脚手架综合了斜道、上料平台、安全网等工料机的内容。

单项脚手架工程量根据工程量计算规范规定，一般按搭设的垂直面积或水平投影面积计算。

（3）混凝土模板与支架

混凝土模板与支架是现浇混凝土构件的措施项目。该项目一般按模板的接触面积计算工程量。应该指出，准确计算模板接触面积，需要了解现浇混凝土构件的施工工艺和熟悉结构施工图的内容。

工程量计算规范规定，混凝土模板与支架措施项目是按工程量计算规范措施项目的编码、项目名称、项目特征、计量单位、工程量计算规则、工作内容列项和计算的。例如，某工程的现浇混凝土带形基础模板的工程量为 $69.25~\text{m}^2$，项目编码为"011702001001"，工作内容为模板制作、模板安装、拆除、整理堆放和场外运输等。

混凝土模板与支架工程量按模板接触面积以"m^2"计算。

（4）垂直运输

一般情况下，除了檐高 3.60 m 以内的单层建筑物不计算垂直运输措施项目外，其他檐口高度的建筑物都要计算垂直运输费，因为这一规定是与计价定额配套的，计价定额的各个项目中没有包含垂直运输的费用。

计价定额中的垂直运输包括单位工程在合理工期内完成所承包的全部工程项目所需的垂直运输机械费。

垂直运输一般按工程的建筑面积计算工程量,然后套用对应檐口高度的计价定额项目计算垂直运输费。如何计算檐口高度和如何套用计价定额,应结合本地区的措施项目细则和计价定额确定。

(5)超高施工增加

为什么还要计算超高施工增加费呢?这与计价定额的内容有关。一般情况下,各地区的计价定额只包括单层建筑物高度 20 m 以内或建筑物 6 层以内高度的施工费用。当单层建筑物高度超过 20 m 或建筑物超过 6 层时需要计算超高施工增加费。

超过施工增加费的内容包括:建筑物超高引起的人工工效降低以及由于人工工效降低引起的机械降效、高层施工用水加压水泵的安装和拆除及工作台班、通信联络设备的使用及摊销费用。

建筑物超高施工增加费根据建筑物的檐口高度套用对应的计价定额,按建筑物的建筑面积计算工程量。

(6)大型机械设备进出场及安拆

大型机械设备的安拆费包括施工机械、设备在现场进行安装拆卸所需人工、材料、机械和试运转费用以及机械辅助设施的折旧、搭设、拆除等费用;进出场费包括施工机械、设备整体或分体自停放地点运至施工现场或由一施工地点运至另一施工地点所发生的运输、装卸、辅助材料等费用。

由于计价定额中只包含了中小型机械费,没有包括大型机械设备的使用费,所以施工组织设计要求使用大型机械设备时,按规定就要计算“大型机械设备进出场及安拆费”。这时该工程的大型机械设备的台班费不需另行计算,但原计价定额的中小型机械费也不扣除,两者相互抵扣了。

当某工程发生大型机械设备进出场及安拆项目时,一般可能要根据计价定额的项目分别计算“进场费”“安拆费”和“大型机械基础费用”项目。如果本工程施工结束后,机械要到下一个工地施工,那么将出场费作为下一个工地的进场费计算,本工地不需要计算出场费。如果没有后续工地可以去,那么该机械要另外计算一次拆卸费和出场费。

“进场费”“安拆费”和“大型机械基础费用”项目按“台次”计算工程量。

(7)施工排水、降水

当施工地点的地下水位过高或低洼积水影响正常施工时,需要采取降低水位满足施工的措施,从而发生施工排水、降水费。

一般,施工降水采用“成井”降水;排水采用“抽水”排水。

成井降水一般包括:准备钻孔机械、埋设、钻机就位,泥浆制作、固壁、成孔、出渣、清孔;对接上下井管(滤管),焊接,安放;下滤料,洗井,连接试抽等发生的费用。

排水一般包括:管道安装、拆除,场内搬运,抽水、值班、降水设备维修的费用。

当编制招标工程量清单时,施工排水、降水的专项设计不具备时,可按暂估量计算。工程量计算规范规定,“成井”降水工程量按 m 计算,排水工程量按“昼夜”计算。

(8)举例工程单价措施项目清单

举例工程单价措施项目清单见表6.5。

表 6.5　分部分项工程和单价措施项目清单与计价表

工程名称:举例工程　　　　　　　　　　标段:　　　　　　　　第　页共　页

序号	项目编码	项目名称	项目特征描述	计量单位	工程量	金额/元		
						综合单价	合价	其中:暂估价
		S.措施项目						
1	011701001001	综合脚手架	1.建筑结构形式:砌体结构 2.檐口高度:3.30 m	m²	53.18			
本页小计								
合　计								

3) 总价措施项目编制

根据规定的费率和取费基数计算一笔总价的措施项目,称为总价措施项目。

（1）安全文明施工

安全文明施工费是承包人按照国家法律、法规等规定,在合同履行中为保证安全施工、文明施工,保护现场内外环境等所采用的措施发生的费用。

安全文明施工费应按照国家或省级、行业建设主管部门的规定计算,不得作为竞争性费用。

安全文明施工费主要包括环境保护费、文明施工费、安全施工费、临时设施费等。主要内容有:环境保护包含现场施工机械设备降低噪声、防扰民措施等内容发生的费用;文明施工包含"五牌一图"、现场围挡的墙面美化(包括内外粉刷、刷白、标语等)、压顶装饰等内容发生的费用;安全施工包含安全资料、特殊作业专项方案的编制,安全施工标志的购置及安全宣传等内容发生的费用;临时设施包含施工现场临时建筑物、构筑物的搭设、维修、拆除或摊销等内容发生的费用。

（2）夜间施工

夜间施工措施项目包括夜间固定照明灯具和临时可移动照明灯具的设置、拆除,夜间施工时施工现场交通标志、安全标牌、警示灯等的设置、移动、拆除,夜间照明设备摊销及照明用电、施工人员夜班补助、夜间施工劳动效率降低等内容发生的费用。

夜间施工可以按工程的定额人工费或定额直接费为基数,乘以规定的费率计算。

（3）二次搬运

二次搬运措施项目是由于施工场地条件限制而发生的材料、成品、半成品等一次运输不能到达堆放地点,必须进行二次或多次搬运的工作。

二次搬运费可以按工程的定额人工费或定额直接费为基数,乘以规定的费率计算。

（4）冬雨季施工

冬雨季施工费措施项目包括：冬雨（风）季施工时增加的临时设施（防寒保温、防雨、防风设施）的搭设、拆除，对砌体、混凝土等采用的特殊加温、保温和养护措施，施工现场的防滑处理，对影响施工的雨雪的清除，增加的临时设施的摊销，施工人员的劳动保护用品，冬雨（风）季施工劳动效率降低等发生的费用。

举例工程的总价措施项目有：安全文明施工费、夜间施工增加费和二次搬运费。

（5）举例工程总价措施项目清单

举例工程总价措施项目清单，见表6.6。

表 6.6　总价措施项目清单与计价表

工程名称：举例工程　　　　　　　　　标段：　　　　　　　　　第 1 页 共 1 页

序号	项目编码	项目名称	计算基础	费率/%	金额/元	调整费率/%	调整后金额/元	备注
1	011707001001	安全文明施工	定额人工费					
2	011707002001	夜间施工	定额人工费					
3	011707004001	二次搬运	定额人工费					
4	011707005001	冬雨季施工	定额人工费					
合　计					731.36			

编制人（造价人员）：　　　　　　　　　　　　复核人（造价工程师）：

6.1.7　其他项目清单编制方法

其他项目清单包括暂列金额、暂估价、计日工、总承包服务费等。

1）暂列金额

暂列金额是招标人在工程量清单中暂定并包括在合同价款中的一笔款项。它用于施工合同签订时尚未确定或者不可预见的所需材料、设备、服务的采购，施工中可能发生的工程变更、合同约定调整因素出现时的工程价款调整以及发生的索赔、现场签证确认等的费用。

我国规定对政府投资工程实行概算管理，经项目审批部门批复的设计概算是工程投资控制的刚性指标。但工程建设自身的特性决定了工程的设计需要根据工程进展不断进行优化和调整，还有业主需求可能会随工程建设进展而出现变化，以及工程建设过程还会存在一些不能预见、不能确定的因素。消化这些因素，必然会出现合同价格调整。暂列金额正是因为这些不可避免的价格调整而设立的一笔价款，以便达到合理确定和有效控制工程造价的目的。

暂列金额应根据工程特点，按有关计价规定估算。暂列金额是属于招标人的，只有发生且经招标人同意后才能计入工程价款。

2）暂估价

暂估价是招标阶段直至签订合同协议时，招标人在招标文件中提供的用于支付必然要发生但暂时不能确定价格的材料以及专业工程的金额。暂估价包括材料暂估单价、工程设备暂估单价、专业工程暂估价。

为了方便合同管理,需要纳入分部分项工程项目清单综合单价中只能是材料、工程设备的暂估价,以方便投标人组价。暂估价中的材料、工程设备暂估价应根据工程造价信息或参照市场价格估算。

专业工程暂估价应是综合暂估价,包括除规费、税金以外的管理费和利润。当总承包招标时,专业工程的设计深度往往是不够的,一般需要交由专业设计人员进一步设计。

专业工程暂估价应分不同专业,按有关计价规定估算。如果只有初步的设计文件,可以采用估算的方法确定专业工程暂估价;如果有施工图或者扩大初步设计图纸,可以采用概算的方法编制专业工程暂估价。

专业工程完成设计后应通过施工总承包人与工程建设项目招标人共同组织招标,以确定中标人。

3)计日工

在施工过程中,承包人完成发包人提出的施工图纸以外的零星项目或工作,按合同中约定的综合单价计价的一种方式。

计日工是为了解决现场发生的零星工作的计价而设立的,对完成零星工作所消耗的人工工日、材料品种与数量、施工机械台班进行计量,并按照计日工表中填报适用项目的单价进行计价和支付。

计日工适用的所谓零星工作一般是指合同约定以外或者因变更产生的而工程量清单中没有相应项目的额外工作,尤其是那些不允许事先商定价格的额外工作。

4)总承包服务费

总承包服务费是为了解决招标人在法律、法规允许的条件下进行专业工程发包以及自行供应材料、工程设备,并需要总承包人对发包的专业工程提供协调和配合服务,对甲供材料、工程设备提供收、发和保管服务以及进行现场管理时发生并向总承包人支付的费用。

总承包服务费在投标人报价时根据有关规定计算。

5)举例工程其他项目清单

举例工程其他项目清单见表6.7。

表6.7 其他项目清单与计价汇总表

工程名称:举例工程　　　　　　　　　　标段:　　　　　　　　　第1页 共1页

序号	项目名称	金额/元	结算金额/元	备　注
1	暂列金额	1 000.00		明细详见表12-1(略)
2	暂估价			
2.1	材料(工程设备)暂估价			明细详见表12-2(略)
2.2	专业工程暂估价			明细详见表12-3(略)
3	计日工			明细详见表12-4(略)
4	总承包服务费			明细详见表12-5(略)
5	索赔与现场签证			明细详见表12-6(略)
	合　计	1 000.00		

注:材料(工程设备)暂估单价计入清单项目综合单价,此处不汇总。

6.1.8　规费、税金项目清单编制方法

1）规费、税金项目清单的内容

（1）规费

规费项目清单由下列内容构成：社会保险费，包括养老保险费、失业保险费、医疗保险费、工伤保险费、生育保险费、住房公积金和工程排污费。

（2）税金

根据住建部、财政部颁发的《建筑安装工程费用项目组成》的规定，我国税法规定，应计入建筑安装工程造价内的税种包括增值税、城市维护建设税、教育费附加和地方教育附加。如果国家税法发生变化，税务部门依据增加了税种，就要对税金项目清单进行补充。

2）规费、税金的计算

（1）规费

规费应按照国家或省级、行业建设主管部门的规定计算。一般计算方法是：

$$规费 = 分部分项工程费和措施项目费中的定额人工费 \times 对应的费率$$

（2）税金

税金应按照国家或省级、行业建设主管部门的规定计算。

6.2　工程量清单报价编制方法

1）投标价的概念

投标价是指投标人投标时响应招标文件要求所报出的已标价工程量清单汇总后标明的总价。

建筑安装工程招投标中，招标人一般指业主；投标人一般指施工企业、施工监理企业、建筑安装设计企业等。

已标价工程量是指投标人响应招标文件，根据招标工程量清单，自主填报各部分价格，具有分部分项及单价措施项目费、总价措施项目费、其他项目费、规费和税金的工程量清单。将全部费用汇总后的总价，就是投标价。

应该指出，已标价工程量清单具有"单独性"的特点，即每个投标人的投标价是不同的，是与其他企业的投标价没有关系的，是单独出现的。因此，各投标价在投标中具有"唯一性"的特性。

2）投标报价的概念及其编制内容

投标报价是指包含封面、工程计价总说明、单项工程投标报价汇总表、单位工程投标报价汇总表、分部分项工程和单价措施项目清单与计价表、综合单价分析表、总价措施项目清单与计价表、其他项目清单与计价表、规费和税金项目清单与计价表等内容的报价文件。

编制投标报价的工作就是造价人员运用工程造价专业能力，根据有关依据和规定，完成计算、分析和汇总上述内容的全部工作。这些工作也是本章所要阐述的基本内容。

3) 投标报价的编制依据与作用

（1）投标报价编制依据

投标报价的编制依据是由《建设工程工程量清单计价规范》规定的，包括：

①《建设工程工程量清单计价规范》；

②国家或省级、行业建设主管部门颁发的计价办法；

③企业定额，国家或省级、行业建设主管部门颁发的计价定额和计价办法；

④招标文件、招标工程量清单及其补充通知、答疑纪要；

⑤建设工程设计文件和相关资料；

⑥施工现场情况、工程特点及投标时拟定的施工组织设计或施工方案；

⑦与建设项目相关的标准、规范等技术资料；

⑧市场价格信息或工程造价管理机构发布的工程造价信息；

⑨其他的相关资料。

上述编制依据都起什么作用？搞清楚这个问题将对掌握投标报价的编制方法起关键性作用。

（2）投标报价编制依据的作用

①清单计价规范。例如，投标报价中的措施项目划分为"单价项目"与"总价项目"两类，是《建设工程工程量清单计价规范》（GB 50500—2013）规定的。

②国家或省级、行业建设主管部门颁发的计价办法。例如，投标报价的费用项目组成就是根据中华人民共和国住房和城乡建设部、中华人民共和国财政部 2013 年 3 月 21 日颁发的《建筑安装工程费用项目组成》建标〔2013〕44 号文件确定的。

③企业定额，国家或省级、行业建设主管部门颁发的计价定额和计价办法。2003 年、2008 年和 2013 年清单计价规范都规定了企业定额是编制投标报价的依据，虽然各地区没有具体实施，但指出了根据企业定额自主报价是投标报价的方向。

每个省、市、自治区的工程造价行政主管部门都颁发了本地区组织编写的计价定额，它是投标报价的依据。计价定额是对建筑工程预算定额、建筑工程消耗量定额、建筑工程计价定额、建筑工程单位估价表、建筑工程清单计价定额的统称。

由于有些费用计算具有地区性，每个地区要颁发一些计价办法。例如，有的地区颁发了工程排污费、安全文明施工费等的计算办法。

④招标文件、招标工程量清单及其补充通知、答疑纪要。招标文件中对于工期的要求、采用计价定额的要求、暂估工程的范围等都是编制投标报价的依据。

编制投标报价必须依据招标工程量清单才能编制出综合单价和计算各项费用，是投标报价的核心依据。

补充通知和答疑纪要的工程量、价格等内容都要影响投标报价，所以也是重要的编制依据。

⑤建设工程设计文件和相关资料。建设工程设计文件是指建筑、装饰、安装施工图。相关资料指各种标准图集等。例如，《混凝土结构施工图平面整体表示方法制图规则和构造详图》（16G101 系列）就是计算工程量的依据。

⑥施工现场情况、工程特点及投标时拟定的施工组织设计或施工方案。例如，编制投标

报价时要根据施工组织设计或施工方案,确定挖基础土方是否需要增加工作面和放坡、挖出的土堆放在什么地点、多余的土方运距几千米等,然后才能确定工程量和工程费用。

⑦与建设项目相关的标准、规范等技术资料。例如,关于发布《全国统一建筑安装工程工期定额》的通知(建标〔2000〕38 号文)就是与建设项目相关的标准。

4)投标报价编制步骤

通常可以采用从得到"投标报价"结果后,倒推计算费用的思路来描述投标报价的编制步骤。

投标报价由规费和税金、其他项目费、总价措施项目费、分部分项工程和单价措施项目费构成。

增值税税金是根据规费、其他项目费、总价措施项目费、分部分项工程和单价措施项目费之和乘以增值税税率计算出来的,因此要先计算这 4 类费用。

其他项目费主要包含暂列金额、暂估价、计日工、总承包服务费。暂列金额、暂估价是招标人规定的,按要求照搬即可。根据计日工人工、材料、机械台班数量自主报价即可。总承包服务费出现了才计算。

总价措施项目的安全文明施工费是非竞争项目,必须按规定计取。二次搬运费等有关总价措施项目,投标人根据工程情况自主报价。

分部分项工程和单价措施项目费是根据施工图、清单工程量和计价定额确定每个项目的综合单价,然后分别乘以分部分项工程和单价措施项目清单工程量就得到分部分项工程和单价措施项目费。

将上述规费和税金、其他项目费、总价措施项目费、分部分项工程和单价措施项目费汇总为投标报价。

现在我们从编制的先后顺序,通过图 6.3 来描述投标报价的编制顺序。

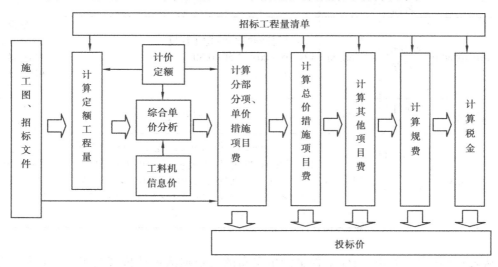

图 6.3 投标价编制步骤示意图

如何计算
综合单价

6.3 综合单价编制方法

6.3.1 综合单价的概念

综合单价是指完成一个规定清单项目所需的人工费、材料费和工程设备费、施工机具使用费和企业管理费、利润以及一定范围内的风险费。

人工费、材料费和工程设备费、施工机具使用费是根据计价定额计算的;企业管理费和利润是根据省、市工程造价行政主管部门发布的文件规定计算的。

一定范围内的风险费主要指:同一分部分项清单项目的已标价工程量清单中的综合单价与招标控制价的综合单价之比,超过±15%时,才能调整综合单价。例如,同一清单项目的已标价工程量清单中的综合单价是 248 元/m²,招标控制价的综合单价为 210 元/m²,(248÷210−1)×100% = 18.1%,超过了 15%,可以调整综合单价。如果没有超过 15%,就不能调整综合单价,因为综合单价已经包含了 15%的价格风险。

6.3.2 定额工程量的概念

定额工程量是相对于清单工程量而言的。清单工程量是根据施工图和清单工程量计算规则计算的;定额工程量是根据施工图和定额工程量计算规则计算的。因为在编制综合单价时会同时出现清单工程量与定额工程量,所以一定要搞清楚定额工程量的概念。

案例:某工程混凝土独立基础垫层的长 6.00 m、宽 5.00 m,垫层底标高 2.50 m,室外地坪标高−0.30 m,分别计算该地坑挖土方的清单工程量和定额工程量。计算过程见表 6.8。

表 6.8 清单工程量与定额工程量对比分析

清单工程量计算	项目编码	项目名称	单位	工程量	计算式	工程量计算规则
	010101004001	挖基坑土方	m³	66.00	$V=$垫层长×垫层宽×挖土深度 $=6.00×5.00×(2.50-0.30)$ $=66.00(m^3)$	按设计图示尺寸以基础垫层底面积乘以挖土深度计算
定额工程量计算	定额编号	项目名称	单位	工程量	计算式	工程量计算规则
	A1-28	人工挖地坑土方(三类土)	m³	102.34	$V=$(垫层长+2×工作面+0.33×挖土深)×(垫层宽+2×工作面+0.33×挖土深)×挖土深+$(0.33^2×2.20^3)÷3$ $=(6.00+0.30×2+0.33×2.20)×(5.00+0.30×2+0.33×2.20)×2.20+(0.33×0.33×2.20×2.20×2.20)÷3$ $=101.957+0.387=102.34(m^3)$	考虑按工作面(300 mm)和放坡($K=0.33$)计算挖方体积

从表 6.8 中可以看出,招标工程量清单发布的是根据清单计价规范工程量计算规则计算的,没有放坡和加工作面;定额工程量是按计价定额的工程量计算规则计算的,也是根据要放坡和增加工作面的施工方案计算的。因此,定额工程量计算是编制综合单价时必须完成的工作。工程量计算规则不同是造成两种工程量不同的根本原因。

6.3.3　确定综合单价的方法

根据工程量清单计价规范和造价工作实践,我们总结了编制综合单价,也即编制"综合单价分析表"的 3 种方法。以下 3 种方法采用的某地区计价定额见表 6.9 和表 6.10。

表 6.9　A.3.1.1 基础及实砌内外墙

工作内容:1.调运砂浆(包括筛砂子及淋灰膏)、砌砖。基础包括清理基槽。

　　　　　2.砌窗台虎头砖、腰线、门窗套。

　　　　　3.安放木砖、铁件。

单位:10 m³

定额编号				A3-1	A3-2	A3-3	A3-4
项目名称				砖基础	砖砌内外墙(墙厚)		
					一砖以内	一砖	一砖以上
基　价/元				2 918.52	3 467.25	3 204.01	3 214.17
其中	人工费/元			584.40	985.20	798.60	775.20
	材料费/元			2 293.77	2 447.91	2 366.10	2 397.59
	机械费/元			40.35	34.14	39.31	41.38
人工	综合用工二类	工日	60.00	9.740	16.420	13.310	12.920
名　称		单位	单价/元	数　量			
材料	水泥砂浆 M5(中砂)	m³	—	(2.360)	—	—	—
	水泥石灰砂浆 M5(中砂)	m³	—	—	(1.920)	(2.250)	(2.382)
	标准砖 240×115×53	千块	380.00	5.236	5.661	5.314	5.345
	水泥 32.5	t	360.00	0.505	0.411	0.482	0.510
	中砂	t	30.00	3.783	3.078	3.607	3.818
	生石灰	t	290.00	—	0.157	0.185	0.195
	水	m³	5.00	1.760	2.180	2.280	2.360
机械	灰浆搅拌机 200 L	台班	103.45	0.390	0.330	0.380	0.400

表 6.10　A.7.3.3 刚性防水

工作内容:清理基层、调运砂浆、抹灰、养护等全部操作过程。

单位:100 m²

定额编号		A7-212	A7-213	A7-214	A7-215	A7-216
项目名称		水泥砂浆五层做法		防水砂浆		
		平面	立面	墙基	平面	立面
基　价/元		1 713.02	1 921.10	1 619.72	1 198.52	1 409.57
其中	人工费/元	978.60	1 184.40	811.80	550.20	733.20
	材料费/元	713.73	716.01	774.82	622.46	649.47
	机械费/元	20.69	20.69	33.10	25.86	26.90

续表

定额编号				A7-212	A7-213	A7-214	A7-215	A7-216
名 称		单位	单价/元	数 量				
人工	综合用工二类	工日	60.00	16.310	19.740	13.530	9.170	12.220
材料	水泥砂浆 1:2.5(中砂)	m³	—	(1.620)	(1.630)	—	—	—
	防水砂浆(防水粉5%)1:2(中砂)	m³	—	—	—	(2.530)	(2.020)	(2.110)
	素水泥浆	m³	—	(0.610)	(0.610)	—	—	—
	水泥 32.5	t	360.00	1.702	1.707	1.394	1.113	1.163
	中砂	t	30.00	2.597	2.613	3.684	2.941	3.072
	防水粉	kg	2.00	—	—	69.830	55.750	58.240
	水	m³	5.00	4.620	4.620	4.560	4.410	4.430
机械	灰浆搅拌机 200 L	台班	103.45	0.200	0.200	0.320	0.250	0.260

1)定额法

所谓定额法,是指一项或者一项以上的计价定额项目,通过计算后重新组成一个定额的方法。在招投标中普遍采用该方法来确定综合单价,我们通过举例来掌握该方法,见表 6.11。

表 6.11　综合单价分析表(定额法)

工程名称:A 工程　　　　　　　　标段:　　　　　　　　第 1 页 共 1 页

项目编码	010401001001			项目名称		砖基础			计量单位		m³
清单综合单价组成明细											

定额编号	定额项目名称	定额单位	数量	单价				合价			
				人工费	材料费	机械费	管理费和利润	人工费	材料费	机械费	管理费和利润
A3-1	M5 水泥砂浆砌砖基础	10 m³	0.10	584.40	2 293.77	40.35	175.32	58.44	229.38	4.04	17.53
A7-214	1:2水泥砂浆墙基防潮层	100 m²	0.005 9	811.80	774.82	33.10	243.54	4.79	4.57	0.20	1.44
人工单价		小 计						63.23	233.95	4.24	18.97
60.00 元/工日		未计价材料费									
清单项目综合单价								320.39			

续表

	主要材料名称、规格、型号	单位	数量	单价/元	合价/元	暂估单价/元	暂估合价/元
材料费明细	标准砖	千块	0.523 6	380.00	198.97		
	32.5 水泥	t	0.050 5	360.00	18.18		
	中砂	t	0.378 3	30.00	11.35		
	水	m^3	0.176	5.00	0.88		
	32.5 水泥	t	0.008 22	360.00	2.96		
	中砂	t	0.021 7	30.00	0.65		
	防水粉	kg	0.412	2.00	0.82		
	水	m^3	0.027	5.00	0.14		
	其他材料费			—		—	
	材料费小计			—	233.95	—	

表6.11是标准类型的综合单价分析表,是投标报价采用的标准格式。其特点是根据清单工程量项目和工作内容,重新组合了一个满足报价要求的"工程基价"。本例中砖基础是主项,基础防潮层是附项。主项是指有清单项目编码的项目,附项是主项工作内容中出现的项目。

"定额法"的填表步骤和计算方法如下:

第1步,将清单编码"010401001001"、清单项目名称"砖基础"、清单工程量单位"m^3"填入表内。

第2步,将主项工程的计价定额号"A3-1"(见表6.9)、项目名称"M5水泥砂浆砌砖基础"、定额单位"10 m^3"、工程量"0.10"、定额人工费"584.40元/10 m^3"、定额材料费"2 293.77元/10 m^3"、定额机械费"40.35元/10 m^3"、管理费和利润(规定按定额人工费30%计算)"584.40元/10 m^3×30%=175.32元/10 m^3"填入表内。

第3步,将附项工程的计价定额号"A7-214"(见表6.10)、项目名称"1∶2水泥砂浆墙基防潮层"、定额单位"100 m^2"、工程量"0.005 9"(计算式:8.81 m^2÷14.93 m^3÷100 m^2=0.005 9 m^2/m^3)、定额人工费"811.80元/100 m^2"、定额材料费"774.82元/100 m^2"、定额机械费"33.10元/100 m^2"、管理费和利润(规定按定额人工费30%计算)"811.80元/100 m^2×30%=243.54元/100 m^2"填入表内。

第4步,将主项0.10(数量)×584.40(单价中人工费)=58.44(元),0.10×2 293.77(单价中材料费)=229.38(元),0.10×40.35(单价中机械费)=4.04(元),0.10×175.32(单价中管理费和利润)=17.53(元)分别填入表中合价栏的对应"人工费、材料费、机械费、管理费和利润"栏内。

附项"1∶2水泥砂浆墙基防潮层"的合价计算过程和计算方法同上。

第5步,将合价栏目内的两个项目的人工费、材料费、机械费、管理费和利润分别小计后得到综合单价,填入对应的"清单项目综合单价"栏目内,即完成了综合单价的计算。

第6步,根据"砖基础"所用计价定额"A3-1"中的数据,将每 m³ 砌体的各种材料消耗量、材料名称、材料单价(也可以用材料信息价)填入"材料费明细表"对应的栏目内。

第7步,根据"1:2水泥砂浆墙基防潮层"所用计价定额"A7-214"中的数据,将每 m³ 砖基础所摊到的防潮层工程量的各种材料消耗量、材料名称、材料单价(也可以用材料信息价)填入"材料费明细表"对应的栏目内。

1:2水泥砂浆墙基防潮层是该清单项目的附项,附项工程量是以主项工程量为基础计算的,所以要摊到主项工程量上去。其计算方法是:"定额法"的附项工程量=附项工程量÷主项工程量。

例如,本例中"定额法"附项工程量为:8.81 m²÷14.93 m³=0.590 m²/m³,即每 m³ 砖基础摊到了 0.590 m² 的防潮层。由于"A7-214"定额的计量单位是"100 m²",因此 0.590 m² 还要除以 100 m²,所以表中的工程量为 0.005 9 m²。0.005 9 在计算定额材料用量时可以看成是一个转换系数。例如,防水粉的用量为:定额用量×0.005 9=69.830 kg×0.005 9=0.412 kg,表中的防水粉数据就是这样计算出来的。附项的各种材料用量就是通过该方法计算的。

第8步,将各材料用量乘以单价得到合计后,再汇总为材料费小计,这时材料费就计算完了。要特别注意,这里的材料费小计必须与表格上半部分合价中的材料费小计对上(可以允许 0.01 元的误差),如果对不上就说明计算有错误。

采用"定额法"编制综合单价时,如果现行的人工、材料单价发生变化,需要先行处理,其计算步骤也发生了变化。例如,当表 6.11 中的人工费按照文件规定需要调增 45% 时、32.5水泥按照规定需要调整为 410 元/t 时、管理费和利润率变为 27% 时,该表的计算过程见表 6.12。

表 6.12 综合单价分析表(定额法)

工程名称:A 工程　　　　　　　标段:　　　　　　　第1页 共1页

项目编码	010401001001		项目名称		砖基础		计量单位		m³
清单综合单价组成明细									
定额编号	定额项目名称	定额单位	数量	单价				合价	
				人工费	材料费	机械费	管理费和利润	人工费	材料费	机械费	管理费和利润
A3-1	M5水泥砂浆砌砖基础	10 m³	0.10	873.38	2 319.10	40.35	168.68	87.34	231.91	4.04	16.87
A7-214	1:2水泥砂浆墙基防潮层	100 m²	0.005 9	1 177.11	844.07	33.10	228.12	6.94	4.98	0.20	1.35
人工单价		小　计						94.28	236.89	4.24	18.22
60.00 元/工日		未计价材料费									
清单项目综合单价								353.63			

续表

	主要材料名称、规格、型号	单 位	数 量	单价/元	合价/元	暂估单价/元	暂估合价/元
材料费明细	标准砖	千块	0.523 6	380.00	198.97		
	32.5 水泥	t	0.050 5	410.00	20.71		
	中砂	t	0.378 3	30.00	11.35		
	水	m^3	0.176	5.00	0.88		
	32.5 水泥	t	0.008 22	410.00	3.37		
	中砂	t	0.021 7	30.00	0.65		
	防水粉	kg	0.412	2.00	0.82		
	水	m^3	0.027	5.00	0.14		
	其他材料费				—		—
	材料费小计				—	236.89	

说明:综合单价分析中的"管理费和利润"计算方法一般有两种,第一种是根据"定额人工费"乘以规定的百分率;第二种是根据"定额人工费+定额机械费"乘以规定的百分率。本例中采用了第一种方法计算了"管理费和利润"。

第 1 步:计算人工费单价。将"单价"栏内的"A3-1""A7-214"对应的定额人工费乘以1.45的系数,得到 584.40×1.45 = 873.38,811.80×1.45 = 1 177.11,分别填入对应的栏目内。

第 2 步:计算管理费和利润。两个定额项目的管理费和利润计算方法是:(定额人工费+定额机械费)×费率,即"A3-1"定额项目的管理费和利润为"(584.40+40.35)×27% = 168.68";"A7-214"定额项目的管理费和利润为"(811.80+33.10)×27% = 228.12"。

第 3 步:重新计算材料费。将"材料费明细"内的 32.5 水泥单价调整为 410 元/t,然后计算水泥的合价,即"A3-1"定额项目的水泥合价为"0.050 5×410 = 20.71","A7-214"定额项目的水泥合价为"0.008 22×410 = 3.37"。

第 4 步:分别汇总"A3-1""A7-214"定额项目的材料费。"A3-1"的材料费为"(198.97+20.71+11.35+0.88)÷0.10 = 2 319.10","A7-214"的材料费为"(3.37+0.65+0.82+0.14)÷0.005 9 = 844.07",分别填入对应材料费栏目内。

第 5 步:计算"A3-1""A7-214"定额项目合价中的人工费、材料费、机械费、管理费和利润,结果见表 6.12。

第 6 步:计算综合单价。将"合价"栏目中的人工费、材料费、机械费、管理费和利润汇总为综合单价。最后要检查合价中的"材料费小计"与"材料明细表中的材料费小计"是否一致。

2)分部分项全费用法

分部分项全费用法是指根据清单工程量项目对应的一个或一个以上的定额工程量,分别套用对应的计价定额项目后,计算出人工费、材料费、机械费、管理费和利润,然后加总再除以清单工程量得出综合单价的方法。

当某工程的砖基础清单工程量为 14.93 m³、根据图纸计算出的砖基础防潮层工程量为 8.81 m² 时,我们用表6.12的数据来说明分部分项全费用法的综合单价分析方法,见表6.13。

表 6.13　综合单价分析表(分部分项全费用法)

工程名称:A 工程　　　　　　　　　　　标段:　　　　　　　　第 1 页 共 1 页

项目编码		010401001001		项目名称		砖基础		计量单位	m³
清单综合单价组成明细									
定额编号	定额项目名称	定额单位	数量	单价				合价			

定额编号	定额项目名称	定额单位	数量	人工费	材料费	机械费	管理费和利润	人工费	材料费	机械费	管理费和利润
A3-1	M5 水泥砂浆砌砖基础	10 m³	1.493	584.40	2 293.77	40.35	175.32	872.51	3 424.60	60.24	261.75
A7-214	1:2水泥砂浆墙基防潮层	100 m²	0.088 1	811.80	774.82	33.10	243.54	71.52	68.26	2.92	21.46
人工单价		小　计						944.03	3 492.86	63.16	283.21
60.00 元/工日		未计价材料费					注:材料费 = 3 492.86÷14.93 = 233.95				
清单项目综合单价							4 783.26÷14.93 = 320.38				

材料费明细	主要材料名称、规格、型号	单位	数量	单价/元	合价/元	暂估单价/元	暂估合价/元
	标准砖	千块	0.523 6	380.00	198.97		
	32.5 水泥	t	0.050 5	360.00	18.18		
	中砂	t	0.378 3	30.00	11.35		
	水	m³	0.176	5.00	0.88		
	32.5 水泥	t	0.008 22	360.00	2.96		
	中砂	t	0.021 7	30.00	0.65		
	防水粉	kg	0.412	2.00	0.82		
	水	m³	0.027	5.00	0.14		
	其他材料费			—			—
	材料费小计			—	233.95		

从表6.13中可以了解到,将砖基础的主要清单工程量 14.93 m³ 和防潮层的工程量 8.81 m² 分别套上各自的定额基价,计算出"分部分项全费用"后除以砖基础清单工程量 14.93 m³,就得到了该项目的综合单价。

分部分项全费用法的特点是:可以通过计算全部费用的方法非常直观地计算出综合单价。综合单价就是该清单工程量发生的全部分部分项费用除以清单工程量的结果。

我们把清单工程量项目称为主项,根据工作内容必须另外计算工程量的项目称为附项。

分部分项全费用法的填表步骤和计算方法如下:

第 1 步,将主项和附项的定额编号、单位、定额人工费单价、定额材料费单价、定额机械费单价和管理费利润填入表中。

要特别注意,表中填入的主项和附项定额工程量是发生的全部工程量。例如,砖基础的工程量是"1.493"10 m³、防潮层的定额工程量是"0.088 1"100 m²。由于砖基础定额单位是10 m³,所以 14.93 m³ 工程量缩小 10 倍,变为 1.493。由于防潮层定额单位是 100 m²,所以 8.81 m² 工程量缩小了 100 倍,变为 0.088 1。

第 2 步,将主项、附项的数量乘以单价栏目的人工费、材料费、机械费、管理费和利润的结果,填入合价栏目的人工费、材料费、机械费、管理费和利润。

第 3 步,将合价栏目中的人工费、材料费、机械费、管理费和利润小计之和,除以主项工程量,就得到了砖基础清单项目的综合单价,即 (944.03+3 492.86+63.16+283.21)÷14.93 = 320.38(元)。

第 4 步,材料明细表中材料费的计算过程和计算方法同定额法。

3) 分部分项工料机及费用法

上述两种方法不能反映每项清单工程量的全部工料机消耗量。因为要编制工料机统计汇总表就需要这些数据资料,所以我们设计了"分部分项工料机及费用法"确定综合单价,其计算过程见表 6.14。

表 6.14 综合单价分析表(分部分项工料机及费用法)

工程名称:A 工程　　　　　　　　　标段:　　　　　　　　　第 1 页 共 1 页

序　号		1			
清单编码		010401001001			
清单项目名称		砖基础			
计量单位		m³			
清单工程量		14.93			
综合单价分析					
定额编号		A3-1		A7-214	
定额子目名称		M5 水泥砂浆砌砖基础		1:2 水泥砂浆墙基防潮层	
定额计量单位		m³		m²	
定额工程量		14.93		8.81	
工料机名称	单位	消耗量	单价/元	消耗量	单价/元
		小　计	合价/元	小　计	合价/元
人工　人工	工日	0.974	60.00	0.135 3	60.00
		14.542	872.52	1.192	71.52

续表

工料机名称		单位	消耗量	单价/元	消耗量	单价/元
			小　计	合价/元	小　计	合价/元
材料	标准砖	千块	0.523 6	380.00		
			7.817	2 970.46		
	中砂	t	0.378 3	30.00	0.036 84	30.00
			5.648	169.44	0.325	9.75
	32.5 水泥	t	0.050 5	360.00	0.013 94	360.00
			0.754	271.44	0.123	44.28
	防水粉	kg			0.698 3	2.00
					6.152	12.30
	水	m³	0.176	5.00	0.045 6	5.00
			2.628	13.14	0.402	2.01
机械	灰浆搅拌机 200 L	台班	0.039	103.45	0.003 2	103.45
			0.582	60.21	0.028	2.90
工料机小计/元			4 357.21		142.76	
工料机合计/元			4 499.97			
管理费/元			人工费×30% = (872.52+71.52)×30% = 283.21			
利润/元						
清单费合计/元			4 783.18			
综合单价/元			清单费合计÷清单工程量 = 4 783.18÷14.93 = 320.37			
其　中		人工费/元	材料费/元	机械费/元	管理费、利润/元	
		63.23	233.94	4.23	18.97	

注：管理费、利润=定额人工费×30%是某地区规定。

分部分项工料机及费用法的填表步骤和计算方法如下：

第 1 步，将清单工程量的项目编码"010401001001"、清单项目名称"砖基础"、计量单位"m³"和清单工程量"14.93"填入表的上半部分。

第 2 步，将主项名称"M5 水泥砂浆砌砖基础"、定额编号"A3-1"、定额单位"m³"和定额工程量"14.93"填入"综合单价分析"栏下面。

第 3 步，将附项名称"1∶2 水泥砂浆墙基防潮层"、定额编号"A7-214"、定额单位"m²"和定额工程量"8.81"填入"综合单价分析"栏下面。

第 4 步，根据"A3-1"号计价定额的内容，将每立方米砖基础定额用量的人工"0.974 工日"、标准砖"0.523 6 千块"、中砂"0.378 3 t"、32.5 水泥"0.050 5 t"、水"0.176 m³"、灰浆搅拌机 200 L"0.039 台班"填入对应名称的上面一行,见表 6.14。

第 5 步,根据"A7-214"号计价定额内容,将"1:2 水泥砂浆墙基防潮层"的人工、材料、机械台班的定额用量填入该项目对应名称的上面一行,见表 6.14。

第 6 步,根据定额的工料机单价或者信息价,将各单价填入对应的工料机名称的"单价"行内,例如"A3-1"号计价定额的标准砖单价"380.00 元/千块"、32.5 水泥单价"360.00元/t"、灰浆搅拌机 200 L 单价"103.45 元/台班"等填入对应的栏目内。1:2 水泥砂浆墙基防潮层"A7-214"号计价定额消耗量内容的填写方法同上。

第 7 步,将主项和附项定额工程量乘以计价定额消耗量的结果填入对应工料机项目的第二行内。例如,表 6.14 中主项"砖基础"定额工程量"14.93"分别乘以工料机定额用量的结果(定额工程量×工料机定额用量)填入对应工料机项目的第二行内,即人工用量 = 14.93×0.974 工日 = 14.542 工日、标准砖用量 = 14.93×0.523 6 千块 = 7.817 千块、灰浆搅拌机 200 L用量 = 灰浆搅拌机台班用量×0.039 台班 = 0.582 台班等。1:2 水泥砂浆墙基防潮层的定额工料机用量计算方法同上。

第 8 步,将计算出的工料机定额消耗量乘以对应的单价,得出合价。例如,人工费合价 = 14.542 工日×60.00 元/工日 = 872.52 元、标准砖合价 = 7.817 千块×380 元/千块 =2 970.46元、灰浆搅拌机台班费 = 0.582 台班×103.45 元/台班 = 60.21 元。1:2 水泥砂浆墙基防潮层的工料机合价计算方法同上。

第 9 步,将主项"砖基础"(4 357.21 元)、附项"1:2 水泥砂浆墙基防潮层"(142.76 元)的工料机合价分别加总填入表内"工料机小计"栏。再将主项和附项的"工料机小计"汇总为"工料机合计"(4 499.97 元)。

第 10 步,计算管理费和利润,计算方法是"管理费、利润 = 定额人工费×规定的费率"。某地区规定,综合单价内的管理费和利润 = 主、附项定额人工费×30%。将主项和附项的定额人工费加总后乘以 30%,即(872.52+71.52)元×30% = 283.21 元。

第 11 步,计算综合单价。综合单价 = (工料机合计+管理费+利润)÷清单(主项)工程量 =清单费合计÷清单(主项)工程量 = 4 783.18 元÷14.93 = 320.37 元。

第 12 步,根据综合单价分析表中的数据,将综合单价的人工费、材料费、机械费、管理费和税金分解出来,供今后报价使用。

6.4　分部分项工程和单价措施项目费计算

6.4.1　分部分项工程费计算

根据分部分项清单工程量乘以对应的综合单价就得出了分部分项工程费。分部分项工程费是根据招标工程量清单,通过"分部分项工程和单价措施项目清单与计价表"实现的。

例如,某工程的砖基础、混凝土基础垫层清单工程量、项目编码、项目特征描述、计量单位、综合单价见表6.15,计算其分部分项工程费(见表6.15)。

表6.15 分部分项工程和单价措施项目清单与计价表(部分)

工程名称:A工程 　　　　　　　　标段: 　　　　　　　　第1页 共8页

序号	项目编码	项目名称	项目特征描述	计量单位	工程量	金额/元		
						综合单价	合价	其中:暂估价
			D.砌筑工程					
1	010401001001	砖基础	1.砖品种、规格、强度等级:页岩砖、240×115×53,MU7.5 2.基础类型:带形 3.砂浆强度等级:M5水泥砂浆 4.防潮层材料种类:1:2水泥砂浆	m³	56.56	353.63	20 001.31	
			分部小计				20 001.31	
			E.混凝土及钢筋混凝土工程					
2	010501001001	基础垫层	1.混凝土类别:碎石塑性混凝土 2.强度等级:C10	m³	18.20	321.50	5 851.30	
			分部小计				5 851.30	
			本页小计				25 852.61	
			合　计				25 852.61	

表6.15的计算步骤如下:

第1步,将砖基础、混凝土基础垫层的项目编码、项目名称、项目特征描述、计量单位、综合单价填入表内。

第2步,计算砖基础、混凝土基础垫层的合价。合价＝清单工程量×综合单价,即砖基础合价＝56.56×353.63元(见表6.12)＝20 001.31元,混凝土基础垫层合价＝18.20×321.50元＝5 851.30元。

第3步,以分部工程为单位小计分部分项工程费。

第4步,加总本页小计。

第5步,将各分部工程项目费小计加总为单位工程分部分项工程费合计。

6.4.2 单价措施项目费计算

根据单价措施项目清单工程量乘以对应的综合单价就得出了单价措施项目费。单价措施项目费是根据招标工程量清单,通过"分部分项工程和单价措施项目清单与计价表"实现的。

例如,某工程的脚手架、现浇矩形梁模板的清单工程量、项目编码、项目特征描述、计量单位、综合单价见表 6.16,计算其单价措施项目费(见表 6.16)。

表 6.16 的计算步骤如下:

第 1 步,将综合脚手架、矩形梁模板的项目编码、项目名称、项目特征描述、计量单位、综合单价填入表内。

第 2 步,计算综合脚手架、矩形梁模板的合价。合价 = 清单工程量×综合单价,即综合脚手架合价 = 546.88 × 28.97 元 = 15 843.11 元,矩形梁模板合价 = 31.35 × 53.50 元 = 1 677.23 元。

第 3 步,小计分部分项工程费。

第 4 步,加总本页小计。

第 5 步,将各分部工程项目费小计加总为单位工程分部分项工程费合计。

表 6.16　分部分项工程和单价措施项目清单与计价表(部分)

工程名称:A 工程　　　　　　　　　标段:　　　　　　　　　第 1 页 共 1 页

序号	项目编码	项目名称	项目特征描述	计量单位	工程量	金额/元		
						综合单价	合　价	其中:暂估价
			S.措施项目					
			S.1 脚手架工程					
1	011701001001	综合脚手架	1.建筑结构形式:框架 2.檐口高度:6 m	m²	546.88	28.97	15 843.11	
			小　计				15 843.11	
			S.2 混凝土模板及支架					
2	011702006001	矩形梁模板	支撑高度:3 m	m²	31.35	53.50	1 677.23	
			小　计				1 677.23	
			分部小计				17 520.34	
			本页小计				17 520.34	
			合　计				17 520.34	

6.5 总价措施项目费计算

1)总价措施项目的概念

总价措施项目是指清单措施项目中,无工程量计算规则,以"项"为单位,采用规定的计算基数和费率计算总价的项目。例如,安全文明施工费、二次搬运费、冬雨季施工费等,就是不能计算工程量,只能计算总价的措施项目。

2)总价措施项目计算方法

总价措施项目是按规定的基数采用规定的费率通过"总价措施项目清单与计价表"来计算的。

例如,A 工程的安全文明施工费、夜间施工增加费总价措施项目,按规定以定额人工费分别乘以 26% 和 3% 计算。该工程的定额人工费为 222 518 元,用表 6.17 计算总价措施项目费。

表 6.17 总价措施项目清单与计价表

工程名称:A 工程　　　　　　　　　标段:　　　　　　　　　第 1 页 共 1 页

序号	项目编码	项目名称	计算基础	费率/%	金额/元	调整费率/%	调整后金额/元	备 注
1	011707001001	安全文明施工	定额人工费(222 518)	26	57 854.68			
2	011707002001	夜间施工	定额人工费(222 518)	3.0	6 675.54			
3	011707004001	二次搬运	(本工程不计算)					
4	011707005001	冬雨季施工	(本工程不计算)					
5	011707007001	已完工程及设备保护	(本工程不计算)					
合　计					64 530.22			

编制人(造价人员):×××　　　　　　　　　　　复核人(造价工程师):×××

6.6 其他项目费计算

1)其他项目费的内容

其他项目编制包括暂列金额、暂估价、计日工、总承包服务费的确定。

2)其他项目费计算

(1)编制招标控制价时其他项目费计算

编制招标控制价时,其他项目费应按下列规定计算:

①暂列金额应按招标工程量清单中列出的金额填写；

②暂估价中的材料、工程设备单价应按招标工程量清单中列出的金额填写；

③暂估价中的专业工程金额应按招标工程量清单中列出的金额填写；

④计日工应按招标工程量清单中列出的项目，根据工程特点和有关计价依据确定综合单价计算；

⑤总承包服务费应根据招标工程量清单中列出的内容和要求估算。

（2）编制投标报价时其他项目费计算

编制投标报价时，其他项目费应按下列规定计算：

①暂列金额应按招标工程量清单中列出的金额填写；

②材料、工程设备暂估价应按招标工程量清单中列出的单价计入综合单价；

③专业工程暂估价应按招标工程量清单中列出的金额填写；

④计日工应按招标工程量清单中列出的项目和数量，自主确定综合单价并计算计日工金额；

⑤总承包服务费应根据招标工程量清单中列出的内容和提出的要求自主确定。

3）其他项目费计算举例

（1）工程量清单中的其他项目

A 工程招标工程量清单的其他项目清单见表 6.18 至表 6.21，按照地区规定，计算其他项目费。

表 6.18　其他项目清单与计价汇总表

工程名称：A 工程　　　　　　　　　　　　　　标段：　　　　　　　　第 1 页　共 1 页

序号	项目名称	金额/元	结算金额/元	备　注
1	暂列金额	200 000		详见表 6.19 暂列金额明细表
2	暂估价	300 000		
2.1	材料（工程设备）暂估价			
2.2	专业工程暂估价	300 000		详见表 6.20 专业工程暂估价及结算价表
3	计日工			详见表 6.21 计日工表
4	总承包服务费			
5				
6				
	合　计	500 000		

注：材料（工程设备）暂估单价计入清单项目综合单价，此处不汇总。

表 6.19 暂列金额明细表

工程名称:A 工程　　　　　　　　　　　　　标段:　　　　　　　　　　第 1 页 共 1 页

序 号	项目名称	计量单位	暂定金额/元	备 注
1	变电站工程	项	120 000	图纸未设计
2	设计变更或工程量偏差	项	50 000	
3	政策性材料价差调整	项	30 000	
4				
5				
6				
合 计			200 000	

注:此表由招标人填写。如不能详列,也可以只列暂定金额总额,投标人应将上述暂列金额计入投标总价中。

表 6.20 专业工程暂估价及结算价表

工程名称:A 工程　　　　　　　　　　　　　标段:　　　　　　　　　　第 1 页 共 1 页

序号	工程名称	工程内容	暂估金额/元	结算金额/元	差额±元	备 注
1	建筑智能化工程	合同图纸中标明的以及建筑智能化工程规费和技术说明中规定的各系统中的设备、管道、支架、线缆、控制屏等的安装和调试工作	300 000			
2						
3						
4						
合 计			300 000			

注:此表"暂估金额"由招标人填写。投标人应将"暂估金额"计入投标总价中。结算时按合同约定结算金额填写。

表 6.21 计日工表(清单)

工程名称:A 工程　　　　　　　　　　　　　标段:　　　　　　　　　　第 1 页 共 1 页

编号	项目名称	单位	暂定数量	实际数量	单价/元	合价/元	
						暂 定	实 际
一	人工						
1	普工	工日	80				
2	技工	工日	25				
人工小计							

续表

编号	项目名称	单位	暂定数量	实际数量	单价/元	合价/元 暂 定	合价/元 实 际
二	材料						
1	钢筋(规格见施工图)	t	1.50				
2	32.5 水泥	t	2.30				
3	中砂	t	5.00				
4	砾石(5~40 mm)	t	6.00				
	材料小计						
三	施工机械						
1	灰浆搅拌机(200 L)	台班	5				
2	自升式塔吊	台班	4				
	施工机械小计						
四	企业管理费和利润						
	总　计						

注:此表项目名称、暂定数量由招标人填写。编制招标控制价时,单价由招标人按有关规定确定;投标时,单价由投标人自主报价,按暂定数量计算合价后计入投标总价中。结算时,按发承包双方确认的实际数量计算合价。

(2)计算其他项目费

根据上述"其他项目清单"的内容计算下列内容。

①计日工表计算。投标报价时投标人根据市场信息价确定工料机单价如下:

普工:60 元/工日;技工:80 元/工日;钢筋(综合):3 890 元/t;32.5 水泥:390 元/t;中砂:50 元/t;砾石(5~40 mm):55 元/t;灰浆搅拌机(200 L):120 元/台班;2 t 自升式塔吊:950 元/台班;企业管理费和利润按人工费的 10% 计算。

将上述单价填入表 6.22 后,计算出计日工的总计费用,见表 6.22。

表 6.22　计日工表(报价)

工程名称:A 工程　　　　　　　　　　　　标段:　　　　　　　　　　　第 1 页 共 1 页

编号	项目名称	单位	暂定数量	实际数量	单价/元	合价/元 暂 定	合价/元 实 际
一	人工						
1	普工	工日	80		60	4 800	
2	技工	工日	25		80	2 000	
	人工小计					6 800	
二	材料						

续表

编号	项目名称	单位	暂定数量	实际数量	单价/元	合价/元 暂定	合价/元 实际
1	钢筋(综合)	t	1.50		3 890	5 835	
2	32.5水泥	t	2.30		390	897	
3	中砂	t	5.00		50	250	
4	砾石(5~40 mm)	t	6.00		55	330	
	材料小计					7 312	
三	施工机械						
1	灰浆搅拌机(200 L)	台班	5		120	600	
2	2 t自升式塔吊	台班	4		950	3 800	
	施工机械小计					4 400	
四	企业管理费和利润(6 800×10%)					680	
	总　计					19 192	

注:此表项目名称、暂定数量由招标人填写。编制招标控制价时,单价由招标人按有关规定确定;投标时,单价由投标人自主报价,按暂定数量计算合价后计入投标总价中。结算时,按发承包双方确认的实际数量计算合价。

②总承包服务费计算。某地区规定,总承包服务费按发包工程造价的1.5%计算。A工程的建筑智能化工程暂估价为300 000元,因此该工程的总承包服务费是:300 000元×1.5% = 4 500元。

③"其他项目清单与计价汇总表"编制。根据表6.19至表6.22的内容和计算出的总承包服务费,编制"其他项目清单与计价汇总表",见表6.23。

该工程的其他项目费为523 692元。

表6.23 其他项目清单与计价汇总表

工程名称:A工程　　　　　　　　　　　标段:　　　　　　　　　　第1页 共1页

序号	项目名称	金额/元	结算金额/元	备　注
1	暂列金额	200 000		详见表6.19暂列金额明细表
2	暂估价	300 000		
2.1	材料(工程设备)暂估价			
2.2	专业工程暂估价	300 000		详见表6.20专业工程暂估价及结算价表
3	计日工	19 192		详见表6.21计日工表
4	总承包服务费	4 500		详见计算式
5				
	合　计	523 692		

注:材料(工程设备)暂估单价计入清单项目综合单价,此处不汇总。

6.7　规费、税金项目及投标报价计算

1) 规费计算方法

计算规费需要两个条件:一是计算基础;二是费率。

计算方法是:规费=计算基础×费率

计算基数和费率一般由各省、市、自治区规定。通常是以工程项目的定额直接费为规费的计算基数,然后乘以规定的费率。即:××规费=分部分项工程和单价措施项目定额直接费×对应费率

一些地区将规费费率按企业等级进行核定,各个企业等级的规费费率是不同的。

2) 规费计算实例

A 工程由一级施工企业承包施工,按该工程所在地区的规定计取规费如下,见表 6.24。根据 A 工程的分部分项工程和单价措施项目定额人工费 222 518 元、分部分项工程定额直接费 2 000 890 元计算 A 工程的规费,计算过程见表 6.25。

表 6.24　某地区一级施工企业规费费率

序号	规费名称	计算基础	费率/%	备　注
1	养老保险	分部分项工程和单价措施项目定额人工费	11.0	
2	失业保险	同上	1.1	
3	医疗保险	同上	4.5	
4	工伤保险	同上	1.3	
5	生育保险	同上	0.8	
6	住房公积金	同上	5.0	
7	工程排污费	分部分项工程定额直接费	0.3	按工程所在地区规定计取

表 6.25　A 工程各项费用汇总表

费用名称	金额/元	备　注
分部分项工程(定额直接)费	2 000 890.00	见表 6.27
单价措施项目费	17 520.34	见表 6.16
总价措施项目费	64 530.22	见表 6.17
其他措施项目费	523 692.00	见表 6.23
分部分项工程和单价措施项目定额人工费	222 518.00	确定

3) 税金计算方法

我国税法规定:税金=税前造价×增值税税率(%)。

根据表6.24的规费费率、表6.25的各项费用和增值税税率9%,计算A工程的规费和税金,见表6.26。

表6.26　规费、税金项目计价表

工程名称:A工程　　　　　　　　　　　标段:　　　　　　　　　　　第1页 共1页

序号	项目名称	计算基础	计算基数	计算费率/%	金额/元
1	规费	分部分项工程定额人工费和单价措施项目定额人工费			58 739.43
1.1	社会保险费	同上	(1)~(5)之和		41 610.86
(1)	养老保险费	同上	222 518	11.0	24 476.98
(2)	失业保险费	同上	222 518	1.1	2 447.70
(3)	医疗保险费	同上	222 518	4.5	10 013.31
(4)	工伤保险费	同上	222 518	1.3	2 892.73
(5)	生育保险费	同上	222 518	0.8	1 780.14
1.2	住房公积金	同上	222 518	5.0	11 125.90
1.3	工程排污费	分部分项工程定额直接费	2 000 890	0.3	6 002.67
2	增值税税金	分部分项工程费+单价措施项目费+总价措施项目费+其他项目费+规费	2 000 890+17 520.34+64 530.22+523 692+58 739.43 =2 665 371.99	9	239 883.48
	合　计				298 622.91

4) 投标报价汇总表计算

根据表6.15至表6.26中的相关数据,编制单位工程的投标报价汇总表,见表6.27。

表6.27　单位工程投标报价汇总表

工程名称:A工程　　　　　　　　　　　标段:　　　　　　　　　　　第1页 共1页

序号	汇总内容	金额/元	其中:暂估价/元
1	分部分项工程	2 000 890.00	
1.1	A.土方工程	40 000.00	

序号	汇总内容	金额/元	其中:暂估价/元
1.2	D.砌筑工程	20 001.31	见表 6.15
1.3	E.混凝土及钢筋混凝土工程	984 847.36	（计算过程略）
1.4	H.门窗工程	400 000.00	
1.5	J.屋面及防水工程	150 000.00	
1.6	K.保温工程	86 000.00	
1.7	L.楼地面工程	171 000.00	
1.8	M.墙、柱面装饰工程	131 520.99	
1.9	S.措施项目	17 520.34	见表 6.16
2	措施项目	17 520.34+64 530.22 ＝82 050.56	单价措施项目费+ 总价措施项目费
2.1	其中:安全文明施工费	57 854.68	见表 6.17
3	其他项目	523 692.00	
3.1	其中:暂列金额	200 000.00	见表 6.18
3.2	其中:专业工程暂估价	300 000.00	
3.3	其中:计日工	19 192.00	见表 6.22
3.4	其中:总承包服务费	4 500.00	见表 6.23
4	规费	58 739.43	见表 6.26
5	增值税税金	239 883.48	见表 6.26
	投标报价合计＝1+2+3+4+5	2 905 225.47	

说明:表中序 1~序 4 各费用均以不包含增值税可抵扣进项税额的价格计算。

5) 投标报价封面

投标报价封面中的数据,根据"单位工程投标报价汇总表"(见表 6.25)中的内容填写。

投标总价

招 标 人：_____×××中学_____

工程名称：_____A 工程_____

投标总价(小写)：_____2 905 255.47 元_____

　　　(大写)：_____贰佰玖拾万伍仟贰佰伍拾伍元肆角柒分_____

投　标　人：_____×××建筑公司_____

　　　　　　　　　　　　　　　　　　　　　（单位盖章）

法定代表人

或其授权人：_____×××_____

　　　　　　　　　　　　　　　　　　　　　（签字或盖章）

编　制　人：_____×××_____

　　　　　　　　　（造价人员签字盖专用章）

时间：2017 年 6 月 10 日

到此为止,投标报价的主要编制过程和编制方法就介绍完了,A 工程的投标报价示例也完成了。通过进一步学习后面的内容,可以更好地掌握编制方法。

复习思考题

1.住房和城乡建设部共颁发了哪几个专业的工程量计算规范?

2.什么是项目特征? 为什么要写项目特征?

3.工程量计算中的工作内容有何用?

4.分部分项清单工程量项目如何列项?

5.编制分部分项工程量清单的依据有哪些? 这些依据有何用?

6.措施项目清单具体包括哪些内容?

7.单价措施项目清单具体包括哪些内容?

8.如何确定暂列金额?

9.如何确定计日工?

10.如何计算总承包服务费?

11.规费项目清单包括哪些内容?

12.简述投标报价的概念及其编制内容。

13.简述投标报价的编制依据与作用。

14.什么是定额工程量? 有何用?

15.什么是清单工程量? 有何用?

16.编制综合单价的依据有哪些?

17.如何计算增值税税金?

第 2 篇

建筑工程计量

第7章

概　述

知识点

　　熟悉建筑面积的概念,了解建筑面积的作用;熟悉坡屋顶建筑面积计算规定,熟悉门厅、大厅及设置的走廊建筑面积计算规定,熟悉飘窗建筑面积计算规定,熟悉走廊(挑廊)建筑面积计算规定,熟悉门廊、雨篷建筑面积计算规定,熟悉楼梯间、水箱间、电梯机房建筑面积计算规定,熟悉室内楼梯、电梯井、提物井、管道井等建筑面积计算规定;了解工程量计算规则的作用;熟悉统筹法计算工程量的要点。

技能点

　　会计算单栋小别墅建筑面积,会计算多层住宅阳台和楼梯间建筑面积,会计算坡屋顶建筑面积,会计算单层工业厂房建筑面积,会计算多层教学楼建筑面积,会计算传达室工程的三线一面基数,能列出传达室工程的分项工程项目。

课程思政

　　《孙子算经》是中国古代重要的数学著作,成书大约在一千五百年前,作者生平和编写年不详,"鸡兔同笼"出自该书。《孙子算经》记载了最早的工程量计算方法和用工数量计算方法,例如:"今有筑城,上广二丈,下广五丈四尺,高三丈八尺,长五千五百五十尺。秋程人功三百尺,问须功几何?",按题意得出:$(20+54) \times 1/2 \times 38 = 1\ 406$(平方尺);$1\ 406 \times 5\ 550 = 7\ 803\ 300$(立方尺);$7\ 803\ 300 \div 300 = 26\ 011$(个),这就是工程量和所需人工的计算方法。

　　《孙子算经》凝结着我国古代劳动人民的聪明才智,其中的"物不知数"(韩信点兵)在西方数学史中被称为"中国的剩余定理"。

7.1 建筑面积

7.1.1 建筑面积的概念和作用

1）建筑面积的概念

建筑面积亦称建筑展开面积,是建筑物各层面积的总和。建筑面积包括附属于建筑物的室外阳台、雨篷、檐廊、室外走廊、室外楼梯等。它包括使用面积、辅助面积和结构面积三部分。

建筑面积的概念

①使用面积:是指建筑物各层平面中直接为生产或生活使用的净面积之和。例如,住宅建筑中的居室、客厅、书房、卫生间、厨房等。

②辅助面积:是指建筑物各层平面中为辅助生产或辅助生活所占的净面积之和。例如,住宅建筑中的楼梯、走道等。使用面积与辅助面积之和称为有效面积。

③结构面积:是指建筑物各层平面中的墙、柱等结构所占的面积之和。

2）建筑面积的作用

①重要管理指标。建筑面积是建设投资、建设项目可行性研究、建设项目勘察设计、建设项目评估、建设项目招标投标、建筑工程施工和竣工验收、建设工程造价管理、建筑工程造价控制等一系列管理工作中用到的重要指标。

②重要技术指标。建筑面积是计算开工面积、竣工面积、优良工程率、建筑装饰规模等重要的技术指标。

③重要经济指标。建筑面积是计算建筑、装饰等单位工程或单项工程的单位面积工程造价、人工消耗指标、机械台班消耗指标、工程量消耗指标的重要经济指标。

各经济指标的计算公式如下:

$$每平方米工程造价 = \frac{工程造价}{建筑面积}(元/m^2) \tag{7.1}$$

$$每平方米人工消耗 = \frac{单位工程用工量}{建筑面积}(工日/m^2) \tag{7.2}$$

$$每平方米材料消耗 = \frac{单位工程某材料用量}{建筑面积}(kg/m^2, m^3/m^2 等) \tag{7.3}$$

$$每平方米机械台班消耗 = \frac{单位工程某机械台班用量}{建筑面积}(台班/m^2 等) \tag{7.4}$$

$$每平方米工程量 = \frac{单位工程某项工程量}{建筑面积}(m^2/m^2, m/m^2 等) \tag{7.5}$$

④重要计算依据。建筑面积是计算有关工程量的重要依据。例如,装饰用满堂脚手架工程量等。

综上所述,建筑面积是重要的技术经济指标,在全面控制建筑、装饰工程造价和建设过程中起着重要作用。

7.1.2　建筑面积计算规则

由于建筑面积是计算各种技术经济指标的重要依据,这些指标又起着衡量和评价建设规模、投资效益、工程成本等方面重要尺度的作用。因此,中华人民共和国住房和城乡建设部颁发了《建筑工程建筑面积计算规范》(GB/T 50353—2013),规定了建筑面积的计算方法。

《建筑工程建筑面积计算规范》主要规定了以下 3 个方面的内容:

①计算全部建筑面积的范围和规定;

②计算部分建筑面积的范围和规定;

③不计算建筑面积的范围和规定。

这些规定主要基于以下两个方面的考虑:

①尽可能准确地反映建筑物各组成部分的价值量。例如,有柱雨篷应按其结构板水平投影面积的 1/2 计算建筑面积;建筑物间有围护结构的走廊(增加了围护结构的工料消耗)应按其围护结构外围水平面积计算全面积。又如,多层建筑坡屋顶内和场馆看台下的建筑空间,结构净高在 2.10 m 及以上的部位应计算全面积;结构净高在 1.20 m 及以上至 2.10 m 以下的部位应计算 1/2 面积;结构净高在 1.20 m 以下的部位不应计算建筑面积。

②通过建筑面积计算规范的规定,简化了建筑面积的计算过程。例如,附墙柱、垛等不计算建筑面积。

7.1.3　应计算建筑面积的范围

1)建筑物建筑面积计算

(1)计算规定

建筑物的建筑面积应按自然层外墙结构外围水平面积之和计算。结构层高在 2.20 m 及以上的,应计算全面积;结构层高在 2.20 m 以下的,应计算 1/2 面积。

(2)计算规定解读

①建筑物可以是民用建筑、公共建筑,也可以是工业厂房。

②建筑面积只包括外墙的结构面积,不包括外墙抹灰厚度、装饰材料厚度所占的面积。如图 7.1 所示,其建筑面积为

图 7.1　建筑面积计算示意图

$$S = a \times b(外墙外边尺寸,不含勒脚厚度)$$

③当外墙结构本身在一个层高范围内不等厚时,以楼地面结构标高处的外围水平面积计算。

2)局部楼层建筑面积计算

(1)计算规定

建筑物内设有局部楼层时,对于局部楼层的二层及以上楼层,有围护结构的应按其围护结构外围水平面积计算,无围护结构的应按其结构底板水平面积计算,且结构层高在 2.20 m 及以上的,应计算全面积;结构层高在 2.20 m 以下的,应计算 1/2 面积。

（2）计算规定解读

①单层建筑物内设有部分楼层的例子如图 7.2 所示，这时局部楼层的围护结构墙厚应包括在楼层面积内。

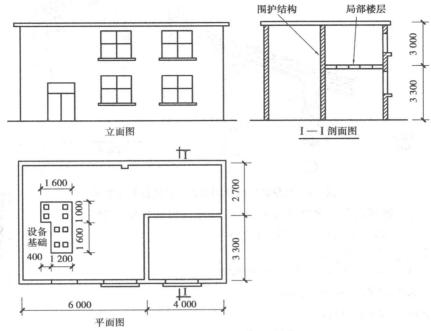

图 7.2 **建筑物局部楼层示意图**（单位：mm）

②本规定没有说不算建筑面积的部位，我们可以理解为局部楼层层高一般不会低于 1.20 m。

【**例 7.1**】 根据图 7.2 计算该建筑物的建筑面积（墙厚均为 240 mm）。

【**解**】 底层建筑面积＝（6.0＋4.0＋0.24）×（3.30＋2.70＋0.24）

$$= 10.24×6.24 = 63.90（m^2）$$

楼隔层建筑面积＝（4.0＋0.24）×（3.30＋0.24）

$$= 4.24×3.54 = 15.01（m^2）$$

全部建筑面积＝63.90＋15.01＝78.91（m²）

3）坡屋顶建筑面积计算

（1）计算规定

对于形成建筑空间的坡屋顶，结构净高在 2.10 m 及以上的部位应计算全面积；结构净高在 1.20 m 及以上至 2.10 m 以下的部位应计算 1/2 面积；结构净高在 1.20 m 以下的部位不应计算建筑面积。

坡屋顶建筑
面积计算

（2）计算规定解读

多层建筑坡屋顶内和场馆看台下的空间应视为坡屋顶内的空间，设计加以利用时，应按其结构净高确定其建筑面积；设计不利用的空间，不应计算建筑面积，其示意图如图 7.3 所示。

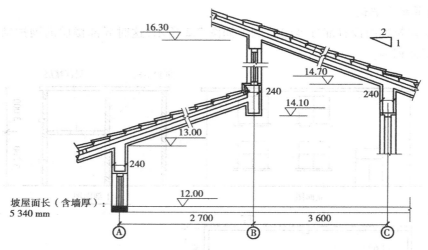

图 7.3 利用坡屋顶空间应计算建筑面积示意图

【例 7.2】 根据图 7.3 中所示尺寸,计算坡屋顶内的建筑面积。

【解】 应计算 1/2 面积:(Ⓐ轴~Ⓑ轴)

坡屋顶建筑面积计算举例

$$S_1 = (\overset{\text{符合1.2 m高的宽}}{2.70 - 0.40}) \times \overset{\text{坡屋面长}}{5.34} \times 0.50 = 6.15(\text{m}^2)$$

应计算全部面积:(Ⓑ轴~Ⓒ轴)

$$S_2 = 3.60 \times 5.34 = 19.22(\text{m}^2)$$

小计:$S_1 + S_2 = 6.15 + 19.22 = 25.37(\text{m}^2)$

4)看台下的建筑空间悬挑看台建筑面积计算

（1）计算规定

对于场馆看台下的建筑空间,结构净高在 2.10 m 及以上的部位应计算全面积;结构净高在 1.20 m 及以上至 2.10 m 以下的部位应计算 1/2 面积;结构净高在 1.20 m 以下的部位不应计算建筑面积。室内单独设置的有围护设施的悬挑看台,应按看台结构底板水平投影面积计算建筑面积。有顶盖无围护结构的场馆看台应按其顶盖水平投影面积的 1/2 计算面积。

（2）计算规定解读

场馆看台下的建筑空间因其上部结构多为斜（或曲线）板,所以采用净高的尺寸划定建筑面积的计算范围和对应规则,其示意图如图 7.4 所示。

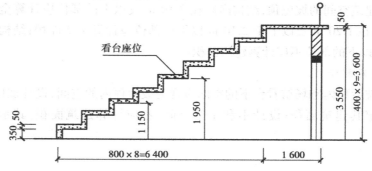

图 7.4 看台下空间（场馆看台剖面图）计算建筑面积示意图

室内单独设置的有围护设施的悬挑看台,因其看台上部设有顶盖且可供人使用,所以按看台板的结构底板水平投影计算建筑面积。这一规定与建筑物内阳台的建筑面积计算规定是一致的。

室内单独设置的有围护设施的悬挑看台,应按看台结构底板水平投影面积计算建筑面积。

5)地下室、半地下室及出入口

（1）计算规定

地下室、半地下室应按其结构外围水平面积计算。结构层高在 2.20 m 及以上的,应计算全面积;结构层高在 2.20 m 以下的,应计算 1/2 面积。

出入口外墙外侧坡道有顶盖的部位,应按其外墙结构外围水平面积的 1/2 计算面积。

（2）计算规定解读

①地下室采光井是为了满足地下室的采光和通风要求设置的。一般在地下室围护墙上口开设一个矩形或其他形状的竖井,井的上口一般设有铁栅,井的一个侧面安装采光和通风用的窗子,如图 7.5 所示。

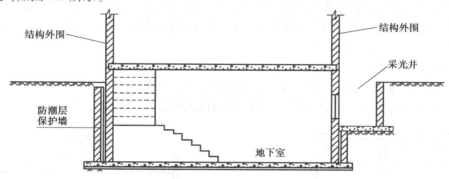

图 7.5 地下室建筑面积计算示意图

②以前的计算规则规定:按地下室、半地下室上口外墙外围水平面积计算,文字上不甚严密,"上口外墙"容易被理解成为地下室、半地下室的上一层建筑的外墙。因为通常情况下,上一层建筑外墙与地下室墙的中心线不一定完全重叠,多数情况是凹进或凸出地下室外墙中心线。所以,要明确规定地下室、半地下室应以其结构外围水平面积计算建筑面积。

③出入口坡道分有顶盖出入口坡道和无顶盖出入口坡道。出入口坡道顶盖的挑出长度,为顶盖结构外边线至外墙结构外边线的长度。顶盖以设计图纸为准,对后增加及建设单位自行增加的顶盖等,不计算建筑面积。顶盖不分材料种类(如钢筋混凝土顶盖、彩钢板顶盖、阳光板顶盖等)。地下室出入口如图 7.6 所示。

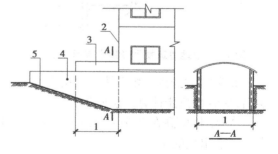

图 7.6 地下室出入口
1—计算 1/2 投影面积部位;2—主体建筑;
3—出入口顶盖;
4—封闭出入口侧墙;5—出入口坡道

6)建筑物架空层及坡地建筑物吊脚架空层建筑面积计算

（1）计算规定

建筑物架空层及坡地建筑物吊脚架空层（见图7.7），应按其顶板水平投影计算建筑面积。结构层高在2.20 m及以上的，应计算全面积；结构层高在2.20 m以下的，应计算1/2面积。

（2）计算规定解读

①建于坡地的建筑物吊脚架空层示意图如图7.7所示。

②本规定既适用于建筑物吊脚架空层、深基础架空层建筑面积的计算，也适用于目前部分住宅、学校教学楼等工程在底层架空或在二楼或以上某个甚至多个楼层架空，作为公共活动、停车、绿化等空间的建筑面积的计算。架空层中有围护结构的建筑空间按相关规定计算。

7)门厅、大厅及设置的走廊建筑面积计算

（1）计算规定

建筑物的门厅、大厅应按一层计算建筑面积，门厅、大厅内设置的走廊应按走廊结构底板水平投影面积计算建筑面积。结构层高在2.20 m及以上的，应计算全面积；结构层高在2.20 m以下的，应计算1/2面积。

（2）计算规定解读

①"门厅、大厅内设置的走廊"，是指建筑物大厅、门厅的上部（一般该大厅、门厅占2个或2个以上建筑物层高）四周向大厅、门厅、中间挑出的走廊，如图7.8所示。

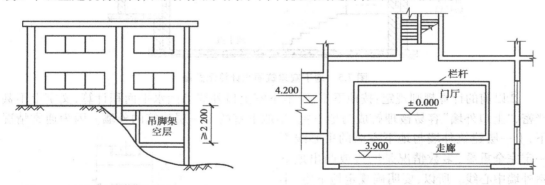

图7.7　坡地建筑物吊脚架空层示意图　　　　图7.8　大厅、门厅内设置走廊示意图

②宾馆、大会堂、教学楼等大楼内的门厅或大厅，往往要占建筑物的二层或二层以上的层高，这时也只能计算一层面积。

③"结构层高在2.20 m以下的，应计算1/2面积"应该指门厅、大厅内设置的走廊结构层高可能出现的情况。

8)建筑物间的架空走廊建筑面积计算

（1）计算规定

对于建筑物间的架空走廊，有顶盖和围护设施的，应按其围护结构外围水平面积计算全面积；无围护结构、有围护设施的，应按其结构底板水平投影面积计算1/2面积。

（2）计算规定解读

架空走廊是指建筑物与建筑物之间，在二层或二层以上专门为水平交通设置的走廊。

无围护结构架空走廊示意图如图 7.9 所示。有围护结构架空走廊示意图如图 7.10 所示。

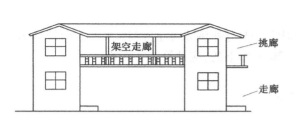

图 7.9 有永久性顶盖架空走廊示意图

图 7.10 有围护结构的架空走廊

9)立体书库、立体仓库、立体车库建筑面积计算

（1）计算规定

对于立体书库、立体仓库、立体车库，有围护结构的，应按其围护结构外围水平面积计算建筑面积；无围护结构、有围护设施的，应按其结构底板水平投影面积计算建筑面积。无结构层的应按一层计算，有结构层的应按其结构层面积分别计算。结构层高在 2.20 m 及以上的，应计算全面积；结构层高在 2.20 m 以下的，应计算 1/2 面积。

（2）计算规定解读

①本条主要规定了图书馆中的立体书库、仓储中心的立体仓库、大型停车场的立体车库等建筑的建筑面积计算规定。起局部分隔、存储等作用的书架层、货架层或可升降的立体钢结构停车层均不属于结构层，故该部分隔层不计算建筑面积。

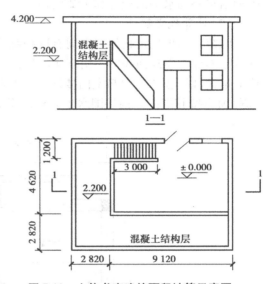

图 7.11 立体书库建筑面积计算示意图

②立体书库建筑面积计算（按图 7.11 计算）如下：

$$底层建筑面积 = (2.82+4.62)×(2.82+9.12) + \overset{\text{楼梯}}{3.0 × 1.20}$$
$$= 7.44×11.94+3.60 = 92.43(m^2)$$
$$结构层建筑面积 = (4.62+2.82+9.12)×2.82×0.50(层高 2 m)$$
$$= 16.56×2.82×0.50 = 23.35(m^2)$$

10)舞台灯光控制室

（1）计算规定

有围护结构的舞台灯光控制室，应按其围护结构外围水平面积计算。结构层高在 2.20 m 及以上的，应计算全面积；结构层高在 2.20 m 以下的，应计算 1/2 面积。

（2）计算规定解读

如果舞台灯光控制室有围护结构且只有一层，那么就不能另外计算面积，因为整个舞台的面积计算已经包含了该灯光控制室的面积。

11)落地橱窗建筑面积计算

（1）计算规定

附属在建筑物外墙的落地橱窗,应按其围护结构外围水平面积计算。结构层高在2.20 m及以上的,应计算全面积;结构层高在2.20 m以下的,应计算1/2面积。

（2）计算规定解读

落地橱窗是指突出外墙面,根基落地的橱窗。

12)飘窗建筑面积计算

（1）计算规定

窗台与室内楼地面高差在0.45 m以下且结构净高在2.10 m及以上的凸(飘)窗,应按其围护结构外围水平面积计算1/2面积。

（2）计算规定解读

飘窗是凸出建筑物外墙四周有围护结构的采光窗(见图7.12)。2005年建筑面积计算规范是不计算建筑面积的。由于实际飘窗的结构净高可能要超过2.10 m,体现了建筑物的价值量,所以规定"窗台与室内楼地面高差在0.45 m以下且结构净高在2.10 m及以上的凸(飘)窗应按其围护结构外围水平面积计算1/2面积。"

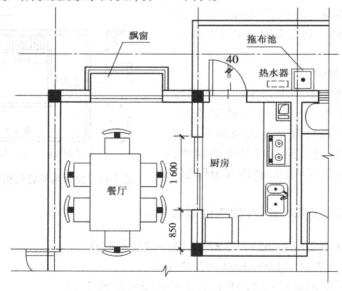

图7.12　飘窗示意图

13)走廊(挑廊)建筑面积计算

（1）计算规定

有围护设施的室外走廊(挑廊),应按其结构底板水平投影面积计算1/2面积;有围护设施(或柱)的檐廊,应按其围护设施(或柱)外围水平面积计算1/2面积。

（2）计算规定解读

①挑廊是指挑出建筑物外墙的水平交通空间,如

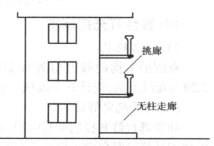

图7.13　挑廊、无柱走廊示意图

图7.13所示。

②走廊指建筑物底层的水平交通空间,如图7.14所示。

③檐廊是指设置在建筑物底层檐下的水平交通空间,如图 7.14 所示。

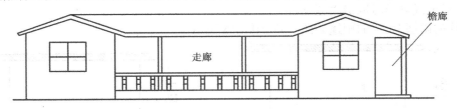

图 7.14 走廊、檐廊示意图

14) 门斗建筑面积计算

(1)计算规定

门斗应按其围护结构外围水平面积计算建筑面积,且结构层高在 2.20 m 及以上的,应计算全面积;结构层高在 2.20 m 以下的,应计算 1/2 面积。

(2)计算规定解读

门斗是指建筑物入口处两道门之间的空间,在建筑物出入口设置的起分隔、挡风、御寒等作用的建筑过渡空间。保温门斗一般有围护结构,如图 7.15 所示。

图 7.15 有围护结构门斗示意图

15) 门廊、雨篷建筑面积计算

(1)计算规定

门廊应按其顶板的水平投影面积的 1/2 计算建筑面积;有柱雨篷应按其结构板水平投影面积的 1/2 计算建筑面积;无柱雨篷的结构外边线至外墙结构外边线的宽度在 2.10 m 及以上的,应按雨篷结构板的水平投影面积的 1/2 计算建筑面积。

(2)计算规定解读

①门廊是在建筑物出入口、三面或两面有墙、上部有板(或借用上部楼板)围护的部位,如图 7.16 所示。

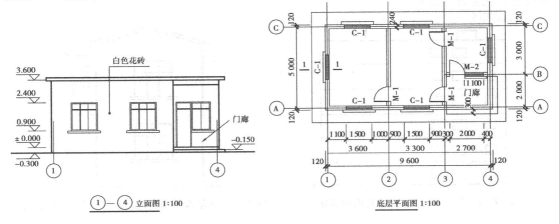

图 7.16 门廊示意图

②雨篷分为有柱雨篷和无柱雨篷。有柱雨篷,没有出挑宽度的限制,也不受跨越层数的限制,均计算建筑面积。无柱雨篷,其结构板不能跨层,并受出挑宽度的限制,设计出挑宽度大于或等于 2.10 m 时才计算建筑面积。出挑宽度,系指雨篷结构外边线至外墙结构外边线的宽度,弧形或异形时取最大宽度。

有柱的雨篷、无柱的雨篷如图 7.17、图 7.18 所示。

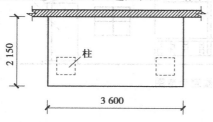

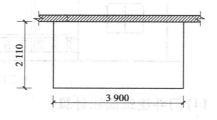

图 7.17　有柱雨篷示意图(计算 1/2 面积)　　　图 7.18　无柱雨篷示意图(计算 1/2 面积)

16)楼梯间、水箱间、电梯机房建筑面积计算

(1)计算规定

设在建筑物顶部的、有围护结构的楼梯间、水箱间、电梯机房等,结构层高在 2.20 m 及以上的,应计算全面积;结构层高在 2.20 m 以下的,应计算 1/2 面积。

(2)计算规定解读

①如遇建筑物屋顶的楼梯间是坡屋顶时,应按坡屋顶的相关规定计算面积。

②单独放在建筑物屋顶上的混凝土水箱或钢板水箱,不计算面积。

③建筑物屋顶水箱间、电梯机房示意图如图 7.19 所示。

17)围护结构不垂直于水平面楼层建筑物建筑面积计算

(1)计算规定

围护结构不垂直于水平面的楼层,应按其底板面的外墙外围水平面积计算。结构净高在 2.10 m 及以上的部位,应计算全面积;结构净高在 1.20 m 及以上至 2.10 m 以下的部位,应计算 1/2 面积;结构净高在 1.20 m 以下的部位,不应计算建筑面积。

(2)计算规定解读

设有围护结构不垂直于水平面而超出底板外沿的建筑物,是指向外倾斜的墙体超出地板外沿的建筑物,如图 7.20 所示。若遇有向建筑物内倾斜的墙体,应视为坡屋面,应按坡屋顶的有关规定计算面积。

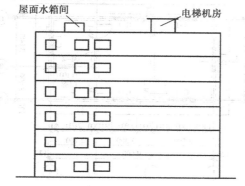

图 7.19　屋面水箱间、电梯机房示意图　　　图 7.20　不垂直于水平面超出底板外沿的建筑物

18) 室内楼梯、电梯井、提物井、管道井等建筑面积计算

（1）计算规定

建筑物的室内楼梯、电梯井、提物井、管道井、通风排气竖井、烟道,应并入建筑物的自然层计算建筑面积。有顶盖的采光井应按一层计算面积,且结构净高在 2.10 m 及以上的,应计算全面积;结构净高在 2.10 m 以下的,应计算 1/2 面积。

（2）计算规定解读

①室内楼梯间的面积计算,应按楼梯依附的建筑物的自然层数计算,合并在建筑物面积内。若遇跃层建筑,其共用的室内楼梯应按自然层计算面积;上下两错层户室共用的室内楼梯,应选上一层的自然层计算面积,如图 7.21 所示。

②电梯井是指安装电梯用的垂直通道,如图 7.22 所示。

【例 7.3】 某建筑物共 12 层,电梯井尺寸（含壁厚）如图 7.21 所示,求电梯井面积。

【解】 $S = 2.80 \times 3.40 \times 12 = 114.24（\text{m}^2）$

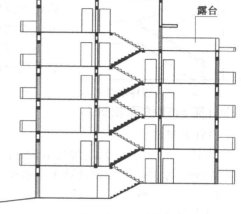

图 7.21 户室错层剖面示意图

③有顶盖的采光井包括建筑物中的采光井和地下室采光井,如图 7.23 所示。

④提物井是指图书馆提升书籍、酒店提升食物的垂直通道。

⑤垃圾道是指写字楼等大楼内,每层设垃圾倾倒口的垂直通道。

⑥管道井是指宾馆或写字楼内集中安装给排水、采暖、消防、电线管道用的垂直通道。

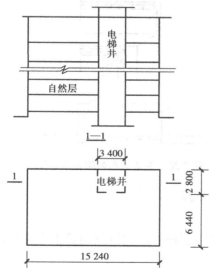

图 7.22 电梯井示意图（单位:mm）

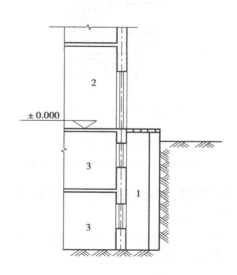

图 7.23 地下室采光井
1—采光井;2—室内;3—地下室

19) 室外楼梯建筑面积计算

（1）计算规定

室外楼梯应并入所依附建筑物自然层,并应按其水平投影面积的1/2计算建筑面积。

（2）计算规定解读

①室外楼梯作为连接该建筑物层与层之间不可缺少的基本部件,无论从其功能还是工程计价的要求来说,均需计算建筑面积。层数为室外楼梯所依附的楼层数,即梯段部分投影到建筑物范围的层数。利用室外楼梯下部的建筑空间不得重复计算建筑面积;利用地势砌筑的室外踏步,不计算建筑面积。

②室外楼梯示意如图7.24所示。

图7.24　室外楼梯示意图

20) 阳台建筑面积计算

（1）计算规定

在主体结构内的阳台,应按其结构外围水平面积计算全面积;在主体结构外的阳台,应按其结构底板水平投影面积计算1/2面积。

（2）计算规定解读

①建筑物的阳台,不论是凹阳台、挑阳台、封闭阳台,均按其是否在主体结构内外来划分,在主体结构外的阳台才能按其结构底板水平投影面积计算1/2建筑面积。

②主体结构外阳台、主体结构内阳台示意图分别如图7.25、图7.26所示。

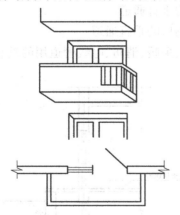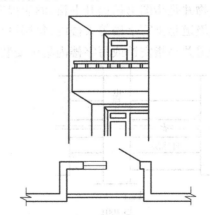

图7.25　主体结构外阳台示意图　　　　图7.26　主体结构内阳台示意图

21) 车棚、货棚、站台、加油站等建筑面积计算

（1）计算规定

有顶盖无围护结构的车棚、货棚、站台、加油站、收费站等,应按其顶盖水平投影面积的1/2计算建筑面积。

（2）计算规定解读

①车棚、货棚、站台、加油站、收费站等的建筑面积计算。由于建筑技术的发展,出现许多新型结构,如柱不再是单纯的直立柱,而出现正Ⅴ形、倒∧形等不同类型的柱,给面积计算带来许多争议。为此,我们不以柱来确定建筑面积,而依据顶盖的水平投影面积计算建筑面积。

②在车棚、货棚、站台、加油站、收费站内设有带围护结构的管理房间、休息室等,应另按有关规定计算建筑面积。

③站台示意图如图7.27所示,其面积为:$S = 2.0 \times 5.50 \times 0.5 = 5.50 (\text{m}^2)$。

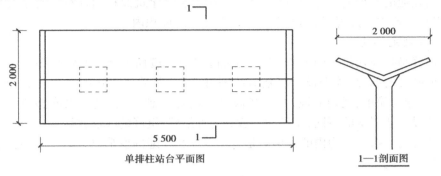

图7.27 单排柱站台示意图

22) 幕墙作为围护结构的建筑面积计算

(1)计算规定

以幕墙作为围护结构的建筑物,应按幕墙外边线计算建筑面积。

(2)计算规定解读

①幕墙以其在建筑物中所起的作用和功能来区分,直接作为外墙起围护作用的幕墙,按其外边线计算建筑面积。

②设置在建筑物墙体外起装饰作用的幕墙,不计算建筑面积。

23) 建筑物的外墙外保温层建筑面积计算

(1)计算规定

建筑物的外墙外保温层,应按其保温材料的水平截面积计算,并计入自然层建筑面积。

(2)计算规定解读

建筑物外墙外侧有保温隔热层的,保温隔热层以保温材料的净厚度乘以外墙结构外边线长度按建筑物的自然层计算建筑面积,其外墙外边线长度不扣除门窗和建筑物外已计算建筑面积构件(如阳台、室外走廊、门斗、落地橱窗等)所占长度。

当建筑物外已计算建筑面积的构件(如阳台、室外走廊、门斗、落地橱窗等)有保温隔热层时,其保温隔热层也不再计算建筑面积。外墙是斜面者,按楼面楼板处的外墙外边线长度乘以保温材料的净厚度计算。外墙外保温以沿高度方向满铺为准,某层外墙外保温铺设高度未达到全部高度时(不包括阳台、室外走廊、门斗、落地橱窗、雨篷、飘窗等),不计算建筑面积。保温隔热层的建筑面积是以保温隔热材料的厚度来计算的,不包含抹灰层、防潮层、保护层(墙)的厚度。建筑外墙外保温如图7.28所示。

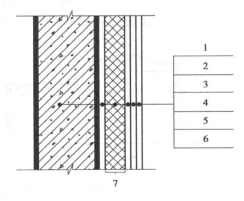

图7.28 建筑外墙外保温
1—墙体;2—黏结胶浆;3—保温材料;
4—标准网;5—加强网;6—抹面胶浆;
7—计算建筑面积部位

24) 变形缝建筑面积计算

（1）计算规定

与室内相通的变形缝，应按其自然层合并在建筑物建筑面积内计算。对于高低联跨的建筑物，当高低跨内部连通时，其变形缝应计算在低跨面积内。

（2）计算规定解读

①变形缝是指在建筑物因温差、不均匀沉降以及地震而可能引起结构破坏变形的敏感部位或其他必要的部位，预先设缝将建筑物断开，令断开后建筑物的各部分成为独立的单元，或者是划分为简单、规则的段，并令各段之间的缝达到一定宽度，以能够适应变形的需要。根据外界破坏因素的不同，变形缝一般分为伸缩缝、沉降缝、抗震缝3种。

②本条规定所指建筑物内的变形缝是与建筑物相连通的变形缝，即暴露在建筑物内，可以看得见的变形缝。

③室内看得见的变形缝示意图如图7.29所示。

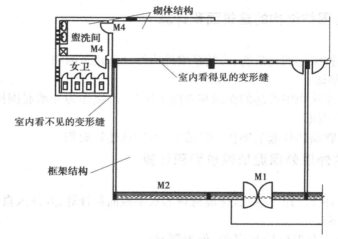

图7.29　室内看得见的变形缝示意图

④高低联跨建筑物示意图如图7.30所示。

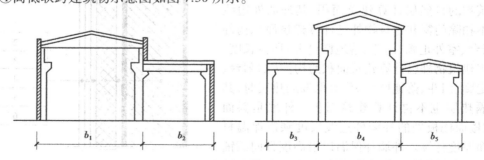

图7.30　高低跨单层建筑物建筑面积计算示意图

⑤建筑面积计算示例。

【例7.4】　图7.30中当建筑物长为 L 时的建筑面积。

【解】　$S_{高1}=b_1×L$　　$S_{高2}=b_4×L$　　$S_{低1}=b_2×L$　　$S_{低2}=(b_3+b_5)×L$

25) 建筑物内的设备层、管道层、避难层等建筑面积计算

(1) 计算规定

对于建筑物内的设备层、管道层、避难层等有结构层的楼层,结构层高在2.20 m及以上的,应计算全面积;结构层高在 2.20 m 以下的,应计算 1/2 面积。

(2) 计算规定解读

①高层建筑的宾馆、写字楼等,通常在建筑物高度的中间部位设置管道、设备层等,主要用于集中放置水、暖、电、通风管道及设备。这一设备管道层应计算建筑面积,如图 7.31 所示。

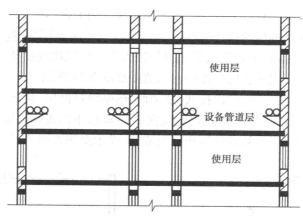

图 7.31 设备管道层示意图

②设备层、管道层其具体功能虽然与普通楼层不同,但在结构上及施工消耗上并无本质区别,且本规范定义自然层为"按楼地面结构分层的楼层",因此设备、管道楼层归为自然层,其计算规则与普通楼层相同。在吊顶空间内设置管道的,则吊顶空间部分不能被视为设备层、管道层。

7.1.4 不计算建筑面积的范围

①与建筑物不相连的建筑部件不计算建筑面积:指的是依附于建筑物外墙外不与户室开门连通,起装饰作用的敞开式挑台(廊)、平台,以及不与阳台相通的空调室外机搁板(箱)等设备平台部件。

②建筑物的通道不计算建筑面积。

a.计算规定:骑楼、过街楼底层的开放公共空间和建筑物通道,不应计算建筑面积。

b.计算规定解读:

• 骑楼是指楼层部分跨在人行道上的临街楼房,如图 7.32 所示。

• 过街楼是指有道路穿过建筑空间的楼房,如图 7.33 所示。

③舞台及后台悬挂幕布和布景的天桥、挑台等不计算建筑面积:指的是影剧院的舞台及为舞台服务的可供上人维修、悬挂幕布、布置灯光及布景等搭设的天桥和挑台等构件设施。

④露台、露天游泳池、花架、屋顶的水箱及装饰性结构构件不计算建筑面积。

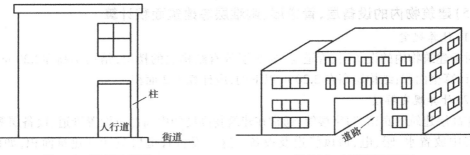

图 7.32　骑楼示意图　　　　　　　　图 7.33　过街楼示意图

　⑤建筑物内的操作平台、上料平台、安装箱和罐体的平台不计算建筑面积。

　建筑物内不构成结构层的操作平台、上料平台（包括工业厂房、搅拌站和料仓等建筑中的设备操作控制平台、上料平台等），其主要作用为室内构筑物或设备服务的独立上人设施，因此不计算建筑面积。建筑物内操作平台示意图如图 7.34 所示。

　⑥勒脚、附墙柱、垛、台阶、墙面抹灰、装饰面、镶贴块料面层、装饰性幕墙，主体结构外的空调室外机搁板（箱）、构件、配件，挑出宽度在 2.10 m 以下的无柱雨篷和顶盖高度达到或超过两个楼层的无柱雨篷不计算建筑面积。附墙柱、垛示意图如图 7.35 所示。

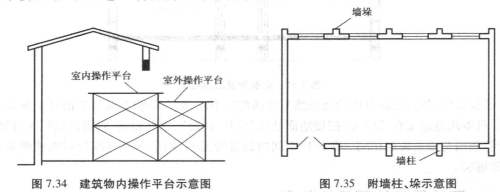

图 7.34　建筑物内操作平台示意图　　　　图 7.35　附墙柱、垛示意图

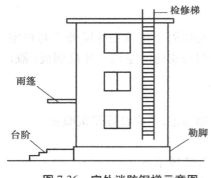

图 7.36　室外消防钢梯示意图

　⑦窗台与室内地面高差在 0.45 m 以下且结构净高在 2.10 m 以下的凸（飘）窗、窗台与室内地面高差在 0.45 m 及以上的凸（飘）窗不计算建筑面积。

　⑧室外爬梯、室外专用消防钢楼梯不计算建筑面积。

　室外钢楼梯需要区分具体用途，如专用于消防楼梯，则不计算建筑面积；如果是建筑物唯一通道，兼用于消防，则需要按建筑面积计算规范的规定计算建筑面积。室外消防钢梯示意图如图 7.36 所示。

　⑨无围护结构的观光电梯不计算建筑面积。

　⑩建筑物以外的地下人防通道，独立的烟囱、烟道、地沟、油（水）罐、气柜、水塔、贮油（水）池、贮仓、栈桥等构筑物不计算建筑面积。

7.2 工程量计算规则

工程量是指用物理计量单位或自然计量单位表示的分项工程的实物数量。

7.2.1 工程量计算规则的作用

工程量计算规则是计算分项工程项目工程量时,确定施工图尺寸数据、内容取定、工程量调整系数、工程量计算方法的重要规定。工程量计算规则是具有权威性的规定,是确定工程消耗量的重要依据,主要作用如下:

①确定工程量项目的依据。例如,工程量计算规则规定,建筑场地挖填土方厚度在±30 cm以内及找平,属于人工平整场地项目;超过±30 cm就要按挖土方项目计算了。

②施工图尺寸数据取定,内容取舍的依据。例如,外墙墙基按外墙中心线长度计算,内墙墙基按内墙净长计算,基础大放脚T形接头处的重叠部分,0.3 m² 以内洞口所占面积不予扣除,但靠墙暖气沟的挑檐亦不增加。又如,计算墙体工程量时,应扣除门窗洞口,嵌入墙身的圈梁、过梁体积,不扣除梁头、外墙板头、加固钢筋及每个面积在 0.3 m² 以内孔洞等所占的体积,突出墙面的窗台虎头砖、压顶线、三皮砖以内的腰线亦不增加。

③工程量调整系数。例如,计算规则规定,木百叶门油漆工程量按单面洞口面积乘以系数 1.25 计算。

④工程量计算方法。例如,计算规则规定,满堂脚手架增加层的计算方法为:

$$满堂脚手架增加层 = \frac{室内净高 - 5.2(\text{m})}{1.2(\text{m})}$$

7.2.2 制定工程量计算规则考虑的因素

我们知道,工程量计算规则是与预算定额配套使用的。当计算规则作出规定后,编制预算定额就要考虑这些规定的各项内容与计算规则一致,两者是统一的。工程量计算规则有哪些考虑呢?

①力求工程量计算的简化。工程量计算规则制定时,要尽量考虑工程造价人员在编制施工图预算时,能尽量简化工程量计算的过程。例如,砖墙体积内不扣除梁头、板头体积,也不增加突出墙面的窗台虎头砖、压顶线的体积等计算规则。

②计算规则与定额消耗量的对应关系。凡是工程量计算规则指出不扣除或不增加的内容,在编制预算定额时都进行了处理。因为在编制预算定额时,都要通过典型工程相关工程量统计分析后,进行抵扣处理。也就是说,计算规则注明不扣的内容,编制定额时作为扣除;计算规则说不增加的内容,在编制预算定额时已经增加了。所以,定额的消耗量与工程量的计算规则是相对应的。

③考虑定额水平的稳定性。虽然编制预算定额是通过若干个典型工程,测算定额项目的工程实物消耗量。但是,也要考虑制定工程量计算规则变化幅度大小的合理性,使计算规则在编制施工图预算确定工程量时具有一定的稳定性,从而使预算定额水平具有一定的稳定性。

7.2.3　工程量计算规则的运用

工程量计算规则就像体育运动比赛规则一样,具有事先约定的公开性、公平性和权威性。凡是使用预算定额编制施工图预算的,就必须按此规则计算工程量。因为,工程量计算规则与预算定额项目之间有着严格的对应关系。运用好工程量计算规则是保证施工图预算准确性的基本保证。

1)全面理解计算规则

我们知道,定额消耗量的取舍与工程量计算规则是相对应的。因此,全面理解工程量计算规则是正确计算工程量的基本前提。工程量计算规则中贯穿着一个规范工程量计算和简化工程量计算的精神。

所谓规范工程量计算,是指不能以个人的理解来运用计算规则,也不能随意改变计算规则。例如,楼梯水泥砂浆面层抹灰,包括休息平台在内,不能认为只算楼梯踏步。

简化工程量计算的原则,包括以下几个方面:

①计算较烦琐但数量又较小的内容,计算规则处理为不计算或不扣除。但是在编制定额时都作为扣除或增加处理,这样计算工程量就简化了。例如,砖墙工程量计算中,规定不扣除梁头、板头所占体积,也不增加挑出墙外窗台线和压顶线的体积等。

②工程量不计算,但定额消耗量中已包括。例如,方木屋架的夹板、垫木已包括在相应屋架制作定额项目中,工程量不再计算。此方法也简化了工程量计算。

③精简了定额项目。例如,各种木门油漆的定额消耗量之间有一定的比例关系,于是预算定额只编制单层木门的油漆项目,双层木门、百叶木门的油漆工程量通过计算规则规定的工程量乘以系数的方法来实现定额的套用。因此,这种方法精简了预算定额项目。

2)领会精神,灵活处理

领会了制定工程量计算规则的精神后,就能较灵活地处理实际工作中的一些问题。

(1)按实际情况分析工程量计算范围

工程量计算规则规定,楼梯面层是按水平投影面积计算的。具体做法是:将楼梯段和休息平台综合为投影面积计算,不需要按展开面积计算。这种规定简化了工程量计算。但是,单元式住宅计算楼梯面积,则需要具体分析。

例如,某单元式住宅,每层2跑楼梯,包括了一个休息平台和一个楼层平台。这时,楼层平台是否算入楼梯面积,需要判断。通过分析,我们知道,连接楼梯的楼层平台有内走廊、外走廊、大厅和单元式住宅楼等几种形式。显然,单元式住宅的楼层平台是众多楼层平台中的特殊形式,而楼梯面层定额项目是针对各种楼层平台情况编制的。因此,单元式住宅的楼层平台不应算入楼梯面层内。

(2)简化计算,处理工程量计算过程

除了领会工程量计算规则制定的精神,还要领会简化工程量计算的精神。在工程量计算过程中灵活处理一些实际问题,使计算过程既符合一定的准确性要求,也达到了简化计算的目的。

例如,计算抗震结构钢筋混凝土构件中钢筋的箍筋用量,可以按正规的计算方法计算,即按规定扣除保护层尺寸,加上弯钩的长度计算。但也可以按构件矩形截面的外围周长尺寸确定箍筋的长度。因为,通过分析我们发现,采用一种方法计算梁、柱箍筋时,$\phi 6.5$ 的箍筋每个多算了 20 mm,$\phi 8$ 箍筋每个少算了 22 mm,在一个框架结构的建筑物中,要计算很多 $\phi 6.5$ 的箍筋,也要计算很多 $\phi 8$ 的箍筋。这样,这两种规格在计算过程中不断抵消了多算或少算的数量。而采用后一种方法确定,简化了计算过程,且数量误差又不会太大。

7.2.4　工程量计算规则的发展趋势

1) 工程量计算规则的制定有利于工程量的自动计算

使用了计算机,人们可以从烦琐的计算工作中解放出来,因此用计算机计算工程量是一个发展趋势。那么,用计算机计算工程量,计算规则的制定就要符合计算机处理的要求,包括可以通过建立数学模型来描述工程量计算规则,各计算规则之间的界定要明晰,要总结计算规则的规律性等。

2) 工程量计算规则宜粗不宜细

工程量计算规则要简化,宜粗不宜细,尽量做到方便人们的使用。这一思路并不影响工程消耗量的准确性,因为可以通过统计分析的方法,将复杂因素处理在预算定额消耗量内。

7.3　运用统筹法计算工程量

7.3.1　统筹法计算工程量的要点

施工图预算中工程量计算的特点是项目多、数据量大、费时间,这与编制预算既快又准的基本要求相悖。如何简化工程量计算,提高计算速度和准确性是人们一直关注的问题。

统筹法是一种用来研究、分析事物内在规律及相互依赖关系,从全局角度出发,明确工作重点,合理安排工作顺序,提高工作质量和效率的科学管理方法。

运用统筹思想对工程量计算过程进行分析后,可以看出,虽然各项工程量计算各有特点,但有些数据存在着内在的联系。例如,外墙地槽、外墙基础垫层、外墙基础可以用同一个长度计算工程量。如果我们抓住这些基本数据,利用它们来计算较多工程量,就能达到简化工程量计算的目的。

1) 统筹程序、合理安排

统筹程序、合理安排是应用统筹法计算工程量的一个基本要点,其思想是:不按施工顺序或传统的顺序计算工程量,只按计算简便的原则安排工程量计算顺序。例如,有关地面项目工程量计算顺序按施工顺序完成是:

$$
\underset{长×宽×厚}{室内回填土} \overset{①}{\longrightarrow} \underset{长×宽×厚}{地面垫层} \overset{②}{\longrightarrow} \underset{长×宽}{地面面层} \overset{③}{\longrightarrow}
$$

这一顺序,计算了三次"长×宽"。如果按计算简便的原则安排,上述顺序变为:

$$
\underset{长×宽}{地面面层} \overset{①}{\longrightarrow} \underset{地面面层×厚}{地面垫层} \overset{②}{\longrightarrow} \underset{地面面层×厚}{室内回填土} \overset{③}{\longrightarrow}
$$

显然,第二种顺序只需计算一次"长×宽",节省了时间,简化了计算,也提高了结果的准确度。

2)利用基数、连续计算

基数是指工程量计算时经常重复使用的一些基本数据,包括 $L_中$,$L_内$,$L_外$,$S_底$,简称"三线一面"。

通过分析,在工程量计算中,总有一些数据贯穿在计算的全过程中,只要事先计算好这些数据,提供给后面计算工程量时重复使用,就可以提高工程量的计算速度。

运用基数计算工程量是统筹法的重要思想。

7.3.2 统筹法计算工程量的方法

1)外墙中线长

外墙中线长用 $L_中$ 表示,是指围绕建筑物的外墙中心线长度之和。利用 $L_中$ 可以计算的工程量见表7.1。

表7.1 利用 $L_中$ 可以计算的工程量

基数名称	项目名称	计算方法
$L_中$	外墙基槽	$V=L_中×基槽断面积$
	外墙基础垫层	$V=L_中×垫层断面积$
	外墙基础	$V=L_中×基础断面积$
	外墙体积	$V=(L_中×墙高-门窗面积)×墙厚$
	外墙圈梁	$V=L_中×圈梁断面积$
	外墙基防潮层	$S=L_中×墙厚$

2)内墙净长

内墙净长用 $L_内$ 表示,是指建筑物内隔墙的长度之和。利用 $L_内$ 可以计算的工程量见表7.2。

表7.2 利用 $L_内$ 可以计算的工程量

基数名称	项目名称	计算方法
$L_内$	内墙基槽	$V=(L_内-调整值)×基槽断面积$
	内墙基础垫层	$V=(L_内-调整值)×垫层断面积$
	内墙基础	$V=L_内×基础断面积$
	内墙体积	$V=(L_内×墙高-门窗面积)×墙厚$
	内墙圈梁	$V=L_内×圈梁断面积$
	内墙基防潮层	$S=L_内×墙厚$

3)外墙外边长

外墙外边长用 $L_外$ 表示,是指围绕建筑物外墙外边的长度之和。利用 $L_外$ 可以计算的工程量见表 7.3。

表 7.3　利用 $L_外$ 可以计算的工程量

基数名称	项目名称	计算方法
$L_外$	人工平整场地	$S = L_外 \times 2 + 16 + S_底$
	墙脚排水坡	$S = (L_外 + 4 \times 散水宽) \times 散水宽$
	墙脚明沟(暗沟)	$L = L_外 + 8 \times 散水宽 + 4 \times 明沟(暗沟)宽$
	外墙脚手架	$S = L_外 \times 墙高$
	挑檐	$V = (L_外 + 4 \times 挑檐宽) \times 挑檐断面积$

注:$S_底$ 为建筑底层面积。

4)建筑底层面积

建筑底层面积用 $S_底$ 表示。利用 $S_底$ 可以计算的工程量见表 7.4。

表 7.4　利用 $S_底$ 计算的工程量

基数名称	项目名称	计算方法
$S_底$	人工平整场地	$S = S_底 + L_外 \times 2 + 16$
	室内回填土	$V = (S_底 - 墙结构面积) \times 厚度$
	地面垫层	$V = (S_底 - 墙结构面积) \times 厚度$
	地面面层	$S = S_底 - 墙结构面积$
	顶棚面抹灰	$S = S_底 - 墙结构面积$
	屋面防水卷材	$S = S_底 - 女儿墙结构面积 + 四周卷起面积$
	屋面找坡层	$V = (S_底 \pm 女儿墙结构面积) \times 平均厚$

7.3.3　统筹法计算工程量实例

1)接待室施工图

(1)设计说明

①本工程为某单位的单层砖混结构接待室,室内地坪标高 ±0.000,室外地坪标高 −0.300。

②M5 水泥砂浆砌砖基础,C10 混凝土基础垫层 200 mm 厚,位于 −0.06 m 处做 1∶2 水泥砂浆防潮层 20 mm 厚。

③M5 混合砂浆砌砖墙、砖柱。

④1∶2 水泥砂浆地面面层 20 mm 厚,C10 混凝土地面垫层 60 mm 厚,基层素土回填夯实。

⑤屋面做法见大样图。

⑥C15 混凝土散水 800 mm 宽、60 mm 厚。

⑦1∶2 水泥砂浆踢脚线 20 mm 厚、150 mm 高。

⑧台阶 C10 混凝土基层,1∶2 水泥砂浆面层。

⑨内墙面、梁柱面混合砂浆抹面,刷 106 涂料。

⑩1∶2 水泥砂浆抹外墙面,刷外墙涂料。

⑪单层玻璃窗,单层镶板门,单层镶板门带窗(门宽 900 mm,窗宽 1 100 mm)。

⑫现浇 C20 钢筋混凝土圈梁,钢筋用量为:Φ12,116.80 m;Φ6.5,122.64 m。

⑬现浇 C20 钢筋混凝土矩形梁,钢筋用量为:Φ14,18.41 kg;Φ12,9.02 kg;Φ6.5,8.70 kg。

⑭预应力 C30 钢筋混凝土空心板,单件体积及钢筋用量如下:

YKB-3962　0.164 m³/块　6.57 kg/块(CRB650 Φ^R4)

YKB-3362　0.139 m³/块　4.50 kg/块(CRB650 Φ^R4)

YKB-3062　0.126 m³/块　3.83 kg/块(CRB650 Φ^R4)

(2)门窗统计表(见表 7.5)

表 7.5　门窗统计表

名　称	代　号	洞口宽/mm	洞口高/mm	数　量	备　注
单层镶板门	M1	900	2 400	3	其中门宽 900 mm
单层镶板门带窗	M2	2 000	2 400	1	
单层玻璃窗	C1	1 500	1 500	6	

(3)施工图

施工图详见第 3 篇第 19 章图 19.1 至图 19.4。

2)接待室工程列项

接待室工程施工图预算分项工程项目列项见表 7.6。

表 7.6　接待室工程施工图预算分项工程项目表

利用基数	序　号	定额号	分项工程名称	单　位
	1	1-8	人工挖沟槽	m³
	2	8-16	C10 混凝土基础垫层	m³
	3	4-1	M5 水泥砂浆砌砖基础	m³
	4	1-46	人工沟槽回填土	m³
$L_{中}$	5	9-53	1∶2 水泥砂浆墙基防潮层	m²
	6	4-10	M5 混合砂浆砌砖墙	m³
$L_{内}$	7	5-408	现浇 C20 钢筋混凝土圈梁	m³
	8	3-15	里脚手架	m²
	9	8-27	1∶2 水泥砂浆踢脚线	m
	10	11-36	混合砂浆抹内墙	m²
	11	11-636	内墙面刷 106 涂料	m²
$L_{外}$	12	1-48	人工平整场地	m²
	13	3-6	外脚手架	m²

利用基数	序　号	定额号	分项工程名称	单　位
$L_{外}$	14	11-605	1：2水泥砂浆抹外墙	m²
	15	8-43	C15混凝土散水	m²
$S_{底}$	16	8-16换	C20细石混凝土刚性屋面40 mm厚	m²
	17	8-23	1：2水泥砂浆屋面面层	m²
	18	11-289	预制板底水泥砂浆嵌缝找平	m²
	19	1-46	室内回填土	m³
	20	8-16	C10混凝土地面垫层	m³
	21	8-23	1：2水泥砂浆地面面层	m²
	22	11-636	预制板底刷106涂料	m²
	23	1-17	人工挖基坑	m³
	24	1-46	人工基坑回填土	m³
	25	4-38	M5混合砂浆砌砖柱	m³
	26	7-174	单层玻璃窗框制作	m²
	27	7-175	单层玻璃窗框安装	m²
	28	7-176	单层玻璃窗扇制作	m²
	29	7-177	单层玻璃窗扇安装	m²
	30	7-17	单层镶板门框制作	m²
	31	7-18	单层镶板门框安装	m²
	32	7-19	单层镶板门扇制作	m²
	33	7-20	单层镶板门扇安装	m²
	34	7-121	门带窗框制作	m²
	35	7-122	门带窗框安装	m²
	36	7-123	门带窗扇制作	m²
	37	7-124	门带窗扇安装	m²
	38	6-93	木门窗运输	m²
	39	11-409	木门窗油漆	m²
	40	5-406	现浇C20混凝土矩形梁	m³
	41	5-453	预应力C30混凝土空心板制作	m³
	42	6-8	空心板运输	m³
	43	6-330	空心板安装	m³
	44	5-529	空心板接头灌浆	m³
	45	1-49	人工运土	m²

续表

利用基数	序　号	定额号	分项工程名称	单　位
$S_底$	46	5-431	C10 混凝土台阶	m²
	47	8-25	1:2 水泥砂浆抹台阶	t
	48	5-294	现浇构件圆钢筋制安 φ6.5	t
	49	5-297	现浇构件圆钢筋制安 φ12	t
	50	5-309	现浇构件螺纹钢筋制安 Φ14	t
	51	5-359	预应力构件钢筋制安 $\Phi^R 4$	t
	52	5-73	现浇圈梁模板安拆	m²
	53	5-82	现浇矩形梁模板安拆	m²
	54	5-123	现浇混凝上台阶模板安拆	m²
	55	11-45	混合砂浆抹梁柱面	m²

3)接待室工程基数计算

接待室工程基数计算见表 7.7。

表 7.7　接待室工程基数计算表

基数名称	代号	图号	墙高/m	墙厚/m	单位	数量	计算式
外墙中线长	$L_中$	图 19.1	3.60	0.24	m	29.20	$(3.60+3.30+2.70+5.0)\times 2 = 29.20$
内墙净长	$L_内$	图 19.1	3.60	0.24	m	7.52	$(5.0-0.24)+(3.0-0.24)=7.52$
外墙外边长	$L_外$	图 19.1			m	30.16	$29.20+0.24\times 4=30.16$ 或：$[(3.60+3.30+2.70+0.24)+$ $(5.0+0.24)]\times 2=30.16$
底层建筑面积	$S_底$	图 19.1			m²	51.56	$(3.60+3.30+2.70+0.24)\times(5.0+0.24)=$ 51.56

4)接待室工程量计算

①人工平整场地。

$$S = S_底 + L_外 \times 2 + 16 = 51.56 + 30.16 \times 2 + 16 = 127.88(\text{m}^2)$$

②人工挖沟槽(不加工作面、不放坡)。

$V =$ 槽长×槽宽×槽深

$$= (\overset{L_中}{29.20}+\overset{L_内}{7.52}+0.24\times 2-0.80\times 2)\times 0.80\times(1.50-0.30)=34.18(\text{m}^3)$$

③人工挖基坑(不加工作面、不放坡)。

$V =$ 坑长×坑宽×坑深×个数

$$= 0.80\times 0.80\times(1.50-0.30)\times 1 = 0.77(\text{m}^3)$$

④C10 混凝土基础垫层。

$V = ($外墙垫层长$+$内墙垫层长$) \times$垫层宽$\times$垫层厚

$= (\underset{L_{中}}{29.20} + \underset{L_{内}}{7.52} + 0.24 \times 2 - 0.80 \times 2) \times 0.80 \times 0.20$

$= (29.20 + 8.0 - 1.60) \times 0.80 \times 0.20 = 5.70 (m^3)$

$V = $柱垫层面积$\times$垫层厚

$= 0.80 \times 0.80 \times 0.20 = 0.13 (m^3)$

小计: $5.70 + 0.13 = 5.83 (m^3)$

⑤M5 水泥砂浆砌砖墙基础。

$V = (L_{中} + L_{内}) \times ($基础高$\times$墙厚$+$放脚断面积$)$

$= (29.20 + 7.52) \times [(1.50 - 0.20) \times 0.24 + 0.007\ 875 \times 12]$

$= 36.72 \times (0.312 + 0.094\ 5) = 14.93 (m^3)$

⑥人工沟槽回填土。

$V = $挖土体积$- ($垫层体积$+$砖墙基础体积$-$高出室外地坪砖墙基础体积$)$

$= 34.18 - (5.70 + 14.93 - 36.72 \times 0.3 \times 0.24) = 16.19 (m^3)$

⑦M5 水泥砂浆砌砖柱基础。

$V = $柱基高$\times$柱断面积$+$四周放脚体积

$= (1.5 - 0.2) \times (0.24 \times 0.24) + 0.033 = 0.11 (m^3)$

⑧人工基坑回填土。

$V = $挖土体积$- ($垫层体积$+$砖柱基础体积$-$高出地坪砖柱基础体积$)$

$= 0.77 - (0.13 + 0.11 - 0.30 \times 0.24 \times 0.24) = 0.55 (m^3)$

⑨1:2 水泥砂浆墙基防潮层。

$S = (L_{中} + L_{内}) \times$墙厚$+$柱断面积$\times$个数

$= 36.72 \times 0.24 + 0.24 \times 0.24 \times 1 = 8.87 (m^2)$

⑩双排外脚手架。

$S = $墙高(含室外地坪高差)$\times$墙外边长$(L_{外})$

$= (3.60 + 0.30) \times 30.16 = 117.62 (m^2)$

⑪里脚手架。

$S = $内墙净长$\times$墙高$= \underset{L_{内}}{7.52} \times 3.60 = 27.07 (m^2)$

⑫单层玻璃窗框制作。

$S = $窗洞口面积$\times$樘数$= 1.5 \times 1.5 \times 6 = 13.50 (m^2)$

⑬单层玻璃窗框安装。同序⑫, $S = 13.50\ m^2$。

⑭单层玻璃窗扇制作。同序⑫, $S = 13.50\ m^2$。

⑮单层玻璃窗扇安装。同序⑫, $S = 13.50\ m^2$。

⑯单层镶板门框制作。

$S = $门洞口面积$\times$樘数$= 0.9 \times 2.4 \times 3 = 6.48 (m^2)$

⑰单层镶板门框安装。同序⑯, $S = 6.48\ m^2$。

⑱单层镶板门扇制作。同序⑯, $S = 6.48\ m^2$。

⑲单层镶板门扇安装。同序⑯, $S = 6.48\ m^2$。

⑳镶板门带窗框制作。

S = 门带窗洞口面积×樘数

  = $(2.00×2.40-1.10×0.90)×1=(4.80-0.99)×1=3.81(m^2)$

㉑镶板门带窗框安装。同序㉒，$S=3.81\ m^2$。

㉒镶板门带窗扇制作。同序㉒，$S=3.81\ m^2$。

㉓镶板门带窗扇安装。同序㉒，$S=3.81\ m^2$。

㉔木门窗运输。

S = 门面积+窗面积 = $13.50+6.48+3.81=23.79(m^2)$

㉕木门窗油漆。同序㉔，$S=23.79\ m^2$。

㉖现浇 C20 钢筋混凝土圈梁。

V = 圈梁长×圈梁断面积 $\overset{L_{中}}{=}29.20×0.24×0.18=1.26(m^3)$

㉗现浇圈梁模板安拆。

S = 圈梁侧模面积+圈梁代过梁底模面积

  = $\overset{L_{中}}{29.20}×0.18×2$ 边 $+\overset{C1}{(1.5×6}+\overset{M1}{0.9}+\overset{M2}{2.0)}×0.24$

  = $10.51+2.86=13.37(m^2)$

㉘现浇 C20 钢筋混凝土矩形梁。

V = 梁长×断面积×根数

  = $2.94×0.24×0.30+(2.0-0.12+0.12)×0.24×0.30=0.36(m^3)$

㉙现浇矩形梁模板安拆。

S = 模板接触面积 = 侧模 $\overset{内侧}{(2.70+2.00+2.70}+\overset{外侧}{0.24+2.0+0.24)}×0.30+$

  底模 $(2.70-0.24+2.0-0.24)×0.24$

  = $9.88×0.30+4.22×0.24=3.98(m^2)$

㉚C10 混凝土台阶。

S = 台阶水平投影面积 = $(2.7+2.0)×0.3×2=2.82(m^2)$

㉛1:2水泥砂浆抹台阶。同序㉚，$S=2.82\ m^2$。

㉜台阶模板安拆。同序㉚，$S=2.82\ m^2$。

㉝现浇构件圆钢筋制安φ6.5。

φ6.5 $\overset{圈梁}{122.64×0.26}(kg/m)+\overset{矩形梁}{8.70}(kg)=40.59(kg)$

㉞现浇构件圆钢筋制安φ12。

φ12 $\overset{圈梁}{116.80×0.888}(kg/m)+\overset{矩形梁}{9.02}(kg)=112.73(kg)$

㉟现浇构件螺纹钢筋制安⨎14。

⨎14 $18.41(kg)$（见设计说明）

㊱预应力构件钢筋制安φ^{R}4。

φ^{R}4 YKB-3962 $9×6.57(kg/块)=59.13(kg)$

  YKB-3362 $9×4.50(kg/块)=40.5(kg)$ ⎫ $134.10(kg)$

  YKB-3062 $9×3.83(kg/块)=34.47(kg)$ ⎭

㊲预应力 C30 钢筋混凝土空心板制作（详设计说明）。

V = 单块体积×块数×制作损耗系数

YKB-3962　$9×0.164(\text{m}^3/\text{块})=1.476(\text{m}^3)$

YKB-3362　$9×0.139(\text{m}^3/\text{块})=1.251(\text{m}^3)$ $\Big\}3.861(\text{m}^3)(净)$

YKB-3062　$9×0.126(\text{m}^3/\text{块})=1.134(\text{m}^3)$

制作工程量 $=3.861×1.015^*=3.92(\text{m}^3)$

㊳空心板运输。

$V=$ 净体积×运输损耗系数 $=3.861×1.103^*=3.91(\text{m}^3)$

㊴空心板安装。

$V=$ 净体积×安装损耗系数 $=3.861×1.005^*=3.88(\text{m}^3)$

㊵空心板接头灌浆。

$V=$ 净体积 $=3.86(\text{m}^3)$

㊶M5 混合砂浆砌砖墙。

$V=($墙长×墙高-门窗面积$)×$墙厚-圈梁体积

$\quad=[(\overset{L_中}{29.20}+\overset{L_内}{7.52})×3.60-23.79]×0.24-1.26$

$\quad=(36.72×3.60-23.79)×0.24-1.26=24.76(\text{m}^3)$

㊷M5 混合砂浆砌砖柱。

$V=$ 柱断面积×柱高 $=0.24×0.24×3.60=0.21(\text{m}^3)$

㊸1:2水泥砂浆屋面面层。

$S=$ 屋面实铺水平投影面积 $=(5.0+0.2×2)×(9.60+0.30×2)=55.08(\text{m}^2)$

㊹C20 细石混凝土刚性屋面(40 mm 厚)。

$S=$ 屋面实铺水平投影面积 $=55.08(\text{m}^2)$(同序㊸)

㊺预制板底嵌缝找平。

$S=$ 空心板实铺面积-墙结构面积

$\quad=55.08-(\overset{L_中}{29.20}+\overset{L_内}{7.52})×0.24=46.27(\text{m}^2)$

㊻预制板顶棚面刷 106 涂料。同序㊺,$S=46.27\ \text{m}^2$。

㊼1:2水泥砂浆地面面层。

$S=S_底-$ 墙结构面积-台阶所占面积

$\quad=51.56-(29.20+7.52)×0.24-(2.70+2.0-0.12-0.18)×0.30$

$\quad=51.56-8.81-1.32=41.43(\text{m}^2)$

㊽C10 混凝土地面垫层。

$V=$ 室内地面净面积×厚度 $=\overset{序㊼}{41.43}×0.06=2.49(\text{m}^3)$

㊾室内地坪回填土。

$V=$ 室内地坪净面积×厚度 $=\overset{序㊼}{41.43}×(0.30-0.02-0.06)=9.11(\text{m}^3)$

㊿人工运土。

$V=$ 挖土量-回填量 $=\overset{序②}{34.18}+\overset{序③}{0.77}-\overset{序⑥}{16.19}-\overset{序⑧}{0.55}-\overset{序㊾}{9.11}=9.10(\text{m}^3)$

51混合砂浆抹内墙面。

$S=$ 内墙面净长×净高-门窗面积

$\quad=[(5.0-0.24+3.60-0.24)×2+(5.0-0.24+3.3-0.24)×2+$

（2.7-0.24+3.0-0.24）×2+2.0+2.7$\overset{③轴、⑧轴}{]}$×3.60-1.5×

1.5×6$\overset{M1}{}$-0.9×2.4×3×2 面$\overset{M2}{}$-3.81×1 面

=（16.24+15.64+10.44+4.70）×3.60-30.27=139.00（m²）

○52水泥砂浆抹外墙面。

S＝外墙外边周长×墙高-门窗面积

＝（30.16-2.7-2.0）$\overset{L_外}{}$×（3.60+0.30）$\overset{③轴、⑧轴}{}$-1.5×1.5×6$\overset{C-1}{}$

＝25.46×3.90-13.50=85.79（m²）

○53混合砂浆抹砖柱、矩形梁面。

S＝柱周长×柱高＝0.24×4×3.60=3.64（m²）

S＝梁展开面积＝侧面（2.7+2.0+2.7-0.24+2.0-0.24）×0.30+
     底面（2.7-0.24+2.0-0.24）×0.24=2.68+1.01=3.69（m²）

小计：3.46+3.69=7.15（m²）

○54 1：2水泥砂浆踢脚线。

L＝内墙净长之和

＝（3.60-0.24+5.0-0.24）×2+（3.30-0.24+5.0-0.24）×2+（2.70-0.24+3.0-0.24）×2+
     2.70+2.0=47.02（m）

○55 C15 混凝土散水 60 mm 厚。

S＝散水长×散水宽-台阶所占面积

     ＝（$L_外$+4×散水宽）×散水宽-台阶所占面积

     ＝（30.16+4×0.8）×0.80-（2.70+0.30+2.0）×0.30

     ＝26.69-1.50

     ＝25.19（m²）

复习思考题

1.建筑面积有何用？

2.制定建筑面积计算规定主要基于哪些方面的考虑？

3.一般高层教学楼建筑物需要计算哪些部位的建筑面积？

4.建筑物走廊与挑廊建筑面积计算的规定相同吗？为什么？

5.坡屋顶建筑面积计算会出现哪几种情况？

6.建筑物间架空走廊的建筑面积计算有哪些规定？

7.落地橱窗要计算建筑面积吗？如何计算？

8.什么是门斗？如何计算建筑面积？

9.什么是门廊？要计算建筑面积吗？如何计算？

10.什么是雨篷？要计算建筑面积吗？如何计算？

11.制定工程量计算规则考虑了哪些因素？

12.简述工程量计算规则的发展趋势。

13.举例说明统筹法计算工程量的"统筹程序、合理安排"。

14.举例说明统筹法计算工程量的"利用基数、连续计算"。

第8章

土方工程量计算

知识点

　　熟悉平整场地的概念,熟悉沟槽、基坑划分,熟悉放坡坡度,了解基础施工所需工作面,熟悉挖沟槽土方和挖基坑土方计算方法,熟悉挖孔桩土方计算方法,知道按土方平衡竖向布置图计算挖土方方法,了解回填土的规定及运土方计算公式,熟悉平整场地和挖基础土方的清单工程量计算方法。

技能点

　　会计算有放坡的沟槽土方工程量和基坑土方工程量,会计算挖孔桩土方工程量,会计算带形基础土方回填工程量,会计算平整场地清单工程量。

课程思政

　　《考工记》是中国春秋战国时期记述官营手工业各工种规范和制造工艺的文献。这部著作记述了齐国关于手工业各个工种的设计规范和制造工艺,书中保留有先秦大量的手工业生产技术、工艺美术资料,记载了一系列的生产管理和营建制度,一定程度上反映了当时的思想观念。

　　《考工记》对中华工匠文化体系建构具有独特的价值和历史意义,同时对我们构建当代中华工匠文化体系也有极大的启示作用。有利于我们反思传统,深入挖掘传统工匠文化精神,为中华文化的伟大复兴作出历史性贡献;有利于我们展望未来,全面系统认识工匠的历史作用和生活世界,为中华未来的发展和人类进步服务。

8.1　定额工程量计算

8.1.1　土方工程量计算的有关规定

计算土方工程量前,应确定下列各项资料:

①土壤及岩石类别的确定。土方工程土壤及岩石类别的划分,依工程勘测资料与"土壤及岩石分类表"(见《建筑工程预算定额》)对照后确定。

②地下水位标高及排(降)水方法。

③土方、沟槽、基坑挖(填)土起止标高、施工方法及运距。

④岩石开凿、爆破方法,石渣清运方法及运距。

⑤其他有关资料。

为什么要计算定额工程量

土方体积均以挖掘前的天然密实体积为准计算。如遇必须以天然密实体积折算的情况,可按表8.1所列数值换算。

表8.1　土石方体积换算系数表

名　　称	虚方	松填	天然密实	夯填
土方	1.00	0.83	0.77	0.67
	1.20	1.00	0.92	0.80
	1.30	1.08	1.00	0.87
	1.50	1.25	1.15	1.00
石方	1.00	0.85	0.65	—
	1.18	1.00	0.76	—
	1.54	1.31	1.00	—
块石	1.75	1.43	1.00	(码方)1.67
砂夹石	1.07	0.94	1.00	

挖土一律以设计室外地坪标高为准计算。

查表方法实例:已知挖天然密实 4 m³ 土方,求虚方体积 V,则 $V=4\ \text{m}^3×1.30=5.20\ \text{m}^3$。

8.1.2　平整场地

人工平整场地是指建筑场地挖、填土方厚度在±30 cm 以内及找平的工程项目,如图8.1所示。挖、填土方厚度超过±30 cm 以上时,按场地土方平衡竖向布置图另行计算。

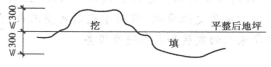

图8.1　平整场地示意图

说明:

①人工平整场地示意如图8.2所示,超过±30 cm 的按挖、填土方计算工程量。

②场地土方平衡竖向布置,是将原有地形划分成 20 m×20 m 或 10 m×10 m 的若干个方格网,将设计标高和自然地形标高分别标注在方格点的右上角和左下角,再根据这些标高数据计算出零线位置,然后确定挖方区和填方区的精度较高的土方工程量计算方法。

平整场地工程量按建筑物外墙外边线(用 $L_外$ 表示)每边各加 2 m,以 m^2 计算。

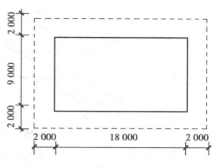

图 8.2　人工平整场地(单位:mm)

【例 8.1】　根据图 8.2 计算人工平整场地工程量。

【解】　$S_平 = (9.0+2.0×2)×(18.0+2.0×2) = 286(m^2)$

根据例 8.1 可以整理出平整场地工程量计算公式,如下:

$$S_平 = (9.0+2.0×2)(18.0+2.0×2)$$
$$= 9.0×18.0+9.0×2.0×2+2.0×2×18+2.0×2×2.0×2$$
$$= 9.0×18.0+(9.0×2+18.0×2)×2.0+2.0×2.0×4(个角)$$
$$= 162+54×2.0+16 = 286(m^2)$$

上式中,9.0×18.0 为底面积,用 $S_底$ 表示,54 为外墙外边周长,用 $L_外$ 表示,故可以归纳为:

$$S_平 = S_底 + L_外×2+16$$

上述公式示意图如图 8.3 所示。

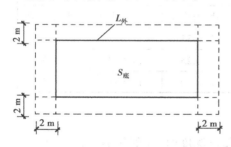

图 8.3　平整场地计算公式示意图

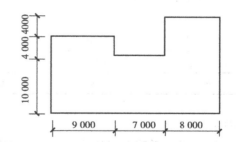

图 8.4　人工平整场地实例图示(单位:mm)

【例 8.2】　根据图 8.4 计算人工平整场地工程量。

【解】　$S_底 = (10.0+4.0)×9.0+10.0×7.0+18.0×8.0 = 340(m^2)$

　　　　$L_外 = (18+24+4)×2 = 92(m)$

　　　　$S_平 = 340+92×2+16 = 540(m^2)$

注:上述平整场地工程量计算公式只适合于由矩形组成的建筑物平面布置的场地平整程量计算,如遇到非矩形组合建筑物平面,还需按有关方法计算。

8.1.3　挖掘沟槽、基坑土方的有关规定

1)沟槽、基坑划分

①凡如图 8.5 所示,底宽在 7 m 以内,且长大于宽 3 倍以上的挖土方工程项目,称为沟槽。

②凡如图 8.6 所示底面积在 150 m^2 以内挖土方工程项目,称为基坑。

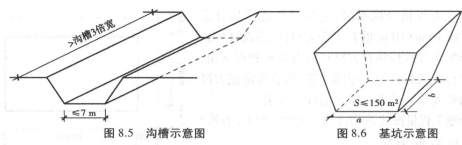

图 8.5 沟槽示意图   图 8.6 基坑示意图

③凡底宽在 3 m 以上,坑底面积在 150 m² 以上,平整场地挖土方厚度在 30 cm 以上者,均按一般挖土方计算。

说明:

①图示沟槽底宽和基坑底面积的长、宽均不含两边工作面的宽度。

②根据施工图判断沟槽、基坑、挖土方的顺序是:先根据尺寸判断沟槽是否成立,若不成立再判断是否属于基坑,若还不成立,就一定是挖土方项目。

2)放坡坡度

计算挖沟槽、基坑、土方工程量需放坡时,放坡坡度按表 8.2 的规定计算。

表 8.2 土方放坡起点深度和放坡坡度表

土壤类别	起点深度(>m)	放坡坡度			
		人工挖土	机械挖土		
			基坑内作业	基坑上作业	沟槽上作业
一二类土	1.20	1∶0.50	1∶0.33	1∶0.75	1∶0.50
三类土	1.50	1∶0.33	1∶0.25	1∶0.67	1∶0.33
四类土	2.00	1∶0.25	1∶0.10	1∶0.33	1∶0.25

说明:

①放坡起点是指挖土方时各类土超过表中的起点深度时,才能按表中的放坡坡度计算放坡工程量。例如,图 8.7 中若是三类土时,$H \geq 1.50$ m 才能计算放坡。

②表 8.2 中,人工挖四类土超过 2 m 深时,放坡坡度为 1∶0.25,含义是每挖深 1 m,放坡宽度就增加 0.25 m。

③从图 8.7 中可以看出,放坡宽度 b 与深度 H 和放坡角度 α 之间的关系是正切函数关系,即 $\tan b/H$,不同的土壤类别取不同的 α 角度值。因此不难看出,放坡坡度是根据 $\tan \alpha$ 来确定的。例如,三类土的放坡坡度 $\tan b/H = 0.33$。我们设 $\tan \alpha = K$,用 K 来表示放坡坡度,故放坡宽度 $b = KH$。

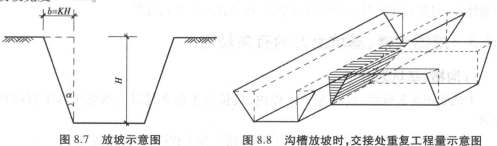

图 8.7 放坡示意图   图 8.8 沟槽放坡时,交接处重复工程量示意图

④沟槽放坡时,交接处重复工程量不予扣除,示意图如图 8.8 所示。

⑤原槽、坑作基础垫层时,放坡自垫层上表面开始,示意图如图 8.9 所示。

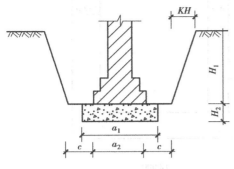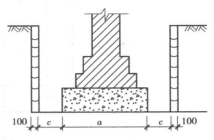

图 8.9 从垫层上表面放坡示意图   图 8.10 支撑挡土板地槽示意图

3) 支挡土板

挖沟槽、基坑需支挡土板时,其挖土宽度按如图 8.10 所示沟槽、基坑底宽,单面加10 cm,双面加20 cm 计算。挡土板面积按槽、坑垂直支撑面积计算。支挡土板后,不得再计算放坡。

4) 基础施工所需工作面

基础施工所需工作面,按表 8.3 的规定计算。

表 8.3 基础施工单面工作面宽度计算表

基础材料	每面增加工作面宽度/mm	基础材料	每面增加工作面宽度/mm
砖基础	200	毛石、方整石基础	250
混凝土基础(支模板)	400	混凝土基础垫层 (支模板)	150
基础垂直面做 砂浆防潮层	400(自防潮层面)	基础垂直面做 防水层或防腐层	1 000(自防水层或防腐层面)
支挡土板	100(另加)		

5) 沟槽长度

挖沟槽长度,外墙按图示中心线长度计算;内墙按图示基础底面之间净长线长度计算;内外突出部分(垛、附墙烟囱等)体积并入沟槽土方工程量内计算。

【例 8.3】 根据图 8.11 计算沟槽长度。

【解】 外墙沟槽长(宽 1.0 m) = $(12+6+8+12) \times 2 = 76$(m)

内墙沟槽长(宽 0.9 m) = $6+12 - \dfrac{1.0}{2} \times 2 = 17$(m)

内墙沟槽长(宽 0.8 m) = $8 - \dfrac{1.0}{2} - \dfrac{0.9}{2} = 7.05$(m)

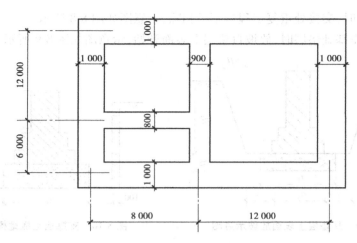

图 8.11　沟槽及槽底宽平面图(单位:mm)

6)人工挖土方深度

人工挖土方深度超过 1.5 m 时,按表 8.4 的规定增加工日。

表 8.4　人工挖土方超深增加工日表

深 2 m 以内	深 4 m 以内	深 6 m 以内
5.55 工日	17.60 工日	26.16 工日

7)挖管道沟槽土方

挖管道沟槽按图示中心线长度计算。工作面宽度,设计有规定的,按设计规定尺寸计算;设计无规定时,可按表 8.5 规定的宽度计算。

表 8.5　管道施工单面工作面宽度计算表

管道材质	管道基础外沿宽度(无基础时管道外径)/mm			
	≤500	≤1 000	≤2 500	>2 500
混凝土管、水泥管	400	500	600	700
其他管道	300	400	500	600

8)沟槽、基坑深度

沟槽、基坑深度按图示槽、坑底面至室外地坪深度计算。管道地沟按图示沟底至室外地坪深度计算。

8.1.4　土方工程量计算

1)沟槽土方

(1)有放坡沟槽(图 8.12)

计算公式　　　$V=(a+2c+KH)HL$ 　　　　　　　　　　(8.1)

式中　a——基础垫层宽度;

　　　c——工作面宽度;

　　　H——沟槽深度;

　　　K——放坡坡度;

沟槽挖土方
工程量计算

L——沟槽长度。

【**例** 8.4】 某沟槽长 15.50 m,槽深 1.60 m,混凝土基础垫层宽 0.90 m,有工作面,三类土,计算人工挖沟槽工程量。

【**解**】 已知:$a=0.90$ m,$c=0.30$ m(查表 8.2 知),$H=1.60$ m,$L=15.50$ m,$K=0.33$(查表 8.2 知)。

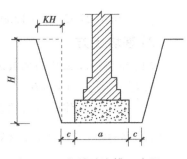

$$故:V=(a+2c+KH)HL$$
$$=(0.90+2\times0.30+0.33\times1.60)\times1.60\times15.50$$
$$=2.028\times1.60\times15.50=50.29(m^3)$$

图 8.12 有放坡沟槽示意图

(2)支撑挡土板沟槽

计算公式 $V=(a+2c+2\times0.10)HL$ (8.2)

式(8.2)中变量含义同上。

(3)有工作面不放坡沟槽(图 8.13)

计算公式 $V=(a+2c)HL$ (8.3)

(4)无工作面不放坡沟槽(图 8.14)

计算公式 $V=aHL$ (8.4)

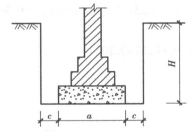

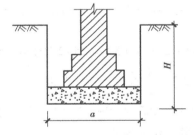

图 8.13 有工作面不放坡沟槽示意图   图 8.14 无工作面不放坡沟槽示意图

(5)自垫层上表面放坡沟槽(图 8.15)

计算公式 $V=[a_1H_2+(a_2+2c+KH_1)H_1]L$ (8.5)

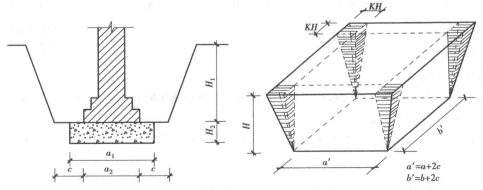

图 8.15 自垫层上表面放坡示意图   图 8.16 放坡基坑示意图

【**例** 8.5】 根据图 8.15 和已知条件计算 12.8 m 长沟槽的土方工程量(三类土)。

【**解**】 已知:$a_1=0.90$ m,$a_2=0.63$ m,$c=0.30$ m,$H_1=1.55$ m,$H_2=0.30$ m,$K=0.33$(查表 8.2 知)。

故:$V=[0.90\times0.30+(0.63+2\times0.30+0.33\times1.55)\times1.55]\times12.8$

$$= (0.27 + 2.70) \times 12.80 = 38.02 (m^3)$$

2)基坑土方

(1)矩形不加工作面不放坡基坑

计算公式　　$V = abH$　　　　　　　　　　　　　　　　　　　　　　(8.6)

(2)矩形有工作面有放坡基坑(图8.16)

计算公式　　$V = (a + 2c + KH)(b + 2c + KH)H + \dfrac{1}{3}K^2H^3$　　　　　(8.7)

式中　a——基础垫层宽度;

　　　b——基础垫层长度;

　　　c——工作面宽度;

　　　H——基坑深度;

　　　K——放坡坡度。

挖基坑土方
工程量计算

【例8.6】　已知某基础土壤为四类土,混凝土基础垫层长、宽分别为1.50 m和1.20 m,深度2.20 m,有工作面,计算该基础工程土方工程量。

【解】　已知:$a = 1.20$ m,$b = 1.50$ m,$H = 2.20$ m,$K = 0.25$(查表8.2知),$c = 0.30$(查表8.2知)。

故:$V = (1.20 + 2 \times 0.30 + 0.25 \times 2.20) \times (1.50 + 2 \times 0.30 + 0.25 \times 2.20) \times$

　　　　$2.20 + \dfrac{1}{3} \times (0.25)^2 \times (2.20)^3$

　　　$= 2.35 \times 2.65 \times 2.20 + 0.22 = 13.92 (m^2)$

(3)圆形不放坡基坑

计算公式　　$V = \pi r^2 H$　　　　　　　　　　　　　　　(8.8)

(4)圆形放坡基坑(图8.17)

计算公式　　$V = \dfrac{1}{3}\pi H[r^2 + (r + KH)^2 + r(r + KH)]$　　(8.9)

式中　r——坑底半径(含工作面);

　　　H——坑深度;

　　　K——放坡坡度。

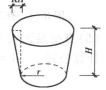

图8.17　圆形放坡基坑
示意图

【例8.7】　已知一圆形放坡基坑,混凝土基础垫层半径为0.40 m,坑深1.65 m,二类土,有工作面,计算其土方工程量。

【解】　已知:$c = 0.30$ m(查表8.2知),$r = 0.40 + 0.30 = 0.70$(m),$H = 1.65$,$K = 0.50$(查表8.2知)。

故:$V = \dfrac{1}{3} \times 3.141\ 6 \times 1.65 \times [0.70^2 + (0.70 + 0.50 \times 1.65)^2 + 0.70 \times$

　　　　$(0.70 + 0.50 \times 1.65)]$

　　　$= 1.728 \times (0.49 + 2.326 + 1.068) = 6.71 (m^3)$

3) 挖孔桩土方

人工挖孔桩土方应按图示桩断面积乘以设计桩孔中心线深度计算。挖孔桩的底部一般是球冠体,如图 8.18 所示。

球冠体的体积计算公式为:

$$V = \pi h^2 \left(R - \frac{h}{3} \right) \qquad (8.10)$$

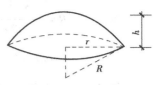

图 8.18　球冠示意图

由于施工图中一般只标注 r 的尺寸,无 R 尺寸,所以需变换一下求 R 的公式。

已知:$r^2 = R^2 - (R-h)^2$,则 $R = \dfrac{r^2 + h^2}{2h}$,公式变换为:

$$V = \pi h^2 \left(\frac{r^2 + h^2}{2h} - \frac{h}{3} \right) \qquad (8.11)$$

挖孔桩土方
工程量计算

【**例 8.8**】　根据图 8.19 中的有关数据和上述计算公式,计算挖孔桩土方工程量。

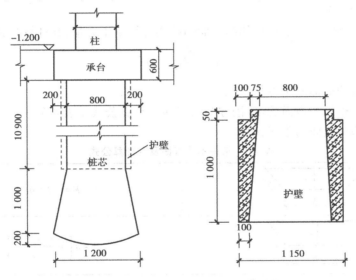

图 8.19　挖孔桩示意图(单位:mm)

【**解**】　(1)桩身部分

$$V = 3.141\,6 \times \left(\frac{1.15}{2} \right)^2 \times 10.90 = 11.32\,(\text{m}^3)$$

(2)圆台部分

$$V = \frac{1}{3} \pi h (r^2 + R^2 + rR)$$

$$= \frac{1}{3} \times 3.141\,6 \times 1.0 \times \left[\left(\frac{0.80}{2} \right)^2 + \left(\frac{1.20}{2} \right)^2 + \frac{0.80}{2} \times \frac{1.20}{2} \right]$$

$$= 1.047 \times (0.16 + 0.36 + 0.24)$$

$$= 1.047 \times 0.76 = 0.80\,(\text{m}^3)$$

（3）球冠部分

因为

$$R = \frac{\left(\frac{1.20}{2}\right)^2 + (0.2)^2}{2 \times 0.2} = \frac{0.40}{0.4} = 1.0 (\text{m})$$

$$V = \pi h^2 \left(R - \frac{h}{3}\right) = 3.141\ 6 \times (0.20)^2 \times \left(1.0 - \frac{0.20}{3}\right) = 0.12 (\text{m}^3)$$

所以　　　挖孔桩体积 = 11.32 + 0.80 + 0.12 = 12.24（m³）

4）挖土方

挖土方是指不属于沟槽、基坑和平整场地厚度超过±30 cm 按土方平衡竖向布置图的挖方。

建筑工程中竖向布置平整场地，常有大规模土方工程。所谓大规模土方工程系指一个单位工程的挖方或填方工程分别在 2 000 m³ 以上的及无砌筑管道沟的挖土方。其土方量计算，常用的方法有横截面计算法和方格网计算法两种。

（1）横截面计算法

按照计算的各截面积，根据相邻两截面间距离计算出土方量，其计算公式如下：

$$V = \frac{F_1 + F_2}{2}L \tag{8.12}$$

式中　　V——相邻两截面间土方量，m³；

　　　　F_1, F_2——相邻两截面的填、挖方截面积，m²，计算公式见表 8.6；

　　　　L——相邻两截面的距离，m。

表 8.6　常用不同截面及其计算公式

	$F = h(b + nh)$
	$F = h\left[b + \dfrac{h(m+n)}{2}\right]$
	$F = b\dfrac{h_1 + h_2}{2} n h_1 h_2$
	$F = h_1\dfrac{a_1 + a_2}{2} + h_2\dfrac{a_2 + a_3}{2} + h_3\dfrac{a_3 + a_4}{2} + h_4\dfrac{a_4 + a_5}{2}$
	$F = \dfrac{a}{2}(h_0 + 2h + h_n)$ $h = h_1 + h_2 + h_3 + h_4 + h_5 + \cdots + h_n$

（2）方格网计算法

在一个方格网内同时有挖土和填土时（挖土地段冠以"+"号，填土地段冠以"-"号），应

求出零点(既不填不挖点),零点相连就是划分挖土和填土的零界线(图8.20)。计算零点可采用以下公式:

$$x = \frac{h_1}{h_1 + h_4} \times a \qquad (8.13)$$

式中 x——施工标高至零点的距离;

h_1,h_4——挖土和填土的施工标高;

a——方格网的每边长度。

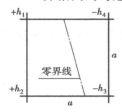 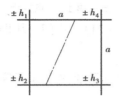 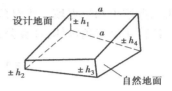

图8.20 零界线 · 图8.21 四点均为填土或挖土

方格网内的土方工程量计算,有下列几个公式:

①四点均为填土或挖土(图8.21)。计算公式为:

$$\pm V = \frac{h_1 + h_2 + h_3 + h_4}{4} \times a^2 \qquad (8.14)$$

式中 $\pm V$——填土或挖土的工程量,m^3;

h_1,h_2,h_3,h_4——施工标高,m;

a——方格网的每边长度,m。

②二点为挖土,二点为填土(图8.22)。计算公式为:

$$+ V = \frac{(h_1 + h_2)^2}{4(h_1 + h_2 + h_3 + h_4)} \times a^2 \qquad (8.15)$$

$$- V = \frac{(h_3 + h_4)^2}{4(h_1 + h_2 + h_3 + h_4)} \times a^2 \qquad (8.16)$$

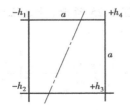 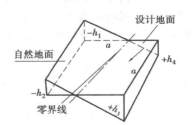

图8.22 二点为挖土,二点为填土

③三点挖土一点填土或三点填土一点挖土(图8.23)。计算公式为:

$$+ V = \frac{h_2^{\ 3}}{6(h_1 + h_2)(h_2 + h_3)} \times a^2 \qquad (8.17)$$

$$- V = + V + \frac{a^2}{b}(2h_1 + 2h_2 + h_4 - h_3) \qquad (8.18)$$

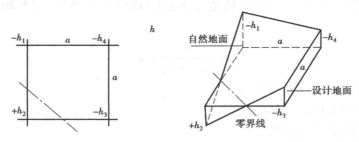

图 8.23 三点填土,一点挖土

④二点挖土和二点填土成对角形(图 8.24)。中间一块即四周为零界线,就不挖不填,所以只要计算 4 个三角锥体,计算公式为:

$$\pm V = \frac{1}{6} \times 底面积 \times 施工标高 \qquad (8.19)$$

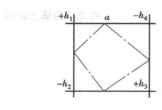
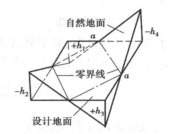

图 8.24 二点挖土和二点填土成对角形

以上土方工程量计算公式,是假设在自然地面和设计地面都是平面的条件,但自然地面很少符合实际情况的,因此计算出来的土方工程量会有误差,为了提高计算的精确度,应检查一下计算的精确程度,用 K 值表示:

$$K = \frac{h_2 + h_4}{h_1 + h_3} \qquad (8.20)$$

式(8.20)即方格网的两对角点的施工标高总和的比值。当 $K = 0.75 \sim 1.35$ 时,计算精确度为 5%;$K = 0.80 \sim 1.20$ 时,计算精确度为 3%;一般土方工程量计算的精确度为 5%。

【例 8.9】 某建设工程场地大型土方方格网图如图 8.25 所示,计算土方量。$a = 30$ m,括号内为设计标高,无括号为地面实测标高,单位均为 m。

	(43.24)		(43.44)		(43.64)		(43.84)		(44.04)
1	43.24	2	43.72	3	43.93	4	44.09	5	44.56
	I		II		III		IV		
	(43.14)		(43.34)		(43.54)		(43.74)		(43.94)
6	42.79	7	43.34	8	43.70	9	44.00	10	44.25
	V		VI		VII		VIII		
	(43.04)		(43.24)		(43.44)		(43.64)		(43.84)
11	42.35	12	42.36	13	43.18	14	43.43	15	43.89

图 8.25 某建设工程场地大型土方方格网

【解】 (1)求施工标高

施工标高＝地面实测标高－设计标高(图 8.26)

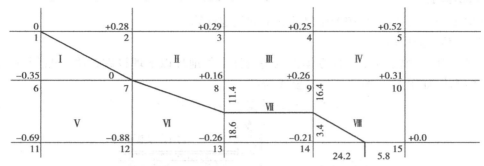

图 8.26　零界线

(2)求零线

先求零点,图 8.26 中已知 1 和 7 为零点,尚需求 8—13,9—14,14—15 线上的零点,如 8—13 线上的零点为:

$$x = \frac{ah_1}{h_1 + h_2} = \frac{30 \times 0.16}{0.26 + 0.16} = 11.4(\text{m})$$

另一段为 $a-x = 30-11.4 = 18.6(\text{m})$

求出零点后,连接各零点即为零界线,如图 8.26 所示折线为零界线,以上为挖方区,以下为填方区。

(3)求土方量(见表 8.7)

表 8.7　土方工程量计算表

方格编号	挖方(+)	填方(-)
Ⅰ	$\frac{1}{2} \times 30 \times 30 \times \frac{0.28}{3} = 42$	$\frac{1}{2} \times 30 \times 30 \times \frac{0.35}{3} = 52.5$
Ⅱ	$30 \times 30 \times \frac{0.29+0.16+0.28}{4} = 164.25$	
Ⅲ	$30 \times 30 \times \frac{0.25+0.26+0.16+0.29}{4} = 216$	
Ⅳ	$30 \times 30 \times \frac{0.52+0.31+0.26+0.25}{4} = 301.5$	
Ⅴ		$30 \times 30 \times \frac{0.88+0.69+0.35}{4} = 432$
Ⅵ	$\frac{1}{2} \times 30 \times 11.4 \times \frac{0.16}{3} = 9.12$	$\frac{1}{2}(30+18.6) \times 30 \times \frac{0.88+0.26}{4} = 207.77$
Ⅶ	$\frac{1}{2} \times (11.4+16.6) \times 30 \times \frac{0.16+0.26}{4} = 44.10$	$\frac{1}{2}(13.4+18.6) \times 30 \times \frac{0.21+0.26}{4} = 56.40$
Ⅷ	$\left[30 \times 30 - \frac{(30-5.8)(30-16.6)}{2} \right] \times \frac{0.26+0.31+0.05}{5} = 91.49$	$\frac{1}{2} \times 13.4 \times 24.2 \times \frac{0.21}{3} = 11.35$
合　计	868.46	760.02

5) 回填土

回填土分夯填和松填,按图示尺寸和下列规定计算。

(1)沟槽、基坑回填土

沟槽、基坑回填土体积以挖方体积减去设计室外地坪以下埋设砌筑物(包括基础垫层、基础)体积计,如图8.27所示。计算公式为:

$$V = 挖方体积 - 设计室外地坪以下埋设砌筑物 \qquad (8.21)$$

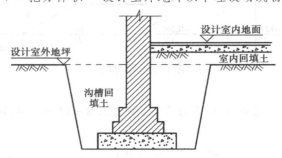

图8.27 沟槽及室内回填土示意图

说明:如图8.27所示,在减去沟槽内砌筑的基础时,不能直接减去砖基础的工程量,因为砖基础与砖墙的分界线在设计室内地面,而回填土的分界线在设计室外地坪,所以要注意调整两个分界线之间相差的工程量。即

$$回填土体积 = 挖方体积 - 基础垫层体积 - 砖基础体积 + \frac{高出设计室外地坪}{部分砖基础的体积} \qquad (8.22)$$

(2)房心回填土

房心回填土即室内回填土,按主墙之间的面积乘以回填土厚度计算,如图8.27所示。计算公式为:

$$V = 室内净面积 \times (设计室内地坪标高 - 设计室外地坪标高 - 地面面层厚 - 地面垫层厚)$$
$$= 室内净面积 \times 回填土厚 \qquad (8.23)$$

(3)管道沟槽回填土

管道沟槽回填土,以挖方体积减去管道所占体积计算。管径在500 mm以下的不扣除管道所占体积;管径超过500 mm以上时,按表8.8的规定扣除管道所占体积。

表8.8 管道折合回填体积表　　　　　　　　单位:m³/m

管　道	公称直径/(mm以内)					
	500	600	800	1 000	1 200	1 500
混凝土管及钢筋混凝土管道	—	0.33	0.60	0.92	1.15	1.45
其他材质管道	—	0.22	0.46	0.74	—	—

6) 运土

运土包括余土外运和取土。当回填土方量小于挖方量时,需余土外运,反之需取土。

各地区的预算定额规定,土方的挖、填、运工程量均按天然密实体积计算,不换算为虚方体积。计算公式为:

$$运土体积 ＝ 总挖方量 － 总回填量 \qquad (8.24)$$

式(8.24)中计算结果为正值时,为余土外运体积;为负值时,为取土体积。

土方运距按下列规定计算:

①推土机运距:按挖方区重心至回填方区重心之间的直线距离计算;

②铲运机运土距离:按挖方区重心至卸土区重心加转向距离45 m 计算;

③自卸汽车运距:按挖方区重心至填方区(或堆放地点)重心的最短距离计算。

8.1.5　井点降水

井点降水分别以轻型井点、喷射井点、大口径井点、电渗井点、水平井点,按不同井管深度,安装、拆除以"根"为单位计算,使用按"套""天"计算。

井点套组成:

- 轻型井点:50 根为一套;
- 喷射井点:30 根为一套;
- 大口径井点:45 根为一套;
- 电渗井点阳极:30 根为一套;
- 水平井点:10 根为一套。

井管间距应根据地质条件和施工降水要求,依施工组织设计确定。施工组织设计没有规定时,可按轻型井点管距 0.8～1.6 m、喷射井点管距 2～3 m 确定。使用天应以每昼夜24 h 为一天,使用天数应按施工组织设计规定的天数计算。

8.2　清单工程量计算

本分部工程量主要内容包括平整场地,建筑物和构筑物的土方工程、石方工程和土(石)方的回填等。

8.2.1　工程量清单项目

1)平整场地

①基本概念。平整场地项目是指建筑物场地厚度在±300 mm 以内的就地挖、填、找平,以及由招标人指定距离内的土方运输。

②工作内容。平整场地的工作内容包括:土方挖填、场地找平、土方运输等。

③项目特征。平整场地的项目特征包括:

a.土壤类别。按清单计价规范的"土壤及岩石(普氏)分类表"和施工场地的实际情况确定土壤类别。

b.弃土运距。按施工现场的实际情况和当地弃土地点确定弃土运距。

c.取土运距。按施工现场实际情况和当地取土地点确定取土运距。

④计算规则。平整场地按设计图示尺寸以建筑物首层面积计算。

⑤计算规则解读:

a.首层面积是指首层建筑物所占面积,不一定等于首层建筑面积。

b.超面积平整场地。如施工方案要求的平整场地面积超出首层面积时,超出部分的面积应包括在报价内。

⑥计算方法:

$$平整场地工程量(m^2) = 建筑物首层面积 \tag{8.25}$$
$$取(弃)土工程时(m^3) = (\pm 300 \text{ mm 内挖方量}) - (\pm 300 \text{ mm 内填方量}) \tag{8.26}$$

注:应标明取(弃)土运距。

⑦计算实例。

【例8.10】 某住宅工程首层的外墙外边尺寸如图8.28所示,该场地在±300 mm内挖填找平,经计算需取土7.5 m³回填,取土距离2 km,试计算人工平整场地清单工程量。

【解】 人工平整场地工程量
= (5.64×2+15.0) ×9.24+5.64×2.12×2
= 242.83+23.91 = 266.74(m²)

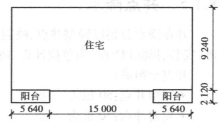

图8.28 人工平整场地示意图(单位:mm)

2)挖土方

①基本概念。挖土方是指室外地坪标高300 mm以上竖向布置的挖土或山坡切土,包括由招标人指定运距的土方运输项目。

②工作内容。挖土方工作内容包括:排地表水、土方开挖、支拆挡土板、土方运输等。

③项目特征。挖土方的项目特征包括:土壤类别;挖土平均厚度;弃土运距。

④计算规则。挖土方工程量按设计图示尺寸以体积计算。

⑤计算方法:

a.地形起伏变化不大时,采用平均厚度乘以挖土面积的方法计算土方工程量;

b.地形起伏变化较大时,采用方格网法或断面法计算挖土方工程量;

c.需按拟建工程实际情况确定运土方距离。

3)挖基础土方

①基础概念。挖基础土方是指挖建筑物的带形基础、设备基础、满堂基础、独立基础、人工挖孔桩等土方,包括由招标人指定距离内的土方运输。

②工作内容。挖基础土方的工作内容包括:排地表水、土方开挖、支拆挡土板、截桩头、基底钎探、土方运输等。

③项目特征。挖基础土方的项目特征包括:土壤类别;基础类型;垫层底宽、底面积;挖土深度;弃土运距。

④计算规则。挖基础土方按设计图示尺寸以基础垫层底面积乘以挖土深度计算。

⑤计算方法:

$$基础土方工程量 = 基础垫层底面积 \times 挖土深度 \tag{8.27}$$

⑥有关说明:

a.桩间挖土方不扣除桩所占体积。

b.不考虑施工方案要求的放坡宽度、操作工作面等因素,只按垫层底面积和挖土深度计算。

⑦计算实例。

【例 8.11】 某工程基础沟槽长 13.40 m,混凝土基础垫层宽 0.90 m,槽深 1.65 m,求人工挖基础土方工程量。项目特征如下:土壤类别:三类土;基础类型:带形基础;垫层底宽:0.90 m;挖土深度:1.65 m;弃土运距:2 km。

【解】 基础土方工程量 $= 0.90 \times 13.40 \times 1.65 = 19.90(\text{m}^3)$

4) 管沟土方

①基本概念。管沟土方是指各类管沟土方的挖土、回填及招标人指定运距内的土方运输。

②工作内容。管沟土方的工作内容包括:排地表水、土方开挖、挡土板支拆、土方运输、土方回填等。

③项目特征。管沟土方的项目特征包括:土壤类别;管外径;挖沟平均深度;弃土运距;回填要求。

④计算规则。管沟土方工程量不论有无管沟设计均按管道中心线长度计算。

⑤有关说明。工程量计算不考虑施工方案规定的放坡、工作面和接头处理加宽工作面的土方。

⑥计算实例。

【例 8.12】 某混凝土排水管中心线长度为 25.66 m,试计算人工挖管沟土方的工程量。项目特征如下:土壤类别:三类土;管外径:$\phi400$;挖土平均深度:0.85 m;弃土运距:5 km;回填要求:分层夯填。

【解】 $\phi400$ 混凝土排水管管沟土方工程量 $= 25.66(\text{m}^3)$

5) 石方开挖

①基本概念。石方开挖是指人工凿石、人工打眼爆破、机械打眼爆破等,以及在招标人指定运距范围内的石方清除运输。

②工作内容。石方开挖的工作内容包括:打眼、装药、放炮,处理渗水、积水,解小,岩石开凿,摊座,清理、运输,安全防护、警卫等。

③项目特征。石方开挖的项目特征包括:岩石类别;开凿深度;弃渣运距;光面爆破要求;基底摊座要求;爆破石块直径要求。

④计算规则。石方开挖按设计图示尺寸以体积计算。

6) 土(石)方回填土

①基本概念。土(石)方回填是指场地回填、室内回填和基础回填,以及招标人指定运距内的取土运输。

②工作内容。土(石)方回填土的工作内容包括:挖取土(石)方、装卸、运输、回填、分层碾压、夯实等。

③项目特征。土(石)方回填土的项目特征包括:土质要求;密实度要求;粒径要求;夯填(碾压);松填;运输距离。

④计算规则。土(石)方回填按设计图示尺寸以体积计算。

⑤计算方法。

$$场地土(石)方回填工程量 = 回填面积 \times 平均回填厚度 \qquad (8.28)$$

$$室内土(石)方回填工程量 = 主墙间净面积 \times 回填厚度 \qquad (8.29)$$

$$基础土(石)方回填工程量 = 挖方体积 - \genfrac{}{}{0pt}{}{设计室外地坪以下埋设的}{垫层、构筑物和基础体积} \qquad (8.30)$$

⑥计算实例。

【例 8.13】 根据某建筑平面图及有关数据(图 8.29),计算室内回填土工程量。有关数据:室内外地坪高差 0.30 m;C15 混凝土地面垫层 80 mm 厚;1:2 水泥砂浆面层 25 mm 厚。

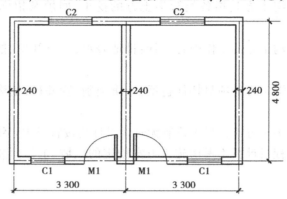

图 8.29 某平房平面图

【解】 (1)求回填土厚

回填土厚=室内外地坪高差-垫层厚-面层厚

$$= 0.30 - 0.08 - 0.025 = 0.195(\text{m})$$

(2)求主墙间净面积

主墙间净面积=建筑面积-墙结构面积

$$= (3.30 \times 2 + 0.24) \times (4.80 + 0.24) - [(6.60 + 4.80) \times 2 + (4.80 - 0.24)] \times 0.24$$
$$= 6.84 \times 5.04 - 27.36 \times 0.24 = 27.90(\text{m}^2)$$

(3)求室内回填土体积

室内回填土工程量=主墙间净面积×回填土厚=27.90×0.195=5.44(m³)

8.2.2 有关规定

(1)土石方体积折算系数

土石方体积应按挖掘前的天然密实体积计算。如需按天然密实体积折算时,应按表 8.1 规定的系数计算。

【例 8.14】 从天然密实土层取土回填 46.5 m³ 花池土方,求挖土体积。

【解】 挖土体积=松填体积×天然密实体积系数

$$= 46.50 \times 0.92 = 42.78(\text{m}^3)$$

(2)挖土方平均厚度确定

挖土方平均厚度应按自然地面测量标高至设计地坪标高间的平均厚度确定。

基础土方、石方开挖深度应按基础的垫层底表面标高至交付施工场地标高确定;无交付施工场地标高时,应按自然表面标高确定。

（3）挖基础土方清单项目内容

项目编码为 010101003 和 010101004 的挖基础土方工程量清单项目分别包括带形基础、独立基础、满堂基础（包括地下室基础）及设备基础、人工挖孔桩等的土方。

带形基础应按不同底宽和深度按 010101003 编码列项，独立基础应按不同底面积和深度按 010101004 分别编码列项。

（4）管沟土（石）方工程量计算

管沟土（石）方工程量应按设计图示尺寸以管道中心线长度计算。当有管沟设计时，平均深度以沟垫层底表面标高至交付施工场地标高计算；无管沟设计时，直埋管深度应按管底外表面标高至交付施工场地标高的平均高度计算。

（5）湿土划分

湿土划分应按地质资料提供的地下常水位为界，地下常水位以下为湿土。

（6）出现流砂、淤泥的处理方法

挖方出现流砂、淤泥时，可根据实际情况由发包人与承包人双方认证。

复习思考题

1.简述土方工程量计算的有关规定。

2.什么是平整场地？

3.如何划分沟槽与基坑？

4.挖土方为什么要放坡？如何放坡？

5.基础施工为什么需要工作面？如何确定工作面？

6.如何计算沟槽长度？

7.写出有放坡基坑挖土方工程量计算公式。

8.写出挖孔桩土方工程量计算公式。

9.什么是"挖土方"？请举例说明。

10.沟槽回填土与室内回填土工程量计算有什么不同？

11.简述平整场地的定额工程量与清单工程量计算的不同点。

12.简述挖基础土方的定额工程量与清单工程量计算的不同点。

第9章
桩基工程量计算

知识点

了解打桩与接桩的区别,熟悉灌注桩内容,熟悉预制钢筋混凝土桩和混凝土灌注桩清单工程量计算内容,了解砂石灌注桩和灰土挤密桩清单工程量计算内容。

技能点

会计算预制钢筋混凝土桩清单工程量,会计算混凝土灌注桩清单工程量。

课程思政

屠呦呦是第一个获得诺贝尔医学奖的中国科学家。她是中国中医科学院中药研究所优秀共产党员的杰出代表,历年来曾被评为"全国先进工作者""全国三八红旗手标兵"等称号。40多年来,她全身心投入严重危害人类健康的世界性流行疾病疟疾的防治研究,默默耕耘、无私奉献,为人类健康事业作出了巨大贡献。科学家一心为民、刻苦奋斗、无私奉献的爱国主义精神永远值得我们学习!

9.1 定额工程量计算

1)打桩

打、压预制钢筋混凝土桩按设计桩长(包括桩尖)乘以桩截面积以体积计算。预制桩、桩靴示意图如图9.1所示。

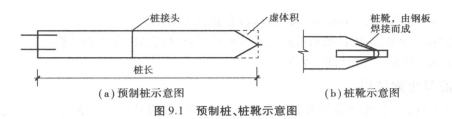

（a）预制桩示意图 　　　　　　　（b）桩靴示意图

图 9.1　预制桩、桩靴示意图

2）接桩

预制混凝土桩、钢管桩、电焊接桩按设计接头以"个"计算，如图 9.2 所示；硫磺胶泥接桩按桩断面积以"m²"计算，如图 9.3 所示。

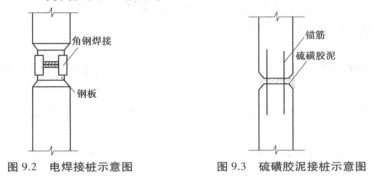

图 9.2　电焊接桩示意图　　　图 9.3　硫磺胶泥接桩示意图

3）送桩

送桩按桩截面面积乘以送桩长度（即从打桩架底至桩顶面高度或自桩顶面至自然地坪面另加 0.5 m）计算。

4）灌注桩

①钻孔桩、旋挖桩成孔工程量按打桩前自然地坪高至设计桩底标高的成孔长度乘以设计桩径截面积，以体积计算。

②钻孔桩、旋挖桩、冲孔桩灌注混凝土工程量按设计桩径截面积乘以设计桩长（包括桩尖）另加加灌长度，以体积计算。加灌长度无规定者，按 0.5 m 计算。

9.2　清单工程量计算

本分部主要包括混凝土桩、其他桩和地基与边坡处理等。

1）预制钢筋混凝土桩

①基本概念。预制钢筋混凝土桩是先在加工厂或施工现场采用钢筋和混凝土预制成各种形状的桩，然后用沉桩设备将其沉入土中以承受上部结构荷载的构件。

②工作内容。预制钢筋混凝土桩的工作内容主要包括：桩制作、运输，打桩、试验桩、斜桩，送桩，管桩填充材料，刷防护材料，清理、运输等。

③项目特征。预制钢筋混凝土桩的项目特征包括：地层情况；送桩深度、桩长、桩截面；桩倾斜度；沉桩方法；接桩方式；混凝土强度等级。

④计算规则：

a.以"m"计量,按设计图示尺寸以桩长(包括桩尖)计算;

b.以"m³"计量,按设计图示截面积乘以桩长(包括桩尖)以实体积计算;

c.以"根"计量,按设计图示数量计算。

2)混凝土灌注桩

①基本概念。混凝土灌注桩是利用各种成孔设备在设计桩位上成孔,然后在孔内灌注混凝土或先放入钢筋笼后再灌注混凝土而制成的承受上部荷载的桩。

②工作内容。混凝土灌注桩的工作内容包括:桩的成孔、固壁,混凝土制作、运输、灌注、振捣、养护,泥浆池及沟槽砌筑、拆除,泥浆制作、运输等。

③项目特征。混凝土灌注桩的项目特征包括:地质情况;空桩长度、桩长;桩径;成孔方法;护筒类型、长度;混凝土种类、强度等级。

④有关说明:

a.混凝土灌注桩项目适用于人工挖孔灌注桩、钻孔灌注桩、爆扩灌注桩、打管灌注桩、振动管灌注桩等;

b.人工挖孔时采用的护壁,如砖砌护壁、预制混凝土护壁、现浇混凝土护壁、钢模周转护壁、竹笼护壁等,应包括在报价内;

c.钻孔周壁泥浆的搅拌运输,泥浆池、泥浆沟槽的砌筑、拆除所发生的费用,应包括在报价内。

⑤计算实例。

【例9.1】 某工程冲击成孔泥浆护壁灌注桩,土壤级别:二类土;单根桩设计长度:7.5 m;桩总根数:186 根;桩截面:φ760;混凝土强度等级:C30。试编制工程量清单。

【解】 (1)招标人根据灌注桩基础施工图计算灌注桩长度

混凝土灌注桩总长 = 7.5×186 = 1 395(m)

(2)投标人根据地质资料和施工方案设计灌注桩体积

灌注桩混凝土净消耗量 = 3.141 6×0.38²×1 395 = 632.84(m³)

灌注桩混凝土实际消耗量 = 净消耗量×充盈系数×(1+损耗率)

$$= 747.95×1.25×(1+1.5\%) = 948.96(m³)$$

(3)泥浆消耗量

泥浆消耗量 = 每 m³ 混凝土灌注桩泥浆用量×混凝土灌注桩净消耗量

$$= 0.486×632.84 = 307.56(m³)$$

(4)泥浆池

泥浆池土方 = 6.0×6.0×1.6 = 57.60(m³)

泥浆池池壁砌砖 = 5.40×4×0.24×1.60 = 8.29(m³)

泥浆池池底砌砖 = (5.40+0.24)²×0.115 = 3.66(m³)

泥浆池池底抹灰 = (5.40-0.24)² = 26.63(m²)

泥浆池池壁抹灰 = (5.40-0.24)×4×1.60 = 33.02(m²)

拆除泥浆池 = 8.29+3.66 = 11.95(m³)

(5)混凝土护壁成孔灌注桩清单项目

项目编码:010302001001

项目名称:C20 混凝土打孔灌注桩

项目特征:二类土

单根桩长:7.5 m

桩总根数:186 根

桩截面:φ760

清单工程量:灌注桩总长 1 395 m

计价工程量:

灌注桩混凝土制作、运输:948.96 m³

泥浆制作、运输:307.56 m³

泥浆池挖土方:57.60 m³

泥浆池砌砖:11.95 m³

泥浆池抹灰:59.65 m²

拆除泥浆池:11.95 m³

3) 砂石灌注桩

①基本概念。砂石灌注桩是采用振动成孔机械或锤击成孔机械将带有活瓣桩类的与砂石桩同直径的钢管沉下,往桩管内灌砂石后,边振动边缓慢拔出桩管后形成砂石桩,从而使地基达到密实,增加地基承受力。

②工作内容。砂石灌注桩工作内容包括:灌注桩成孔、砂石运输、填充、振实。

③项目特征。砂石灌注桩的项目特征包括:地质情况;空桩长度、桩长;桩径;成孔方法;材料种类、级配。

④计算规则。砂石灌注桩工程量按设计图示尺寸以桩长(包括桩尖)计算。

4) 灰土挤密桩

①基本概念。灰土挤密桩是利用锤击(冲击、爆破等方法)将钢管打入土中侧向挤密成孔,将钢管拔出后,在桩孔中分层回填 2:8 或 3:7 灰土夯实而成。它是与桩间土共同组成复合地基以承受上部荷载的桩。

②工作内容。灰土挤密桩项目的工作内容包括:成孔、灰土拌和及运输、填充、夯实。

③项目特征。灰土挤密桩的项目特征包括:地质情况;空桩长度、桩长;桩径;成孔方法;灰土级配。

④计算规则。灰土挤密桩工程量按设计图示尺寸以桩长(包括桩尖)计算。

5) 深层搅拌桩

①基本概念。深层搅拌桩是利用钻机把带有特殊喷嘴的注浆管钻进至土层的预留位置后,用高压脉冲泵,将水泥浆液通过钻杆下端的喷射装置向四周以高速水平喷入土体,借助流体的冲击力切削土层,使喷射流程内土体遭受破坏。与此同时,钻杆一边以一定的速度旋转,一边低速徐徐提升,使土体与水泥浆充分搅拌混合,待胶结硬化后即在地基中形成直径比较均匀、具有一定强度的圆柱体桩,从而使地基得到加固。

②工作内容。深层搅拌桩的工作内容包括:桩的成孔,水泥浆制作、运输,水泥浆旋喷等。

③项目特征。深层搅拌桩的项目特征包括:地质情况;空桩长度、桩长;桩径;护筒类型、长度;水泥强度等级、掺量。

④计算规则。旋喷桩工程量按设计图示尺寸以桩长(包括桩尖)计算。

6)喷粉桩

①基本概念。喷粉桩系采用喷粉桩机成孔,采用粉体喷射搅拌法,用压缩空气将粉体(水泥或石灰粉)输送到钻头,以雾状喷射到加固地基的土层中,并借钻头的叶片旋转,加以搅拌使其充分混合,形成土桩体,与原地基构成复合地基,从而达到加固较弱地基基础的目的。

②工作内容。喷粉桩的工作内容包括:成孔、粉体运输、喷粉固化等。

③项目特征。喷粉桩的项目特征包括:地质情况;空桩长度、桩长;桩径;粉体种类、掺量;水泥强度等级、石灰粉要求。

④计算规则。喷粉桩工程量按设计图示尺寸以桩长(包括桩尖)计算。

7)地下连续墙

①基本概念。地下连续墙是在地面上采用一种挖槽机械,沿着深开挖工程的周边轴线,在泥浆护壁的措施下,开挖出一条狭长的深槽,清槽后,在槽内吊放钢筋笼,然后用导管法灌筑水下混凝土,筑成一个个单元槽段,以特殊接头方式在地下筑成一道连续的钢筋混凝土墙壁,具有截水、防渗、承重和挡土作用。它适用于高层建筑的深基础、工业建筑的深池、地下铁道等工程的施工。

②工作内容。地下连续墙的工作内容包括:挖土成槽,余土外运,导墙制作、安装,锁口管吊拔,浇筑混凝土连续墙,材料运输等。

③项目特征。地下连续墙的项目特征包括:地质情况;导墙类型、截面;墙体厚度;成槽深度;混凝土种类、强度等级;接头形式。

④计算规则。地下连续墙工程量计算按设计图示墙中心线长乘以厚度再乘以槽深以体积计算。

8)地基强夯

①基本概念。地基强夯是用起重机械将大吨位(8~25 t)夯锤起吊到6~30 m高度后,自由落下,给地基土以强大的冲击能量的夯击,使土中出现冲击波和很大的冲击应力,迫使土体孔隙压缩,排除孔隙中的水,使土粒重新排列,迅速固结,从而提高地基承载能力,降低其压缩性的一种地基的加固方法。

②工作内容。地基强夯的工作内容包括:铺夯填材料、强夯、夯填材料运输等。

③项目特征。地基强夯的项目特征包括:夯击能量;夯击遍数;地耐力要求;夯填材料种类;夯击点布置形式、间距。

④计算规则。地基强夯按设计图示尺寸以面积计算。

复习思考题

1.如何计算灌注桩定额工程量?

2.如何计算灌注桩清单工程量?

3.简述砂石灌注桩的施工过程。

4.简述灰土挤密桩的工作内容。

5.什么是深层搅拌桩?

6.什么是喷粉桩?

7.什么是地下连续墙?

第 10 章
脚手架工程量计算

知识点

熟悉综合脚手架的概念,熟悉单项脚手架的概念,熟悉外脚手架的概念,熟悉满堂脚手架的概念。

技能点

会计算多层建筑物外脚手架,会计算满堂基础的满堂脚手架,会计算满堂脚手架增加层。

课程思政

明朝科学家宋应星撰写的《天工开物》是世界上第一部关于农业和手工业生产的综合性著作,是中国古代一部综合性的科学技术著作,外国学者称它为"中国 17 世纪的工艺百科全书"。其中蕴含的各科知识是长久以来老百姓在劳动生产中发现的,凝聚了中华民族的智慧。作者重视实地调查和劳动者实践经验的实事求是的科学态度,都是值得后人借鉴和称颂的。

《天工开物》蕴含的工匠精神和技术价值取向与我们通过职业教育培养社会主义建设的能工巧匠思想一脉相承。通过塑造崇尚技术的社会环境,将工匠精神融入学习与实训之中,传承工匠文化,努力培养更多的高素质技术技能人才。

10.1   定额工程量计算

建筑工程施工中所需搭设的脚手架,应计算工程量。

目前,脚手架工程量有两种计算方法,即综合脚手架工程量和单项脚手架工程量。具体采用哪种方法计算,应按本地区预算定额的规定执行。

10.1.1　综合脚手架

为了简化脚手架工程量的计算,按设计图示尺寸以建筑面积计算综合脚手架的工程量。综合脚手架不论搭设方式,一般综合了砌筑、浇注、吊装、抹灰等所需脚手架材料的摊销量;综合了木制、竹制、钢管脚手架等,但不包括浇灌满堂基础等脚手架的项目。

综合脚手架一般按单层建筑物或多层建筑物并区分不同檐口高度来计算工程量,若是高层建筑还需计算高层建筑超高增加费。

10.1.2　单项脚手架

单项脚手架是根据工程具体情况,按不同的搭设方式搭设的脚手架,一般包括单排脚手架、双排脚手架、里脚手架、满堂脚手架、悬空脚手架、挑脚手架、防护架、烟囱(水塔)脚手架、电梯井脚手架、架空运输道等。

单项脚手架的项目应根据批准了的施工组织设计或施工方案确定。如施工方案无规定,应根据预算定额的规定确定。

单项脚手架工程量计算一般规定如下:

①外脚手架、整体提升架按外墙外边线长度(含墙垛及附墙井道)乘以外墙高度以面积计算。

②计算内、外墙脚手架时,均不扣除门、窗、洞口、空圈等所占面积。同一建筑物不同高度时,应按不同高度分别计算(见【例 10.1】)。

③里脚手架按墙面垂直投影面积计算。

④独立柱按设计图示尺寸,以结构外围周长另加 3.60 m 乘以高度以面积计算。执行双排外脚手架定额项目乘以系数。

⑤现浇钢筋混凝土梁按梁顶面至地面(或楼面)间的高度乘以梁长以面积计算。执行双排外脚手架定额项目乘以系数。

⑥满堂脚手架按室内净面积计算,其高度在 3.6 ~ 5.2 m 时计算基本层;5.2 m 以外,每增加 1.2 m 计算一个增加层,不足 0.6 m 按一个增加层乘以系数 0.5 计算(见【例 10.2】)。计算公式:满堂脚手架增加层 =(室内净高−5.2)/1.2。

⑦挑脚手架按搭设长度乘以层数以长度计算。

⑧悬空脚手架按搭设水平投影面积计算。

⑨吊篮脚手架按外墙垂直投影面积计算,不扣除门窗洞口所占面积。

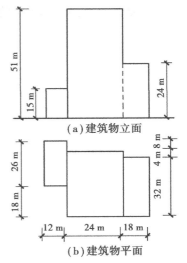

图 10.1　计算外墙脚手架
工程量示意图

⑩内墙面粉饰脚手架按内墙面垂直投影面积计算,不扣除门窗洞口所占面积。

【例 10.1】　根据图 10.1 所示尺寸,计算建筑物外墙脚手架工程量。

【解】　单排脚手架(15 m 高)=(26+12×2+8)×15=870(m²)

双排脚手架（24 m 高）=（18×2+32）×24=1 632（m²）

双排脚手架（27 m 高）=32×27=864（m²）

双排脚手架（36 m 高）=（26-8）×36=648（m²）

双排脚手架（51 m 高）=（18+24×2+4）×51=3 570（m²）

【例 10.2】 某大厅室内净高 9.50 m,试计算满堂脚手架增加层数。

【解】 满堂脚手架增加层 $= \dfrac{9.50-5.2}{1.2} = 3$ 层余 0.7 m≈4 层

10.2　清单工程量计算

在工程量清单报价中,脚手架属于单价措施项目。《房屋建筑与装饰工程工程量计算规范》(GB 50854—2013)规定了综合脚手架、外脚手架、里脚手架、满堂脚手架等项目和工程量计算规则。其工程量计算方法与定额脚手架工程量计算方法相同,这里不再赘述。

复习思考题

1.脚手架工程量有哪几种计算方法? 为什么?

2.单项脚手架用于哪些工程项目?

3.综合脚手架用于哪些工程项目?

4.脚手架的定额工程量与清单工程量有何区别?

5.如何计算满堂脚手架的增加层?

第 11 章
砌筑工程量计算

<hr>

知识点

熟悉计算墙体定额工程量的规定,熟悉砖基础与墙身的划分,熟悉基础长度计算方法,熟悉有放脚砖柱基础工程量计算方法,熟悉砖墙长度计算方法以及墙身高度确定方法,了解厕所蹲位工程量计算方法,了解砖烟囱工程量计算方法。

技能点

会推导不等高式放脚砖基础工程量计算公式,会推导有放脚砖柱基础工程量计算公式,会计算砖砌台阶工程量和砖墙工程量。

课程思政

1962 年 4 月 17 日,雷锋在日记中写道:"一个人的作用,对于革命事业来说,就如一架机器上的一颗螺丝钉。机器由于有许许多多的螺丝钉的联接和固定,才成了一个坚实的整体,才能够运转自如,发挥它巨大的工作能。螺丝钉虽小,其作用是不可估计的。我愿永远做一个螺丝钉。螺丝钉要经常保养和清洗,才不会生锈。人的思想也是这样,要经常检查,才不会出毛病。"

弘扬新时代雷锋精神,要以习近平总书记关于雷锋精神的重要论述为遵循,引导人们弘扬无私奉献、团结互助的理念,自觉服务社会、服务人民,在推动国家发展和社会文明进步、实现中华民族伟大复兴中彰显价值、作出贡献。

11.1 定额工程量计算

11.1.1 相关规定

1)计算墙体的规定

①计算墙体时,应扣除门窗洞口、过人洞、空圈、嵌入墙身的钢筋混凝土柱、梁(包括过梁、

圈梁及埋入墙内的挑梁)、砖平碹(图11.1)、平砌砖过梁和暖气包壁龛(图11.2)及内墙板头(图11.3)的体积,不扣除梁头、外墙板头(图11.4)、檩头、垫木、木楞子、沿椽木、木砖、门窗框走头(图11.5),砖墙内的加固钢筋、木筋、铁件、钢管及每个面积在 0.3 m² 以下的孔洞等所占的体积,突出墙面的窗台虎头砖(图11.6)、压顶线(图11.7)、山墙泛水(图11.8)、烟囱根(图11.9、图11.10)、门窗套(图11.11)及三皮砖(图11.12)以内的腰线和挑檐等体积亦不增加。

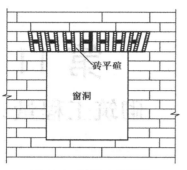

图 11.1　砖平碹示意图

图 11.2　暖气包壁龛示意图

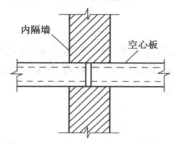

图 11.3　内墙板头示意图

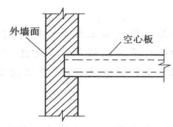

图 11.4　外墙板头示意图

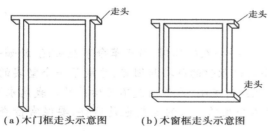

(a)木门框走头示意图　　(b)木窗框走头示意图

图 11.5　木门窗走头示意图

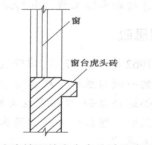

图 11.6　突出墙面的窗台虎头砖示意图

图 11.7　砖压顶线示意图

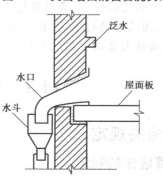

图 11.8　山墙泛水、排水示意图

图 11.9 砖烟囱剖面图(平瓦坡屋面)

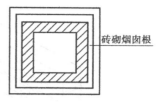

图 11.10 砖烟囱平面图

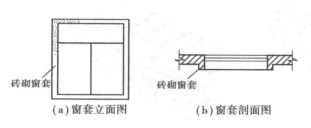

(a)窗套立面图　　(b)窗套剖面图

图 11.11 窗套示意图

图 11.12 坡屋面砖挑檐示意图

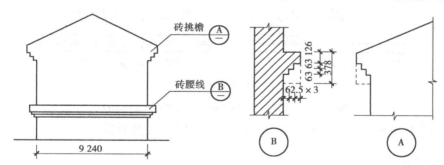

图 11.13 砖挑檐、腰线示意图

②砖垛、三皮砖以上的腰线和挑檐等体积,并入墙身体积内计算(图 11.13)。

③附墙烟囱(包括附墙通风道、垃圾道)按其外形体积计算,并入所依附墙体内,不扣除每一个孔洞横截面在 0.1 m² 以下的体积,但孔洞内的抹灰工程量亦不增加。

④女儿墙(图 11.14)高度,自外墙顶面至图示女儿墙顶面高度,不同墙厚分别并入外墙计算。

⑤砖平碹、平砌砖过梁按图示尺寸以"m³"计算。如设计无规定时,砖平碹按门窗洞口宽度两端共加 100 mm,乘以高度计算(门窗洞口宽小于 1 500 mm 时,高度为 240 mm;大于 1 500 mm 时,高度为

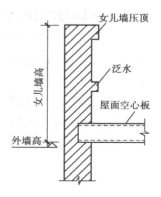

图 11.14 女儿墙示意图

187

365 mm);平砌砖过梁按门窗洞口宽度两端共加 500 mm,高按 440 mm 计算。

2)砌体厚度的规定

①标准砖尺寸以 240 mm×115 mm×53 mm 为准,砖墙与标准砖规格的关系如图 11.15 所示。

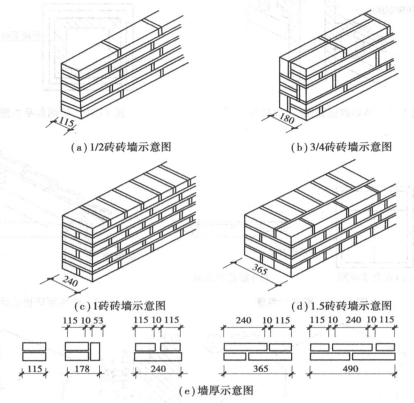

（a）1/2砖砖墙示意图　　　　　（b）3/4砖砖墙示意图

（c）1砖砖墙示意图　　　　　（d）1.5砖砖墙示意图

（e）墙厚示意图

图 11.15　墙厚与标准砖规格的关系（单位:mm）

②使用非标准砖时,其砌体厚度按砖实际规格和设计厚度计算。

11.1.2　砖基础

1)基础与墙身(柱身)的划分

砖基础工程量计算

①基础与墙身(图 11.16)或柱身使用同一种材料时,以设计室内地面为界;有地下室者,以地下室室内设计地面为界(图 11.17),以下为基础,以上为墙(柱)身。

②基础与墙身使用不同材料时,位于设计室内地面±300 mm 以内时,以不同材料为分界线;超过±300 mm 时,以设计室内地面为分界线。

③砖、石围墙以设计室外地坪为界线,以下为基础,以上为墙身。

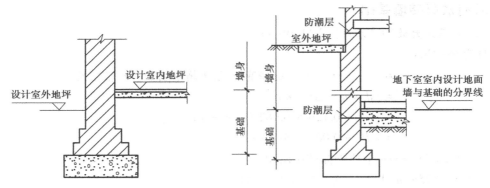

图 11.16　基础与墙身划分示意图　　图 11.17　地下室的基础与墙身切分示意图

2)基础长度

外墙墙基按外墙中心线长度计算;内墙墙基按内墙基净长计算。基础大放脚 T 形接头处的重叠部分,以及嵌入基础的钢筋、铁件、管道、基础防潮层及单个面积在 0.3 m^2 以内孔洞所占体积不予扣除,但靠墙暖气沟的挑檐亦不增加。附墙垛基础宽出部分体积应并入基础工程量内。

砖砌挖孔桩护壁工程量按实砌体积计算。

【例 11.1】　根据图 11.18 砖基础施工图的尺寸,计算砖基础的长度(基础墙均为 240 mm 厚)。

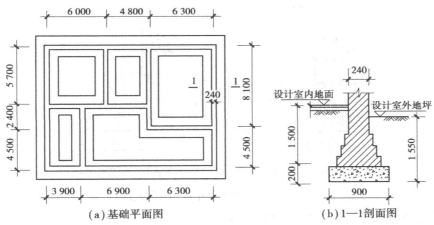

　　　　(a)基础平面图　　　　　　　(b)1—1剖面图

图 11.18　砖基础施工图(单位:mm)

【解】　(1)外墙砖基础长($L_{中}$)

$L_{中} = [(4.5+2.4+5.7)+(3.9+6.9+6.3)] \times 2$

　　　$= (12.6+17.1) \times 2 = 59.40(m)$

(2)内墙砖基础净长($L_{内}$)

$L_{内} = (5.7-0.24)+(8.1-0.24)+(4.5+2.4-0.24)+(6.0+4.8-0.24)+6.3$

　　　$= 5.46+7.86+6.66+10.56+6.30 = 36.84(m)$

3)有放脚砖墙基础

(1)等高式大放脚砖基础[图 11.19(a)]

计算公式为:

$$V_基 = (基础墙厚 × 基础墙高 + 放脚增加面积) × 基础长$$
$$= (d × h + \Delta S) × l$$
$$= [dh + 0.126 × 0.062\ 5n(n + 1)]l$$
$$= [dh + 0.007\ 875n(n + 1)]l \tag{11.1}$$

式中　$0.007\ 875$——一个放脚标准块面积;

$0.007\ 875n(n+1)$——全部放脚增加面积;

n——放脚层数;

d——基础墙厚;

h——基础墙高;

l——基础长。

【例 11.2】　某工程砌筑的等高式标准砖大放脚基础尺寸如图 11.19(a)所示,当基础墙高 $h = 1.4$ m,基础长 $l = 25.65$ m 时,计算砖基础工程量。

【解】　已知:$d = 0.365, h = 1.4$ m,$l = 25.65$ m,$n = 3$。则:

$$V_{砖基} = (0.365 × 1.40 + 0.007\ 875 × 3 × 4) × 25.65$$
$$= 0.605\ 5 × 25.65 = 15.53(m^3)$$

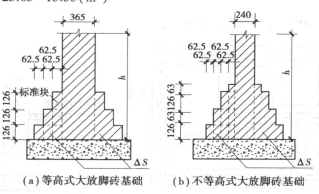

(a)等高式大放脚砖基础　　**(b)不等高式大放脚砖基础**

图 11.19　大放脚砖基础示意图(单位:mm)

(2)不等高式大放脚砖基础[图 11.19(b)]

计算公式为:

$$V_基 = \{dh + 0.007\ 875[n + (n + 1) -$$
$$\sum 半层放脚层数值]\} × l \tag{11.2}$$

式(11.2)中,半层放脚层数值是指半层放脚(0.063 m 高)所在放脚层的值,如图 11.19(b)中为 1+3=4;其余字母含义同式(11.1)。

(3)基础放脚 T 形接头重复部分(图 11.20)

【例 11.3】　某工程大放脚砖基础的尺寸如图 11.19

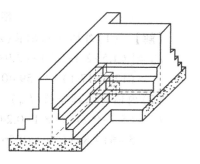

图 11.20　基础放脚 T 形接头
重复部分示意图

（b）所示，当 $h=1.56$ m，基础长 $l=18.5$ m 时，计算砖基础工程量。

【解】　已知 $d=0.24$ m，$h=1.56$ m，$l=18.5$ m，$n=4$。则：

$$V_{砖基}=\{0.24\times1.56+0.007\ 875\times[4\times5-(1+3)]\}\times18.5$$
$$=(0.374\ 4+0.007\ 875\times16)\times18.5$$
$$=0.500\ 4\times18.5=9.26(\text{m}^3)$$

标准砖大放脚基础的放脚面积填加量 ΔS 见表 11.1。

表 11.1　砖墙基础大放脚面积增加表

放脚层数(n)	增加断面积 ΔS/m²		放脚层数(n)	增加断面积 ΔS/m²	
	等　高	不等高（奇数层为半层）		等　高	不等高（奇数层为半层）
1	0.015 75	0.007 9	10	0.866 3	0.669 4
2	0.047 25	0.039 4	11	1.039 5	0.756 0
3	0.094 5	0.063 0	12	1.228 5	0.945 0
4	0.157 5	0.126 0	13	1.433 3	1.047 4
5	0.236 3	0.165 4	14	1.653 8	1.267 9
6	0.330 8	0.259 9	15	1.890 0	1.386 0
7	0.441 0	0.315 0	16	2.142 0	1.638 0
8	0.567 0	0.441 0	17	2.409 8	1.771 9
9	0.708 8	0.511 9	18	2.693 3	2.055 4

注：①等高式 $\Delta S=0.007\ 875n(n+1)$；

②不等高式 $\Delta S=0.007\ 875[n+(n+1)-\sum$ 半层放脚层数值]。

4）毛条石、条石基础

毛条石基础断面如图 11.21 所示，毛石基础断面如图 11.22 所示。

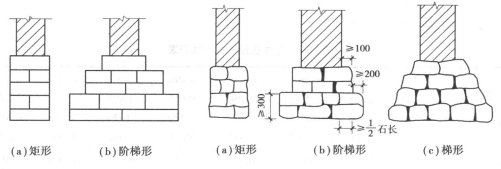

（a）矩形　　（b）阶梯形　　　　　　（a）矩形　　（b）阶梯形　　（c）梯形

图 11.21　毛条石基础断面形状　　　图 11.22　毛石基础断面形状

5)有放脚砖柱基础

有放脚砖柱基础工程量计算分为两部分:一是将柱的体积算至基础底;二是将柱四周放脚体积算出,如图 11.23 和图 11.24 所示。

砖柱基础
工程量计算

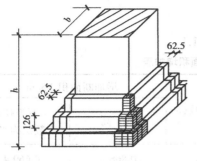

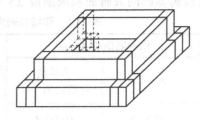

图 11.23 砖柱四周放脚示意图   图 11.24 砖柱基四周放脚体积 ΔV 示意图

计算公式为:

$$V_{柱基} = abh + \Delta V$$
$$= abh + n(n+1)\left[0.007\,875(a+b) + 0.000\,328\,125(2n+1)\right] \quad (11.3)$$

式中 a——柱断面长;

　　　b——柱断面宽;

　　　h——柱基高;

　　　n——放脚层数;

　　　ΔV——砖柱四周放脚体积。

【例 11.4】 某工程有 5 个等高式放脚砖柱基础,根据下列条件计算砖基础工程量:柱断面为 0.365 m×0.365 m;柱基高为 1.85 m;放脚层数为 5 层。

【解】 已知 $a = 0.365$ m,$b = 0.365$ m,$h = 1.85$ m,$n = 5$。则:

$V_{柱基} = 5$(根柱基)$\times \{0.365 \times 0.365 \times 1.85 + 5 \times 6 \times [0.007\,875 \times (0.365+0.365) +$
　　　　 $0.000\,328\,125 \times (2 \times 5+1)]\}$

　　　 $= 5 \times (0.246 + 0.281)$

　　　 $= 2.64\,(\text{m}^3)$

砖柱基四周放脚体积见表 11.2。

表 11.2 砖柱基四周放脚体积表   单位:m³

$a \times b$ 放脚 层数	0.24× 0.24	0.24× 0.365	0.365× 0.365 0.24× 0.49	0.365× 0.49 0.24× 0.615	0.49× 0.49 0.365× 0.615	0.49× 0.615 0.365× 0.74	0.365× 0.865 0.615× 0.615	0.615× 0.74 0.49× 0.865	0.74× 0.74 0.615× 0.865
1	0.010	0.011	0.013	0.015	0.017	0.019	0.021	0.024	0.025
2	0.033	0.038	0.045	0.050	0.056	0.062	0.068	0.074	0.080

放脚层数 \ $a \times b$	0.24×0.24	0.24×0.365	0.365×0.365 0.24×0.49	0.365×0.49 0.24×0.615	0.49×0.49 0.365×0.615	0.49×0.615 0.365×0.74	0.365×0.865 0.615×0.615	0.615×0.74 0.49×0.865	0.74×0.74 0.615×0.865
3	0.073	0.085	0.097	0.108	0.120	0.132	0.144	0.156	0.167
4	0.135	0.154	0.174	0.194	0.213	0.233	0.253	0.272	0.292
5	0.221	0.251	0.281	0.310	0.340	0.369	0.400	0.428	0.458
6	0.337	0.379	0.421	0.462	0.503	0.545	0.586	0.627	0.669
7	0.487	0.543	0.597	0.653	0.708	0.763	0.818	0.873	0.928
8	0.674	0.745	0.816	0.887	0.957	1.028	1.095	1.170	1.241
9	0.910	0.990	1.078	1.167	1.256	1.344	1.433	1.521	1.61
10	1.173	1.282	1.390	1.498	1.607	1.715	1.823	1.931	2.04

11.1.3 砖墙

1)墙的长度的规定

外墙长度按外墙中心线长度计算,内墙长度按内墙净长线计算。墙长计算方法如下:

(1)墙长在转角处的计算

墙体在90°转角时,用中轴线尺寸计算墙长,就能算准墙体的体积。例如图11.25(a)中,按箭头方向的尺寸算至两轴线的交点时,墙厚方向的水平断面积重复计算的矩形部分正好等于没有计算到的矩形面积。因此,凡是90°转角的墙,算到中轴线交叉点时,就算够了墙长。

(2)T形接头的墙长计算

墙体处于T形接头时,T形上部水平墙拉通算完长度后,垂直部分的墙只能从墙内边算净长。例如图11.25(b)中的③轴,当③轴上的墙算完长度后,直角轴墙只能从③轴墙内边起计算墙长,故内墙应按净长计算。

(3)十字形接头的墙长计算

墙体处于十字形接头时,计算方法基本同T形接头,如图11.25(c)中轴线示意,因此十字形接头处分断的两道墙也应计算净长。

【例11.5】 根据图11.25,计算内、外墙长(墙厚均为240 mm)。

【解】 (1)240 mm厚外墙长
$$L_{中} = [(4.2+4.2)+(3.9+2.4)] \times 2 = 29.40(m)$$

(2)240 mm厚内墙长
$$L_{中} = (3.9 + 2.4 - 0.24) + (4.2 - 0.24) + (2.4 - 0.12) + (2.4 - 0.12)$$
$$= 14.58(m)$$

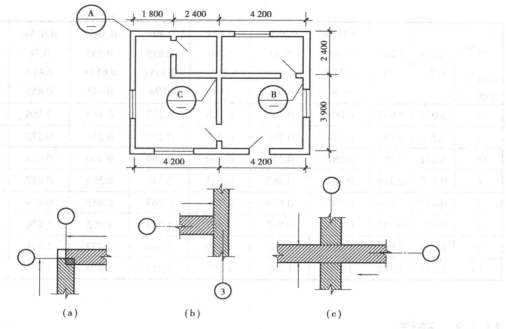

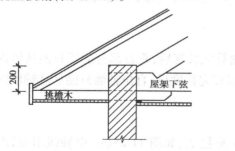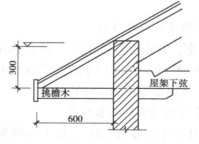

(a)   (b)   (c)

图 11.25　墙长计算示意图(单位:mm)

2)墙身高度的规定

(1)外墙墙身高度

斜(坡)屋面无檐口顶棚者算至屋面板底;有屋架,且室内外均有顶棚者(图 11.26),算至屋架下弦底面另加 200 mm;无顶棚者算到屋架下弦底面另加 300 mm(图 11.27);出檐宽度超过 600 mm 时,应按实砌高度计算,有钢筋混凝土楼板隔层者算至板顶。平屋面算至钢筋混凝土板底(图 11.28)。

图 11.26　室内外均有顶棚时外墙高度示意图　　图 11.27　有屋架无顶棚时外墙高度示意图

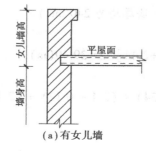

(a)有女儿墙　　　　　(b)无女儿墙

图 11.28　平屋面外墙墙身高度示意图

（2）内墙墙身高度

内墙位于屋架下弦者（图 11.29），其高度算至屋架底；无屋架者（图 11.30），算至顶棚底另加 100 mm；有钢筋混凝土楼板隔层者（图 11.31），算至板底；有框架梁时（图 11.32），算至梁底面。

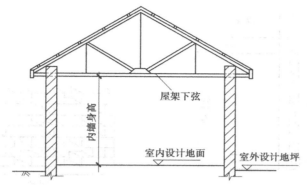

图 11.29　屋架下弦的内墙墙身高度示意图

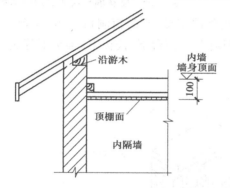

图 11.30　无屋架时的内墙墙身高度示意图

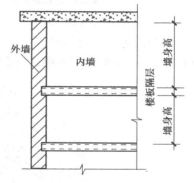

图 11.31　有混凝土楼板隔层时的内墙墙身高度示意图

（3）内、外山墙墙身高度

内、外山墙墙身高度按其平均高度计算，如图 11.32、图 11.33 所示。

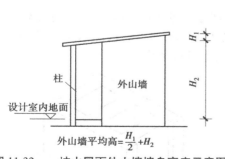

外山墙平均高 $= \dfrac{H_1}{2} + H_2$

图 11.32　一坡水屋面外山墙墙身高度示意图

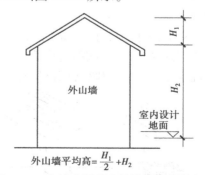

外山墙平均高 $= \dfrac{H_1}{2} + H_2$

图 11.33　二坡水屋面山墙墙身高度示意图

3）其他规定

①框架间砌体分别内外墙以框架间的净空面积（图 11.34）乘以墙厚计算。框架外表镶

贴砖部分亦并入框架间砌体工程量内计算。

②空花墙按空花部分外形体积以"m³"计算,空花部分不予扣除,其中实体部分另行计算(图11.35),套用零星砌体项目。

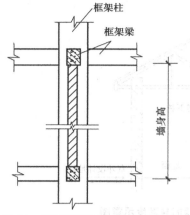

图11.34 有框架梁时的墙身高度示意图

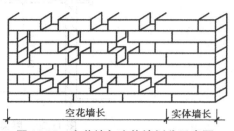

图11.35 空花墙与实体墙划分示意图

③空斗墙按外形尺寸以"m³"计算,墙角、内外墙交接处、门窗洞口立边、窗台砖及屋檐处的实砌部分已包括在定额内,不另行计算;但窗间墙、窗台下、楼板下、梁头下等实砌部分,应另行计算,套零星砌体定额项目(图11.36)。

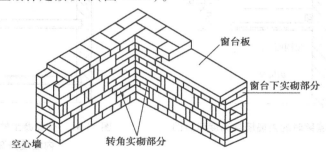

图11.36 空斗墙转角及窗台下实砌部分示意图

④多孔砖、空心砖按图示厚度以"m³"计算,不扣除其孔、空心部分体积。图11.37中为各种类型的黏土空心砖。

⑤填充墙按外形尺寸以"m³"计算,其中实砌部分已包括在定额内,不另行计算。

⑥加砌混凝土墙、硅酸盐砌块墙、小型空心砌块(图11.38)墙,按图示尺寸以"m³"计算,按设计规定需要镶嵌砖砌体部分已包括在定额内,不另行计算。

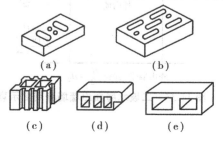

图11.37 黏土空心砖示意图

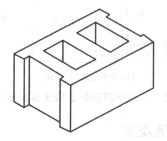

图11.38 混凝土小型空心砌块

11.1.4   其他砌体

①砖砌锅台、炉灶,不分大小,均按图示外形尺寸以"m³"计算,不扣除各种空洞的体积。说明:锅台一般指大食堂、餐厅里用的锅灶;炉灶一般指住宅里每户用的灶台。

②砖砌台阶(不包括梯带)(图 11.39)按水平投影面积以"m²"计算。

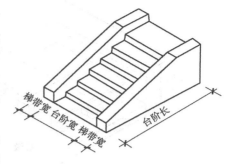

图 11.39   砖砌台阶示意图

③厕所蹲位、水槽腿、灯箱、垃圾箱、台阶挡墙或梯带、花台、花池、地垄墙及支撑地楞木的砖墩、房上烟囱、屋面架空隔热层砖墩及毛石墙的门窗立边、窗台虎头砖等实砌体积以"m³"计算,套用零星砌体定额项目(图 11.40 至图 11.45)。

④检查井及化粪池不分壁厚均以"m³"计算,洞口上的砖平拱等并入砌体体积内计算。

⑤砖砌地沟不分墙基、墙身合并以"m³"计算。石砌地沟按其中心线长度以延长米计算。

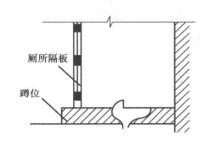

图 11.40   砖砌蹲位示意图

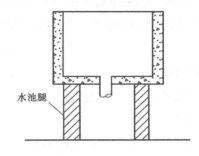

图 11.41   砖砌水池(槽)腿示意图

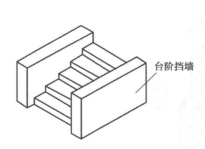

图 11.42   有挡墙台阶示意图

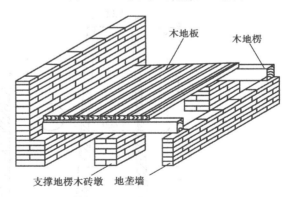

图 11.43   地垄墙及支撑地楞木的砖墩示意图
(注:石墙的窗台虎头砖单独计算工程量)

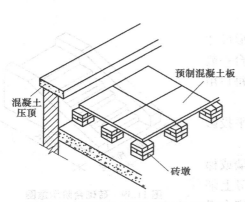

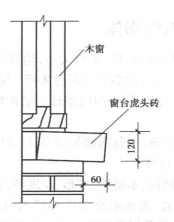

图 11.44　屋面架空隔热层砖墩示意图　　图 11.45　窗台虎头砖示意图

11.1.5　砖烟囱

①筒身。圆形、方形均按图示筒壁平均中心线周长乘以厚度,并扣除筒身各种孔洞、钢筋混凝土圈梁、过梁等体积以"m^3"计算。其筒壁周长不同时可按下式分段计算:

$$V = \sum \left(H \times C \times \pi D \right) \tag{11.4}$$

式中　V——筒身体积;

　　　H——每段筒身垂直高度;

　　　C——每段筒壁厚度;

　　　D——每段筒壁中心线的平均直径。

【例 11.6】　根据图 11.46 中的有关数据和上述公式计算砖砌烟囱和圈梁工程量。

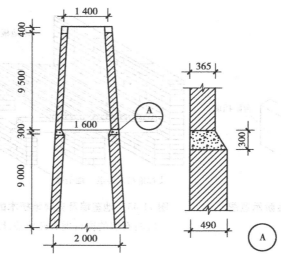

图 11.46　有圈梁砖烟囱示意图(单位:mm)

【解】　(1)砖砌烟囱工程量

①上段

已知 $H=9.50$ m，$C=0.365$ m，求：

$$D=(1.40+1.60+0.365)\times\frac{1}{2}=1.68(\text{m})$$

故　$V_{\text{上}}=9.50\times0.365\times3.141\,6\times1.68=18.30(\text{m}^3)$

②下段

已知 $H=9.0$ m，$C=0.490$ m，求：

$$D=(2.0+1.60+0.365\times2-049)\times\frac{1}{2}=1.92(\text{m})$$

故　$V_{\text{下}}=9.0\times0.49\times3.141\,6\times1.92=26.60(\text{m}^3)$

$$V=18.30+26.60=44.90(\text{m}^3)$$

（2）混凝土圈梁工程量

①上部圈梁

$$V_{\text{上}}=1.40\times3.141\,6\times0.4\times0.365=0.64(\text{m}^3)$$

②中部圈梁

圈梁中心直径 $=1.60+0.365\times2-0.49=1.84(\text{m})$

圈梁断面积 $=(0.365+0.49)\times\frac{1}{2}\times0.30=0.128(\text{m}^2)$

那么　$V_{\text{中}}=1.84\times3.141\,6\times0.128=0.74(\text{m}^3)$

$$V=0.74+0.64=1.38(\text{m}^3)$$

②烟道、烟囱内衬按不同材料,扣除孔洞后,以图示实体积计算。

③烟囱内壁表面隔热层,按筒身内壁并扣除各种孔洞后的面积以"m²"计算;填料按烟囱内衬与筒身之间的中心线平均周长乘以图示宽度和筒高,并扣除各种孔洞所占体积(但不扣除连接横砖及防尘带的体积)后以"m³"计算。

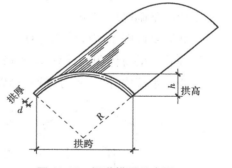

图11.47 烟道拱顶示意图

④烟道砌砖。烟道与炉体的划分以第一道闸门为界,炉体内的烟道部分列入炉体工程量计算。烟道拱顶(图11.47)按实体积计算,其计算方法有两种:

a.按矢跨比公式计算。计算公式为:

$$V=\text{中心线拱跨}\times\text{弧长系数}\times\text{拱厚}\times\text{拱长}=b\times P\times d\times L \qquad (11.5)$$

其中,烟道拱顶弧长系数查表11.3得到。弧长系数 P 的计算公式为(当 $h=1$ 时):

$$P=\frac{1}{90}\left(\frac{0.5}{b}+0.125b\right)\pi\arcsin\frac{b}{1+0.25b^2} \qquad (11.6)$$

例如,当矢跨比 $\dfrac{h}{l}=\dfrac{1}{7}$ 时,弧长系数 P 为:

$$P=\frac{1}{90}\times\left(\frac{0.5}{7}+0.125\times7\right)\times3.141\,6\times\arcsin\frac{7}{1+0.25\times7^2}=1.054$$

表 11.3　烟道拱顶弧长系数表

矢跨比 $\dfrac{h}{b}$	$\dfrac{1}{2}$	$\dfrac{1}{3}$	$\dfrac{1}{4}$	$\dfrac{1}{5}$	$\dfrac{1}{6}$	$\dfrac{1}{7}$	$\dfrac{1}{8}$	$\dfrac{1}{9}$	$\dfrac{1}{10}$
弧长系数 P	1.57	1.27	1.16	1.10	1.07	1.05	1.04	1.03	1.02

【例 11.7】　已知矢高为 1 m,拱跨为 6 m,拱厚为 0.15 m,拱长 7.8 m,求拱顶体积。

【解】　查表 11.3,知弧长系数 P 为 1.07。则:

$$V = 6 \times 1.07 \times 0.15 \times 7.8 = 7.51（m^3）$$

b.按圆弧长公式计算。计算公式为:

$$V = 圆弧长 \times 拱厚 \times 拱长 = l \times d \times L \tag{11.7}$$

式(11.7)中圆弧长 $l = \dfrac{\pi}{180} R\theta$。

【例 11.8】　某烟道拱顶厚 0.18 m,半径 4.8 m,θ 角为 180°,拱长 10 m,求拱顶体积。

【解】　已知 $d = 0.18$ m,$R = 4.8$ m,$\theta = 180°$,$L = 10$ m。则:

$$V = \frac{3.141\ 6}{180} \times 4.8 \times 180 \times 0.18 \times 10 = 27.14（m^3）$$

11.1.6　砖砌水塔

砖砌水塔如图 11.48 所示。

①水塔基础与塔身划分:以砖基础的扩大部分顶面为界,以上为塔身,以下为基础,分别套用相应基础砌体定额。

②塔身以图示实砌体积计算,并扣除门窗洞口和混凝土构件所占的体积,砖平拱碹及砖出檐等并入塔身体积内计算,套水塔砌筑定额。

③砖水箱内外壁,不分壁厚,均以图示实砌体积计算,套用相应的内外砖墙定额。

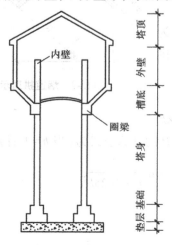

图 11.48　水塔构造及各部分划分示意图

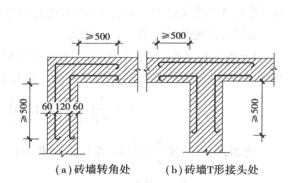

(a)砖墙转角处　　(b)砖墙T形接头处

图 11.49　砌体内钢筋加固示意图(一)

11.1.7　砌体内钢筋加固

砌体内钢筋加固根据设计规定以"t"计算,套用钢筋混凝土章节相应项目(图11.49至图11.52)。

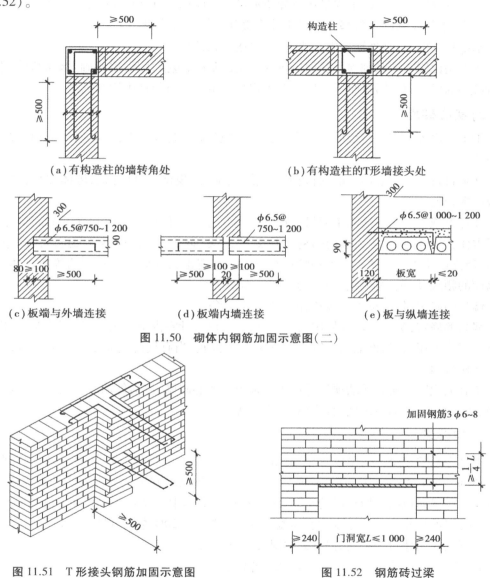

图11.50　砌体内钢筋加固示意图(二)

图11.51　T形接头钢筋加固示意图

图11.52　钢筋砖过梁

11.2　清单工程量计算

砌筑工程主要包括砖基础、砖砌体、砖构筑物、砌块砌体、石砌体、砖散水、地坪、地沟。

1)砖基础

①工作内容。砖基础工作内容包括:砂浆制作、运输,铺设垫层,砌砖,防潮层铺设,材料

运输。

②项目特征。砖基础的项目特征包括:砖品种、规格、强度等级;基础类型;砂浆强度等级;防潮层材料种类。

③计算规则。砖基础工程量按设计图示尺寸以体积计算,应扣除地梁(圈梁)、构造柱等所占体积,不扣除基础大放脚 T 形接头处重叠部分等所占体积。

基础长度的确定:外墙按中心线长,内墙按净长计算。

④有关说明。砖基础项目适用于各种类型砖基础,包括柱基、墙基础、烟囱基础、水塔基础、管道基础等。具体是何种类型,应在工程量清单的项目特征中详细描述。

2) 实心砖墙

①工作内容。实心砖墙的工作内容包括:砂浆制作、运输,砌砖,勾缝,砖压顶砌筑,材料运输等。

②项目特征。实心砖墙的项目特征包括:砖品种、规格、强度等级;墙体类型;砂浆强度等级或配合比。

③计算规则。实心砖墙工程量按设计图示尺寸以体积计算。应扣除门窗洞口、过人洞等所占体积,还应扣除嵌入墙内的钢筋混凝土柱、梁、圈梁、挑梁、过梁及凹进墙内的壁龛、暖气槽、消火栓箱等所占体积。不扣除梁头、板头、门窗走头及墙内加固钢筋等所占体积。凸出墙面的腰线、压顶、窗台线、门窗套的体积亦不增加。

墙长的确定:外墙按中心线长,内墙按净长计算。

墙高的确定:基础与墙身使用同一种材料时,以设计室内地面为界,以下为基础,以上为墙身。当为平屋面时,外墙高度算至钢筋混凝土板底;当有钢筋混凝土楼板隔层者,内墙高度算至楼板顶。

④有关说明。实心砖墙项目适用于各种类型实心砖墙,包括外墙、内墙、围墙、双面混水墙、双面清水墙、单面清水墙、直形墙、弧形墙等。

3) 空斗墙

①基本概念。空斗墙是以普通黏土砖砌筑而成的空心墙体,民居中常采用。墙厚一般为 240 mm,采取无眠空斗、一眠一斗、一眠三斗等几种砌筑方法。所谓"斗"是指墙体中由两皮侧砌砖与横向拉结砖所构成的空间,而"眠"则是墙体中沿纵向平砌的一皮顶砖。

一砖厚的空斗墙与同厚度的实体墙相比,可节省砖 20% 左右,可减轻自重,常在三层及三层以下的民用建筑中采用,但下列情况又不宜采用:

a.土质软弱可能引起建筑物不均匀沉陷的地区;

b.建筑物有振动荷载时;

c.地震烈度在 7 度及 7 度以上的地区。

②工作内容。空斗墙的工作内容包括:砂浆制作、运输,砌砖,装填充料,勾缝,材料运输等。

③项目特征。空斗墙的项目特征包括:砖品种、规格、强度等级;墙体类型;砂浆强度等级或配合比。

④计算规则。空斗墙工程量按设计图示尺寸以墙的外形体积计算。墙角、内外墙交接

处、门窗洞口立边、窗台砖、屋檐处的实砌部分体积并入空斗墙体积内。

⑤有关说明。空斗墙项目适用于各种砌法的空斗墙。应注意窗间墙、窗台下、楼板下、梁头下的实砌部分,应按零星砌砖项目另行列项计算。

复习思考题

1.计算砖墙时哪些体积不扣除? 为什么?

2.计算砖墙时哪些体积不增加? 为什么?

3.什么是窗套? 在什么部位?

4. 120 厚砖墙的计算厚度是多少?

5.砖基础与砖墙身是如何划分的? 为什么?

6.简述等高式放脚砖基础的放脚尺寸。

7.简述不等高式放脚砖基础的放脚尺寸。

8.请推导出有放脚砖柱基础柱四周放脚体积计算公式。

9. 表 11. 2 中砖柱基四周放脚体积是如何计算出来的?

10.有天棚外墙墙身高度是如何确定的? 为什么这样确定?

11.砖墙的定额工程量与清单工程量有何区别?

12.简述定额工程量计算规则与清单工程量计算规则的区别。

第 12 章
混凝土工程量计算

知识点

　　熟悉现浇混凝土及钢筋混凝土模板工程量计算方法,熟悉预制钢筋混凝土构件模板工程量计算方法,了解构筑物钢筋混凝土模板工程量计算方法,熟悉铁件工程量计算方法,熟悉箱式满堂基础和混凝土杯形基础工程量计算方法,熟悉有梁板工程量计算方法,熟悉构造柱工程量计算方法,熟悉现浇主次梁工程量计算方法,熟悉现浇钢筋混凝土整体楼梯工程量计算方法,熟悉预应力空心板工程量计算方法,熟悉预制工字形柱工程量计算方法,了解钢筋混凝土构件接头灌缝工程量计算方法。

技能点

　　会计算混凝土杯形基础工程量,会计算构造柱工程量,会计算有梁板工程量,会计算现浇钢筋混凝土整体楼梯工程量,会计算预应力空心板工程量,会计算预制天沟板工程量,会计算预制工字形柱工程量,会计算混凝土后浇带工程量,会计算预埋铁件工程量。

课程思政

　　丰宁抽水蓄能电站总装机规模 360 万 kW,年设计发电量 66.12 亿 kW·h,年抽水电量 87.16 亿 kW·h,是当前世界规模最大的抽水蓄能电站,创造四项世界第一:装机容量世界第一,储能能力世界第一,地下厂房规模世界第一,地下洞室群规模世界第一。

　　该抽水蓄能电站用电需求多时,放水发电,提供电能;用电需求少时,抽水进库储存势能,待有用电需求时,再放水发电。这就是蓄能电站的基本作用。

　　该电站大坝、厂房等都采用钢筋混凝土结构,需要准确计算混凝土用量和精确计算钢筋用量。因此,工程量计算是一门用途广、专业性强的技能,我们在学习与实训中,一定要通过自己的刻苦努力、认真实践,牢牢掌握好这一技能,将来为建设这样的超级工程贡献自己的力量。

| 工程量的作用 | 工程量计算要素（一） | 工程量计算要素（二） | 工程量计算要素（三） |

12.1 定额工程量计算

12.1.1 现浇混凝土及钢筋混凝土模板工程量

①现浇混凝土及钢筋混凝土模板工程量,除另有规定者外,均应区别模板的不同材质,按混凝土与模板接触面积扣除后浇带所占面积以"m²"计算。

说明:除了底面有垫层、构件(侧面有构件)及上表面不需支撑模板外,其余各个方向的面均应计算模板接触面积。

②现浇钢筋混凝土柱、梁、板、墙的支模高度(即室外地坪至板底或板面至板底之间的高度)以 3.6 m 以内为准;超过 3.6 m 以上部分,另按超过部分计算增加支撑工程量(图 12.1)。

③现浇钢筋混凝土墙、板上单孔面积在 0.3 m² 以内的孔洞不予扣除,洞侧壁模板亦不增加;单孔面积在 0.3 m² 以上时应予扣除,洞侧壁模板面积并入墙、板模板工程量内计算。

④现浇钢筋混凝土框架的模板,分别按梁、板、柱、墙有关规定计算,附墙柱并入墙内工程量计算。

⑤杯形基础其杯口高度大于杯口大边长度时,套高杯基础模板定额项目(图 12.2)。

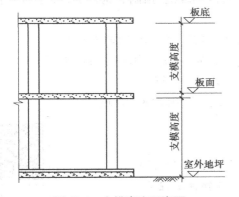

图 12.1 支模高度示意图

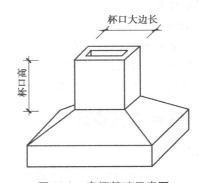

图 12.2 高杯基础示意图
(杯口高大于杯口大边长时)

⑥柱与梁、柱与墙、梁与梁等连接的重叠部分,以及伸入墙内的梁头、板头部分,均不计算模板面积。

⑦构造柱外露面均应按图示外露部分计算模板面积。构造柱与墙接触部分不计算模板面积(图 12.3)。

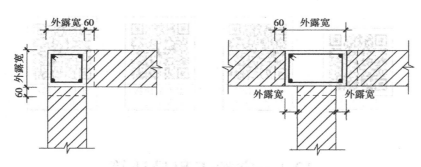

图 12.3 构造柱外露宽需支模板示意图

⑧现浇钢筋混凝土悬挑板(雨篷、阳台)按图示外挑部分尺寸的水平投影面积计算。挑出墙外的牛腿梁及板边模板不另计算。

说明:"挑出墙外的牛腿梁及板边模板"在实际施工时需支模板,为了简化工程量计算,在编制该项定额时已经将该因素考虑在定额消耗内,所以工程量就不再单独计算。

⑨现浇钢筋混凝土楼梯,以图示表明尺寸的水平投影面积计算,不扣除小于 500 mm 楼梯井所占面积。楼梯的踏步、踏步板、平台梁等侧面模板,不另计算。

⑩混凝土台阶不包括梯带,按图示台阶尺寸的水平投影面积计算,台阶端头两侧不另计算模板面积。

⑪柱、墙、梁、板、栏板相互连接的重叠部分,均不扣除模板面积。

12.1.2 预制钢筋混凝土构件模板工程量

预制混凝土模板按模板与混凝土的接触面积计算,地模不计算接触面积。

12.1.3 构筑物钢筋混凝土模板工程量

①构筑物工程的模板工程量,除另有规定者外,区别现浇、预制和构件类别,分别按上面的有关规定计算。

②大型池槽等分别按基础、墙、板、梁、柱等有关规定计算并套相应定额项目。

③液压滑升钢模板施工的烟囱、水塔身、储仓等,均按混凝土体积以"m³"计算。

④预制倒圆锥形水塔罐壳模板,按混凝土体积以"m³"计算。

⑤预制倒圆锥形水塔罐壳组装、提升、就位,按不同容积以"座"计算。

12.1.4 铁件工程量计算

钢筋混凝土构件预埋铁件、螺栓,按设计图示尺寸以质量计算。

钢筋弯钩增加长度计算

【例 12.1】 根据图 12.4 计算 5 根预制柱的预埋铁件工程量。

【解】 (1)每根柱预埋铁件工程量

M-1 钢板:$0.4×0.4×78.5(\text{kg/m}^2)=12.56(\text{kg})$

$\Phi 12:2×(0.30+0.36×2+12.5×0.012)×0.888(\text{kg/m})=2.08(\text{kg})$

M-2 钢板:$0.3×0.4×78.5(\text{kg/m}^2)=9.42(\text{kg})$

$\Phi 12:2×(0.25+0.36×2+12.5×0.012)×0.888(\text{kg/m})=1.99(\text{kg})$

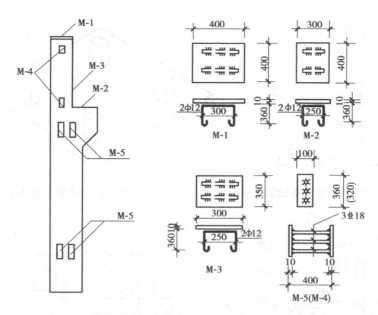

图 12.4 钢筋混凝土预制柱预埋件

M-3　钢板：$0.3×0.35×78.5(kg/m^2)=8.24(kg)$

　　　$\Phi 12：2×(0.25+0.36×2+12.5×0.012)×0.888(kg/m)=1.99(kg)$

M-4　钢板：$2×0.1×0.32×2×78.5(kg/m^2)=10.05(kg)$

　　　$\oplus 18：2×3×0.38×2.00(kg/m)=4.56(kg)$

M-5　钢板：$4×0.1×0.36×2×78.5(kg/m^2)=22.61(kg)$

　　　$\oplus 18：4×3×0.38×2.00(kg/m)=9.12(kg)$

　　　　　　　　　　　　　　　　　小计：82.62 kg

（2）5根柱预埋铁件工程量

$82.62×5(根)=413.1(kg)=0.413(t)$

12.1.5　现浇混凝土工程量

1）计算规定

混凝土工程量除另有规定者外，均按图示尺寸实体体积以"m^3"计算，不扣除构件内钢筋、预埋铁件及墙、板中 $0.3~m^2$ 内的孔洞所占体积。型钢混凝土中型钢骨架所占体积按 $7~850~kg/m^3$（密度）扣除。

2）基础

①有肋带形混凝土基础（图12.5），其肋高与肋宽之比在 $4：1$ 以内的按有肋带形基础计算；超过 $4：1$ 时，其基础底板按板式基础计算，以上部分按墙计算。

②箱式满堂基础（图12.6至图12.8）应分别按无梁式满堂基础、柱、墙、梁、板有关规定计算，套相应定额项目。

有肋带形混凝土基础接头工程量计算

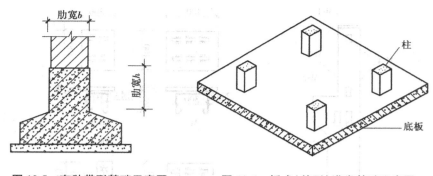

图 12.5　有肋带形基础示意图　　　图 12.6　板式(筏形)满堂基础示意图

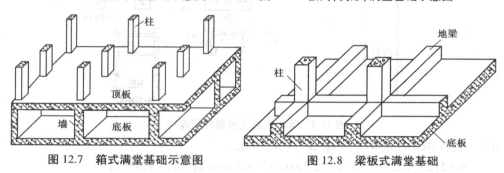

图 12.7　箱式满堂基础示意图　　　图 12.8　梁板式满堂基础

③设备基础除块体外,其他类型设备基础分别按基础、梁、柱、板、墙等有关规定计算,套相应的定额项目。

④独立基础。钢筋混凝土独立基础与柱在基础上表面分界,如图 12.9 和图 12.10 所示。

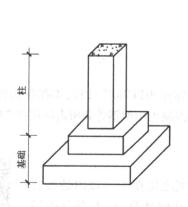

图 12.9　钢筋混凝土独立基础

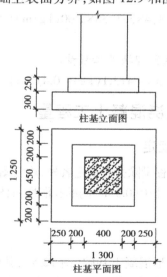

图 12.10　柱基示意图

【例 12.2】　根据图 12.10 计算 3 个钢筋混凝土独立柱基工程量。

【解】　$V = [1.30 \times 1.25 \times 0.30 + (0.2+0.4+0.2) \times (0.2+0.45+0.2) \times 0.25] \times 3(个)$
　　　　$= (0.488+0.170) \times 3 = 1.97(m^3)$

⑤杯形基础。现浇钢筋混凝土杯形基础(图 12.11)的工程量分 4 个部分计算,即底部立

方体,中部棱台体,上部立方体,最后扣除杯口空心棱台体。

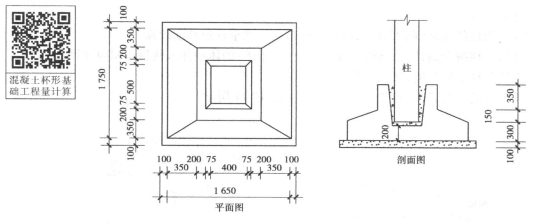

图 12.11　杯形基础(单位:mm)

【例 12.3】　根据图 12.11 计算现浇钢筋混凝土杯形基础工程量。

【解】　$V =$ 底部立方体 + 中部棱台体 + 上部立方体 - 杯口空心棱台体

$$= 1.65 \times 1.75 \times 0.30 + \frac{1}{3} \times 0.15 \times [1.65 \times 1.75 + 0.95 \times 1.05 +$$

$$\sqrt{(1.65 \times 1.75) \times (0.95 \times 1.05)}] + 0.95 \times 1.05 \times 0.35 - \frac{1}{3} \times (0.8 - 0.2) \times$$

$$[0.4 \times 0.5 + 0.55 \times 0.65 + \sqrt{(0.4 \times 0.5) \times (0.55 \times 0.65)}]$$

$$= 0.866 + 0.279 + 0.349 - 0.165 = 1.33 \, (\text{m}^3)$$

3)柱

柱按图示断面尺寸乘以柱高以"m^3"计算。柱高按下列规定确定:

①有梁板的柱高(图 12.12),应按自柱基上表面(或楼板上表面)至上一层楼板上表面的高度计算。

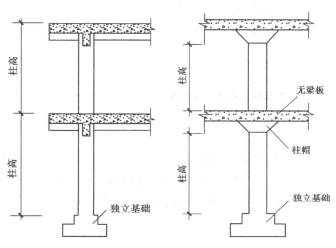

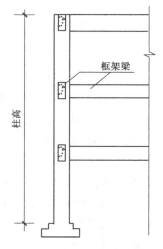

图 12.12　有梁板柱高示意图　　图 12.13　无梁板柱高示意图　　图 12.14　框架梁柱高示意图

②无梁板的柱高(图12.13),应按自柱基上表面(或楼板上表面)至柱帽下表面之间的高度计算。

③框架柱的柱高(图12.14),应按自柱基上表面至柱顶高度计算。

④构造柱按全高计算,与砖墙嵌接部分(马牙槎)的体积并入柱身体积内计算。

⑤依附柱上的牛腿,并入柱身体积计算。

构造柱的形状、尺寸示意图如图12.15至图12.17所示。

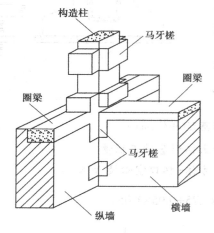

图 12.15　构造柱与砖墙嵌接部分体积　　　图 12.16　构造柱立面示意图
　　　　　(马牙槎)示意图

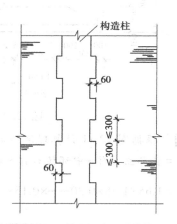

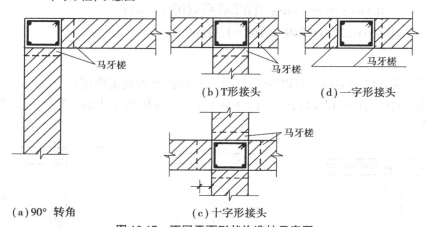

图 12.17　不同平面形状构造柱示意图

构造柱体积计算公式为:

墙厚为 240 mm 时:

$$V = 构造柱高 \times (0.24 \times 0.24 + 0.03 \times 0.24 \times 马牙槎边数) \qquad (12.1)$$

【例 12.4】　根据下列数据计算构造柱体积。90°转角型:墙厚 240 mm,柱高 12.0 m;T 形接头:墙厚 240 mm,柱高 15.0 m;十字形接头:墙厚 365 mm,柱高 18.0 m;一字形:墙厚 240 mm,柱高 9.5 m。

【解】　(1)90°转角

$$V = 12.0 \times [0.24 \times 0.24 + 0.03 \times 0.24 \times 2(边)] = 0.864(m^3)$$

（2）T形
$$V = 15.0 \times [0.24 \times 0.24 + 0.03 \times 0.24 \times 3(边)] = 1.188(m^3)$$

（3）十字形
$$V = 18.0 \times [0.365 \times 0.365 + 0.03 \times 0.365 \times 4(边)] = 3.186(m^3)$$

（4）一字形
$$V = 9.5 \times [0.24 \times 0.24 + 0.03 \times 0.24 \times 2(边)] = 0.684(m^3)$$
$$小计：0.864 + 1.188 + 3.186 + 0.684 = 5.92(m^3)$$

4）梁

梁（图 12.18 至图 12.20）按图示断面尺寸乘以梁长以"m^3"计算,梁长按下列规定确定：

①梁与柱连接时,梁长算至柱侧面；

②主梁与次梁连接时,次梁长算至主梁侧面；

③伸入墙内梁头、梁垫体积并入梁体积内计算。

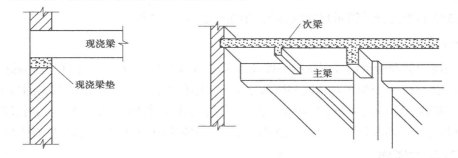

图 12.18　现浇梁垫并入现浇梁　　　　图 12.19　主梁、次梁示意图
　　　　　体积内计算示意图

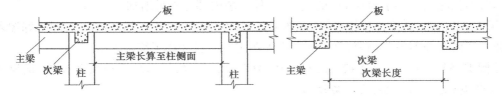

图 12.20　主梁、次梁计算长度示意图

5）板

现浇板按设计图示尺寸以体积计算,不扣除单个面积 0.3 m^2 以内的柱、垛及孔洞所占体积。

①有梁板包括梁与板,按梁板体积之和计算。

②无梁板按板和柱帽体积之和计算。

③各类板伸入砖墙内的板头并入板体积内计算,薄壳板的肋、基梁并入薄壳板体积内计算。

④挑檐、天沟板按设计图示尺寸以体积计算。现浇挑檐、天沟与板（包括屋面板、楼板）连接时,以外墙为分界线；与圈梁（包括其他梁）连接时,以梁外边线为分界线。外墙边线以外或梁外边线以外为挑檐、天沟（图 12.21）。

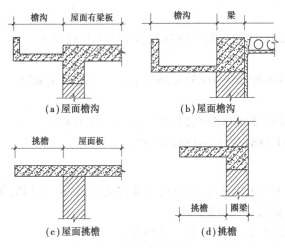

图 12.21 现浇挑檐天沟与板、梁划分

⑤空心板按设计图示尺寸以体积(扣除空心部分)计算。

6)墙

现浇钢筋混凝土墙按图示中心线长度乘以墙高及厚度以"m^3"计算,应扣除门窗洞口及 0.3 m^2 以上孔洞的体积,墙垛及突出部分并入墙体积内计算。直形墙中门窗洞口上的梁并入墙体体积,短肢剪力墙结构砌体内门窗洞口上的梁并入梁体积。墙与柱连接时,墙算至柱边;墙与梁连接时,墙算至梁底;墙与板连接时,板算至墙侧;未凸出墙面的暗梁、暗柱并入墙体积。

7)整体楼梯

现浇钢筋混凝土整体楼梯,包括休息平台、平台梁、斜梁及楼梯的连接梁,按水平投影面积计算,不扣除宽度小于 500 mm 的楼梯井,伸入墙内部分不另增加。

说明:平台梁、斜梁比楼梯板厚,好像少算了;不扣除宽度小于 500 mm 楼梯井,好像多算了;伸入墙内部分不另增加等,这些因素在编制定额时已经作了综合考虑。

【例 12.5】 某工程现浇钢筋混凝土楼梯(图 12.22)包括休息平台及平台梁,试计算该楼梯工程量(建筑物 4 层,共 3 层楼梯)。

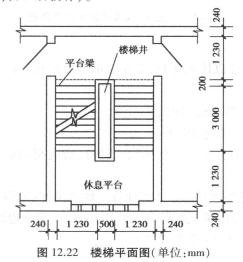

图 12.22 楼梯平面图(单位:mm)

【解】 $S = (1.23+0.50+1.23) \times (1.23+3.00+0.20) \times 3$

$$= 2.96 \times 4.43 \times 3 = 133.113 \times 3 = 39.34 (\text{m}^2)$$

8) 阳台、雨篷(悬挑板)

雨篷梁、板工程量合并,按雨篷以体积计算。高度≤400 mm 的栏板并入雨篷体积内计算;栏板高度>400 mm 时,其超过部分按栏板计算。

凸阳台(凸出外墙外侧用悬挑梁悬挑的阳台)按阳台项目计算;凹进墙内的阳台,按梁、板分别计算,阳台栏板、压顶分别按栏板、压顶项目计算。各示意图如图 12.23、图 12.24 所示。

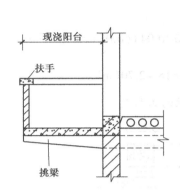
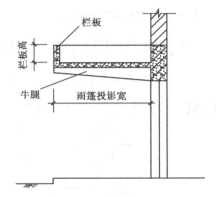

图 12.23 有现浇挑梁的现浇阳台   图 12.24 有牛腿的现浇阳台

9) 其他

栏板、扶手按设计图示尺寸以体积计算。伸入砖墙内的部分并入栏板、扶手体积计算。

预制板补现浇板缝时,按平板计算。

预制钢筋混凝土框架柱现浇接头(包括梁接头)按设计规定断面和长度以"m³"计算。

12.1.6 预制混凝土工程量

①预制混凝土工程量均按图示尺寸以"m³"计算,不扣除构件内钢筋、铁件及小于 300 mm× 300 mm 以内孔洞体积。

【例 12.6】 根据图 12.25 计算 20 块 YKB-3364 预应力空心板的工程量。

【解】 $V = $ 空心板净断面积×板长×块数

$$= [0.12 \times (0.57+0.59) \times \frac{1}{2} - 0.785\ 4 \times (0.076)^2 \times 6] \times 3.28 \times 20 (\text{块})$$

$$= (0.069\ 6 - 0.027\ 2) \times 3.28 \times 20 = 0.042\ 4 \times 3.28 \times 20 = 2.78 (\text{m}^3)$$

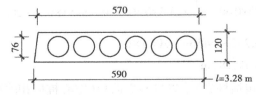

图 12.25 YKB-3364 预应力空心板

【例 12.7】 根据图 12.26 计算 18 块预制天沟板的工程量。

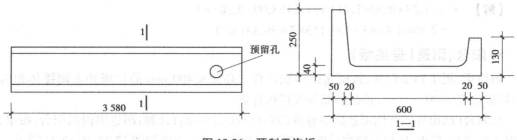

图 12.26　预制天沟板

【解】　V = 断面积×长度×块数

$$= \left[(0.05+0.07)\times\frac{1}{2}\times(0.25-0.04)+0.60\times0.04+(0.05+0.07)\times\frac{1}{2}\times \right.$$

$$\left. (0.13-0.04) \right] \times3.58\times18(块)=0.150\times18=2.70(m^3)$$

【例 12.8】　根据图 12.27 计算 6 根预制工字形柱的工程量。

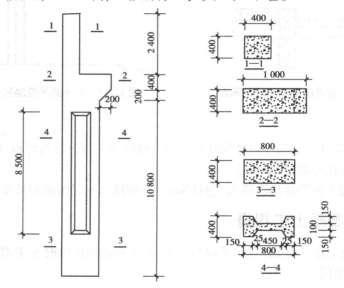

图 12.27　预制工字形柱(单位:mm)

【解】　V =(上柱体积+牛腿部分体积+下柱外形体积-工字形槽口体积)×根数

$$= \left\{ (0.40\times0.40\times2.40)+\left[0.40\times(1.0+0.80)\times\frac{1}{2}\times0.20+0.40\times1.0\times0.40 \right]+ \right.$$

$$\left. (10.8\times0.80\times0.40)-\frac{1}{2}\times(8.5\times0.50+8.45\times0.45)\times0.15\times2(边) \right\}\times6(根)$$

$$= (0.384+0.232+3.456-1.208)\times6$$

$$= 2.864\times6=17.18(m^3)$$

②预制桩按桩全长(包括桩尖)乘以桩断面面积(空心桩应扣除孔洞体积)以"m³"计算。

③混凝土与钢杆件组合的构件,混凝土部分按构件实体积以"m³"计算,钢构件部分按"t"计算,分别套用相应的定额项目。

12.1.7　固定用支架等

固定预埋螺栓、铁件的支架、固定双层钢筋的铁马凳、垫铁件,按审定的施工组织设计规定计算,套用相应定额项目。

12.1.8　构筑物钢筋混凝土工程量

1)一般规定

构筑物混凝土除另有规定者外,均按图示尺寸扣除门窗洞口及 0.3 m² 以上孔洞所占体积以实体体积计算。

2)水塔

①筒身与槽底以槽底连接的圈梁底为界,以上为槽底,以下为筒身。

②筒式塔身及依附于筒身的过梁、雨篷、挑檐等,并入筒身体积内计算;柱式塔身,柱、梁合并计算。

③塔顶包括顶板和圈梁,槽底包括底板挑出的斜壁板和圈梁等合并计算。

3)其他项目

贮水池不分平底、锥底、坡底,均按池底计算;壁基梁、池壁不分圆形壁和矩形壁,均按池壁计算;其他项目均按现浇混凝土部分相应项目计算。

12.1.9　钢筋混凝土构件接头灌缝

1)一般规定

钢筋混凝土构件接头灌缝,包括构件坐浆、灌缝、堵板孔、塞板梁缝等,均按预制钢筋混凝土构件实体积以"m³"计算。

2)柱的灌缝

柱与柱基的灌缝,按首层柱体积计算;首层以上柱灌缝,按各层柱体积计算。

3)空心板堵孔

空心板堵孔的人工、材料已包括在定额内。如不堵孔时,每 10 m³ 空心板体积应扣除 0.23 m³ 预制混凝土块和 2.2 个工日。

12.2　清单工程量计算

12.2.1　主要内容

混凝土及钢筋混凝土工程主要包括现浇混凝土基础、现浇混凝土柱、现浇混凝土梁、现浇混凝土墙、现浇混凝土板、现浇混凝土楼梯、现浇混凝土其他构件、后浇带、预制混凝土柱、预制混凝土梁、预制混凝土屋架、预制混凝土板、预制混凝土楼梯、其他预制构件、混凝土构筑物、钢筋工程、螺栓铁件等。

12.2.2　工程量清单项目

1)带形基础

①基本概念。当建筑物上部结构采用墙承重时,基础沿墙设置,多做成长条形,这时称为带形基础。

②工作内容。带形混凝土基础的工作内容包括:混凝土制作、运输、浇筑、振捣、养护等。

③项目特征。带形混凝土基础的项目特征包括:混凝土种类;混凝土强度等级。

④计算规则。带形混凝土基础按设计图示尺寸以体积计算,不扣除构件内钢筋、预埋铁件和伸入承台基础的桩头所占体积。

2)独立基础

①基本概念。当建筑物上部结构采用框架结构或单层排架结构承重时,基础常采用矩形的单独基础,这类基础称为独立基础。常见的独立基础有阶梯形、锥形、杯口形等。

②工作内容。独立基础的工作内容同带形基础。

③项目特征。独立基础的项目特征包括:混凝土种类;混凝土强度等级。

④计算规则。独立基础的计算规则同带形基础。

3)桩承台基础

桩承台基础项目适用于浇筑在组桩上(如梅花桩)的承台。计算工程量时,不扣除浇入承台体积内的桩头所占体积。

桩承台基础的工作内容、项目特征、计算规则同带形混凝土基础。

4)满堂基础

满堂基础项目适用于地下室的箱式、筏式基础等。

满堂基础的工作内容、项目特征、计算规则同带形混凝土基础。

5)现浇矩形柱、异形柱

①工作内容。现浇矩形柱、异形柱的工作内容包括:混凝土制作、运输、浇筑、振捣、养护等。

②项目特征。现浇矩形柱、异形柱的项目特征包括:混凝土种类;混凝土强度等级。

③计算规则。现浇矩形柱、异形柱工程量按设计图示尺寸以体积计算,不扣除构件内钢筋、预埋铁件所占体积。

④确定柱高的规定。

a.有梁板的柱高,应按自柱基上表面(或楼板上表面)至上一层楼板上表面之间的高度计算;

b.无梁板的柱高,应按自柱基上表面(或楼板上表面)至柱帽下表面之间的高度计算;

c.框架柱的柱高,应按自柱基上表面至柱顶高度计算;

d.构造柱按全高计算,嵌接墙体部分并入柱身体积;

e.依附柱上的牛腿和升板的柱帽并入柱身体积计算。

6)现浇矩形梁

①工作内容。现浇混凝土矩形梁工作内容包括:混凝土制作、运输、浇筑、振捣、养护等。

②项目特征。现浇混凝土矩形梁的项目特征包括:混凝土种类;混凝土强度等级。

③计算规则。现浇混凝土矩形梁工程量按设计图示尺寸以体积计算,不扣除构件内钢筋、预埋铁件所占体积,伸入墙内的梁头、梁垫并入梁体积内。梁长计算的规定是:梁与柱连接时,梁长算至柱侧面;主梁与次梁连接时,次梁长算至主梁侧面。

7) 直形墙

①工作内容。现浇直形墙工作内容包括:混凝土制作、运输、浇筑、振捣、养护等。

②项目特征。现浇直形墙项目特征包括:混凝土种类;混凝土强度等级。

③计算规则。现浇直形墙工程量计算按设计图示尺寸以体积计算,不扣除构件内钢筋、预埋铁件所占体积,扣除门窗洞口及单个面积在 0.3 m² 以上的孔洞所占体积,墙垛及突出墙面部分并入墙体体积内计算。

④有关说明。直形墙项目也适用于电梯井。

8) 有梁板

①基本概念。现浇有梁板是指在同一平面内相互正交式的密肋板,或者由主梁、次梁相交的井字梁板。

②工作内容。现浇有梁板的工作内容包括:混凝土制作、运输、浇筑、振捣、养护等。

③项目特征。现浇有梁板的项目特征包括:混凝土种类;混凝土强度等级。

④计算规则。现浇有梁板工程量按设计图示尺寸以体积计算,不扣除构件内钢筋、预埋铁件及单个面积在 0.3 m² 以内的孔洞所占体积。有梁板(包括主梁、次梁与板)按梁、板体积之和计算,无梁板按板和柱帽体积之和计算,各类板伸入墙内的板头并入板体积内计算,薄壳板的肋、基梁并入薄壳体积内计算。

⑤有关说明。项目特征内的梁底标高、板底标高,不需要每个构件都标注,而是要求选择关键部件的梁、板构件,以便投标人在投标时选择吊装机械和垂直运输机械。

9) 现浇直形楼梯

①工作内容。现浇直形楼梯工作内容包括:混凝土制作、运输、浇筑、振捣、养护等。

②项目特征。现浇直形楼梯的项目特征包括:混凝土种类;混凝土强度等级。

③计算规则。现浇直形楼梯按设计图示尺寸以水平投影面积计算,不扣除宽度小于 500 mm 的楼梯井,伸入墙内部分不计算。

④有关说明。

a.整体楼梯水平投影面积包括休息平台、平台梁、斜梁及与楼梯连接的梁。当整体楼梯与现浇板无梯梁连接时,以楼梯的最后一个踏步边缘加 300 mm 计算。

b.单跑楼梯如果无休息平台的,应在工程量清单项目中进行描述。

10) 散水、坡道

①工作内容。散水、坡道的工作内容包括:地基夯实,铺设垫层,混凝土制作、运输、浇筑、振捣、养护,变形缝填塞等。

②项目特征。散水、坡道项目特征包括:垫层材料种类、厚度;面层厚度;混凝土种类;混凝土强度等级;变形缝填塞材料种类。

③计算规则。散水、坡道工程量按设计图示尺寸以面积计算,不扣除单个面积在 0.3 m²

以内的孔洞所占面积。

④有关说明。如果散水、坡道需要抹灰时,应在项目特征中表达清楚。

11)后浇带

①基本概念。在现浇钢筋混凝土施工过程中,为防止由于温度收缩而可能产生有害裂缝而设置的临时施工缝,称为后浇带。该缝需要根据设计要求保留一段时间后再浇筑,将整个结构连成整体。

②工作内容。后浇带的工作内容包括:混凝土制作、运输、浇筑、振捣、养护等。

③项目特征。后浇带的项目特征包括:混凝土种类;混凝土强度等级。

④计算规则。后浇带工程量按设计图示尺寸以体积计算。

⑤有关说明。后浇带项目适用于梁、墙、板。

12)预制矩形柱、异形柱

①工作内容。预制矩形柱、异形柱工作内容包括:混凝土制作、运输、浇筑、振捣、养护,构件制作、运输,构件安装,砂浆制作、运输,接头灌浆、养护等。

②项目特征。预制矩形柱、异形柱的项目特征包括:图代号;单件体积;安装高度;混凝土强度等级;砂浆(细石混凝土)强度等级、配合比。

③计算规则。

a.以"m^3"计量,按设计图示尺寸以体积计算;

b.以"根"计量,按设计图示尺寸以数量计算。

④有关说明。有相同截面、长度的预制混凝土柱的工程量可按根数计算,必须描述单件体积。

13)预制折线形屋架

①工作内容。预制折线形屋架的工作内容包括:混凝土制作、运输、浇筑、振捣、养护,构件制作、运输,构件安装,砂浆制作、运输,接头灌浆、养护等。

②项目特征。预制折线形屋架的项目特征包括:图代号;单件体积;安装高度;混凝土强度等级;砂浆(细石混凝土)强度等级、配合比。

③计算规则。预制折线形屋架的工程量计算按以下两种方式表达:

a.以"m^3"计量,按设计图示尺寸以体积计算;

b.以"榀"计量,按设计图示尺寸以数量计算。

④有关说明。同类型、相同跨度的预制混凝土屋架工程量可按榀数计算。

14)预制混凝土楼梯

①工作内容。预制混凝土楼梯工作内容包括:混凝土制作、运输、浇筑、振捣、养护,构件制作、运输,构件安装,砂浆制作、运输,接头灌浆、养护等。

②项目特征。预制混凝土楼梯的项目特征包括:楼梯类型;单件体积;安装高度;混凝土强度等级;砂浆(细石混凝土)强度等级、配合比。

③计算规则。预制混凝土楼梯工程量按设计图示尺寸以体积计算,不扣除构件内钢筋、预埋铁件所占体积,应扣除空心踏步板的空洞体积。

复习思考题

1.简述现浇混凝土及钢筋混凝土模板工程量计算规则。

2.简述预埋铁件工程量计算方法。

3.预埋铁件有何作用？

4.板式(筏形)满堂基础与箱式满堂基础有什么不同点？

5.写出现浇钢筋混凝土杯形基础工程量计算公式。

6.现浇混凝土柱帽按什么计算？

7.与构造柱相交的圈梁部位体积合并在什么内计算？

8.现浇梁的梁垫单独列项计算工程量吗？为什么？

9.如何计算现浇整体楼梯工程量？

10.如何计算有牛腿的现浇阳台工程量？

第 13 章

门窗及木结构工程量计算

知识点

熟悉门窗工程量计算规则,了解木材木种分类,熟悉门窗框扇断面的确定及换算,熟悉木屋架、木檩条和封檐板工程量计算方法,了解木檩条工程量计算方法。

技能点

会计算木门窗工程量,会换算门窗框扇断面,会计算封檐板工程量。

课程思政

我国已经进入根据建筑信息模型(BIM),用计算机自动计算工程量的高科技时代。例如,一个约 10 万 m² 的建筑工程,根据其建筑信息模型,用工程量计算软件,在每秒钟运行 50 亿次的普通笔记本电脑上,花一个小时左右就可以计算出全部工程量。

自动和快速计算工程量取决于三个方面的条件:一是要用 Revit 等建模软件建一个信息量完整的建筑信息模型(BIM);二是要设计出工程量计算的程序;三是要有高速计算机来运行计算程序。

我国的高速运行计算机研制已经进入世界前列,2017 年全球超级计算机 500 强榜单中,每秒运行 9.3 亿亿次的"神威·太湖之光"超级计算机上榜,再一次反超美国夺得第一。该系统全部使用中国自主知识产权的处理器芯片。

超级计算机被称为"国之重器",超级计算属于战略高技术领域,是世界各国竞相角逐的科技制高点,也是一个国家科技实力的重要标志之一。

13.1　定额工程量计算

13.1.1　一般规定

装饰木门
工程量计算

①产品木门框安装按设计图示框的中心线长度计算。

②成品木门扇安装按设计图示扇面积计算。

③成品套装木门按设计图示数量计算。

④木质防火门安装按设计图示洞口面积计算。

⑤铝合金门窗(飘窗、阳台封闭窗除外)、塑料窗均按设计图示门窗洞口面积计算。

⑥门连窗按设计图示洞口面积分别计算门、窗面积,其中窗的宽度算至门框的外边线。

⑦纱门、纱窗扇均按设计图示扇外围面积计算。

⑧钢质防火门、防盗门按设计图示门洞面积计算。

⑨防盗窗按设计图示窗框外围面积计算。

⑩门、窗盖口条、贴脸、披水条,按图示尺寸以延长米计算,执行木装修项目(图13.1)。

⑪普通窗上部带有半圆窗(图13.2)的工程量,应分别按半圆窗和普通窗计算,其分界线以普通窗和半圆窗之间的横框上裁口线为分界线。

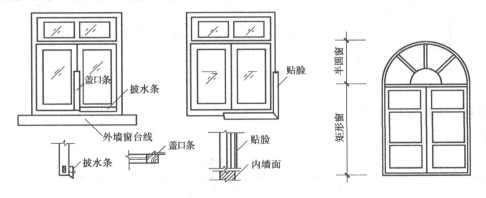

图 13.1　窗盖口条、贴脸、披水条示意图　　　图 13.2　带半圆窗示意图

⑫门窗扇包镀锌铁皮,按门、窗洞口面积以"m²"计算(图13.3);门窗框包镀锌铁皮、钉橡皮条、钉毛毡,按图示门窗洞口尺寸以"延长米"计算。

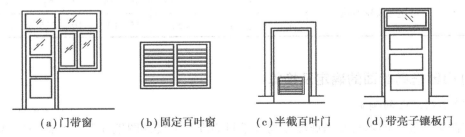

(a)门带窗　　　(b)固定百叶窗　　　(c)半截百叶门　　　(d)带亮子镶板门

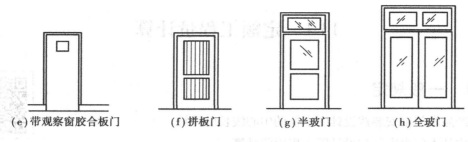

| (e)带观察窗胶合板门 | (f)拼板门 | (g)半玻门 | (h)全玻门 |

图 13.3　各种门窗示意图

13.1.2　套用定额的规定

1)木材木种分类

全国统一建筑工程基础定额将木材分为 4 类,见表 13.1。

表 13.1　木材分类表

分　类	木　材
一　类	红松、水桐木、樟子松
二　类	白松(方杉、冷杉)、杉木、杨木、柳木、椴木
三　类	青松、黄花松、秋子木、马尾松、东北榆木、柏木、苦楝木、梓木、黄菠萝、椿木、楠木、柚木、樟木
四　类	栎木(柞木)、檀木、色木、槐木、荔木、麻栗木(麻栎、青杠)、桦木、荷木、水曲柳、华北榆木

2)板、枋材规格分类

板、枋材规格分类见表 13.2。

表 13.2　板、枋材规格分类表

项　目	按宽厚尺寸比例分类	按板材厚度、枋材宽度与厚度乘积分类			
板　材	宽度≥3×厚度	名　称	薄　板	中　板	厚　板	特厚板
		厚度/mm	<18	19~35	36~65	≥66
枋　材	宽度<3×厚度	名　称	小　枋	中　枋	大　枋	特大枋
		宽度×厚度/cm²	<54	55~100	101~225	≥226

3)门窗框扇断面的确定及换算

（1）框扇断面的确定

定额中所注明的木材断面或厚度均以毛料为准。如设计图纸注明的断面或厚度为净料时,应增加刨光损耗;板、枋材一面刨光增加 3 mm,两面刨光增加 5 mm;圆木按每 m³ 材积增加 0.05 m^3 计算。

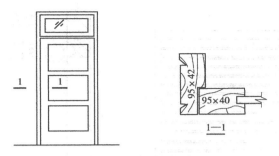

图 13.4　木门框扇断面示意图

【例 13.1】　根据图 13.4 中门框断面的净尺寸计算含刨光损耗的毛断面。

【解】　门框毛断面 $=(9.5+0.5)\times(4.2+0.3)=45(cm^2)$

门扇毛断面 $=(9.5+0.5)\times(4.0+0.5)=45(cm^2)$

(2)框扇断面的换算

当图纸设计的木门窗框扇断面与定额规定不同时,应按比例换算。框断面以边框断面为准(框裁口如为钉条者加贴条的断面),扇断面以主梃断面为准。

框扇断面不同时的定额材积换算公式为:

$$换算后材积=\frac{设计断面(加刨光损耗)}{定额断面}\times定额材积 \tag{13.1}$$

【例 13.2】　某工程的单层镶板门框的设计断面为 60 mm×115 mm(净尺寸),查定额框断面为 60 mm×100 mm(毛料),定额枋材耗用量 2.037 m^3/100 m^2,试计算按图纸设计的门框枋材耗用量。

【解】　换算后的体积 $=\dfrac{设计断面}{定额断面}\times定额体积=\dfrac{63\times120}{60\times120}\times2.037=2.567(m^3/100\ m^2)$

13.1.3　计算规则

(1)铝合金门窗等

铝合金门窗制作、安装,铝合金、不锈钢门窗、彩板组角钢门窗、塑料门窗、钢门窗安装,均按设计门窗洞口面积计算。

塑钢推拉窗工程量计算

(2)卷帘门

卷帘门安装按设计图示卷帘门宽度乘以卷帘门高度(包括卷帘箱高度)以面积计算。电动装置安装按设计图示套数计算。

【例 13.3】　根据图 13.5 所示尺寸计算卷帘门工程量。

【解】　$S=3.20\times(3.60+0.60)=13.44(m^2)$

(3)包门框、安附框

不锈钢片包门框按框外表面面积以"m^2"计算,彩板组角钢门窗附框安装按"延长米"计算。

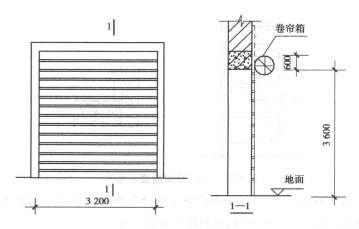

图 13.5　卷帘门示意图(单位:mm)

(4)木屋架

①木屋架、檩条工程量按设计图示规格尺寸以体积计算。附属于其上的木夹板、垫木、风撑、挑檐木、檩条三角木均按木材体积并入屋架、檩条工程量内。单独挑檐木并入檩条工程量内。檩托木、檩垫木已包括在定额项目内,不另计算。

②屋架的马尾、折角和正交(图 13.6)部分半屋架,应并入相连接屋架的体积内计算。

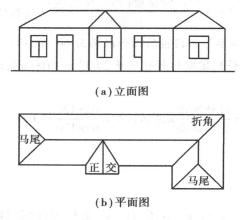

(a)立面图

(b)平面图

图 13.6　屋架的马尾、折角和正交示意图

③钢木屋架工程量按设计图示规格尺寸以体积计算。定额内已包括钢构件的用量,不再另行计算。

④圆木屋架连接的挑檐木、支撑等如为方木时,其方木部分应乘以系数 1.7 折合成圆木并入屋架竣工木料内计算。单独的方木挑檐按矩形檩木计算。

⑤屋架杆件长度系数表。木屋架各杆件长度可用屋架跨度乘以杆件长度系数计算。杆件长度系数见表 13.3。

表 13.3　屋架杆件长度系数表

屋架形式	角度	杆件编号										
		1	2	3	4	5	6	7	8	9	10	11
	26°34′	1	0.559	0.250	0.280	0.125						
	30°	1	0.577	0.289	0.289	0.144						
	26°34′	1	0.559	0.250	0.236	0.167	0.186	0.083				
	30°	1	0.577	0.289	0.254	0.192	0.192	0.096				
	26°34′	1	0.559	0.250	0.225	0.188	0.177	0.125	0.140	0.063		
	30°	1	0.577	0.289	0.250	0.217	0.191	0.144	0.144	0.072		
	26°34′	1	0.559	0.250	0.224	0.200	0.180	0.150	0.141	0.100	0.112	0.050
	30°	1	0.577	0.289	0.252	0.231	0.200	0.173	0.153	0.116	0.115	0.057

⑥原木材积是根据尾径计算的。国家标准《原木材积表》(GB/T 4814—2013)规定了原木材积的计算方法和计算公式。在实际工作中,一般都采取查表的方式来确定圆木屋架的材积,见表 13.4。

标准规定,检尺径为 4~13 cm、检尺长 2.0~10.0 m 的小径原木材积按式(13.2)确定:

$$V = 0.785\ 4L(D + 0.45L + 0.2)^2 \div 10\ 000 \qquad (13.2)$$

检尺径在 14~120 cm、检尺长 2.0~10.0 m 的原木材积按式(13.3)确定:

$$V = 0.785\ 4L[\,D + 0.5L + 0.005L^2 + 0.000\ 125L$$
$$(14 - L)^2(D - 10)\,]^2 \div 10\ 000 \qquad (13.3)$$

式中　V——原木的材积,m^3;

　　　L——原木的检尺长,m;

　　　D——原木的检尺径,cm。

表 13.4　原木材积表

检尺长/m

材积/m³

检尺径/cm	2.0	2.2	2.4	2.5	2.6	2.8	3.0	3.2	3.4	3.6	3.8	4.0	4.2	4.4	4.6	4.8	5.0	5.2	5.4	5.6	5.8	6.0	6.2	6.4	6.6	6.8	7.0	7.2	7.4	7.6
8	0.013	0.015	0.016	0.017	0.018	0.020	0.021	0.023	0.025	0.027	0.029	0.031	0.034	0.036	0.038	0.040	0.043	0.045	0.048	0.051	0.053	0.056	0.059	0.062	0.065	0.068	0.071	0.074	0.077	0.081
10	0.019	0.022	0.024	0.025	0.026	0.029	0.031	0.034	0.037	0.040	0.042	0.045	0.048	0.051	0.054	0.058	0.061	0.064	0.068	0.071	0.075	0.078	0.082	0.086	0.090	0.094	0.098	0.102	0.106	0.111
12	0.027	0.030	0.033	0.035	0.037	0.040	0.043	0.047	0.050	0.054	0.058	0.062	0.065	0.069	0.074	0.078	0.082	0.086	0.091	0.095	0.100	0.105	0.109	0.114	0.119	0.124	0.130	0.135	0.140	0.146
14	0.036	0.040	0.045	0.047	0.049	0.054	0.058	0.063	0.068	0.073	0.078	0.083	0.089	0.094	0.100	0.105	0.111	0.117	0.123	0.129	0.136	0.142	0.149	0.156	0.162	0.169	0.176	0.184	0.191	0.199
16	0.047	0.052	0.058	0.060	0.063	0.069	0.075	0.081	0.087	0.093	0.100	0.106	0.113	0.120	0.126	0.134	0.141	0.148	0.155	0.163	0.171	0.179	0.187	0.195	0.203	0.211	0.220	0.229	0.238	0.247
18	0.059	0.065	0.072	0.076	0.079	0.086	0.093	0.101	0.108	0.116	0.124	0.132	0.140	0.148	0.156	0.165	0.174	0.182	0.191	0.201	0.210	0.219	0.229	0.238	0.248	0.258	0.268	0.278	0.289	0.300
20	0.072	0.080	0.088	0.092	0.097	0.105	0.114	0.123	0.132	0.141	0.151	0.160	0.170	0.180	0.190	0.200	0.210	0.221	0.231	0.242	0.253	0.264	0.275	0.286	0.298	0.309	0.321	0.333	0.345	0.358
22	0.086	0.096	0.106	0.111	0.116	0.126	0.137	0.147	0.158	0.169	0.180	0.191	0.203	0.214	0.226	0.238	0.250	0.262	0.275	0.287	0.300	0.313	0.326	0.339	0.352	0.365	0.379	0.393	0.407	0.421
24	0.102	0.114	0.125	0.131	0.137	0.149	0.161	0.174	0.186	0.199	0.212	0.225	0.239	0.252	0.266	0.279	0.293	0.308	0.322	0.336	0.351	0.366	0.380	0.396	0.411	0.426	0.442	0.457	0.473	0.489
26	0.120	0.133	0.146	0.153	0.160	0.174	0.188	0.203	0.217	0.232	0.247	0.262	0.277	0.293	0.308	0.324	0.340	0.356	0.373	0.389	0.406	0.423	0.440	0.457	0.474	0.491	0.509	0.527	0.545	0.563
28	0.138	0.154	0.169	0.177	0.185	0.201	0.217	0.234	0.250	0.267	0.284	0.302	0.319	0.337	0.354	0.372	0.391	0.409	0.427	0.446	0.465	0.484	0.503	0.522	0.542	0.561	0.581	0.601	0.621	0.642
30	0.158	0.176	0.193	0.202	0.211	0.230	0.248	0.267	0.286	0.305	0.324	0.344	0.364	0.383	0.404	0.424	0.444	0.465	0.486	0.507	0.528	0.549	0.571	0.592	0.614	0.636	0.658	0.681	0.703	0.726
32	0.180	0.199	0.219	0.230	0.240	0.260	0.281	0.302	0.324	0.345	0.367	0.389	0.411	0.433	0.456	0.479	0.502	0.525	0.548	0.571	0.595	0.619	0.643	0.667	0.691	0.715	0.740	0.765	0.790	0.815
34	0.202	0.224	0.247	0.258	0.270	0.293	0.316	0.340	0.364	0.388	0.412	0.437	0.461	0.486	0.511	0.537	0.562	0.588	0.614	0.640	0.666	0.692	0.719	0.746	0.772	0.799	0.827	0.854	0.881	0.909

注：长度以20 cm 为增进单位，不足20 cm时，满10 cm进位，不足10 cm含去；径级以2 cm 为增进单位，不足2 cm时，满1 cm 的进位，不足1 cm 含去。

【**例** 13.4】 根据图 13.7 中的尺寸计算跨度 $L=12$ m 的圆木屋架工程量。

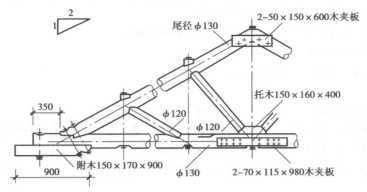

图 13.7 圆木屋架

【**解**】 屋架圆木材积计算见表 13.5。

表 13.5 屋架圆木材积计算表

名 称	尾径/cm	数量	长度/m	单根材积/m³	材积/m³
上 弦	φ13	2	12×0.559* = 6.708	0.169	0.338
下 弦	φ13	2	6+0.35 = 6.35	0.156	0.312
斜杠 1	φ12	2	12×0.236* = 2.832	0.040	0.080
斜杠 2	φ12	2	12×0.186* = 2.232	0.030	0.060
托 木		1	0.15×0.16×0.40×1.70*		0.016
挑檐木		2	0.15×0.17×0.90×2×1.70*		0.078
小计					0.884

【**例** 13.5】 根据图 13.8 中尺寸,计算跨度 $L=9.0$ m 的方木屋架工程量。

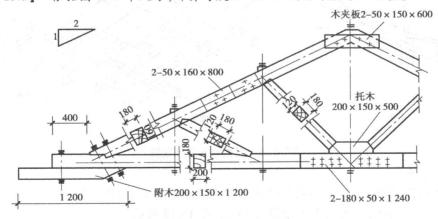

图 13.8 方木屋架

【**解**】 上弦:9.0×0.559*×0.18×0.16×2(根) = 0.290(m³)

下弦:(9.0+0.4×2)×0.18×0.20 = 0.353(m³)

斜杆 1:9.0×0.236*×0.12×0.18×2(根) = 0.092(m³)

斜杆 2:9.0×0.186*×0.12×0.18×2(根)= 0.072(m³)

托木:0.2×0.15×0.5 = 0.015(m³)

挑檐木:1.20×0.20×0.15×2(根)= 0.072(m³)

小计:0.894 m³

注:木夹板、钢拉杆等已包括在定额中。

（5）檩木

①檩木工程量按设计图示规格尺寸以体积计算。

②简支檩条长度按设计规定计算,如设计无规定者,按屋架或山墙中距增加 200 mm 计算,如两端出山墙,檩条算至博风板,如图 13.9 所示。

③连续檩条的长度按设计长度计算,其接头长度按全部连续檩木总体积的 5% 计算,如图 13.10 所示。

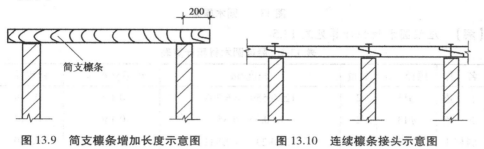

图 13.9　简支檩条增加长度示意图　　　　图 13.10　连续檩条接头示意图

（6）屋面木基层

屋面木基层(图 13.11)按设计图示尺寸以屋面的斜面积计算。屋面烟囱、风帽底座、风道、小气窗及斜沟部分所占面积不扣除。

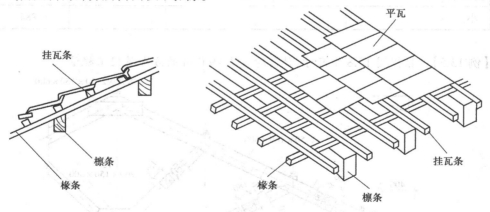

图 13.11　屋面木基层示意图

（7）封檐板

封檐板按设计图示檐口外围长度计算,博风板按斜长计算,每个大刀头增加长度 500 mm。挑檐木、封檐板、博风板、大刀头示意如图 13.12、图 13.13 所示。

（8）木楼梯

木楼梯按水平投影面积计算,不扣除宽度小于 300 mm 的楼梯井,其踢脚板、平台和伸入墙内部分不另计算。

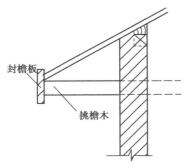

图 13.12　挑檐木、封檐板示意图

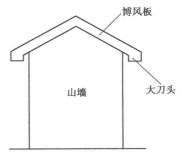

图 13.13　博风板、大刀头示意图

13.2　清单工程量计算

1）主要内容

木结构工程主要包括厂库房大门、特种门、木屋架、木构件等。

2）工程量清单项目

（1）钢木大门

①基本概念。钢木大门的门框一般由混凝土制成，门扇由骨架和面板构成。门扇的骨架常用型钢制成，门芯板一般用 15 mm 厚的木板，用螺栓与钢骨架相连接。

②工作内容。钢木大门的工作内容包括：门（骨架）制作、运输，门、五金配件安装，刷防护材料、油漆等。

③项目特征。钢木大门的项目特征包括：门代号及洞口尺寸；门框或扇外围尺寸；门框、扇材质；五金种类、规格；防护材料种类。

④计算规则。钢木大门工程量按设计图示数量以"樘"计算，或者按设计图示洞口尺寸以面积计算。

（2）木楼梯

①工作内容。木楼梯工作内容包括：木楼梯的制作、运输、安装、刷防护材料等。

②项目特征。木楼梯的项目特征包括：楼梯形式；木材种类；刨光要求；防护材料种类。

③计算规则。木楼梯工程量按设计图示尺寸以水平投影面积计算，不扣除宽度小于 300 mm 的楼梯井，伸入墙内部分不计算。

复习思考题

1.如何计算门窗贴脸工程量？

2.如何计算门窗扇包镀锌铁皮工程量？

3.一类木材有哪些？

4.枋板材是如何划分的？

5.门窗框扇断面是按什么方法换算的？

6.如何计算卷帘门安装工程量？

7.屋面木基层包括哪些内容？

8.简述封檐板工程量计算规则。

第 14 章
楼地面工程量计算

知识点

熟悉垫层、找平层及整体面层的概念,熟悉台阶的整体面层和块料面层工程量计算方法,熟悉散水工程量计算方法。

技能点

会计算栏杆和扶手工程量,会计算踢脚线工程量,会计算台阶面层工程量,会计算散水工程量,会计算明沟工程量。

课程思政

北京大兴国际机场是拥有"三纵一横"4 条跑道、143 万 m² 总建筑面积的综合体。该机场建设规模及速度为世界之最;是世界规模最大的单体机场航站楼;世界最大的减隔震航站楼;全球首座双层出发、双层到达的航站楼;全球第一座高铁从地下穿行的机场;世界最大的无结构缝一体化航站楼;世界施工技术难度最高的航站楼。

这个超级工程只有计算出全部建筑与安装工程量,才能顺利完成招投标、编制施工进度计划、实施物资采购与供应管理、进行工程成本控制、完成工程结算等工作,才能竣工交付使用。因此,工程量计算是一项非常重要的、精益求精的、光荣艰巨的工作,只有掌握好该项技能,才能更好地报效祖国!

14.1　定额工程量计算

1) 垫层

地面垫层按室内主墙间净空面积乘以设计厚度以"m³"计算,应扣除凸出地面的构筑物、设备基础、室内铁道、地沟等所占体积,不扣除柱、垛、间壁墙、附墙烟囱及面积在 0.3 m² 以内孔洞所占体积。

说明:

①因为间壁墙是在地面完成后做的,所以不扣除间壁墙;不扣除柱、垛及不增加门洞开口部分面积,是一种综合计算方法。

②凸出地面的构筑物、设备基础等,是先做好后再做室内地面垫层,所以要扣除所占体积。

2) 整体面层、找平层

整体面层、找平层均按设计图示尺寸以面积计算。扣除凸出地面建筑物、设备基础、室内管道、地沟等所占面积,不扣除柱、垛、间壁墙、附墙烟囱及面积在 0.3 m² 以内的孔洞所占面积,但门洞、空圈、暖气包槽、壁龛的开口部分亦不增加。楼地面构造层如图 14.1 所示。

说明:

①整体面层包括水泥砂浆、水磨石、水泥豆石等。

②找平层包括水泥砂浆、细石混凝土等。

③不扣除柱、垛、间壁墙等所占面积,不增加门洞、空圈、暖气包槽、壁龛的开口部分,各种面积经过正负抵消后就能确定定额用量,这是编制定额时采用的综合计算方法。

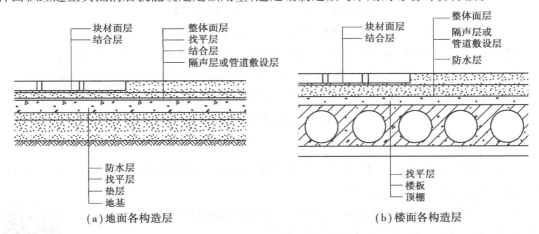

(a) 地面各构造层　　　　　　(b) 楼面各构造层

图 14.1　楼地面构造层示意图

【例 14.1】　根据图 14.2 计算该建筑物的室内地面面层工程量。

【解】　室内地面面积=建筑面积-墙结构面积

$$=9.24×6.24-[(9+6)×2+6-0.24+5.1-0.24]×0.24$$
$$=57.66-40.62×0.24=57.66-9.75=47.91(m²)$$

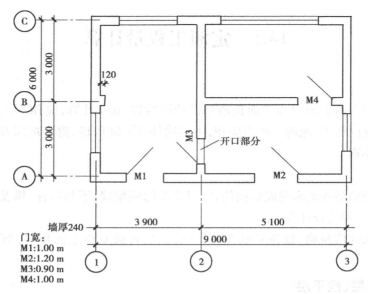

图 14.2 某建筑平面图

3)块料面层

块料面层、橡胶面层及其他材料面层按设计图示尺寸以面积计算。门洞、空圈、暖气包槽和壁龛的开口部分的工程量并入相应的面层内计算。

地砖楼地面
工程量计算

说明:块料面层包括大理石、花岗岩、彩釉砖、缸砖、陶瓷锦砖、木地板等。

【例 14.2】 根据图 14.2 和例 14.1 的数据,计算该建筑物室内花岗岩地面面层工程量。

【解】 花岗岩地面面积=室内地面面积+门洞开口部分面积

$$=47.91+(1.0+1.2+0.9+1.0)\times0.24$$
$$=47.91+0.98=48.89(m^2)$$

楼梯面层(包括踏步、平台以及小于 500 mm 宽的楼梯井)按水平投影面积计算。

【例 14.3】 根据图 12.22 的尺寸计算水泥豆石浆楼梯间面层(只算一层)工程量。

【解】 水泥豆石浆楼梯间面层=$(1.23\times2+0.50)\times(0.200+1.23+3.0)$

$$=2.96\times4.43=13.11(m^2)$$

4)台阶面层

台阶面层按设计图示尺寸以台阶(包括踏步及最上一层踏步边沿 300 mm)水平投影面积计算。台阶示意图如图 14.3 所示。

说明:台阶的整体面层和块料面层均按水平投影面积计算,是因为定额已将台阶踢脚立面的工料综合到水平投影面积了。

台阶面装饰
工程量计算

【例 14.4】 根据图 14.3 计算花岗岩台阶面层工程量。

【解】 花岗岩台阶面层=台阶中心线长×台阶宽

$$=[(0.30\times2+2.1)+(0.30+1.0)\times2]\times(0.30\times2)$$
$$=5.30\times0.6=3.18(m^2)$$

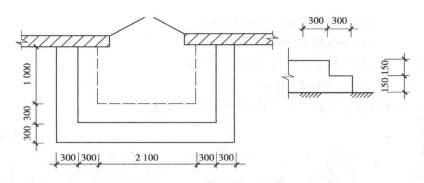

图 14.3　台阶示意图(单位:mm)

5)其他

①踢脚板(线)按设计图示长度乘以高度以面积计算。楼梯靠墙踢脚线(含锯齿形部分)贴块料按设计图示面积计算。

【例14.5】　根据图14.2计算各房间150 mm高瓷砖踢脚线工程量。

【解】　瓷砖踢脚线:

$L = (\sum 房间净空周长 - 门洞宽 + 门洞侧面宽) \times 0.15$

$= \big[(6.0 - 0.24 + 3.9 - 0.24 + 0.12) \times 2 + (5.1 - 0.24 + 3.0 - 0.24) \times 2 +$

$(5.1 - 0.24 + 3.0 - 0.24) \times 2 - (\overset{M1}{1.0} + \overset{M2}{1.20} + \overset{M3}{0.9 \times 2} + \overset{M4}{1.0 \times 2}) + 0.24 \times 4\big] \times 0.15$

$= 44.52 \times 0.15 = 6.68 (\text{m}^2)$

②散水、防滑坡道按图示尺寸以"m²"计算。散水面积计算公式为:

$$S_{散水} = (外墙外边周长 + 散水宽 \times 4) \times 散水宽 - 坡道、台阶所占面积 \qquad (14.1)$$

【例14.6】　根据图14.4计算散水工程量。

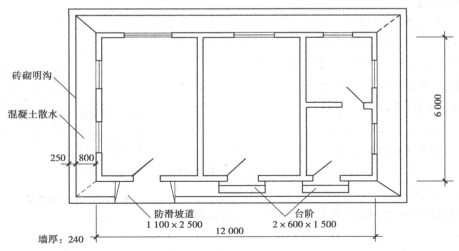

图 14.4　散水、防滑坡道、明沟、台阶示意图(单位:mm)

【解】　$S_{散水} = \big[(12.0+0.24+6.0+0.24) \times 2 + 0.80 \times 4\big] \times$

$$0.80 - 2.50 \times 0.80 - 0.60 \times 1.50 \times 2$$
$$= 40.16 \times 0.80 - 3.80 = 28.33 (\text{m}^2)$$

【例 14.7】 根据图 14.4 计算防滑坡道工程量。

【解】 $S_{\text{坡道}} = 1.10 \times 2.50 = 2.75 (\text{m}^2)$

③栏杆、扶手包括弯头长度按延长米计算(图 14.5 至图 14.7)。

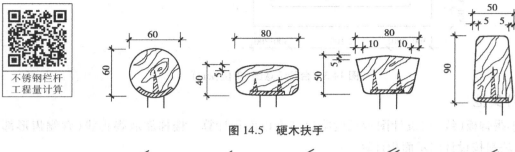

不锈钢栏杆
工程量计算

图 14.5 硬木扶手

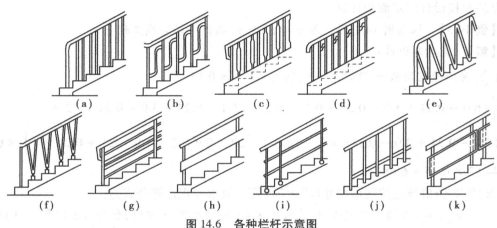

图 14.6 各种栏杆示意图

【例 14.8】 某大楼有等高的 8 跑楼梯,采用不锈钢管扶手栏杆,每跑楼梯高为 1.80 m,每跑楼梯扶手水平长为 3.80 m,扶手转弯处为 0.30 m,最后一跑楼梯连接的安全栏杆水平长 1.55 m,求该扶手栏杆工程量。

【解】 不锈钢扶手栏杆长

$$= \sqrt{(1.80)^2 + (3.80)^2} \times 8(\text{跑}) +$$
$$0.30(\text{转弯}) \times 7 + 1.55(\text{水平})$$
$$= 4.205 \times 8 + 2.10 + 1.55 = 37.29(\text{m})$$

④防滑条按楼梯踏步两端距离减 300 mm 以"延长米"计算(图 14.8)。

⑤明沟按图示尺寸以"延长米"计算。明沟长度计算公式为:

$$\text{明沟长度} = \text{外墙外边周长} + \text{散水宽} \times 8 + \text{明沟宽} \times 4 - \text{台阶、坡道长} \qquad (14.2)$$

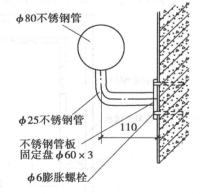

φ80不锈钢管

φ25不锈钢管
不锈钢管板
固定盘φ60×3
φ6膨胀螺栓

110

图 14.7 不锈钢管靠墙扶手

【例 14.9】 根据图 14.4,计算砖砌明沟工程量。

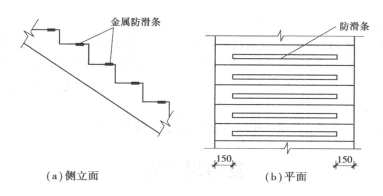

金属防滑条

防滑条

（a）侧立面　　　　　　　（b）平面

图14.8　防滑条示意图

【解】 明沟长 =（12.24+6.24）×2+0.80×8+0.25×4−2.50

　　　　 =41.86（m）

14.2　清单工程量计算

1）主要内容

楼地面工程主要包括整体面层、块料面层、橡塑面层、其他材料面层、踢脚线、楼梯装饰、扶手、栏杆、栏板装饰、台阶装饰、零星装饰等项目。

2）工程量清单项目

（1）石材楼地面

①工作内容。石材楼地面的工作内容包括：基层清理，铺设垫层，抹找平层，防水层、填充层、面层铺设，嵌缝，刷防护材料，酸洗、打蜡，材料运输等。

②项目特征。石材楼地面的项目特征包括：找平层厚度、砂浆配合比；结合层厚度、砂浆配合比；面层材料品种、规格、颜色；嵌缝材料种类；防护层材料种类；酸洗、打蜡要求。

③计算规则。石材楼地面工程量按设计图示尺寸以面积计算，门洞、空圈、暖气包槽、壁龛的开口部分并入相应的工程量内。

④有关说明。防护材料是指耐酸、耐碱、耐臭氧、耐老化、防火、防油渗等材料。

（2）硬木扶手带栏杆、栏板

①工作内容。硬木扶手带栏杆、栏板的工作内容包括：扶手及栏杆、栏板的制作、运输、安装，刷防护材料、油漆等。

②项目特征。硬木扶手带栏杆、栏板的项目特征包括：扶手材料的种类、规格；栏杆材料的种类、规格；栏板材料的种类、规格；固定配件种类；防护材料种类。

③计算规则。硬木扶手带栏杆、栏板的工程量按设计图示尺寸以扶手中心线长度（包括弯头长度）计算。

④有关说明。扶手、栏杆、栏板项目适用于楼梯、阳台、走廊、回廊及其他装饰性扶手、栏杆、栏板。

（3）块料台阶面

①工作内容。块料台阶面的工作内容主要包括：基层清理、抹找平层、面层铺贴、贴嵌防

滑条、勾缝、刷防护材料、材料运输等。

②项目特征。块料台阶面的项目特征包括：找平层厚度、砂浆配合比；黏结层材料种类；面层材料品种、规格、颜色；勾缝材料种类；防滑条材料种类、规格；防护材料种类。

③计算规则。块料台阶面工程量按设计图示尺寸以台阶（包括最上层踏步边沿加300 mm）水平投影面积计算。

④有关说明。台阶侧面装饰，可按零星装饰项目编码列项。

复习思考题

1.什么是找平层？

2.什么是块料面层？

3.台阶面层工程量是按展开面积计算吗？为什么？

4.踢脚线按长度计算工程量吗？为什么？

5.什么是楼梯防滑条？如何计算工程量？

第 15 章
屋面防水及防腐、保温、隔热工程量计算

知识点

　　熟悉屋面坡度系数的确定方法,熟悉四坡水屋面工程量计算方法,熟悉卷材屋面工程量计算规则,熟悉有哪些防腐工程项目,了解有哪些保温工程项目。

技能点

　　能编制屋面坡度系数表,能计算六坡水屋面工程量,会计算屋面卷材工程量,会计算墙基防潮层工程量。

课程思政

　　"港珠澳大桥"东起香港国际机场附近的香港口岸人工岛,向西横跨南海伶仃洋水域接珠海和澳门人工岛,止于珠海洪湾立交;桥隧全长55 km,其中主桥29.6 km、香港口岸至珠澳口岸41.6 km;桥面为双向六车道高速公路,设计速度为100 km/h;工程项目总投资额1 269亿元,凝聚了造价工程师在内全体建设者的聪明才智。"港珠澳大桥"是世界上最长的跨海大桥,兼具世界上最长的沉管海底隧道,它将香港、澳门、珠海三地连为一体。建设者以大国工匠的风范,用世界最大的巨型震锤来完成人工岛的建造,沟通起跨海大桥与海底隧道,用科技和勇气完成了这一史无前例的奇迹工程,是中国人民的骄傲!

15.1　定额工程量计算

1) 有关规则

各种屋面和型材屋面(包括挑檐部分)均按设计图示尺寸以面积计算(斜屋面按斜面面

积计算）。不扣除房上烟囱、风帽底座、风道、屋面小气窗、斜沟等所占面积,屋面小气窗的出檐部分亦不增加。

2）屋面坡度系数

利用屋面坡度系数来计算坡屋面工程量是一种简便有效的计算方法。坡度系数的计算方法是：

$$坡度系数 = \frac{斜长}{水平长} = \sec \alpha \tag{15.1}$$

屋面坡度系数见表 15.1,示意图如图 15.1 所示。

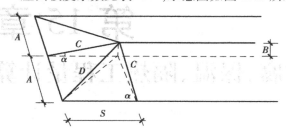

注：①两坡水排水屋面(当 α 角相等时,可以是任意坡水)面积为屋面水平投影面积乘以延尺系数 C。
②四坡水排水屋面斜脊长度 $= A \times D$(当 $S=A$ 时)。
③沿山墙泛水长度 $= A \times C$。

图 15.1 坡度系数各字母含义示意图

表 15.1 屋面坡度系数表

坡 度			延尺系数 C	隔延尺系数 D
以高度 B 表示（当 $A=1$ 时）	以高跨比表示（$B/2A$）	以角度表示（α）	（$A=1$）	（$A=1$）
1.0	1/2	45°	1.414 2	1.732 1
0.750		36°52′	1.250 0	1.600 8
0.700		35°	1.220 7	1.577 9
0.666	1/3	33°40′	1.201 5	1.562 0
0.650		33°01′	1.192 6	1.556 4
0.600		30°58′	1.166 2	1.536 2
0.577		30°	1.154 7	1.527 0
0.550		28°49′	1.141 3	1.517 0
0.500	1/4	26°34′	1.118 0	1.500 0
0.450		24°14′	1.096 6	1.483 9
0.400	1/5	21°48′	1.077 0	1.469 7
0.350		19°17′	1.059 4	1.456 9
0.300		16°42′	1.044 0	1.445 7
0.250		14°02′	1.030 8	1.436 2
0.200	1/10	11°19′	1.019 8	1.428 3
0.150		8°32′	1.011 2	1.422 1
0.125		7°8′	1.007 8	1.419 1
0.100	1/20	5°42′	1.005 0	1.417 7
0.083		4°45′	1.003 5	1.416 6
0.066	1/30	3°49′	1.002 2	1.415 7

【例15.1】 根据图15.2所示尺寸,计算四坡水屋面工程量。

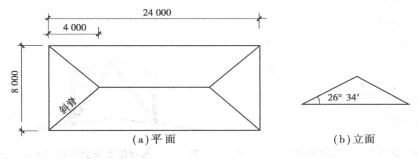

(a)平面　　　　　　　　(b)立面

图15.2　四坡水屋面示意图

【解】　$S=$ 水平面积×坡度系数 C

$\qquad = 8.0 \times 24.0 \times 1.118^{*}$（查表15.1）$= 214.66（\text{m}^2）$

【例15.2】 根据图15.2中有关数据,计算屋面斜脊的长度。

【解】　屋面斜脊长 = 跨长×0.5×隔延尺系数 D ×4（根）

$\qquad = 8.0 \times 0.5 \times 1.50^{*}$（查表15.1）$\times 4 = 24.0（\text{m}）$

【例15.3】 根据图15.3所示尺寸,计算六坡水(正六边形)屋面的斜面面积。

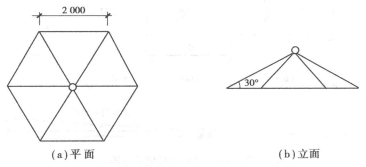

(a)平面　　　　　　　　(b)立面

图15.3　六坡水屋面示意图

【解】　屋面斜面面积 = 水平面积×延尺系数 C

$\qquad = \dfrac{3}{2} \times \sqrt{3} \times 2.0^{2} \times 1.118^{*}$（查表15.1）

$\qquad = 10.39 \times 1.118 = 11.62（\text{m}^2）$

3)卷材屋面

①卷材屋面按设计图示尺寸的水平投影面积乘以规定的坡度系数以"m²"计算,但不扣除房上烟囱、风帽底座、风道、屋面小气窗和斜沟所占的面积。屋面女儿墙、伸缩缝和天窗弯起部分(图15.4、图15.5),按图示尺寸并入屋面工程量计算,如图纸无规定时,伸缩缝、女儿墙的弯起部分可按250 mm计算,天窗弯起部分可按500 mm计算。

②屋面找坡一般采用轻质混凝土和保温隔热材料。找坡层的平均厚度需根据图示尺寸计算加权平均厚度,找坡工程量以"m³"计算。

屋面找坡平均厚度计算公式:

$$找坡平均厚 = 坡宽(L) \times 坡度系数(i) \times \frac{1}{2} + 最薄处厚 \qquad (15.2)$$

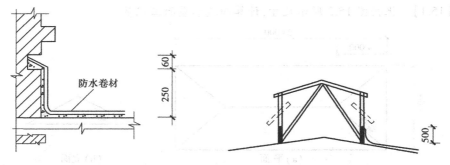

图 15.4 屋面女儿墙防水卷材弯起示意图   图 15.5 卷材屋面天窗弯起部分示意图

【例 15.4】 根据图 15.6 所示尺寸和条件,计算屋面找坡层工程量。

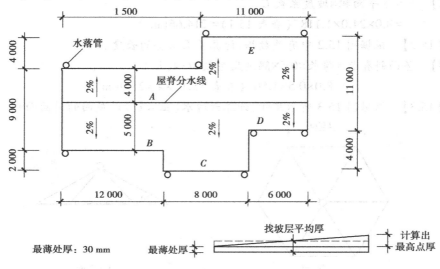

图 15.6 平屋面找坡示意图

【解】 (1)计算加权平均厚

A 区 $\begin{cases} \text{面积:} 15 \times 4 = 60\,(\text{m}^2) \\ \text{平均厚:} 4.0 \times 2\% \times \dfrac{1}{2} + 0.03 = 0.07\,(\text{m}) \end{cases}$

B 区 $\begin{cases} \text{面积:} 12 \times 5 = 60\,(\text{m}^2) \\ \text{平均厚:} 5.0 \times 2\% \times \dfrac{1}{2} + 0.03 = 0.08\,(\text{m}) \end{cases}$

C 区 $\begin{cases} \text{面积:} 8 \times (5+2) = 56\,(\text{m}^2) \\ \text{平均厚:} 7 \times 2\% \times \dfrac{1}{2} + 0.03 = 0.10\,(\text{m}) \end{cases}$

D 区 $\begin{cases} \text{面积:} 6 \times (5+2-4) = 18\,(\text{m}^2) \\ \text{平均厚:} 3 \times 2\% \times \dfrac{1}{2} + 0.03 = 0.06\,(\text{m}) \end{cases}$

$$E \, 区 \begin{cases} 面积：11×(4+4)=88（m^2） \\ 平均厚：8×2\%×\dfrac{1}{2}+0.03=0.11（m） \end{cases}$$

$$加权平均厚 = \frac{60×0.07+60×0.08+56×0.10+18×0.06+88×0.11}{60+60+56+18+88}$$

$$=\frac{25.36}{282}=0.089\,9≈0.09（m）$$

（2）屋面找坡层体积

$$V=屋面面积×平均厚=282×0.09=25.38（m^3）$$

③卷材屋面的附加层、接缝、收头、找平层的嵌缝、冷底子油已计入定额内，不另计算。

④涂膜屋面的工程量计算同卷材屋面。涂膜屋面的油膏嵌缝、玻璃布盖缝、屋面分格缝以"延长米"计算。

4）屋面排水

①铁皮排水按图示尺寸以展开面积计算，如图纸没有注明尺寸时，可按表 15.2 规定计算。咬口和搭接用量等已计入定额项目内，不另计算。

②铸铁、玻璃钢水落管区别不同直径按图示尺寸以"延长米"计算，雨水口、水斗、弯头、短管以"个"计算。

表 15.2　铁皮排水单体零件折算表

名　称	单位	水落管/m	檐沟/m	水斗/个	漏斗/个	下水口/个			
水落管、檐沟、水斗、漏斗、下水口	m²	0.32	0.30	0.40	0.16	0.45			
天沟、斜沟、天窗窗台泛水、天窗侧面泛水、烟囱泛水、滴水檐头泛水、滴水	m²	天沟/m	斜沟、天窗窗台泛水/m	天窗侧面泛水/m	烟囱泛水/m	通气管泛水/m	滴水檐头泛水/m	滴水/m
		1.30	0.50	0.70	0.80	0.22	0.24	0.11

5）防水工程

①建筑物楼地面防水、防潮层按主墙间净空面积计算，扣除凸出地面的构筑物、设备基础等所占的面积，不扣除柱、垛、间壁墙、烟囱及 0.3 m² 以内孔洞所占面积。与墙面连接处高度在 300 mm 以内者按展开面积计算，并入平面工程量内；超过 300 mm 时，按立面防水层计算。

②建筑物墙基防水、防潮层，外墙长度按中心线，内墙长度按净长乘以宽度以"m²"计算。

【例 15.5】　根据图 15.2 的有关数据，计算墙基水泥砂浆防潮层工程量（墙厚均为 240 mm）。

【解】　S =（外墙中线长+内墙净长）×墙厚

$=[（6.0+9.0）×2+6.0-0.24+5.1-0.24]×0.24$

$=40.62×0.24=9.75（m^2）$

③构筑物及建筑物地下室防水层按实铺面积计算,但不扣除 0.3 m² 以内的孔洞面积。平面与立面交接处的防水层,其上卷高度超过 300 mm 时,按立面防水层计算。

④防水卷材的附加层、接缝、收头、冷底子油等人工材料均已计入定额内,不另计算。

⑤变形缝按"延长米"计算。

6) 防腐、保温、隔热工程

（1）防腐工程

①防腐工程面层、隔离层及防腐油漆均按设计图示尺寸以面积计算。

②踢脚板防腐工程量按设计图示尺寸以面积计算,应扣除门洞所占面积并相应增加侧壁展开面积。

（2）保温隔热工程

①屋面保温隔热层工程量按设计图示尺寸以面积计算,扣除面积>0.3 m² 柱、垛、孔洞所占面积。其他项目按设计图示尺寸以定额项目规定的计量单位计算。

②天棚保温隔热层工程量按设计图示尺寸以面积计算,扣除面积>0.3 m² 柱、垛、孔洞所占面积,与天棚相连的梁按展开面积计算,其工程量并入天棚内。

（3）其他

①防火隔离带工程量按设计图示尺寸以面积计算。

②池、槽块料防腐面层工程量按设计图示尺寸以展开面积计算。

15.2 清单工程量计算

15.2.1 屋面及防水工程

1) 主要内容

屋面及防水工程主要包括瓦屋面、型材屋面、屋面防水、墙防水、地面防水、防潮等。

2) 工程量清单项目

（1）膜结构屋面

①基本概念。膜结构也称为索膜结构,是一种以膜布与支撑（柱、网架等）和拉结结构（拉杆、钢丝绳等）组成的屋盖、篷顶结构。

②工作内容。膜结构屋面的工作内容包括:膜布热压胶接,支柱（网架）制作、安装,膜布安装,穿钢丝绳,锚头锚固,刷油漆等。

③项目特征。膜结构屋面项目特征包括:膜布品种、规格;支柱（网架）钢材品种、规格;钢丝绳品种、规格;锚固基座做法;油漆品种、刷漆遍数。

④计算规则。膜结构屋面工程量按设计图示尺寸以需要覆盖的水平面积计算。

⑤有关说明。"需要覆盖的水平面积"是指屋面本身的面积,不是指膜布的实际水平投影面积。

（2）屋面卷材防水

①工作内容。屋面卷材防水的工作内容包括:基层处理,抹找平层,刷底油,铺油毡卷材,接缝、嵌缝,铺保护层等。

②项目特征。屋面卷材防水的项目特征包括:卷材品种、规格、厚度;防水层数;防水层

做法。

③计算规则。屋面卷材防水工程量按设计图示尺寸以面积计算。斜屋顶(不包括平屋顶找坡)按斜面积计算,平屋顶按水平投影面积计算。不扣除房上烟囱、风帽底座、风道、屋面透气窗和斜沟所占面积。屋面的女儿墙、伸缩缝和天窗等处的弯起部分并入屋面工程量内。

④有关说明。屋面卷材防水项目适用于利用胶结材料粘贴卷材进行防水的屋面。

15.2.2　防腐、隔热、保温工程

1)主要内容

防腐、隔热、保温工程主要包括防腐面层,其他防腐、隔热、保温工程等。

2)工程量清单项目

(1)防腐砂浆面层

①工作内容。防腐砂浆面层的工作内容包括:基层处理,基层刷稀胶泥,砂浆制作、运输、摊铺、养护等。

②项目特征。防腐砂浆面层的项目特征包括:防腐部位;面层厚度;砂浆、胶泥种类、配合比。

③计算规则。防腐砂浆面层工程量按设计图示尺寸以面积计算。

平面防腐:应扣除凸出地面的构筑物、设备基础等以及大于 $0.3 \ m^2$ 孔洞、柱、垛等所占面积,门洞、空圈、暖气包槽、壁龛的开口部分不增加面积。

立面防腐:扣除门、窗、洞口以及面积大于 $0.3 \ m^2$ 孔洞、梁所占面积,门、窗、洞口侧壁、垛突出部分按展开面积并入墙面积内。

④有关说明。防腐砂浆面层项目适用于平面或立面抹沥青砂浆、沥青胶泥、树脂砂浆、树脂胶泥及聚合物水泥砂浆等防腐工程。

(2)保温隔热天棚

①工作内容。保温隔热天棚的工作内容包括:基层清理、铺设保温层、刷防护材料等。

②项目特征。保温隔热材料的项目特征包括:保温隔热部位;保温隔热方式(内保温、外保温、夹心保温);保温隔热面层材料的品种、规格、性能;保温隔热材料的品种、规格及厚度;黏结材料种类及做法;防护材料种类及做法。

③计算规则。保温隔热天棚工程量按设计图示尺寸以面积计算,扣除面积>0.3 m^2 以上柱、垛、孔洞所占面积,与天棚相连的梁按展开面积计算并入天棚工程量内。

④有关说明。保温隔热天棚项目适用于各种材料的下贴式或吊顶上搁式的天棚。

复习思考题

1.什么是延迟系数?有何用?

2.什么是隔延尺系数?有何用?

3.延迟系数与隔延尺系数之间有什么关系?

4.卷材屋面有哪些类型?

5.如何计算屋面垫层的平均厚度?

6.如何计算防水卷材的附加层?

第 16 章
装饰工程量计算

知识点

　　熟悉内墙抹灰和外墙抹灰工程量计算规则，熟悉墙裙工程量计算规则，了解隔墙、隔断、幕墙工程量计算规则，熟悉独立柱工程量计算规则，熟悉顶棚抹灰工程量计算规则，熟悉顶棚龙骨工程量计算规则，熟悉喷涂、油漆、裱糊工程量计算规则。

技能点

　　会计算挂镜线工程量，会计算外墙装饰抹灰工程量，会计算墙面块料面层工程量，会计算柱面装饰工程量，能计算顶棚面装饰工程量，能计算喷涂、油漆、裱糊工程量。

课程思政

　　建筑机器人是人工智能与建筑机械完美结合的产物。我国建筑机器人应用已经取得了很好的成绩。截止 2022 年 2 月底，房地产龙头企业碧桂园的博智林公司已有 21 款建筑机器人投入商业化应用，服务覆盖 25 个省超 350 个项目，累计应用机器人的施工建筑面积超 700 万 m^2。建筑机器人高效、安全、低成本的特点正在建筑安装施工中发挥极其重要的作用。

　　建筑机器人虽然可以没有怨言地长期工作，但从管理的角度讲，应该制定建筑机器人工作定额，用以考核机器人和操作人员的工作效率。如何科学地制定建筑机器人工作定额，是一个全新的领域。但是，借助于人工定额的制定方法来制定机器人定额是一个不错的思路。因此，需要我们更好地学习施工过程和工作时间划分，学习技术测定法等内容和技能，为将来完成机器人工作定额的编制任务打下良好基础。

16.1　定额工程量计算

1) 内墙抹灰

　　①内墙面、墙裙抹灰面积，应扣除门窗洞口和单个面积 >0.3 m^2 以上空圈所占面积，不扣

除踢脚板、挂镜线(图16.1)、0.3 m² 以内的孔洞和墙与构件交接处的面积,洞口侧壁和顶面亦不增加。墙垛和附墙烟囱侧壁面积与内墙抹灰工程量合并计算。

②内墙面抹灰的长度,以主墙间的图示净长尺寸计算,其高度确定如下:

a.无墙裙的,其高度按室内地面或楼面至顶棚底面之间距离计算;

b.有墙裙的,其高度按墙裙顶至顶棚底面之间距离计算;

c.钉板条顶棚的内墙面抹灰,其高度按室内地面或楼面至顶棚底面另加 100 mm 计算。

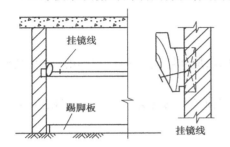

图 16.1　挂镜线、踢脚板示意图

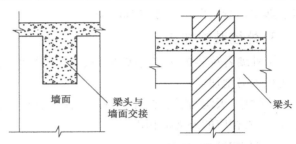

图 16.2　墙与构件交接处面积示意图

说明:

①墙与构件交接处的面积(图16.2)主要指各种现浇或预制梁头伸入墙内所占的面积;

②由于一般墙面先抹灰后做吊顶,所以钉板条顶棚的墙面需抹灰时应抹至顶棚底再加100 mm;

③墙裙单独抹灰时,工程量应单独计算,内墙抹灰也要扣除墙裙工程量。

计算公式:

$$内墙面抹灰面积=(主墙间净长+墙垛和附墙烟囱侧壁宽)×(室内净高-墙裙高)-门窗洞口及大于 0.3 \ m^2 孔洞面积 \qquad (16.1)$$

有吊顶:楼面或地面至顶棚底加 100 mm;

无吊顶:楼面或地面至顶棚底净高。

④内墙裙抹灰面积按内墙净长乘以高度计算,应扣除门窗洞口和空圈所占面积,门窗洞口和空洞的侧壁面积不另增加,墙垛、附墙烟囱侧壁面积并入墙裙抹灰面积内计算。

2) 外墙抹灰

①外墙抹灰面积按外墙面的垂直投影面积以"m²"计算,应扣除门窗洞口、外墙裙和面积大于 0.3 m² 孔洞所占面积,洞口侧壁面积不另增加。附墙垛、梁、柱侧面抹灰面积并入外墙面抹灰工程量内计算。栏板、栏杆、窗台线、门窗套、扶手、压顶、挑檐、遮阳板、突出墙外的腰线等,另按相应规定计算。

②外墙裙抹灰面积按其长度乘以高度计算,扣除门窗洞口和面积大于 0.3 m² 孔洞所占面积,门窗洞口及孔洞的侧壁面积不增加。

③窗台线、门窗套、挑檐、腰线、遮阳板等展开宽度在 300 mm 以内者,按装饰线以"延长米"计算;展开宽度超过 300 mm 以上时,按图示尺寸以展开面积计算,套零星抹灰定额项目。

④栏板、栏杆(包括立柱、扶手或压顶等)抹灰按立面垂直投影面积乘以系数2.2以"m²"计算。

⑤阳台底面抹灰按水平投影面积以"m²"计算,并入相应顶棚抹灰面积内。阳台如带悬

臂者,其工程量乘系数1.30。

⑥雨篷底面或顶面抹灰分别按水平投影面积以"m²"计算,并入相应顶棚抹灰面积内。雨篷顶面带反沿或反梁者,其工程量乘以系数1.20;底面带悬臂梁者,其工程量乘以系数1.20。雨篷外边线按相应装饰或零星项目执行。

⑦墙面勾缝按垂直投影面积计算,应扣除墙裙和墙面抹灰的面积,不扣除门窗洞口、门窗套、腰线等零星抹灰所占的面积,附墙柱和门窗洞口侧面的勾缝面积亦不增加。独立柱、房上烟囱勾缝按图示尺寸以"m²"计算。

3)外墙装饰抹灰

①外墙各种装饰抹灰均按图示尺寸以实抹面积计算,应扣除门窗洞口空圈的面积,其侧壁面积不另增加。

②挑檐、天沟、腰线、栏杆、栏板、门窗套、窗台线、压顶等均按图示尺寸展开面积以"m²"计算,并入相应的外墙面积内。

4)墙面块料面层

①墙面贴块料面层均按图示尺寸以实贴面积计算,其阴阳角处的构造处理如图16.3所示。

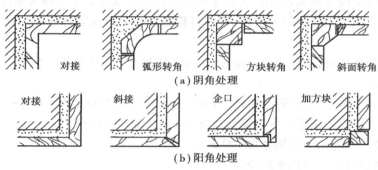

图16.3　阴阳角的构造处理

②墙裙以高度1 500 mm以内为准,超过1 500 mm时按墙面计算,高度低于300 mm时按踢脚板计算。

5)隔墙、隔断、幕墙

①木隔墙、墙裙、护壁板均按图示尺寸长度乘以高度按实铺面积以"m²"计算。

②玻璃隔墙按上横档顶面至下横档底面高度乘以宽度(两边立梃外边线之间)以"m²"计算。

③浴厕木隔断按下横档底面至上横档顶面高度乘以图示长度以m²计算,门扇面积并入隔断面积内计算。

④铝合金、轻钢隔墙、幕墙按四周框外围面积计算。

6)独立柱

①一般抹灰、装饰抹灰、镶贴块料按结构断面周长乘以柱的高度以"m²"计算。

②柱面装饰按柱外围饰面尺寸乘以柱的高度以"m²"计算(图16.4)。

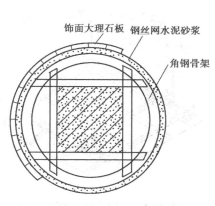

图 16.4 镶贴石材饰面板的圆柱构造

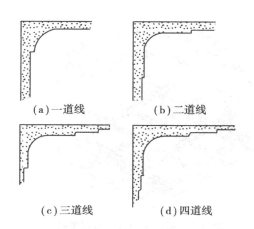

（a）一道线 （b）二道线

（c）三道线 （d）四道线

图 16.5 顶棚装饰线示意图

7）零星抹灰

各种"零星项目"均按图示尺寸以展开面积计算。

8）顶棚抹灰

①顶棚抹灰面积按设计结构尺寸以展开面积计算,不扣除间壁墙、垛、柱、附墙烟囱、检查口和管道所占的面积。带梁顶棚,梁两侧抹灰面积并入顶棚抹灰工程量内计算。

②密肋梁和井字梁顶棚抹灰面积按展开面积计算。

③顶棚抹灰如带有装饰线时,区别三道线以内或五道线以内按"延长米"计算,线角的道数以一个突出的棱角为一道线(图 16.5)。

④檐口顶棚的抹灰面积并入相同的顶棚抹灰工程量内计算。

⑤顶棚中的折线、灯槽线、圆弧形线、拱形线等艺术形式的抹灰按展开面积计算。

9）顶棚龙骨

各种吊顶顶棚龙骨(图 16.6 至图 16.8)按主墙间水平投影面积计算,不扣除间壁墙、检查口、附墙烟囱、柱、垛和管道所占面积,扣除单个>0.3 m² 孔洞、独立柱及与天棚相连的窗帘盒所占面积。斜道龙骨按斜面计算。

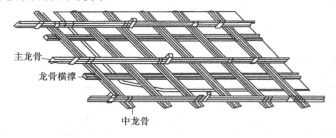

主龙骨

龙骨横撑

中龙骨

图 16.6 U 形轻钢顶棚龙骨构造示意图

10）顶棚面装饰

天棚吊顶的基层和面层均按设计图示尺寸以展开面积计算。天棚面中的灯槽及跌级、阶梯式、锯齿形、吊挂式、藻井式天棚面积按展开面积计算。不扣除间壁墙、垛、柱、附墙烟囱、检查口和管道所占面积,扣除单个> 0.3 m² 的孔洞、独立柱及与天棚相连的窗帘盒所占面积。

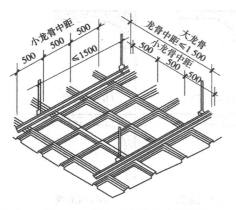

图 16.7　嵌入式铝合金方板顶棚

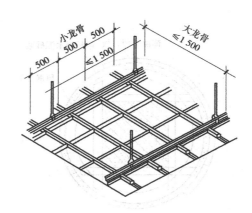

图 16.8　浮搁式铝合金方板顶棚

11)喷涂、油漆、裱糊

①楼地面,顶棚面,墙、柱、梁面的喷(刷)涂料、抹灰面、油漆及裱糊工程,均按楼地面,顶棚面,墙、柱、梁面装饰工程相应的工程量计算规则规定计算。

②木材面、金属面、抹灰面油漆、涂料执行单层木门、木扶手(不带托板)、木板和胶合板天棚等油漆、涂料,工程量分别按表 16.1 至表 16.4 规定计算,并乘以表列系数。

表 16.1　工程量计算规则和系数表(1)

	项　目	系　数	工程量计算规则(设计图示尺寸)
1	单层木门	1.00	门洞口面积
2	单层半玻门	0.85	
3	单层全玻门	0.75	
4	半截百叶门	1.50	
5	全百叶门	1.70	
6	厂库房大门	1.10	
7	纱门窗	0.80	
8	特种门(包括冷藏门)	1.00	
9	装饰门扇	0.90	扇外围尺寸面积
10	间壁、隔断	1.00	单面外围面积
11	玻璃间壁露明墙筋	0.80	
12	木栅栏、木栏杆(带扶手)	0.90	

注:多面涂刷按单面计算工程量。

表 16.2　工程量计算规则和系数表(2)

	项　目	系　数	工程量计算规则(设计图示尺寸)
1	木扶手(不带托板)	1.00	延长米
2	木扶手(带托板)	2.50	
3	封檐板、博风板	1.70	
4	黑板框、生活园地框	0.50	

表 16.3　工程量计算规则和系数表(3)

	项　目	系　数	工程量计算规则(设计图示尺寸)
1	木板、胶合板天棚	1.00	长×宽
2	屋面板带檩条	1.10	斜长×宽
3	清水板条檐口天棚	1.10	长×宽
4	吸音板(墙面或天棚)	0.87	
5	鱼鳞板墙	2.40	
6	木护墙、木墙裙、木踢脚	0.83	
7	窗台板,窗帘盒	0.83	
8	出入口盖板、检查口	0.87	
9	壁橱	0.83	展开面积
10	木屋架	1.77	跨度(长)×中高×1/2
11	以上未包括的其余木材面油漆	0.83	展开面积

表 16.4　质量折算面积参考系数表

	项　目	系　数
1	钢栅栏门、栏杆、窗栅	64.98
2	钢爬梯	44.84
3	踏步式钢扶梯	39.90
4	轻型屋架	53.20
5	零星铁件	58.00

16.2　清单工程量计算

16.2.1　墙、柱面工程

1)主要内容

墙、柱面工程主要包括墙面抹灰、柱面抹灰、零星抹灰、墙面镶贴块料、零星镶贴块料、墙饰面、柱饰面、梁饰面、隔断、幕墙等项目。

2)工程量清单项目

(1)块料墙面

①工作内容。块料墙面的工作内容主要包括:基层清理,砂浆制作、运输,底层抹灰,结合层铺贴,面层铺贴、挂贴或干挂,嵌缝,刷防护材料,磨光、酸洗、打蜡。

②项目特征。块料墙面的项目特征包括:墙体类别;安装方式;面层材料品种、规格、颜

色;缝宽、嵌缝材料种类;防护材料种类;磨光、酸洗、打蜡要求。

③计算规则。块料墙面工作量按镶贴表面积计算。

④有关说明。

a.墙体类型是指砖墙、石墙、混凝土墙、砌块墙及内墙、外墙等。

b.块料饰面板是指石材饰面板、陶瓷面砖、玻璃面砖、金属饰面板、塑料饰面板、木质饰面板等。

c.挂贴是指对大规格的石材(大理石、花岗石、青石等)使用铁件先挂在墙面后灌浆的方法固定。

d.干挂有两种:第一种是直接干挂法,通过不锈钢膨胀螺栓、不锈钢挂件、不锈钢连接件、不锈钢钢针等将外墙饰面板连接在外墙面;第二种是间接干挂法,是通过固定在墙上的钢龙骨,再用各种挂件固定外墙饰面板。

e.嵌缝材料是指砂浆、油膏、密封胶等材料。

f.防护材料是指石材正面的防酸涂剂和石材背面的防碱涂剂等。

(2)干挂石材钢骨架

①工作内容。干挂石材钢骨架的工作内容包括:钢骨架制作、运输、安装、油漆等。

②项目特征。干挂石材钢骨架的项目特征包括:钢骨架种类、规格;油漆品种、刷油遍数。

③计算规则。干挂石材钢骨架工作量按设计图示尺寸以质量计算。

(3)全玻幕墙

①工作内容。全玻幕墙的主要工作内容包括:玻璃幕墙的安装、嵌缝、塞口、清洗等。

②项目特征。全璃幕墙的项目特征包括:玻璃品种、规格、颜色;黏结塞口材料种类;固定方式。

③计算规则。全玻幕墙按设计图示尺寸以面积计算,带肋全玻幕墙按展开面积计算。

16.2.2　顶棚工程

1)主要内容

顶棚工程主要包括顶棚抹灰、顶棚吊顶、顶棚其他装饰等项目。

2)工程量清单项目

(1)格栅吊顶

①工作内容。格栅吊顶的工作内容包括:基层清理,底层抹灰,安装龙骨,基层板铺贴,面层铺贴,刷防护材料、油漆等。

②项目特征。格栅吊顶的项目特征包括:龙骨类型、材料种类、规格、中距;基层材料种类、规格;面层材料品种、规格;防护材料种类。

③计算规则。格栅吊顶工作是按设计图示尺寸以水平投影面积计算。

④有关说明。格栅吊顶适用于木格栅、金属格栅、塑料格栅等。

(2)灯带(槽)

①工作内容。灯带项目的工作内容主要是灯带的安装和固定。

②项目特征。灯带项目的主要特征包括:灯带形式、尺寸;格栅片材料品种、规格;安装固定方式。

③计算规则。灯带工作量按设计图示尺寸以框外围面积计算。

（3）送风口、回风口

①工作内容。送风口、回风口项目工作内容包括：送风口、回风口的安装和固定，刷防护材料等。

②项目特征。送风口、回风口的项目特征包括：风口材料品种、规格；安装固定方式；防护材料种类。

③计算规则。送风口、回风口的工作量按设计图示数量以"个"计算。

16.2.3　门窗工程

1）主要内容

门窗工程主要包括木门、金属门、金属卷帘门、其他门、木窗、金属窗、门窗套、窗帘盒、窗帘轨、窗台板等项目。

2）工程量清单项目

（1）木质门

①工作内容。木质门工作内容包括：门安装，五金、玻璃安装等。

②项目特征。实木装饰门的项目特征包括：门代号及洞口尺寸；镶贴玻璃品种、厚度。

③计算规则。实木装饰门工程量按设计图示数量以"樘"计算或者以"m^2"计算。

④有关说明。

a.木质门应取费镶板木门、企口木板门、实木装饰门、胶合板门、夹板装饰门、木纱门、全玻门、木质半玻门等项目，分别编码立项。

b.木门窗五金包括折页、插锁、风钩、弓背拉手、搭扣、弹簧折页、管子拉手、地弹簧、滑轮、滑轨、门轧头、铁角、木螺钉等。

（2）彩板门

①基本概念。彩板门亦称为彩板组角门，是以 0.7～1.1 mm 厚的彩色镀锌卷板和 4 mm 厚平板玻璃或中空玻璃为主要原料，经机械加工制成的钢门窗。门窗四角用插接件、螺钉连接，门窗全部缝隙用橡胶密封条和密封膏密封。

②工作内容。彩板门主要工作内容包括：门制作、运输、安装，五金、玻璃安装，刷防护材料、油漆等。

③项目特征。彩板门项目特征包括：门窗代号及洞口尺寸；门框或扇外围尺寸。

④计算规则。彩板门工程量按设计图示数量以"樘"计算，或者按图示洞口尺寸以"m^2"计算。

（3）金属卷帘（闸）门

①工作内容。金属卷帘（闸）门工作内容包括：门制作、运输、安装，启动装置、活动小门、五金安装，刷防护材料、油漆等。

②项目特征。金属卷帘（闸）门项目特征包括：门代号及洞口尺寸；门材质；启动装置品种、规格。

③计算规则。金属卷帘（闸）门工作量按设计图示数量以"樘"计算，或者按设计图示洞口尺寸以"m^2"计算。

（4）石材门窗套

①工作内容。石材门窗套的工作内容包括：清理基层，底层抹灰，立筋制作、安装，基层板安装，面层铺贴，刷防护材料、油漆等。

②项目特征。石材门窗套项目特征包括：门代号及洞口尺寸；门窗套展开宽度；黏结层厚度、砂浆配合比；面层材料品种、规格；线条品种规格。

③计算规则。石材门窗套工程量按设计图示数量以"樘"计算，或者按设计图示尺寸以展开面积计算，或者按设计图示中心以"延长米"计算。

16.2.4 油漆、涂料、裱糊工程

1）主要内容

油漆、涂料、裱糊工程主要包括门油漆、窗油漆、扶手油漆、板条面油漆、线条面油漆、木材面油漆、金属面油漆、抹灰面油漆、喷刷涂料、裱糊等项目。

2）工程量清单项目

（1）木门油漆

①工作内容。门油漆的工作内容包括：基层清理，刮腻子，刷防护材料、油漆等。

②项目特征。门油漆的项目特征包括：门类型；门代号及洞口尺寸；腻子种类；防护材料种类；油漆品种、刷漆遍数。

③计算规则。门油漆项目工作量按设计图示数量以"樘"计算，或者按设计图示洞口尺寸以面积计算。

④有关说明。

a.门类型应分为木大门、单层木门、双层木门、全玻自由门、半玻自由门、装饰门及有框门或无框门等项目，分别编码立项。

b.以"m²"计量，项目特征可不必描述洞口尺寸。

（2）木窗油漆

①工作内容。木窗油漆的工作内容包括：基层清理，刮腻子，刷防护材料、油漆等。

②项目特征。窗油漆的项目特征包括：窗类型；窗代号及洞口尺寸；腻子种类；防护材料种类；油漆品种、刷漆遍数。

③计算规则。门油漆项目工作量按设计图示数量以"樘"计算，或者按设计图示洞口尺寸以面积计算。

（3）木扶手油漆

①工作内容。木扶手油漆工作内容包括：基层清理，刮腻子，刷防护材料、油漆等。

②项目特征。木扶手油漆的项目特征包括：断面尺寸；腻子种类；刮腻子遍数；防护材料种类；油漆品种、刷漆遍数。

③计算规则。木扶手油漆工作量按设计图示尺寸以长度计算。

④有关说明。木扶手油漆应区分带托板与不带托板分别编码列项。

（4）墙纸裱糊

①工作内容。墙纸裱糊工作内容主要包括：基层清理，刮腻子，面层铺粘，刷防护材料等。

②项目特征。墙纸裱糊的项目特征包括：基层类型；裱糊部位；腻子种类；刮腻子遍数；

黏结材料种类;防护材料种类;面层材料品种、规格、颜色。

③计算规则。墙纸裱糊工作量按设计图示尺寸以面积计算。

④有关说明。墙纸裱糊应注意对花与不对花的要求。

16.2.5　其他工程

1)主要内容

其他工程主要包括柜类、货架、暖气罩、浴厕配件、压线、装饰线、雨篷、旗杆、招牌、灯箱、美术字等项目。

2)工程量清单项目

(1)收银台

①工作内容。收银台项目的工作内容包括:台柜制作、运输、安装,刷防护材料、油漆。

②项目特征。收银台项目特征包括:台柜规格;材料种类、规格;五金种类、规格;防护材料种类;油漆品种、刷漆遍数。

③计算规则。收银台项目工作量按设计图示数量以"个"计算,或者按设计图示尺寸以"延长米"计算,或者按设计图示尺寸以体积计算。

④有关说明。台柜的规格以能分离的成品单体长、宽、高表示。

(2)金属字

①工作内容。金属字工作内容包括:字的制作、运输、安装、刷油漆等。

②项目特征。金属字的项目特征包括:基层类型;镌字材料品种、颜色;字体规格;固定方式;油漆品种、刷漆遍数。

③计算规则。金属字项目工作量按设计图示数量以"个"计算。

④有关说明。

a.基层类型是指金属字依托体的材料,如砖墙、木墙、石墙、混凝土墙、钢支架等;

b.字体规格以字的外接矩形长、宽和字的厚度表示;

c.固定方式是指粘贴、焊接及铁钉、螺栓、铆钉固定等方式。

复习思考题

1.外墙一般抹灰有哪些项目?

2.内墙一般抹灰有哪些项目?

3.一般抹灰与装饰抹灰有什么不同?

4.什么是零星抹灰?为什么将这些项目划分为零星抹灰?

5.吊顶顶棚龙骨有哪些类型?

6.顶棚面装饰采用哪些材料?

7.喷涂与油漆是如何划分的?

8.什么是裱糊?可以用哪些材料?

9.为什么要编制油漆工程量计算系数表?

第 17 章

金属结构工程量计算

知识点

熟悉钢柱工程量计算方法,熟悉柱间钢支撑工程量计算方法,了解金属结构定额工程量计算规则与清单工程量计算规则的异同点。

技能点

会计算钢柱工程量,会计算柱间钢支撑工程量。

课程思政

位于福建省福州市长 16.34 km 的平潭海峡公铁两用大桥,是世界上最长的跨海峡公铁两用大桥。河钢集团为其供应了 6 万余吨高端桥梁钢板,用于该桥关键部位的建设。

桥梁钢结构工程量计算是投标报价、钢材采购、施工进度计划、工程成本控制和桥梁竣工结算不可缺少的依据。因此,准确计算钢结构工程量是每一位工程造价人员必备的技能,只有现在掌握好该技能,才能在工作岗位中发挥自己的才能,为祖国建设贡献力量。

17.1　定额工程量计算

1)一般规则

金属结构制作按图示钢材尺寸以"t"计算,不扣除孔眼、切边的质量,焊条、铆钉、螺栓等质量已包括在定额内,不另计算。在计算不规则或多边形钢板质量时,均按其几何图形的外接矩形面积计算。

2) 实腹柱、吊车梁

实腹柱、吊车梁、H 型钢按图示尺寸计算,其中腹板及翼板宽度按每边增加 25 mm 计算。

3) 制动梁、墙架、钢柱

①制动梁的制作工程量包括制动梁、制动桁架、制动板质量。

②墙架的制作工程量包括墙架柱、墙架梁及连接柱杆质量。

③钢柱制作工程量包括依附于柱上的牛腿及悬臂梁质量(图 17.1)。

4) 轨道

轨道制作工程量,只计算轨道本身质量,不包括轨道垫板、压板、斜垫、夹板及连接角钢等质量。

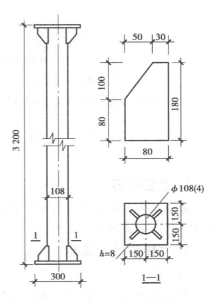

图 17.1 钢柱结构图

5) 铁栏杆

铁栏杆制作,仅适用于工业厂房中平台、操作台的钢栏杆。民用建筑中铁栏杆等按定额其他章节有关项目计算。

6) 钢漏斗

钢漏斗制作工程量,矩形按图示分片,圆形按图示展开尺寸,并依钢板宽度分段计算,每段均以其上口长度(圆形以分段展开上口长度)与钢板宽度按矩形计算,依附漏斗的型钢并入漏斗质量内计算。

【例 17.1】 根据图 17.2 所示尺寸,计算上柱间支撑的制作工程量。

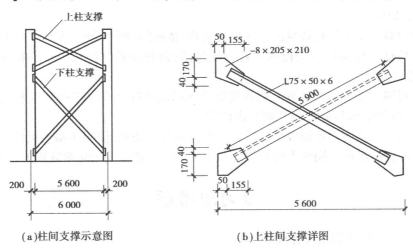

(a)柱间支撑示意图　　　　(b)上柱间支撑详图

图 17.2 柱间支撑(单位:mm)

【解】 角钢每米质量 = 0.007 95×厚×(长边+短边−厚)

$$= 0.007\ 95 \times 6 \times (75+50-6) = 5.68\,(\text{kg/m})$$

钢板每平方米质量 = 7.85×厚

$$= 7.85 \times 8 = 62.8 (\text{kg/m}^2)$$

角钢质量 $= 5.90 \times 2(根) \times 5.68 (\text{kg/m}) = 67.02 (\text{kg})$

钢板质量 $= [0.205 \times 0.21 \times 4(块)] \times 62.8$

$$= 0.172\ 2 \times 62.80 = 10.81 (\text{kg})$$

上柱间支撑工程量 $= 67.02 + 10.81 = 77.83 (\text{kg})$

17.2 清单工程量计算

1)主要内容

金属结构工程主要包括钢屋架、钢网架、钢托架、钢桁架、钢柱、钢梁、压型钢板楼板、墙板、钢构件、金属网等。

2)工程量清单项目

（1）实腹钢柱

①工作内容。实腹钢柱的工作内容包括：钢柱的制作、运输、拼装、安装、探伤、刷油漆等。

②项目特征。实腹柱的项目特征包括：柱类型；钢材品种、规格；单根柱质量；螺栓种类；探伤要求、防火要求。

③计算规则。实腹柱工程量按设计图示尺寸以质量计算，不扣除孔眼、切边、切肢的质量，焊条、铆钉、螺栓等不另增加质量。不规则或多边形钢板以其外接矩形面积乘以厚度乘以单位理论质量计算。依附在钢柱上的牛腿及悬臂梁等并入钢柱工程量内计算。

④有关说明。实腹柱项目适用于实腹钢柱和实腹式型钢混凝土柱。型钢混凝土柱是指由混凝土包裹型钢组成的柱。

（2）压型钢板楼板

①工作内容。压型钢板楼板的工作内容包括：楼板的制作、运输、安装、刷油漆等。

②项目特征。压型钢板楼板的项目特征包括：钢材品种、规格；压型钢板厚度；油漆品种、刷漆遍数。

③计算规则。压型钢板楼板工程是按设计图示尺寸以铺设水平投影面积计算，不扣除柱、垛及单个面积在 $0.3\ \text{m}^2$ 以内孔洞所占面积。

④有关说明。压型钢板楼板项目适用于现浇混凝土楼板，使用压型钢板作永久性模板，并与混凝土混合后组成共同受力的构件。压型钢板采用镀锌或经防腐处理的薄钢板。

复习思考题

1.简述金属结构工程量计算规则。

2.什么是制动梁？如何计算工程量？

3.什么是墙架？如何计算工程量？

4.什么是钢漏斗？如何计算工程量？

5.柱间钢支撑在什么建筑物中使用？如何计算工程量？

第 3 篇

建筑工程计量与计价实务

第 18 章
定额计价方式工程造价计算实例

知识点

　　熟悉建筑施工图和结构施工图的识图方法,熟悉门窗代号的含义,熟悉挖地坑和挖地槽土方的定额工程量计算方法,熟悉现浇独立基础的定额工程量计算方法,熟悉混凝土柱和混凝土梁的定额工程量计算方法,熟悉混凝土砌块墙的定额工程量计算方法,熟悉墙面抹灰的定额工程量计算方法,熟悉楼地面面层和墙面面层的定额工程量计算方法,熟悉门窗的定额工程量计算方法,熟悉定额直接费计算方法,熟悉定额计价方式的工程造价计算方法。

技能点

　　能计算坑槽挖土方的定额工程量,能计算独立基础的定额工程量,能计算混凝土柱和混凝土梁的定额工程量,会计算砌块墙和楼地面的定额工程量,会计算墙面抹灰的定额工程量,会计算定额直接费,会计算定额计价方式的工程造价。

课程思政

　　培养什么人的问题,是教育的根本问题。全面贯彻党的教育方针是教学工作的首要任务。"建筑工程计量与计价"是培养学员从事现代建筑业计算建筑工程量技能的理实一体化课程。工程量计算的准确性直接影响工程造价的准确性。手艺不佳算错了,可以坚持吃苦耐劳的精神,持续训练、逐步精通;故意算错,那就是素质问题,由此可能变成社会蛀虫。因此,要从现在做起,实事求是、精益求精地完成工程量计算任务,使自己成为有一技之长的人!

　　根据某营业用房施工图(图18.1至图18.22)、某地区房屋建筑与装饰工程消耗量定额、某地区人工与材料及机械台班单价、某地区费用定额编制施工图预算,确定营业用房建筑工程造价。

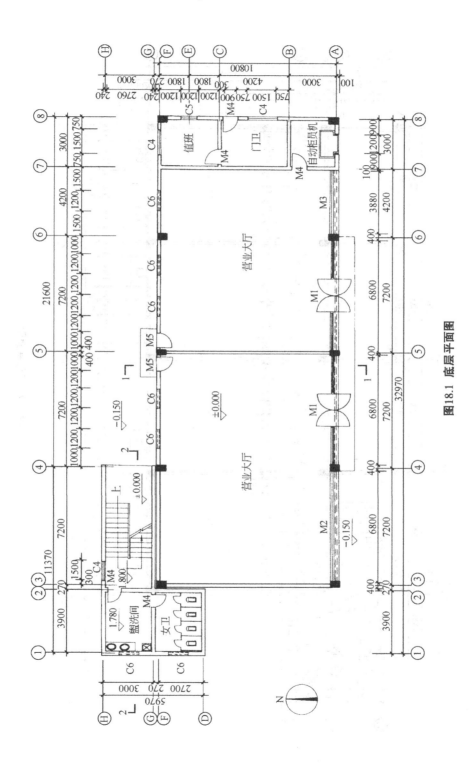

图18.1 底层平面图

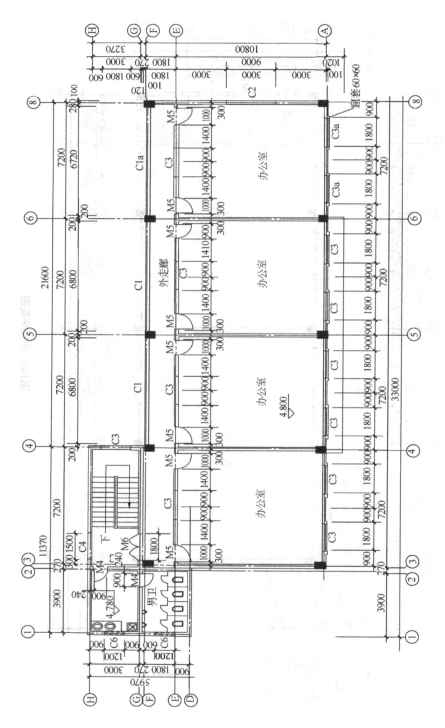

图18.2 二层平面图

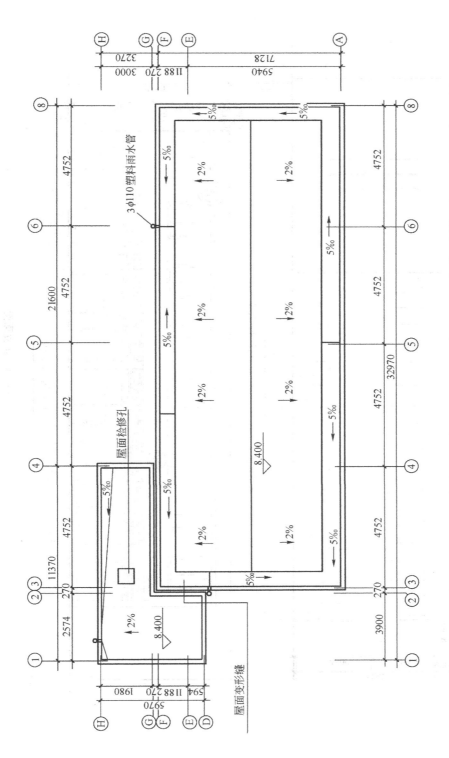

图18.3　屋顶平面图

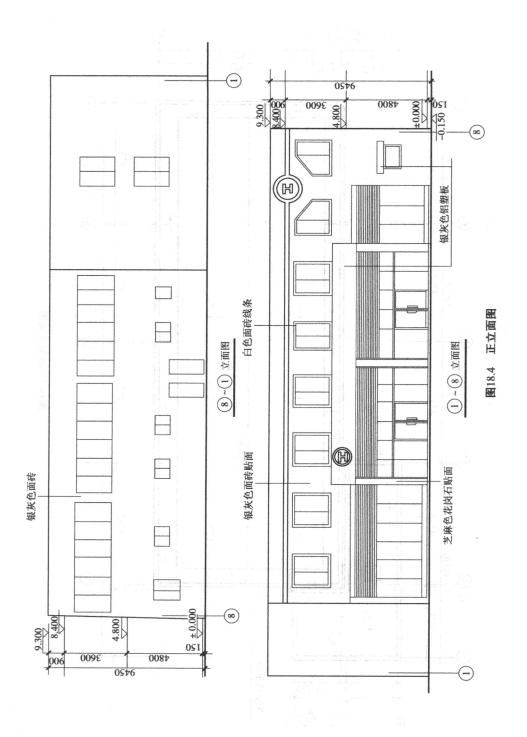

图18.4 正立面图

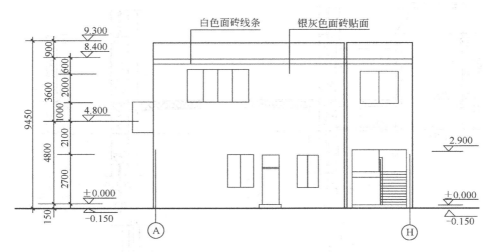

图 18.5 Ⓐ~Ⓗ立面图

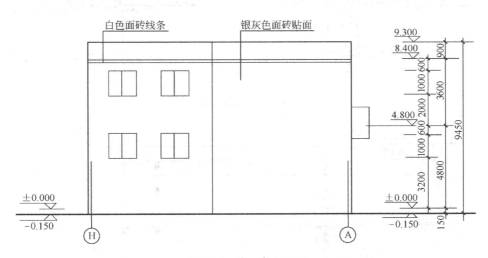

图 18.6 Ⓗ~Ⓐ立面图

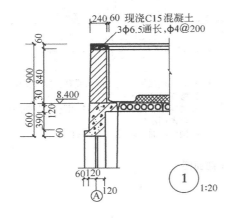

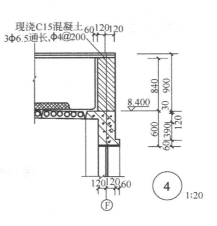

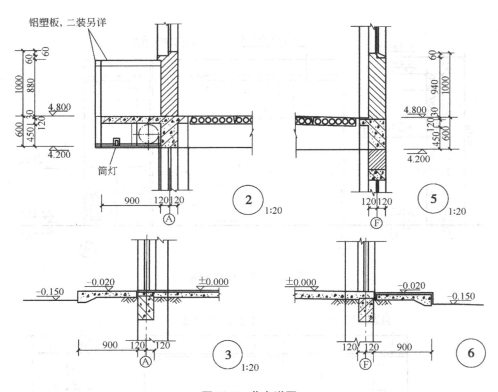

铝塑板, 二装另详

筒灯

图 18.7　节点详图

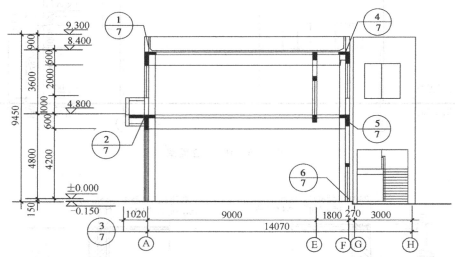

注: 1. 本工程楼梯为现浇钢筋混凝土板式楼梯。
　　2. 楼梯栏杆为不锈钢栏杆, $H=1000$。
　　3. 楼梯踏步面贴 300×300专用防滑楼梯面砖。
　　　 边做挡水线。
　　4. 楼梯侧面板底同内墙面装修。

图 18.8　1—1 剖面图

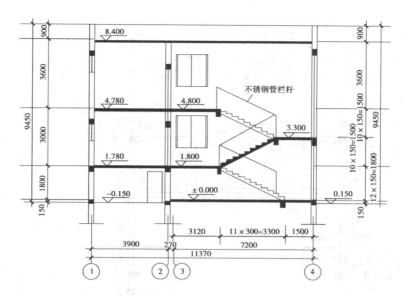

图 18.9　2—2 剖面图

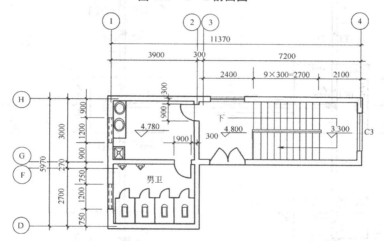

图 18.10　二层楼梯间、卫生间平面图(1∶80)

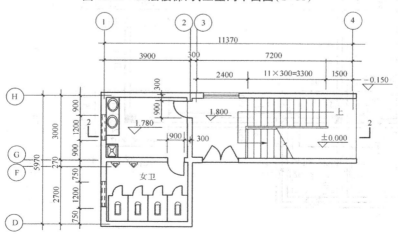

图 18.11　底层楼梯间、卫生间平面图(1∶80)

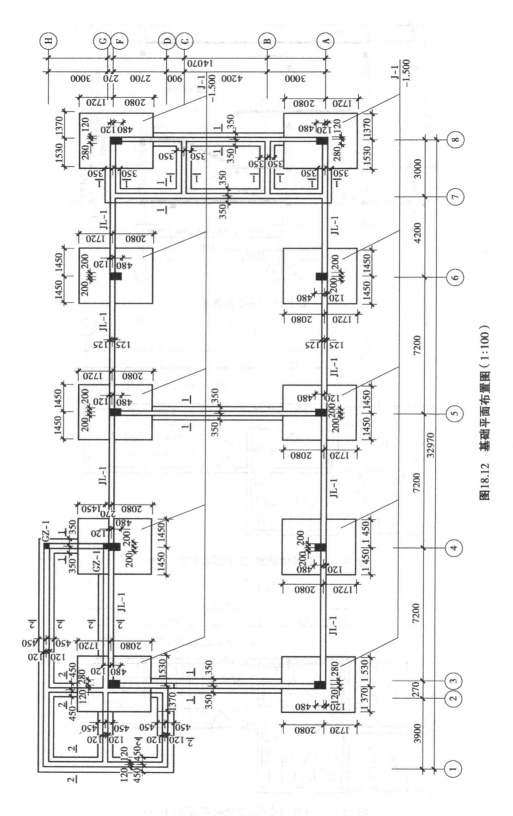

图18.12 基础平面布置图（1:100）

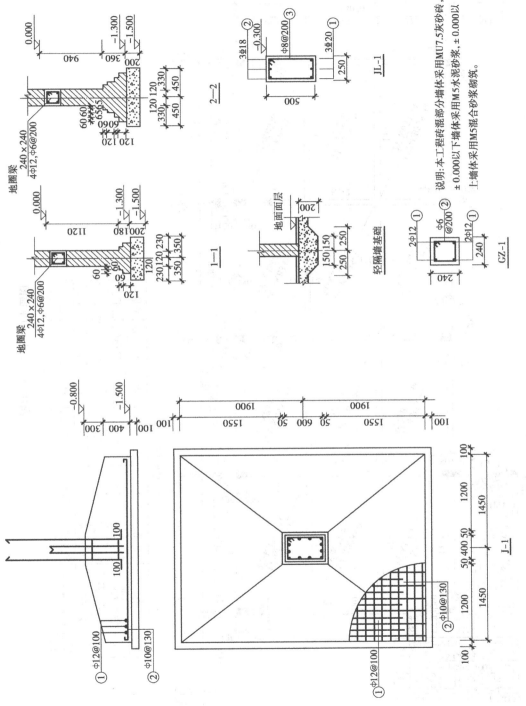

图18.13　基础配筋图

图18.14　基础详图

说明：本工程砖墙部分墙体采用MU7.5灰砂砖，
±0.000以下墙体采用M5水泥砂浆，±0.000以
上墙体采用M5混合砂浆砌筑。

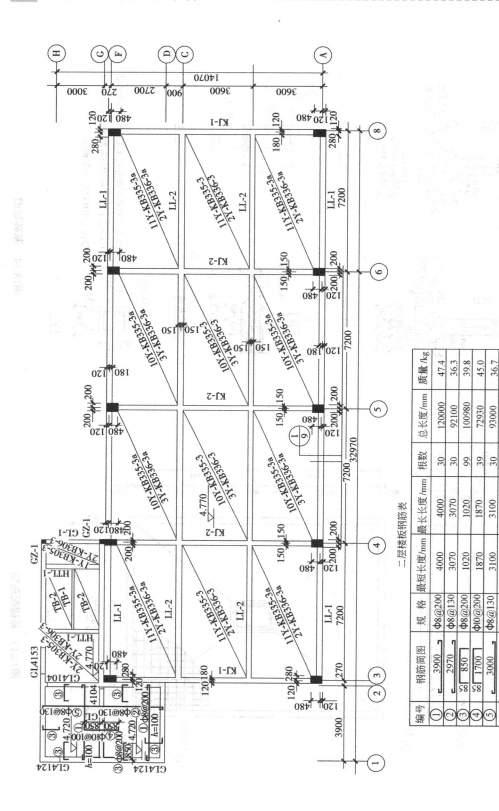

二层楼板钢筋表

编号	钢筋简图	规 格	最短长度/mm	最长长度/mm	根数	总长度/mm	质量/kg
①	3900	Φ8@200		4000	30	120000	47.4
②	2970	Φ8@130		3070	30	92100	36.3
③	850	Φ8@200		1020	99	100980	39.8
④	1700	Φ10@200		1870	39	72930	45.0
⑤	3000	Φ8@130		3100	30	93000	36.7
总重							20.5

图18.15 二层结构平面图

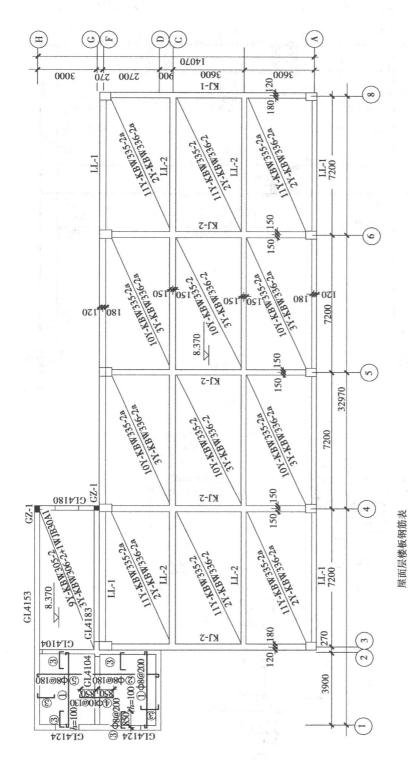

屋面层楼板钢筋表

编号	规格	钢筋简图	最短长度/mm	最长长度/mm	根数	总长度/mm	质量/kg
①	Φ8@200	3900	4000	4000	30	120000	47.4
②	Φ8@180	2970	3070	3070	22	67540	26.7
③	Φ8@200	850	1020	1020	99	100980	39.8
④	Φ10@130	1700	1870	1870	30	56100	34.6
⑤	Φ8@180	3000	3100	3100	22	68200	26.9
总重							175

图 18.16　屋面层结构平面图

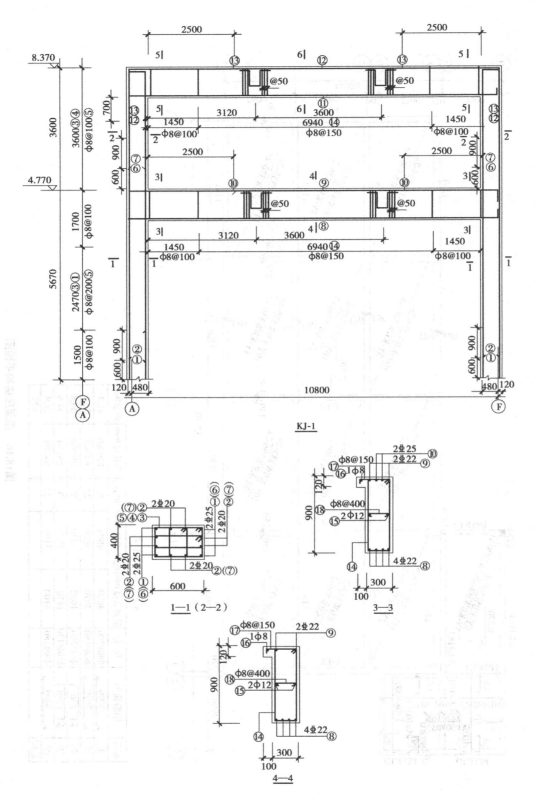

图 18.17　KJ-1 配筋图

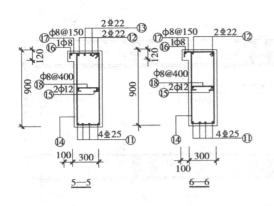

5—5   6—6

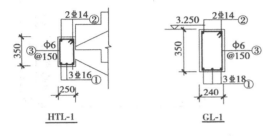

HTL-1   GL-1

柱钢筋表

编号	钢筋简图	规格	长度	根数	质量
①	6570	虫25	6570	8	203
②	6570	虫20	6570	16	259
③	350 550	φ8	550	160	
④	141 550	φ8	550	160	
⑤	208 350	φ8	350	160	
⑥	2970 250	虫25	3220	8	99
⑦	2970 250	虫20	3220	16	127
总重					

梁钢筋表

编号	钢筋简图	规格	长度	根数	质量
⑧	220 10900 220	虫22	11340	4	135
⑨	380 10980 380	虫22	11740	2	70
⑩	380 3070	虫25	3450	4	53
⑪	250 10900 250	虫25	11400	4	176
⑫	1570 10980 1570	虫22	14120	2	84
⑬	1570 3070	虫22	4640	4	55
⑭	250 825	φ8		166	
⑮	10200	φ12	10350	4	37
⑯	10440	φ8	10440	2	8
⑰	95 350	φ8	495	132	26
⑱	250	φ8	350	50	7
总重					

钢筋汇总表

钢筋 /kg	φ8		虫20	386
	φ12	37	虫22	344
			虫25	531
	总重		总重	

注:本工程钢筋表仅供参考。

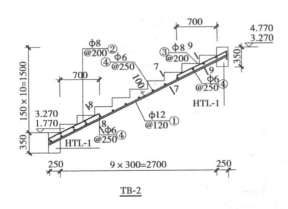

TB-2

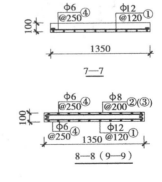

7—7

8—8(9—9)

图 18.18   KJ-1 配筋及钢筋表

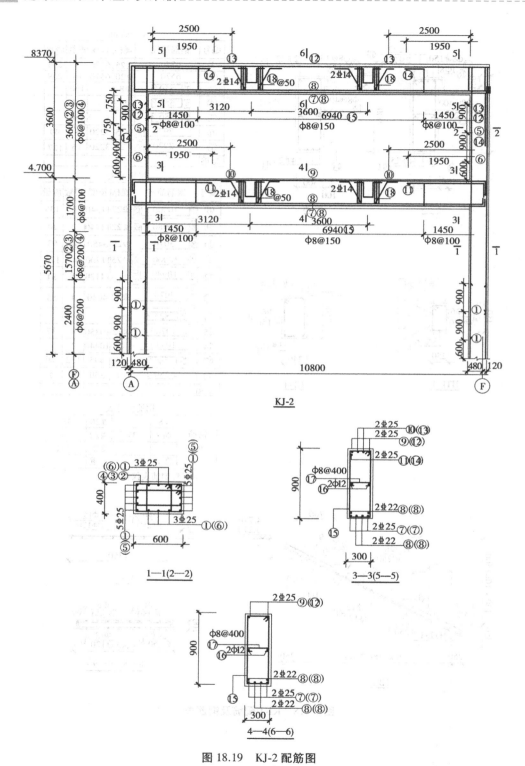

图 18.19　KJ-2 配筋图

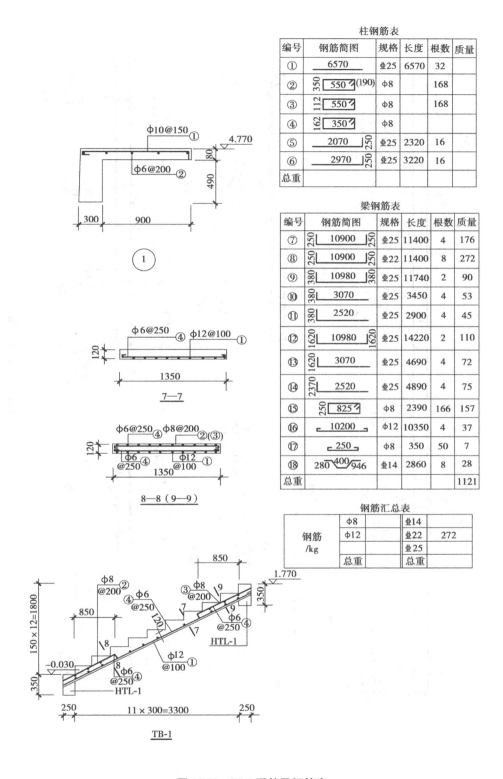

柱钢筋表

编号	钢筋简图	规格	长度	根数	质量
①	6570	Φ25	6570	32	
②	350 550 (190)	φ8		168	
③	112 550	φ8		168	
④	162 350	φ8			
⑤	2070 250	Φ25	2320	16	
⑥	2970 250	Φ25	3220	16	
总重					

梁钢筋表

编号	钢筋简图	规格	长度	根数	质量
⑦	250 10900 250	Φ25	11400	4	176
⑧	250 10900 250	Φ22	11400	8	272
⑨	380 10980 380	Φ25	11740	2	90
⑩	380 3070	Φ25	3450	4	53
⑪	380 2520	Φ25	2900	4	45
⑫	1620 10980 1620	Φ25	14220	2	110
⑬	1620 3070	Φ25	4690	4	72
⑭	2370 2520	Φ25	4890	4	75
⑮	250 825	φ8	2390	166	157
⑯	10200	φ12	10350	4	37
⑰	250	φ8	350	50	7
⑱	280 400 946	Φ14	2860	8	28
总重					1121

钢筋汇总表

钢筋 /kg	φ8		Φ14	
	φ12		Φ22	272
			Φ25	
	总重		总重	

图 18.20 KJ-2 配筋及钢筋表

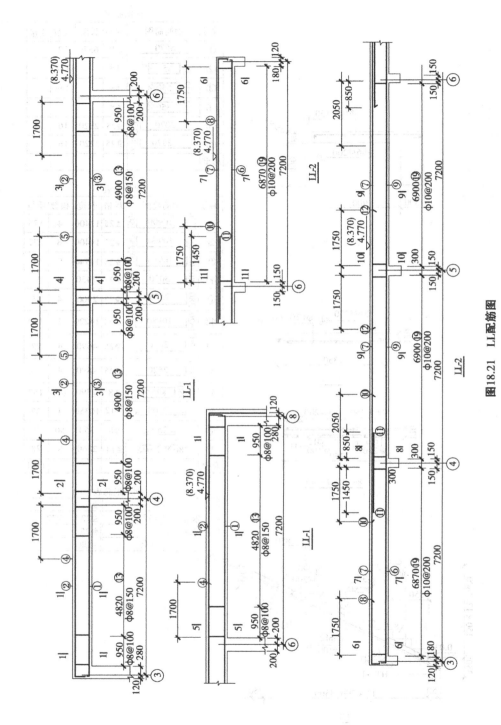

图18.21 LL配筋图

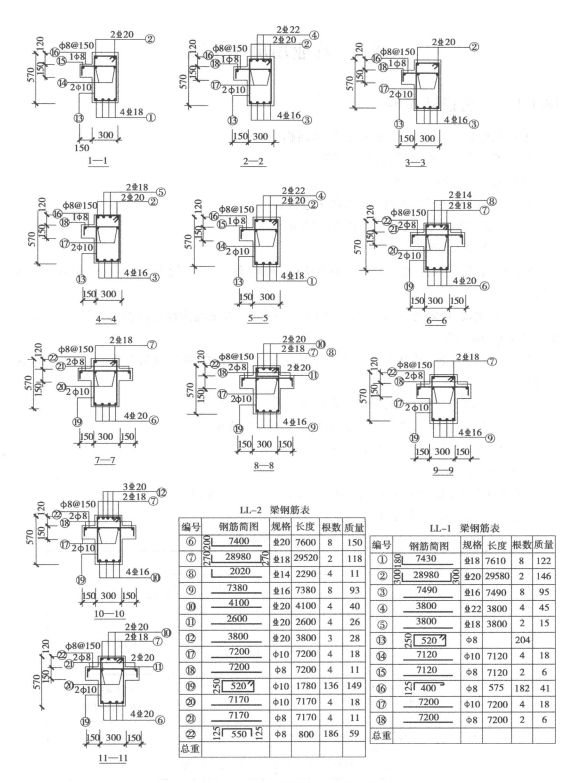

图 18.22　LL 配筋详图及配筋表

18.1　营业用房施工图

18.1.1　建筑设计说明

①本工程为营业用房,位于长江路,西面临街修建。

②本工程为二层框架结构,局部砖混。

③各部分构造如下:

a.屋面:SBC120 聚乙烯丙纶复合防水卷材;

　　　　1:6水泥蛭石找坡层,最薄处 60 mm;

　　　　1:3水泥砂浆找平层。

b.楼面:各房间及走道为 500 mm×500 mm 地砖面层,卫生间为 300 mm×300 mm 地砖面层。

c.地面:主楼、台阶为花岗岩地面;楼梯间、卫生间、盥洗间为地砖面层;全部地面 C10 混凝土垫层 60 mm 厚。

d.内墙面:各房间、梯间为混合砂浆抹面,面做仿瓷涂料;卫生间贴 200 mm×300 mm 瓷砖到顶。

e.外墙面:墙面砖贴面,局部花岗岩贴面。

f.顶棚:各房间、梯间混合砂浆抹面,均做仿瓷涂料面层。

g.踢脚线:各房间、走道瓷砖踢脚线,150 mm 高。

h.油漆:木门浅色调和漆 3 遍。

i.散水:C15 混凝土 60 mm 厚,600 mm 宽,沥青砂浆伸缩缝。

j.门窗:门窗明细表见表 18.1。

表 18.1　门窗明细表

类别	代号	门窗名称	洞口尺寸		数量			备注
			宽/mm	高/mm	底层	二层	合计	
门	M1	全玻门加卷帘	6 800	4 200	2		2	
	M2	全玻固定门	6 800	3 800	1		1	下砌 400 mm 高 240 砖墙
	M3	全玻固定门	3 880	3 800	1		1	下砌 400 mm 高 240 砖墙
	M4	单扇夹板门	900	2 100	5	2	7	
	M5	单扇夹板门	1 000	2 100	2	8	10	
	M6	双扇夹板门	1 800	2 100		1	1	

续表

类别	代号	门窗名称	洞口尺寸		数　量			备　注
			宽/mm	高/mm	底层	二层	合计	
窗	C1	铝合金推拉窗	6 800	2 000		2	2	
	C1a	铝合金推拉窗	6 720	2 000		1	1	
	C2	铝合金推拉窗	3 000	2 000		1	1	
	C3	铝合金推拉窗	1 800	2 000		11	11	
	C3a	铝合金推拉窗	1 800	2 000		2	2	
	C4	铝合金推拉窗	1 500	2 000	3	1	4	
	C5	铝合金推拉窗	1 200	2 000	1		1	
	C6	铝合金推拉窗	1 200	1 000	7	2	9	

④建筑施工图见图 18.1 至图 18.11。

18.1.2　结构设计说明

（1）概述

①该工程为二层框架结构,附楼为砖混结构,框架抗震等级为四级。一层层高为 4.80 m,二层层高为 3.60 m。

②基础采用柱下独立基础。

（2）混凝土强度等级及保护层

①基础垫层 C10。

②柱下独立基础 C20,保护层厚 35 mm。

③框架柱 C30,保护层厚 25 mm。

④连续梁 C30,保护层厚 25 mm。

⑤其余构件 C20。现浇板保护层厚 10 mm。

（3）砌筑砂浆强度等级及种类

①基础部分 M15 水泥砂浆。

②墙体部分 M15 混合砂浆。

（4）砌体

①基础采用 MU7.5 标准砖。

②附楼墙体采用 MU7.5 灰砂砖。

③主楼除女儿墙外,采用 200 mm 厚加气混凝土砌块。

（5）钢筋锚固长度

①C20 混凝土:锚固长度 40d,搭接长度 48d。

②C30 混凝土:锚固长度 30d,搭接长度 36d。

③φ为 HPB300 级钢筋,Φ为 HRB400 级钢筋,φ6 钢筋按 φ6.5 计算。

（6）其他

低于梁的洞口处均设预制过梁,由施工单位选用。

结构施工图及配筋表见图 18.12 至图 18.22。

18.2 工程量计算

18.2.1 基数计算

基数计算见表 18.2。

表 18.2 基数计算表

工程名称:营业用房

序号	基数名称	代号	墙高/m	墙厚/m	单位	数量	计算表
1	主楼外墙长	$L_{中主}$		0.24	m	79.20	$L_{中主}=(7.20×4+10.80)×2=79.20(m)$(含柱)
2	附楼外墙长	$L_{中附}$		0.24	m	34.68	$L_{中附}=(5.97+11.37)×2=34.68(m)$
3	主楼底层内墙净长	$L_{内主底}$		0.24	m	25.92	$L_{内主底}=\overset{⑤轴\quad柱\quad⑦轴}{10.80-0.48×2+10.80-0.12×2+}$ $\overset{©⑧轴}{(3.0-0.24)×2}=20.4+5.52$ $=25.92(m)$
4	主楼楼层内墙净长	$L_{内主楼}$		0.24	m	53.76	$L_{内主楼}=\overset{④、⑤、⑥轴\qquad ⑧轴}{(9.0-0.48-0.12)×3+7.20×}$ $4-0.24=8.40×3+28.56=53.76(m)$
5	附楼内墙净长	$L_{内附}$		0.24	m	6.42	$L_{内附}=\overset{©轴}{(3.90-0.24)}+\overset{②轴}{(3.0-0.24)}$ $=6.42(m)$
6	外墙外边周长	$L_{外}$			m	95.04	$L_{外}=(7.20×4+0.27+3.90+0.24+10.8+$ $0.27+3.0+0.24)×2$ $=47.52×2=95.04(m)$
7	底层建筑面积	$S_{底}$			m²	370.83	$S_{底}=(32.97+0.24)×(10.80+0.27+3.0+$ $0.24)-(7.20×3)×(3.0+0.12+$ $0.27-0.12)-(10.80+0.12-2.7-$ $0.12)×(3.9+0.24+0.03)$ $=33.21×14.31-21.60×3.27-8.10×4.17$ $=475.24-70.63-33.78=370.83(m²)$
8	全部建筑面积	S			m²	741.66	$S=S_{底}×2$ 层 $=370.83×2=741.66(m²)$

18.2.2 门窗明细表计算

门窗明细计算见表 18.3。

工程名称:营业用房

表18.3　门窗明细表

序号	门窗(孔洞)名称		框扇断面/cm		洞口尺寸/mm		樘数	面积/m²		所在部位				
	代号	名称	框	扇	宽	高		每樘	小计	$L_{中主}$	$L_{中附}$	$L_{内主底}$	$L_{内主楼}$	$L_{内附}$
1	M1	全玻地弹门			2 000	2 100	2	4.20	8.40	8.40				
2	M1	铝合金卷帘门			6 800	4 200 +600	2	28.56 (32.64)	57.12 (65.28)	57.12				
3	M2	铝合金卷帘门			6 800	3 800 +600	1	25.84 (29.92)	25.84 (29.92)	25.84				
4	M3	铝合金卷帘门			3 880	3 800 +600	1	14.74 (17.07)	14.74 (17.07)	14.74				
5	M4	单扇胶合板门			900	2 100	7	1.89	13.23	1.89		3.78		7.56
6	M5	单扇胶合板门			1 000	2 100	10	2.10	21.00	4.20			16.80	
7	M6	双扇胶合板门			1 800	2 100	1	3.78	3.78			3.78		3.78
		门小计							144.11	112.19		3.78	16.80	11.34
8	M1	全玻固定窗			6 800 -2 000	4 200 ×2 100	2	24.36	48.72	48.72				
9	M2	全玻固定窗			6 800	3 800	1	25.84	25.84	25.84				
10	M3	全玻固定窗			3 880	3 800	1	14.74	14.74	14.74				
11	C1	铝合金推拉窗			6 800	2 000	2	13.60	27.20	27.20				

续表

序号	门窗(孔洞) 名称	代号	框扇断面/cm 框	扇	洞口尺寸/mm 宽	高	樘数	面积/m² 每樘	小计	所在部位 $L_{中主}$	$L_{中附}$	$L_{内主版}$	$L_{内主楼}$	$L_{内附}$
12	铝合金推拉窗	C1a			6 720	2 000	1	13.44	13.44	13.44				11.34
13	铝合金推拉窗	C2			3 000	2 000	1	6.00	6.00	6.00				
14	铝合金推拉窗	C3			1 800	2 000	11	3.60	39.60	21.6	3.60		14.40	
15	铝合金推拉窗	C3a			$1\,800-0.9\times$ $0.9\times\frac{1}{2}$	2 000	2	3.20	6.40	6.40				
16	铝合金推拉窗	C4			1 500	2 000	4	3.00	12.00	6.00	6.00			
17	铝合金推拉窗	C5			1 200	2 000	1	2.40	2.40	2.40				
18	铝合金推拉窗	C6			1 200	1 000	9	1.20	10.80	6.00	4.80			
19	自动柜员机窗门				1 200	900	1	1.08	1.08	1.08				
	窗小计								208.22	179.42	14.40		14.40	
	合 计								352.33	291.61	14.40	3.78	31.20	11.34

18.2.3　工程量计算

工程量计算见表18.4。

工程名称:营业用房

表18.4　工程量计算表

序号	定额编号	分项工程名称	单位	工程量	计算式
1	1-48	人工平整场地	m²	576.91	$S = S_底 + L_外 \times 2 + 16 = 370.83 + 95.04 \times 2 + 16 = 576.91 (\text{m}^2)$
2	1-17	人工挖基坑	m³	246.79	工作面 $= C = 0.30$ m, $H = 1.50 + 0.10 - 0.15 = 1.45$ (m) $V = (3.10 + 2 \times 0.30) \times (4.0 + 2 \times 0.30) \times 1.45 \times 10$ $= 3.70 \times 4.60 \times 1.45 \times 10 = 24.679 \times 1.45 \times 10 = 246.79 (\text{m}^3)$
3	1-8	人工挖沟槽	m³	126.74	工作面 $C = 0.30$ m 沟槽长: 1—1剖面: $[\ 10.80 - (2.08 + 0.4) \times 2\ ] \times 3 + \overset{⑦轴}{10.80} + \overset{⑧轴}{[\ 3.0 - (1.53 + 0.40)\ ]} \times 2 +$ $\overset{⑧©轴}{[\ 3.0 - (0.70 + 0.3)\ ]} \times 2 = 17.52 + 10.8 + 2.14 + 4.0 = 34.46 (\text{m})$ 2—2剖面: $\overset{①轴}{5.97} + \overset{⑧轴}{11.37} + \overset{⑥轴}{3.90} + 0.27 - \frac{0.7 + 0.3}{2} + \overset{©⑧轴}{3.9 - \frac{0.9 + 0.6}{2}} - (1.37 + 0.40) + 7.20 +$ $0.27 - (1.53 + 0.40 + 1.45 + 0.40) + \overset{②④轴}{[\ 3.0 - \frac{0.9 + 0.6}{2}}\ ] + \overset{⑦轴}{[\frac{0.9 + 0.6}{2} - (1.72 + 0.40)}\ ] \times 2$ $= 5.79 + 11.37 + 3.90 + 0.27 - 0.50 + 3.90 - 0.75 - 1.77 + 7.20 + 0.27 - 3.78 + 0.26 = 26.34 (\text{m})$ 基础梁沟槽长: $\{\ 7.20 - (1.53 + 0.4)\overset{Ⓐ©轴}{\ } - (1.45 + 0.40)\ ] + [\ 7.20 - (1.45 + 0.40) \times 2\ ] \times 2 + 4.20 -$ $(1.45 + 0.40)\overset{Ⓐ©轴}{\ } - \frac{0.7 + 0.6}{2}\}\overset{③④轴}{\ } \times 2 - (7.20 - 1.53 - 0.40 - 1.45 - 0.40)$ $= (7.20 - 1.93 - 1.85 + 7.0 + 4.20 - 1.85 - 0.65) \times 2 - 3.42 = 24.24 - 3.24 = 20.82 (\text{m})$

续表

序号	定额编号	分项工程名称	单位	工程量	计算式
3	1-8	人工挖沟槽	m³	126.74	沟槽深:$H=1.50-0.15=1.35$ m 基础梁沟槽深:$H=0.80-0.15+0.08=0.73$(m) $V_{1-1}=34.46\times(0.70+2\times0.30)\times1.35=34.46\times1.30\times1.35=60.48$(m³) $V_{2-2}=26.34\times(0.90+2\times0.30)\times1.35=26.34\times1.50\times1.35=53.34$(m³) $V_{梁槽}=20.82\times(0.25+2\times0.30)\times0.73=20.82\times0.85\times0.73=12.92$(m³) 小计:$60.48+53.34+12.92=126.74$(m³)
4	8-16	C10 混凝土基础垫层	m³	23.46	(1)基坑垫层 $\quad10\times(2.90+0.20)\times(3.80+0.20)\times0.10=10\times1.24=12.40$(m³) (2)沟槽垫层 垫层长: 1—1剖面:③⑧⑤轴$(10.80-2.08)\times3+(10.80+0.35\times2)+$⑧⑥轴$(3.0-0.7)\times2$ $=26.16+10.80+0.70+4.60=42.26$(m) 2—2剖面:$5.79+$②④轴$\left(3.90+0.27-\dfrac{0.7}{2}\right)+$⑥轴$11.37+$⑧轴$\left(11.37-2.90-\dfrac{0.9}{2}-1.45\right)+$ ②④轴$\left(3.0-\dfrac{0.9}{2}-1.72\right)\times2$ $=5.97+3.82+11.37+6.57+0.83=28.56$(m) $V_{1-1}=42.26\times0.70\times0.20=5.92$(m³) $V_{2-2}=28.56\times0.90\times0.20=5.14$(m³) 小计:$12.40+5.92+5.14=23.46$(m³)

序号	定额编号	项目名称	单位	数量	计算式
5	4-1	M5水泥砂浆砌砖基础	m³	29.22	砖基础长: 1—1剖面在独立基础上: $\overset{③/⑤/⑧轴}{(2.08-0.48)\times2\times3(道)}+\overset{①/⑤轴}{(1.53-0.28)\times2(道)}=12.10(m)$ 1—1剖面有垫层: $\overset{③/⑤/⑧轴}{(10.8-0.48\times2)\times3(道)}+\overset{⑦轴}{10.80}+\overset{①/⑤轴}{(3.0-0.28)\times2(道)}+\overset{⑧/⑥轴}{(3.0-0.24)\times2(道)}-\overset{独立基础上}{12.10}=39.18(m)$ 2—2剖面在独立基础上: $\overset{③轴⑥/⑥轴}{(1.72-0.12)\times2}+\overset{①/⑤轴}{(1.90+1.45)}+\overset{③轴⑥/⑥轴}{(2.08+0.12)}=8.75(m)$ 2—2剖面有垫层: $\overset{⑩轴\ \ ⑧轴\ \ ⑥轴\ \ ③轴}{5.97+11.37+3.90}+(11.37-0.12)+(5.97-0.12-0.24)+3.0-\overset{在独立基础上}{8.75}=32.35(m)$ 砖基础高: 1—1剖面 { 有垫层层高:1.30-0.24=1.06(m) 2—2剖面 { 无垫层平均高:$(0.80+1.10)\times\dfrac{1}{2}-\overset{圈梁}{0.24}=0.71(m)$ $V_{1-1有垫}=39.18\times[1.06\times0.24+0.007\,875\times(6-1)]=11.51(m^3)$ $V_{1-1无垫}=12.10\times0.71\times0.24=2.06(m^3)$ $V_{2-2有垫}=32.35\times[1.06\times0.24+0.007\,875\times(20-4)]=10.27(m^3)$ $V_{2-2无垫}=8.75\times0.71\times0.24=1.49(m^3)$ 基础梁上砖基础: $V=54.04\times0.30\times0.24=3.89(m^3)$ 基础梁长 小计=11.51+2.06+10.27+1.49+3.89=29.22(m³)
6	5-408	现浇C20混凝土地圈梁	m³	5.32	1—1剖面:$\overset{基础长}{(12.10+39.18)}\times0.24\times0.24=2.95(m^3)$ 2—2剖面:$\overset{基础长}{(8.75+32.35)}\times0.24\times0.24=2.37(m^3)$ 小计:2.95+2.37=5.32(m³)

续表

序号	定额编号	分项工程名称	单位	工程量	计算式
7	5-396	现浇 C20 混凝土独立基础	m³	40.24	$10 \times [(1.90 \times 3.80 \times 0.40) + (1.90 \times 3.80 + 0.50 \times 0.70) \times \frac{1}{2} \times 0.30$ $= 10 \times (2.888 + 1.136) = 10 \times 4.024 = 40.24 (m³)$
8	8-16	C10 混凝土独立基础垫层	m³	8.40	$10 \times 2.10 \times 4.00 \times 0.10 = 10 \times 0.84 = 8.40 (m³)$
9	5-405	现浇 C20 混凝土基础梁	m³	6.76	基础梁长：两端 $(7.20 - 0.28 - 0.20) \times 4 (根) = 26.88 (m)$ 中间 $(7.20 - 0.40) \times 4 (根) = 27.20 (m)$ } 54.08 m $V = 54.08 \times 0.25 \times 0.50 = 6.76 (m³)$
10	5-401	现浇 C30 混凝土框架柱	m³	22.00	KJ-1 $2 \times (8.37 + 0.80) \times 0.60 \times 0.40 \times 2 (根) = 2 \times 4.402 = 8.80 (m³)$ _{9.17} KJ-2 $3 \times 9.17 \times 0.60 \times 0.40 \times 2 (根) = 3 \times 4.402 = 13.20 (m³)$ 小计：$8.80 + 13.20 = 22.00 (m³)$
11	5-406	现浇 C30 混凝土框架梁	m³	26.94	KJ-1 $2 \times (10.80 - 0.48 \times 2) \times (0.90 \times 0.30 + 0.12 \times 0.10) \times 2 (根)$ $= 2 \times 9.84 \times 0.282 \times 2 = 2 \times 5.50 = 11.00 (m³)$ KJ-2 $3 \times (10.80 - 0.96) \times 0.30 \times 0.90 \times 2 (根) = 3 \times 5.314 = 15.94 (m³)$ 小计：$11.00 + 15.94 = 26.94 (m³)$
12	5-406	现浇 C30 混凝土连续梁	m³	43.99	LL-1：$(7.20 - 0.40) \times 2 = 13.60$ m(挑檐板长) 基础梁长 $V = [54.08 \times 0.30 \times 0.57 + (54.08 - 13.60) \times 0.15 \times 0.15 \times 2 (层)] + 13.60 \times 0.15 \times 0.15$ $= (9.25 + 0.91) \times 2 + 0.31 = 20.32 + 0.31 = 20.63 (m²)$ LL-2： $V = 54.08 \times (0.57 \times 0.30 + 0.15 \times 0.15 \times 2) \times 2 (层) = 23.36 (m³)$ 小计：$20.63 + 23.36 = 43.99 (m³)$

序号	定额编号	项目名称	单位	数量	计算式
13	5-403	现浇C20混凝土构造柱	m³	1.34	构造柱高（地圈梁至压顶）：8.40+0.84+0.06=9.30（m） $V=（0.24×0.24+0.24×0.03×2）×9.30×2（根）=1.34（m³）$
14	5-409	现浇C20混凝土过梁	m³	1.00	代号　断面尺寸　过梁长　数量 GL4124　240×150　1.20+0.50=1.70(m)　4 GL4153　240×180　1.50+0.50=2.00(m)　2 GL4104　240×120　1.00+0.50=1.50(m)　2 GL4180　240×240　1.80+0.50=2.30(m)　1 GL4183　240×240　1.80+0.50=2.30(m)　1 GL-1　240×350　3.0+0.24=2.76(m)　1 GL4124：4×0.15×0.24×1.70=4×0.061 2=0.245（m³） GL4153：2×0.18×0.24×2.0=2×0.086 4=0.173（m³） GL4104：2×0.12×0.24×1.50=2×0.043 2=0.086（m³） GL4180：1×0.24×0.24×2.30=0.132（m³） GL4183：1×0.24×0.24×2.30=0.132（m³） GL-1：1×0.35×0.24×2.76=0.232（m³） } 1.00 m³
15	5-419	现浇C20混凝土平板	m³	7.56	3.9×5.97×0.10×3（块）=6.99（m³） 反边：（3.9+5.97）×2×2（块）×0.12×0.12=0.57（m³） } 7.56 m³
16	5-423	现浇C20混凝土挑檐板	m²	13.68	（7.20+0.40）×2×0.9=13.68（m²）
17	5-421	现浇C20混凝土楼梯	m²	13.96	第1跑：（3.30+0.25×2）×1.35=5.13（m²） 第2,3跑：（2.70+0.25×2）×（3.0-0.24）=8.83（m²） } 13.96 m²
18	5-432	现浇C15混凝土压顶	m³	2.05	$L_{中主}$　$L_{中附}$ （79.20+34.68）×0.30×0.06=2.05（m³）

续表

序号	定额编号	分项工程名称	单位	工程量	计算式
19	5-431	现浇C15混凝土台阶	m³	0.67	$(7.20×2+0.2×2)×0.30×0.15=4.44×0.15=0.67(m³)$
20	5-82	现浇地圈梁模板	m²	10.01	基础长 $(12.10+8.75)×0.24×2(面)=10.01(m²)$
21	5-17	现浇独立基础模板	m²	53.60 14.20	$(2.90+3.80)×2×0.40×10个=53.60(m²)$ $(2.90+0.2+3.80+0.2)×2×0.10×10(个)=14.2(m²)$
22	5-69	现浇基础梁模板	m²	54.08	侧模:$54.08×0.50×2(边)=54.08(m²)$;底模用砖胎模
23	5-58	现浇框架柱模板	m²	183.40	$9.17×(0.60+0.40)×2×5(幅)×2(根)=183.40(m²)$
24	5-73	现浇框架梁模板	m²	210.58	侧模:$(\overset{9.84}{10.9-0.48×2})×0.90×2(边)×5(幅)×2(根)=177.12(m²)$ 底模:$9.84×0.30×5(幅)+9.84×0.1×4(根)=33.46(m²)$ } $210.58\ m²$
25	5-67	框架柱支撑 超高1.32m	m²	111.87	$183.40×\dfrac{9.17-3.60}{9.17}=183.40×0.61=111.87(m²)$
26	5-85	框架梁支撑 超高0.42m	m²	105.29	$210.58×\dfrac{1}{2}=105.29(m²)$
27	5-73	现浇连续梁模板	m²	358.13	侧模:$54.08×2×0.57×2(面)×2(层)=246.60(m²)$ 底模:$54.08×(0.30+0.15)×2(层)-13.60×0.15×2(层)=46.63(m²)$ $54.08×(0.30+0.15×2)×2(层)=64.90(m²)$ } $358.13\ m²$
28	5-85	连续梁支撑 超高0.75m	m²	182.13	$246.60×\dfrac{1}{2}+(46.63+13.60×0.15)×\dfrac{1}{2}+13.60×0.15+64.90×\dfrac{1}{2}=182.13(m²)$
29	5-58	现浇构造柱模板	m²	7.81	侧模周长 $[(0.24+0.06)×2+0.06×2]×9.30×2(根)=7.81(m²)$

序号	定额编号	项目名称	单位	工程量	计算式
30	5-77	现浇过梁模板	m²	12.22	侧模:(0.15×1.70×4(根)+0.18×2.0×2(根)+0.12×1.50×2(根)+0.24×2.30×1(根)+0.24×2.30×1(根)+ 0.24×2.30×1(根)=8.34(m²) 底模:0.24×(1.20×4+1.50×2+1.0×2+18.0×1+1.80×1+2.76×1)=3.88(m²) } 12.22 m²
31	5-108	现浇平板模板	m²	56.05	3.90×5.97×2(块)=46.57(m²) 侧模:(3.90+5.97)×2×2(块)×0.12×2(边)=9.48(m²) } 56.05 m²
32	5-121	现浇挑檐板模板	m²	7.59	侧模:(7.60×0.9×2)×0.08=0.75(m²) 底模:7.60×0.90=6.84(m²) } 7.59 m²
33	5-119	现浇楼梯模板	m²	13.96	同序号 17
34	5-131 代	现浇压顶模板	m	113.88	79.20+34.68=113.88(m)
35	5-123	现浇台阶模板	m²	4.44	同序号 19
36	5-453	预应力 C25 混凝土空心板制作	m³	36.68	(见下表)

注:查某地区标准图;a-缩短 30 mm

代　号	数量/块	计算式(每块体积×块数)	体积小计
KB335-3a	126	$0.115×\dfrac{3.0}{3.0}×126=13.17(m^3)$	
KB336-3a	30	$0.140×\dfrac{3.0}{3.3}×30=3.82(m^3)$	
KB305-3	3	$0.105×3=0.32(m^3)$	
KB306-3	4	$0.127×4=0.51(m^3)$	
KBW335-2a	126	$0.115×\dfrac{3.0}{3.3}×126=13.17(m^3)$	36.14 m³(净)
KBW336-2a	30	$0.140×\dfrac{3.0}{3.3}×30=3.82(m^3)$	
KBW305-2	9	$0.105×9=0.95(m^3)$	
KBW306-2	3	$0.127×3=0.38(m^3)$	

空心板制作工程量=36.14×1.015=36.68(m³)

续表

序号	定额编号	分项工程名称	单位	工程量	计算式
37	6-8	空心板运输	m³	36.61	36.14×1.013=36.61(m³)
38	6-330	空心板安装	m³	36.32	36.14×1.005=36.32(m³)
39	5-529	空心板接头灌浆	m³	36.14	36.14 m³
40	5-441	预制 C20 混凝土过梁	m³	1.44	底层:C6 5×1.70×0.20×0.24=0.41(m³) C5 1×1.70×0.20×0.24=0.08(m³) C4 2×2.0×0.20×0.24=0.19(m³) M5 2×1.50×0.20×0.18=0.11(m³) M4 3×1.40×0.20×0.15=0.12(m³) 柜员机口 1×1.70×0.20×0.24=0.08(m³) 二层:M5 8×1.50×0.20×0.18=0.43(m³) 1.42 m³×1.015*=1.44 m³
41	5-150	预制过梁模板	m³	1.42	1.42 m³
42	6-37	过梁运输	m³	1.44	1.42×1.013*=1.44(m³)
43	6-177	过梁安装	m³	1.43	1.42×1.005*=1.43(m³)
44	5-532	过梁接头灌浆	m²	1.42	1.42 m²
45	7-65	单扇胶合板门框制作	m²	34.23	13.23+21.00=34.23(m²)(见门窗明细表)
46	7-66	单扇胶合板门框安装	m²	34.23	34.23 m²
47	7-67	单扇胶合板门扇制作	m²	34.23	同上
48	7-68	单扇胶合板门扇安装	m²	34.23	同上
49	7-69	双扇胶合板门框制作	m²	3.78	3.78 m²(见门窗明细表)

序号	定额编号	项目名称	单位	数量	计算式
50	7-70	双扇胶合板门框安装	m²	3.78	3.78 m²
51	7-71	双扇胶合板门扇制作	m²	3.78	同上
52	7-72	双扇胶合板门扇安装	m²	3.78	同上
53	7-287	全玻地弹门安装	m²	8.40	见门窗明细表
54	7-294	铝合金卷帘门安装	m²	112.27	见门窗明细表：$65.28+29.92+17.07=112.27(m^2)$
55	7-290	全玻固定窗安装	m²	89.30	见门窗明细表 $48.72+25.84+14.74=89.30(m^2)$
56	7-289	铝合金推拉窗安装	m²	117.84	$27.20+13.44+6.0+39.60+6.40+12.0+2.40+10.80=117.84(m^2)$
57	3-20	现浇框架柱、梁、连续梁、满堂脚手架	m²	638.00	主楼两层：$(7.20\times4+0.20)\times(10.80+0.20)\times2$ 层 $=638.00(m^2)$
58	3-6	双排外脚手架	m²	898.13	$L_{外}$ $95.04\times(9.30+0.15)=898.13(m^2)$
59	3-15	里脚手架	m²	453.72	$L_{内主楼}$ $25.92\times(4.80-0.12+0.15)=125.19(m^2)$ $L_{内主楼}$ $53.76\times(8.40-0.12-4.80)=187.08(m^2)$ $L_{内附}$ $6.42\times(8.40-0.08\times2$ 层 $+0.15)=53.86(m^2)$ ②轴 ⑪~⑫轴 ⑪轴 ③~⑪轴 $[(2.70+0.27)+(7.20+0.27)]\times(8.40-0.08\times2$ 层 $+0.15)=87.59(m^2)$ }453.72 m²
60	1-46	人工沟槽、基坑回填土	m³	324.18	挖方体积 砖基础出地面体积 垫层 $(246.79+126.74)-23.46-29.22+(12.10+39.18+8.75+32.35)\times0.24\times0.15$ $=373.53-23.46-29.22+3.33=324.18(m^3)$

续表

序号	定额编号	分项工程名称	单位	工程量	计算式
61	6-91	胶合板门运输	m²	38.01	34.23+3.78=38.01(m²)
62	11-413	胶合板门调和漆3遍	m²	38.01	同上
63	4-35	M5混合砂浆砌加气混凝土砌块墙	m³	88.32	底层： ②、⑤、⑧轴 $(10.80-0.48×2)×3×(4.77-0.9)=114.24(m^2)$ ⑦轴:$(10.80-0.12)×(4.77-0.12)=49.66(m^2)$ Ⓑ轴:$(3.0-0.24)×(4.77-0.57)=11.59(m^2)$ Ⓒ轴:$(3.0-0.24)×(4.77-0.12)=12.83(m^2)$ ②轴⑦-⑧轴 $(3.0-0.28)×(4.77-0.9)=10.53(m^2)$ ③轴⑥-⑦轴、③-④轴 $[(4.20-0.20-0.12)+(7.20-0.20-0.28)]×0.24=4.24(m^2)$ Ⓕ轴:$(7.20×4-0.28×2-0.4×3)×(4.77-0.57)=113.57(m^2)$ 二层: ②轴 $(10.80-0.48×2)×(8.37-0.9-4.77)=26.57(m^2)$ ⑤轴 $(9.0-0.48)×(8.73-0.90-4.77)=23.00(m^2)$ ④⑤⑥轴 $(9.0-0.48-0.12)×(8.37-4.77-0.90)×3=68.04(m^2)$ Ⓓ轴 $(7.20×4-0.28×2-0.4×3)×(8.37-4.77-0.57)=81.93(m^2)$ Ⓔ轴 $(7.20×4-0.12)×(8.37-4.77-0.12)=99.81(m^2)$ Ⓒ轴 $(7.20×3-0.28-0.20-0.40×2)×(8.37-4.77-0.57)=61.57(m^2)$ 墙面积小计:677.58 m² 应扣除的门窗、洞口面积: 卷帘门:57.12+25.84+14.74=97.70(m²) M4:3×1.89=5.67(m²)　C5:1×2.40=2.40(m²)　M5:10×2.10=21.00(m²) C6:5×1.20=6.00(m²)　柜员机窗口:1.08 m²

64	4-10	M5 混合砂浆 砌灰砂砖墙	m³	95.07	C1:2×13.60＝27.20(m²)　　C1a:1×13.44＝13.44(m²)　　C2:1×6.0＝6.00(m²) C3:10×3.60＝36.00(m²)　　C3a:2×3.20＝6.40(m³)　　C4:2×3.00＝6.00(m²) 门窗洞口小计＝228.89 m² 砌块墙体积＝(墙面积－门窗及洞口面积)×墙厚－过梁 ＝(677.58－228.89)×0.20－1.42 ＝448.69×0.20－1.42＝88.32(m³)
65	8-18	屋面 1:3水泥 砂浆找平层	m²	343.18	附楼： $L_{中附}$ 34.68×(8.40＋0.9－0.06)＋6.42×(8.40－0.10×2)＝320.44＋52.64＝373.08(m²) 主楼女儿墙： $L_{中主}$ 79.20×(0.90－0.06)＝66.53(m²) 墙面积小计:373.08＋66.53＝439.61(m²) 门窗、洞口面积： M4:4×1.89＝7.56(m²)　　M6:1×3.78＝3.78(m²)　　C4:2×3.0＝6.0(m²) C6:4×1.20＝4.80(m²)　　C3:1×3.60＝3.60(m²)　　梯间洞口:2.76×2.90＝8.00(m²) 门窗、洞口小计:33.74 m² 门窗 过梁 构造柱 砖墙体积＝(439.61－33.74)×0.24－1.0－1.34＝405.87×0.24－2.34＝95.07(m³) 主楼:(7.20×4－0.24)×(10.80－0.24)＝301.59(m²) 附楼:(7.20＋0.27)×(3.0－0.24)＋(3.9－0.24)×(5.97－0.24)＝41.59(m²) ⎱ 343.18 m²
66	11-25	1:2水泥砂浆 抹女儿墙内侧	m²	94.05	$L_{中主}$ (79.20－0.96＋34.68－0.96)×0.84＝94.05(m²)

序号	定额编号	分项工程名称	单位	工程量	计算式
67	10-202	屋面1:6水泥蛭石找坡层最薄处60 mm	m^3	36.61	平均厚$=(10.80-0.24-0.50×2)×\dfrac{1}{2}×2\%×\dfrac{1}{2}+0.06=0.057+0.06=0.12(m)$ 面积: 主楼屋面:$(28.56-0.5×2)×(10.56-0.5×2)=263.47(m^2)$ 附楼屋面:$41.59\ m^2$ 找坡层体积:$(263.47+41.59)×0.12=36.61(m^3)$
68	9-41	SBC120聚乙烯丙纶防水卷材屋面防水层	m^2	441.68	平面:$343.18\ m^2$ 女儿墙侧面:$94.05\ m^2$ 排水沟侧面:$(7.20×4-0.24-0.50×2+10.80-0.24-0.5×2)×2×0.06=4.45(m^2)$ 小计:$343.18+94.05+4.45=441.68(m^2)$
69	9-66	φ110塑料雨水管	m	25.20	$8.40×3(根)=25.20(m)$
70	9-63	铸铁排水口	个	3	
71	9-70	塑料水斗	个	3	
72	7-361代	屋面检修孔木盖板800×800×30	m^2	0.64	$0.80×0.80=0.64(m^2)$
73	7-254代	屋面木盖板包铁皮	m^2	0.81	按展开平面积计算: $[0.8+\underset{M2}{(0.03+0.02)}×2]×[0.8+(0.03+0.02)×2]=0.81(m^2)$
74	4-60	M5混合砂浆砌固定窗砖座台	m^3	1.02	$[\underset{M3}{(7.20-0.30-0.20)}+(4.20-0.20-0.20-0.10)]×\underset{高}{0.4}×\underset{厚}{0.24}=1.02(m^3)$
75	8-57	花岗岩地面面层	m^2	311.76	营业厅:$(7.20+7.20-0.20)×(10.80-0.10+0.10)+(7.20+4.20-0.20)×(10.80-0.10+0.10)=153.36+120.96=274.32(m^2)$ 台阶处:$(7.2×2+0.40)×(0.90-0.30)=8.88(m^2)$ 值班:$(3.60-0.20)×(3.0-0.20)=9.52(m^2)$ 门卫:$(4.20-0.20)×(3.0-0.20)=11.20(m^2)$ 柜员机室:$(3.0-0.20)×(3.0-0.20)=7.84(m^2)$ 小计:$274.32+9.52+11.20+7.84+8.88=311.76(m^2)$

序号	定额号	项目名称	单位	工程量	计算式
76	8-72	地砖楼地面	m²	332.75	地面（楼梯间）：(7.20+0.27-0.12+0.12)×(3.0-0.24)=20.62(m²) 楼面（办公室）：(7.20-0.20)×(9.0-0.20)×4(间)=246.40(m²) 走廊：(7.20×4+0.27-0.12-0.10)×(1.80-0.20)=46.16(m²) 卫生间：(5.97-0.24×2)×(3.90-0.24)×2(层)=40.19(m²) } 332.75 m²
77	8-16	C10混凝土地面垫层	m³	19.94	序号75:311.76 序号76:20.62 } ×0.06=332.38×0.06=19.94(m³)
78	1-46	室内回填土	m³	21.60	面层 垫层 332.38×(0.15-0.025-0.06)=332.38×0.065=21.60(m³)
79	1-49	人工运土	m³	27.75	V=挖方量-回填量=(246.79+126.74)-(324.18+21.60)=373.53-345.78=27.75(m³)
80	11-290	混合砂浆抹天棚面	m²	826.78	花岗岩地面 地砖地面 311.76+332.75=644.51(m²) 梁侧面： 营业厅内框架梁：(10.8-0.40×2)×0.90×2(面)×2(根)=36.00(m²) 营业厅内连续梁：(7.20-0.28-0.20)×2(根)×(0.57-0.12)×2(段)×2(面)=24.19(m²面) [(7.2-0.28-0.20)+(4.2-0.2-0.12)]×2(根)×2(面)×0.45=19.08(m²面) } 43.27 m² 门卫内梁：(3.0-0.10-0.28)×0.45×2(面)=2.36(m²) 办公室内梁：(7.2-0.40)×0.45×2(道)×2(面)×4(间)=48.96(m²) 走廊内梁：(1.80-0.20)×0.9×2(面)×4(道)=11.52(m²) 楼梯天棚面： 休息平台：(3.12+0.27-0.12)×(3.0-0.24)×2(层)+(1.50+0.3×2-0.12)×(3.0-0.24)=9.03×2+5.46=23.52(m²) 梯段斜面：(3.3×1.35+2.7×2×1.35)×1.17*=13.74(m²) 台口梁侧面：2.76×0.35×3(根)=2.90(m²) 小计：826.78 m²

续表

序号	定额编号	分项工程名称	单位	工程量	计算式
81	11-40	混合砂浆抹砌块内墙面	m²	994.08	营业厅： [（7.20+7.20+10.80-0.20×2-0.40）×2+0.40×2]×（4.80-0.12）-6.80×3.8-6.8×4.2-1.2×1.0×2-1.0×2.1=49.6×4.68-58.90=173.23（m²） [（7.20+4.20-0.20+10.80-0.10-0.50）×2+0.4×2]×（4.8-0.12）-6.8×4.2-3.88×3.80-0.9×2.1-1.0×2.1-1.2×1.0×3=43.60×4.68-50.89=153.16（m²） 自动柜员机室： （3.0-0.20+3.0-0.20）×2×（4.8-0.12）-0.9×2.1-1.20×0.90=11.20×4.68-2.97=49.45（m²） 值班、门卫室： [（3.0-0.20+4.20-0.20）×2+（3.60-0.20+3.0-0.20）×2]×4.68-1.89×3（面）-3.0×2-2.40=（13.6+12.4）×4.68-14.07=107.61（m²） 梯间： （7.20+0.27-0.24+3.0-0.24）×2×（8.40-0.12）-1.8×2.0-（3.0-0.24）×2.9-1.5×2=19.98×8.28-17.60=147.83（m²） 办公室： （7.20-0.20+9.0-0.20）×2×（3.6-0.12）×4 间-3.60×10-3.20×2-2.10×8-6.0=31.6×3.48×4-65.20=374.67（m²） 走廊： [（7.20×4-0.10+0.10）+（1.80-0.20）]×2×3.48-2.1×8-3.6×4-13.6×2-13.44-3.78=60.8×3.48-75.62=135.96（m²） 小计：1 141.91 m² { 砌块墙面：994.08 m²；砖墙面：147.83 m² }

序号	定额编号	项目名称	单位	数量	计算式
82	11-36	混合砂浆抹砖墙面	m²	147.83	$[(3.0-0.24+3.9-0.24)\times2+(2.97-0.24+3.9-0.24)\times2]\times\overset{高}{(3.60+3.0-}$ $0.12\times2)-\underset{M4}{1.89}\times3(面)\times2(层)-\underset{C6}{1.20}\times2\times2(层)$ $=25.62\times6.36-16.14=146.80(m^2)$
83	11-168	卫生间贴瓷砖墙面	m²	146.80	
84	11-627	天棚面、内墙面仿瓷涂料	m²	1 968.46	$\overset{天棚}{826.55}+\overset{内墙}{1\,141.91}=1\,968.46(m^2)$
85	11-136	花岗岩固定窗座台	m²	12.54	内侧:$[(7.20-0.10+0.20)+(4.20-0.1+0.20)]\times0.40=11.60\times0.40=4.64(m^2)$ 窗台:$[(7.20-0.50-0.20)+\underset{M2}{(4.20-0.1-0.20)}]\times\overset{高}{(0.24-0.03)}=10.40\times\overset{窗厚}{0.21}=2.18(m^2)$ 外侧:$10.40\times(0.40+0.15)=5.72(m^2)$ 小计:$12.54\ m^2$
86	8-80	瓷砖踢脚线	m	286.50	营业厅:$(10.80-0.50-0.10)\times2+7.20\times2-\overset{墙厚}{0.10}-0.10-\underset{M5}{1.0}+\overset{柱侧面}{0.4\times2}+$ $(10.80-0.50-0.10)\times2+7.20+4.20-0.10\times2-\underset{M5}{1.0}+\overset{柱侧面}{0.4\times2}-$ $0.9+\overset{M4门框侧面}{0.10\times2}=34.40+30.7=65.10(m)$ 柜员机房:$3.0-0.2+3.0-0.2-\underset{M3}{0.9}=4.70(m)$ 门卫、值班:$(3.0-0.2)\times4+\underset{M4}{(4.2-0.20)}\times2+(3.6-0.20)\times2-\underset{M4}{0.9}\times3+\overset{M4门框侧面}{0.10\times2}=23.50\ m$ 梯间地面:$3.0-0.24+\overset{柱侧面}{(7.20+0.27-0.12+0.12)}\times2=17.70(m)$ 走廊:$(7.20\times4-0.10+\underset{M5}{0.27}-0.12+\underset{M5门框侧面}{1.8-0.20})\times2+0.60+\overset{柱侧面}{0.40\times5}(面)-$ $\underset{M5}{1.0\times8}+0.1\times2\times8=60.9+2.60-8+1.60=57.10(m)$ 办公室:$[(7.20-0.20+9.0-0.20)\times2-\overset{M5}{1.00}\times2]\times4(间)=29.6\times4=118.40(m)$ 小计:$65.10+4.70+23.50+17.70+57.10+118.40=286.50(m)$

续表

序号	定额编号	分项工程名称	单位	工程量	计算式
87	8-78	楼梯贴瓷砖面	m²	13.96	同序号17
88	11-174	外墙贴面砖	m²	635.19	正立面： 附楼：(3.90+0.24)×(9.30+0.15)=39.12(m²) 主楼：(7.20×4+0.20)×(9.30−4.80+0.60)=145.86(m²) 扣减：3.60×8+3.20×2+1.20×0.9=36.28(m²)(−)　（C3　C3a　框页机窗） 扣招牌处：(7.20×2+0.40)×(1.0+0.60)=23.68(m²)(−) 背立面： (7.20×4+0.10+0.27+0.12+3.90)×(9.30+0.15)=313.65(m²) 扣减：27.20+13.44+3.0×3+1.2×5+2.1×2=59.84(m²)(−)　（C6　M5） 增加窗洞侧面： (6.8+2.0)×2×2×0.10=3.52(m²)　（C1）宽 (6.72+2.0)×2×2×0.10=1.74(m²)　（C1a） (1.5+2.0)×2×3×0.1=2.10(m²)　（C4） (1.2+1.0)×2×5×0.10=2.20(m²)　（C6） (1.0+2.1×2)×2×0.10=1.04(m²)　（M5）　} 10.60 m² Ⓐ~Ⓗ立面： (10.80+0.27+3.0+0.10+0.12)×(9.30+0.15)=135.04(m²) 扣减：6.0×3.0+2.40+3.6+1.89=16.89(m²)(−)　（C2　C4　C5　C3　M4） 扣梯间洞口：(3.0−0.24)×2.9=8.0(m²)(−)

89	11-128	柱面贴花岗岩	m²	22.10	增加门窗侧面： $[(3.0+2.0)\times2+(1.5+2.0)\times2+(1.2+2.0)\times2+(1.8+2.0)\times2+(0.9+2.1\times2]\times0.1=3.61(m²)$ ⑪~Ⓐ立面： $(10.8+0.27+3.0+0.10+0.12)\times9.45=135.04(m²)$ 扣减：$1.2\times4=4.8(m²)(一)$ 增加窗侧面：$(1.2+1.0)\times2\times10\times0.10=1.76(m²)$ 小计：$39.12+145.86-36.28-23.68+313.65-59.84+10.60+135.04-$ $16.89-8.0+3.61+135.04-4.80+1.76=635.19(m²)$ 贴柱面位置示意： ③轴 500 ④⑤⑥轴 500 500 柱高：③轴 $4.80+0.15=4.95(m)$ ④⑤⑥轴 $4.80-0.60=4.20(m)$ 面积： $S_③=4.95\times(0.40+0.50)=4.46(m²)$ $S_{④⑤⑥}=4.20\times(0.50\times2+0.40)\times3(根)=17.64(m²)$ }22.10 m²
90	11-180	窗套、装饰线 侧面贴瓷砖	m²	22.16	窗套展开宽：$0.06+0.06+0.06+0.20-0.10=0.28(m)$ 窗套长：$(1.8+2.0)\times2\times8+[(1.8+2.0)\times2-0.9\times2+0.9\times1.414^*]\times2+$ $(1.20+0.9)\times2=79.15(m)$ $S=79.15\times0.28=22.16(m²)$
91	8-43	C15 混凝土散水	m²	49.80	$S=[(95.04+0.60\times4)-(7.2\times2+0.4)]\times0.60$ $=(97.80-14.80)\times0.60=49.80(m²)$

续表

序号	定额编号	分项工程名称	单位	工程量	计算式
92	9-143	沥青砂浆散水伸缩缝	m	90.44	墙脚缝:95.04-14.80=80.24(m) 分格缝:(95.04÷6.0+1)×0.6=16.84×0.6=17×0.6=10.20(m) $\Big\}$ 90.44 m
93	11-30	1:2水泥砂浆抹女儿墙压顶	m²	46.69	抹灰示意:$\dfrac{300}{60}=50$ $S=(79.20+34.68)\times(0.30+0.06+0.05)=113.88\times0.41=46.69(\text{m}^2)$
94	13-16	建筑物垂直运输	m²	741.66	建筑面积
95	9-136	变形缝油浸麻丝(平面)	m	18.84	墙面:(9.30+0.15)×2(道)=18.9(m)
96	9-137	变形缝油浸麻丝(立面)	m	18.90	屋面:(7.20+0.27+0.12-0.12)+(2.70+0.27+0.12-0.12)=10.44(m) 楼面:7.20+1.80-0.10-0.50=8.40(m) 其中:平面18.84 m,立面18.90 m
97	9-142	变形缝油管嵌缝	m	37.74	同上 $\Big\}$ 37.74 m
98	9-154	墙面铁皮盖伸缩缝	m	18.9	18.9 m
99	9-153	屋面变形缝盖铁皮	m	10.44	10.44 m
100	9-151	楼面变形缝木盖板	m	8.40	8.40 m
101	9-74	卫生间APP改性沥青卷材防水层(四周卷高300 mm)	m²	55.56	$[(3.9-0.24)\times(3.0-0.24)+(3.9-0.24+3.0-0.24)\times2\times0.3]\times2(层)$ $=13.95\times2=27.90(\text{m}^2)$ $[\overset{3.66}{3.9-0.24}\times\overset{2.73}{2.94-0.24}+(3.9-0.24+2.97-0.24)\times2\times0.3]\times2(层)$ $=13.83\times2=27.66(\text{m}^2)$ $\Big\}$ 55.56 m²

102	8-149	不锈钢管楼梯栏杆	m	11.94	斜长系数: $\dfrac{\sqrt{3.0^2+1.8^2}}{3.0}=\dfrac{3.5}{3.0}=1.17^*$ 栏杆斜长:3.0×3×1.17*=10.53(m) $\Big\}$ 11.94 m 水平安全栏杆:1.35+0.06=1.41(m)
103	8-150	不锈钢管栏杆弯头	个	2	2 个
		现浇构建钢筋示例			
104	5-294	现浇构件钢筋制安Φ6.5	t	0.067	现浇楼板:0.067 t
105	5-295	现浇构件圆钢筋制安Φ8	t	1.321	现浇楼板:0.302 t,现浇构架 1.019 t
106	5-296	现浇构件圆钢筋制安Φ10	t	0.107	现浇楼板:0.107 t
107	5-297	现浇构件圆钢筋制安Φ12	t	0.073	现浇框架:0.073 t
108	5-313	现浇构件螺纹钢筋制安Φ20	t	0.773	现浇框架:0.773 t
109	5-313	现浇构件螺纹钢筋制安Φ22	t	0.692	现浇框架:0.692 t
110	5-314	现浇构件螺纹钢筋制安Φ25	t	1.063	现浇框架:1.063 t

18.2.4 钢筋工程量计算

钢筋工程量计算见表18.5。

表18.5 钢筋混凝土构件钢筋计算表

工程名称：营业用房

序号	构件名称	件数—代号	形状尺寸/mm		直径	根数	长度/m 每根	长度/m 共长	直径	长度	单件重	合计重
										按钢筋规格统计		
1	现浇C20混凝土楼板	3块	① 3880 (80⌐80)	② 2950 (80⌐80)	Φ8	11	3.98	43.78	Φ6.5	86.02	22.37	67.11
					Φ8	23	3.05	70.15	Φ8	254.87	100.67	302.01
			③ 850, 2980 (80⌐80)	④ 1700 (80⌐80)	Φ8	106	1.01	107.06	Φ10	57.66	35.58	106.74
					Φ10	31	1.85	57.66				
			⑤ 2980	负筋分布筋 3880×3×2 5930×3×2 3880×7	Φ8	11	3.08	33.88				
					Φ6.5			86.02				
			① 6570	② 6570	Φ25	8	6.57	52.56	Φ8	1290.47	509.74	1019.48
					Φ20	16	6.57	105.12	Φ12	41.20	36.59	73.18
			③ 358, 558 (190)	④ 141⌐558 (190)	Φ8	160	2.02	323.20	Φ20	156.64	386.27	772.54
					Φ8	160	1.588	254.08	Φ22	116.04	345.80	691.60
			⑤ 208, 358 (190)	⑥ 2970⌐250	Φ8	160	1.322	211.52	Φ25	138.08	531.61	1063.22
					Φ25	8	3.22	25.76				

序号	名称	构件	钢筋简图		规格	根数	单重(kg)	总重(kg)
2	现浇 C30 混凝土框架	2-KJ-1	⑦ 2 970 ⌐250	⑧ 220⌐10 990⌐220	Φ20	15	3.22	51.52
					Φ22	4	11.43	45.72
			⑨ 380⌐10 990⌐380	⑩ 380⌐3 070	Φ22	2	11.75	23.50
					Φ25	4	3.45	13.80
			⑪ 250⌐10 990⌐250	⑫ 1 570⌐10 990⌐1 570	Φ25	4	11.49	45.96
					Φ22	2	14.13	28.26
			⑬ 1 570⌐3 070	⑭ 258⌐858⌐258 (190)	Φ22	4	4.64	18.56
					φ8	166	2.422	402.05
			⑮ 10 200	⑯ 10 440	φ12	4	10.30	41.20
					φ8	2	10.44	20.88
			⑰ 350 / 95	⑱ 258	φ8	132	0.495	65.34
					φ8	50	0.268	13.40

注：其他构件钢筋工程量计算略。

18.3 工料机分析、直接费计算

18.3.1 营业用房工日、机械台班、材料用量计算

工日、机械台班、材料用量计算见表18.6。

表18.6 人工、材料、机械台班用量计算表

工程名称：营业用房

序号	定额编号	项目名称	单位	工程数量	综合工日	机械台班或材料用量										
						6 t 汽车	钢管 /kg	直角扣 件·个	对接扣 件·个	回转扣 件·个	底座 /个	木脚板 /m³	8#铁 丝/kg	铁钉 /kg	防锈漆 /kg	电动打夯机
		建筑面积	m²	741.66												
		一、土方工程														
1	1-48	人工平整场地	m²	576.91	0.0315 / 18.17											
2	1-17	人工挖地坑	m³	246.79	0.633 / 156.22											0.005 / 1.23
3	1-8	人工挖地槽	m³	126.74	0.537 / 68.06											0.0018 / 0.44
4	1-46	槽坑回填土	m³	324.18	0.294 / 95.31											0.08 / 25.93
5	1-46	室内回填土	m³	21.60	0.294 / 6.35											0.08 / 1.73
6	1-49	人工运土	m³	27.75	0.204 / 5.66											
		分部小计			349.77	29.33										
		二、脚手架工程														
7	3-6	双排外脚手架	m²	898.13	0.072 / 64.67	0.0011 / 0.99	0.649 / 582.89	0.13 / 116.8	0.018 / 16.2	0.0052 / 4.7	0.0024 / 2.2	0.001 / 0.898	0.048 / 43.11	0.006 / 5.39	0.056 / 50.30	
8	3-15	里脚手架	m²	453.72	0.035 / 15.88	0.0002 / 0.09	0.012 / 5.44	0.0024 / 1.1	0.0001 / 0.05			0.0001 / 0.045	0.006 / 2.72	0.02 / 9.07	0.001 / 0.45	
9	3-20	现浇框架、连续梁满堂脚手架	m²	638.00	0.094 / 59.97	0.0001 / 0.06	0.101 / 64.44	0.0146 / 9.31	0.0028 / 1.79	0.0046 / 2.93	0.002 / 1.28	0.0006 / 0.383	0.224 / 142.91	0.019 / 12.12	0.009 / 5.74	
		分部小计			140.52	1.14	652.77	127.21	18.04	7.63	3.48	1.326	188.74	26.58	56.49	

序号	定额编号	项目名称	单位	数量	6t汽车	200L灰浆机	5t汽车	500mm圆锯	M5水泥砂浆/m³	黏土砖/块	水/m³	M5混合砂浆/m³	混凝土块/块	钢模板/kg	板方材/m³	方木/m³	卡具/kg	铁钉/kg	8#铁丝/kg	80#草板纸/张	1:2水泥砂浆/m³	22#铁丝/kg	钢管/kg	尼龙帽/个
		三、砌筑工程																						
10	4-1	M5水泥砂浆砌砖基础	m³	29.22	1.218/35.59	0.039/1.14			0.236/6.896	524/15311	0.105/3.07													
11	4-35	M5混合砂浆加气混凝土砌块墙	m³	88.32	1.001/88.41	0.013/1.15						0.081/7.15	46/4063											
12	4-10	M5混合砂浆砌灰砂砖墙	m³	95.07	1.608/152.87	0.038/3.61				531/50482	0.106/10.07	0.225/21.39												
13	4-60	M5混合砂浆砌窗台底座	m³	1.02	2.30/2.35	0.035/0.04				551/562	0.11/0.11	0.211/0.22												
		分部小计			279.22	5.94			6.896	66355	22.08	28.76	4063											
		四、混凝土及钢筋混凝土工程																						
14	5-17	独立基础模板	m²	53.60	0.265/14.20		0.000 8/0.04	0.000 7/0.04			0.70/37.52	0.001/0.054	0.006 5/0.348			0.006 5/0.348	0.26/13.94	0.13/6.97	0.52/27.87	0.30/16.08	0.000 12/0.006	0.001 8/0.10		
15	5-17	独立基础垫层模板	m²	14.20	0.265/3.76		0.000 8/0.01	0.000 7/0.01			0.70/9.94	0.001/0.014	0.006 5/0.092			0.006 5/0.092	0.26/3.69	0.13/1.85	0.52/7.38	0.30/4.26	0.000 12/0.002	0.001 8/0.03		
16	5-58	框架框模板	m²	183.40	0.41/75.19		0.001 8/0.33	0.000 6/0.11			0.781/143.24	0.006 4/1.17	0.001 8/0.33			0.001 8/0.33	0.667/122.33	0.018/3.30		0.30/55.02			0.459/84.18	
17	5-67	框架柱支撑超1.32 m	m²	111.87	0.063/7.05		0.000 2/0.02					0.000 6/0.005	0.000 4/0.045			0.000 4/0.045							0.067/7.50	
18	5-58	构造柱模板	m²	7.81	0.41/3.20		0.001 8/0.01	0.000 6/0.005			0.781/6.10	0.000 6/0.005	0.001 8/0.014			0.001 8/0.014	0.67/5.23	0.018/0.14		0.30/2.34			0.46/3.59	
19	5-69	基础梁模板	m²	54.08	0.339/18.33		0.001 1/0.06	0.000 4/0.002			0.767/41.48	0.000 4/0.022	0.002 8/0.151			0.002 8/0.151	0.49/26.50	0.22/11.90	0.17/9.19	0.30/16.22	0.000 12/0.006	0.001 8/0.10		
20	5-73	框混凝梁模板	m²	210.58	0.496/104.45		0.002/0.42	0.000 4/0.08			0.773/162.78	0.000 17/0.036	0.000 3/0.063			0.000 3/0.063	0.673/141.72	0.005/1.05	0.161/33.90				0.695/146.35	0.37/77.91
21	5-73	连续梁模板	m³	358.13	0.586/177.63		0.002/0.71	0.000 4/0.14			0.773/276.83	0.000 17/0.061	0.000 3/0.107			0.000 3/0.107	0.673/241.02	0.632/1.79	0.161/57.66				0.695/179.40	0.37/95.5
22	5-77	现浇过梁板	m²	12.22	0.586/87.51		0.000 8/0.01	0.000 3/0.08			0.738/9.02	0.001 9/0.02	0.008 4/0.10			0.008 4/0.10	0.12/1.47	0.632/7.72	0.12/1.47	0.30/3.67	0.000 12/0.001	0.001 8/0.02		

续表

机械台班或材料用量

序号	定额编号	项目名称	单位	工程数量	综合工日											
23	5-85	框架梁支撑 超0.42 m	m²	105.29	0.057/6.00	0.000 5/0.05	0.000 3/0.03								0.12/12.63
24	5-85	连续梁支撑 超0.75 m	m²	182.13	0.057/10.41	0.000 5/0.09	0.000 3/0.05								0.12/21.92
25	5-82	地圈梁模板	m²	10.01	0.361/3.61	0.001 5/0.07	0.000 8/0.001	0.000 1/0.001	0.001 1/0.011	0.000 14/0.001	0.000 03/0.003	0.001 8/0.02			
26	5-108	现浇平板式楼板模板	m²	56.05	0.362/20.29	0.003 4/0.19	0.000 9/0.05	0.002/0.11	0.005/0.286	0.683/38.28	0.277/15.53	0.615/6.16	0.018/1.01	0.30/16.82	0.000 03/0.002	0.001 8/0.10	0.48/26.90
27	5-119	现浇楼梯模板	m²	13.96	1.063/14.84	0.005/0.07	0.005/0.07	0.005/0.235	0.017 8/0.248	0.016 8/0.235			1.068/14.91			
28	5-121	现浇挑檐模板	m²	7.59	0.744/5.65	0.006/0.05	0.035/0.27	0.002/0.01	0.021 1/0.160	0.001 02/0.077			1.16/8.80			
29	5-123	混凝土台阶模板	m²	4.44	0.258/1.15	0.001/0.004	0.002/0.01		0.006 5/0.004	0.006 5/0.029			0.148/0.66			
30	代	现浇压顶模板	m	113.88	0.239/27.22	0.001 1/0.13		0.009 2/1.05	0.004 23/0.482	0.003 24/0.369			0.207 3/23.61			
31	5-150	预制过梁模板	m³	1.42	1.835/2.61		0.005/0.01	0.005/0.01		0.044/0.062	0.722/1.03		0.035/0.05			
		模板小计			583.10	3.37	1.80	1.95	0.01	2.271	2.454	732.85	90.9	137.47	114.41	0.021	0.42	482.47	173.41

序号	定额编号	项目名称	单位	工程数量	综合工日	5 t内卷扬机	φ40切断机	φ40弯曲机	φ8钢筋/t	φ6.5钢筋/t	22#铁丝/kg
32	5-294	现浇构件光圆筋 制安φ6.5	t	0.067	22.63/1.52	0.37/0.02	0.12/0.01		1.02/0.068	1.02/0.068	15.67/1.05
33	5-295	现浇构件光圆筋 制安φ8	t	1.321	14.75/19.48	0.32/0.42	0.12/0.16	0.36/0.48	1.02/1.347		8.08/10.67
		钢筋小计			21.0	0.44	0.17	0.48	1.347		11.72

序号	定额编号	项目名称	单位	工程数量	综合工日	400 L搅拌机	插入式振捣器	平板式振捣器	6 t汽车	15 m运输机	10 t龙门吊	1 t翻斗车	C20混凝土/m³	C15混凝土/m³	C25混凝土/m³	草袋子/m²	水/m³	8#铁丝/kg	200 L灰浆机	6 t塔吊
34	5-419	现浇C20 混凝土平板	m³	7.56	1.351/10.21	0.063/0.48	0.063/0.48	0.063/0.48					1.015/7.67			1.422/10.75	1.289/9.74			
35	5-421	现浇混凝土楼梯	m²	13.96	0.575/8.03	0.026/0.36	0.052/0.73						0.26/3.63			0.218/3.04	0.29/4.05			

序号	定额编号	项目名称	单位	数量	板方材 /m³	钢丝绳 /kg	麻绳 /kg	垫木 /m³	电焊条 /kg	8#铁丝 /kg	铁钉 /kg	乳白胶 /kg	枋材 /m³	三层板 /m²	垫木 /m³	清油 /kg	溶剂油 /kg	乳胶漆 /kg	麻刀·石灰浆 /m³
36	5-423	现浇C20 混凝土挑檐板	m²	13.68	0.248/3.39	0.01/0.14	0.013/0.18	0.107/1.46	0.229/3.13	0.166/2.27									
37	5-431	现浇C15 混凝土台阶	m²	0.67	1.773/1.19	0.10/0.07	0.20/0.13	1.015/0.68	1.677/1.12	1.352/0.91									
38	5-432	现浇C15 混凝土压顶	m³	2.05	2.648/5.43	0.10/0.21		1.015/2.08	3.834/7.86	2.052/4.21									
39	5-529	空心板接头灌浆	m³	36.14	0.636/22.99	0.005 4/0.20	0.001/0.04	0.054/1.95	0.245/8.85	0.171/6.18	0.003/0.11	0.032/1.156	0.023/0.831	0.002/0.072	1.00/36.14				
40	5-532	预制过梁、 接头灌浆	m³	1.42	0.263/0.37			0.014/0.02			0.010/0.01	0.062/0.088							
41	5-441	预制 混凝土过梁	m³	1.44	1.352/1.95	0.025/0.04	0.05/0.07	1.015/1.46	0.721/1.04	1.212/1.75		0.001 5/0.002	0.025/0.04	0.013/0.48					
42	5-453	预应力C25混 凝土空心板	m³	36.68	1.533/56.23	0.025/0.92	0.05/1.83	0.063/2.31	1.015/37.23	1.345/49.33		2.178/79.89	0.003 4/0.125						
		混凝土小计		109.79	2.42	2.42	3.42	0.48	39.18	85.12	14.22	0.04	2.40	0.199	109.02	1.244	0.831		
		五、构件运输 及安装																	
43	6-8	空心板运输	m³	36.61	0.986/36.10	0.371/13.58	0.247/9.04			0.031/1.13		0.001/0.04	0.063/0.09			0.005/0.18			
44	6-332	空心板安装	m³	36.32	0.931/33.81			0.137/0.20			0.091/0.13	0.053/0.08	0.025/0.92	0.063/2.31	0.003 4/0.124		0.005/0.007		
45	6-37	过梁运输	m³	1.44	0.364/0.52							0.005/0.007	0.025/0.04						
46	6-177	过梁安装	m³	1.43	1.34/1.92						0.525/0.26				0.002 3/0.003		0.005/0.007	1.849/2.64	0.468/0.67
47	6-91	门运输	m²	38.01	0.008 4/0.32	0.004 2/0.16					6.25		0.047		0.127	0.187			
		分部小计			72.67	13.74	9.17	0.20			1.21				2.64	0.67		15.90	
		六、门窗及木结构				圆锯 500mm	平刨 450mm	三面刨 400mm	打眼机 50mm	开榫机 160mm	裁口机 400mm					铁钉 /kg	乳白胶 /kg	清油 /kg	溶剂油 /kg	乳胶漆 /kg
48	7-65	单面胶合板 门框制作	m²	34.23	0.083 9/2.87	0.002 1/0.07	0.005 6/0.19	0.004 4/0.15	0.004 4/0.15	0.002 5/0.09	枋材 /m³ 0.021 1/0.722	三层板 /m²	垫木 /m³ 0.000 01/0.003		0.014/0.48	0.006/0.21	0.004 6/0.16	0.002 7/0.09	

续表

机械台班或材料用量

序号	定额编号	项目名称	单位	工程数量	综合工日									
49	7-66	单扇胶合板门框安装	m²	34.23	0.171 4 / 5.87	0.000 6 / 0.02	0.017 6 / 0.60	0.017 6 / 0.60		0.003 69 / 0.126		0.000 01 / 0.000 3	0.012 9 / 0.44	0.007 4 / 0.25
50	7-67	单扇胶合板门扇制作	m²	34.23	0.276 3 / 9.46	0.005 9 / 0.20	0.028 2 / 0.97	0.028 2 / 0.97	0.007 / 0.24	0.019 4 / 0.664	2.014 / 68.94	0.05 / 1.71	0.119 / 4.07	
51	7-68	单扇胶合板门扇安装	m²	34.23	0.096 5 / 3.30									
52	7-69	双扇胶合板门框安装	m²	3.78	0.054 / 0.20	0.001 1 / 0.004	0.003 4 / 0.01	0.002 3 / 0.01	0.001 1 / 0.01	0.012 7 / 0.048		0.007 4 / 0.03	0.004 6 / 0.02	0.002 7 / 0.01
53	7-70	双扇胶合板门框制作	m²	3.78	0.105 8 / 0.40	0.000 3 / 0.001				0.001 97 / 0.007		0.006 / 0.02		
54	7-71	双扇胶合板门扇安装	m²	3.78	0.292 7 / 1.11	0.006 3 / 0.002	0.017 7 / 0.07	0.030 1 / 0.11	0.007 / 0.03		0.019 4 / 0.073	0.054 3 / 0.205	0.000 01 / 0.004	0.007 4 / 0.003
55	7-72	双扇门胶合板门扇安装	m²	3.78	0.102 9 / 0.39					全玻地弹门		0.054 / 0.20		0.012 9 / 0.05
56	7-287	全玻地弹门安装	m²	8.40	1.04 / 8.74					1.00 / 8.40		0.119 / 0.45		10 mm厚固定窗
57	7-294	铝合金卷帘门安装	m²	112.27	0.666 / 74.77					26#镀锌铁皮 2.207 / 1.79				
58	7-290	10 mm厚固定窗安装	m²	89.30	0.421 / 37.60					1.00 / 112.27			1.01 / 90.19	
59	7-289	铝合金推拉窗安装	m²	117.84	0.757 / 89.20							0.006 / 0.004		1.00 / 117.84
60	7-361代	上人口木盖板	m²	0.64	0.027 4 / 0.02		0.87	1.24	0.37	0.003 3 / 0.002		0.06 / 0.05		
61	7-254代	木盖板包铁皮	m²	0.81	1.222 / 0.99									
		分部小计			234.92									
		七.楼地面工程								水 /m³				
						400 L 搅拌机	200 L 灰浆搅拌器	平板式振动器	1:3水泥砂浆 /m³	石料切割机		C15混凝土 /m³		石料锯片 /片
62	8-16	C10混凝土基础垫层	m³	23.46	1.225 / 28.74	0.101 / 2.37	0.079 / 1.85		1.01 / 23.69	0.50 / 11.73		14.11 / 4.50	90.19	117.84

序号	定额编号	项目名称	单位	工程量	材料及数量
63	8-16	C10混凝土独立基础垫层	m³	8.40	1.225/10.29 · 0.101/0.85 · 0.079/0.66 · 1.01/8.48 · 0.50/4.20
64	8-16	C10混凝土地面垫层	m³	19.94	1.225/24.43 · 0.101/2.01 · 0.079/1.58 · 1.01/20.14 · 0.50/9.97
65	8-18	1:3水泥砂浆屋面找平层	m²	343.18	0.078/26.77 · 0.003 4/1.17 · 0.020 2/6.93
66	8-43	C15混凝土散水	m²	49.80	0.164 5/8.19 · 0.007 1/0.35 · 0.000 9/0.04 · 0.003 4/1.06 · 0.001/0.31 · 0.071 1/3.54 · 0.005 1/0.25 · 0.000 1/0.005 · 0.011 1/0.55 · 0.000 4/0.020
67	8-57	花岗岩地面	m²	311.76	0.241 7/75.35 · 0.016/4.99 · 0.001 7/0.57 · 0.001/0.333
68	8-72	地砖楼地面	m²	332.75	0.371 7/123.68 · 0.012 6/4.19 · 0.001 7/0.57 · 1.02/339.41
69	8-78	楼梯铺地面	m²	13.96	0.995/13.89 · 0.051 3/0.71 · 0.002 3/0.03 · 0.001 4/0.02 · 1.447/20.20
70	8-80	瓷砖踢脚线	m	286.50	0.096/27.50 · 0.001 9/0.54 · 0.000 3/0.09 · 0.153/43.83 · 0.002/0.573 · 0.000 4/0.11
71	8-149	不锈钢管楼梯栏杆	m	11.94	0.456/5.44 · 1.06/12.66 （成品栏杆/m）
72	8-150	不锈钢弯管弯头	个	2	0.669/1.34 · 1.01/2.02 （弯头/个）
		分部小计		345.62	
		八、屋面及防水工程			
73	9-66	φ110塑料雨水管	m	25.20	0.289/7.28 · 4.09（APP油毡/m²） · 5.58（玛蹄脂/kg） · 52.31（107胶/kg） · 6.93（聚氨酯甲料/kg） · 2.96（SBC120复合卷材/m²） · 10.43（素水泥浆/m²） · 1.01（聚氨酯乙料/kg） · 6.59 · 403.44 · 3.54（铸铁水口/个） · 0.25 · 0.005 · 0.55 · 0.020 · 316.44（30#沥青/kg） · 10.43（麻丝/kg） · 64.46（木柴/kg） · 6.59（24#铁皮/m²） · 25.90 · 1.054/26.56（φ110塑料面/m）
74	9-63	铸铁水口	个	3	0.268/0.80 · 0.005 1/0.28 · 0.088 6/4.92 · 2.398/133.23 · 0.714/17.99 · 0.153/43.83
75	9-70	塑料水斗	个	3	0.301/0.90 · 1.01/3.03 · 1.083/3.25 · 1.01/3.03 · 1.01/3.03 · 1.015/316.44 · 0.10/31.18 · 0.016 8/5.24
76	9-74	APP改性沥青油毡卫生间防水层	m²	55.56	0.088 6/4.92 · 0.485/26.95 · 0.020 2/6.30 · 0.10/33.28 · 0.003 2/1.06
77	9-143	散水沥青砂浆伸缩缝	m	90.44	0.065 8/5.95 · 0.004 8/0.434 · 0.010 1/3.36 · 0.013 8/0.193 · 0.012 9/0.180

续表

机械台班或材料用量

序号	定额编号	项目名称	单位	工程数量	综合工日	材料／机械用量（用量 / 合价）
78	9-41	SBC120防水卷材屋面	m²	441.68	0.053 8 / 23.76	1.101 / 486.29；0.001 5 / 0.66；0.113 8 / 50.26；0.190 4 / 84.10；0.285 6 / 126.14
79	9-136	变形缝嵌缝（平面）	m	18.84	0.075 2 / 1.42	2.162 / 40.73；0.55 / 10.36；0.99 / 18.65
80	9-137	变形缝嵌缝（立面）	m	18.90	0.112 / 2.12	2.162 / 40.86；0.55 / 10.40；0.99 / 18.71
81	9-142	变形缝油膏	m	37.24	0.055 6 / 2.10	0.27 / 10.19；0.88 / 33.21
82	9-154	墙面变形缝盖板铁皮	m	18.9		0.53 / 10.02
83	9-153	屋面变形缝盖板铁皮	m	10.44		0.62 / 6.47
84	9-151	楼面变形缝木盖板（板材 /m³）	m	8.40		0.006 12 / 0.051
		分部小计			49.25	486.29；0.66；50.26；84.10；126.14；133.23；26.56；17.99；3.03；3.25；3.03；26.95；82.024；20.76；47.55；33.21；16.49；0.28
85	10-202	1:6水泥蛭石屋面找坡层（水泥蛭石 石/m³；水 /m³）	m³	36.61	0.719 / 26.32	1.04 / 38.07；0.70 / 25.63
		分部小计			26.32	38.07；25.63
		十、垂直运输工程				
86	13-16	建筑物垂直运输（2t卷扬机）	m²	741.66		0.21 / 155.75
		分部小计				155.75
		十一、装饰工程				

材料单位说明：水泥蛭石 石/m³；水 /m³；1:3水泥砂浆 /m³；1:2.5水泥砂浆 /m³；素水泥浆 /m³；水 /m³；松厚板 /m³；板材 /m³；107胶 /kg；1:1:6混合砂浆 /m³；1:1:4混合砂浆 /m³；软件 /kg；白水泥 /kg；切割锯片 /片；瓷板 /m²；面砖 /m²；仿瓷涂料 /kg；1:1.5水泥砂浆 /m³；花岗岩板 /m²；200L灰浆机；石料切割机；2t卷扬机

序号	定额编号	项目名称	单位	基价																	瓷砖	面砖	调和漆 /kg	熟桐油 /kg	砂纸 /纸	石膏粉 /kg	涂料
87	11-25	1:2水泥砂浆女儿墙内侧抹灰	m²	94.05	0.144 9 / 13.63	0.003 9 / 0.37				0.016 2 / 1.52	0.006 9 / 0.649		0.007 / 0.66	0.000 05 / 0.005													
88	11-30	1:2水泥砂浆抹女儿墙压顶	m²	46.69	0.656 2 / 30.64	0.003 7 / 0.17				0.015 5 / 0.724	0.006 7 / 0.313	0.001 / 0.047	0.008 / 0.37		0.022 1 / 1.03												
89	11-36	混合砂浆砖墙面抹灰	m²	147.83	0.137 3 / 20.30	0.003 9 / 0.58							0.006 9 / 1.02	0.000 05 / 0.007		0.016 2 / 2.39	0.006 9 / 1.02										
90	11-40	混合砂浆砌块墙面抹灰	m²	994.08	0.137 3 / 136.49	0.003 9 / 3.88							0.006 9 / 6.86	0.000 05 / 0.050		0.016 2 / 16.10	0.006 9 / 6.860										
91	11-128	花岗岩墙柱面	m²	22.10	0.92 / 20.33	0.009 9 / 0.22	0.063 6 / 1.41		1.272 / 28.11		0.059 2 / 1.308	0.001 / 0.022						0.306 / 6.26	0.19 / 4.20	0.053 / 1.17							
92	11-136	花岗岩贴固定窗座台	m²	12.54	0.629 / 7.89	0.003 7 / 0.05	0.056 / 0.70	0.007 4 / 0.093	1.132 / 14.20	0.015 / 0.188																
93	11-168	卫生间瓷砖墙面	m²	146.80	0.643 3 / 94.44	0.003 2 / 0.47	0.014 8 / 2.17			0.011 1 / 1.63				0.000 05 / 0.007			0.008 2 / 1.204		0.17 / 2.13		1.02 / 149.74					
94	11-174	外墙贴面砖	m²	635.19	0.568 9 / 360.95	0.003 5 / 2.22				0.008 9 / 5.65		0.001 / 0.635					0.012 2 / 7.75			0.009 6 / 1.41		1.02 / 647.89					
95	11-180	窗套、装饰线贴面砖	m²	22.16	0.719 / 15.93	0.004 / 0.09				0.01 / 0.22		0.001 1 / 0.024			0.022 1 / 14.04		0.013 7 / 0.304					1.02 / 22.60					
96	11-290	混合砂浆抹天棚面	m²	826.78	0.116 2 / 96.07	0.001 9 / 1.57							0.001 9 / 1.57	0.000 16 / 0.13	0.025 / 0.55	0.011 3 / 9.343			0.15 / 22.02							
97	11-413	胶合板门油漆	m²	38.01	0.204 8 / 7.78																		0.719 5 / 27.35	0.042 5 / 1.62	0.48 / 18.24	0.050 4 / 1.92	
98	11-627	天棚面、墙面仿瓷涂料	m²	1 968.46	0.112 / 220.47																					0.280 / 551.17	1.02 / 551.17
		分部小计			1 024.95	9.62	4.28	0.093	42.31	9.932	2.27	0.73	10.48	0.199	15.62	27.833	17.138	6.26	28.35	2.58	149.74	670.49	27.35	1.62	18.24	1.92	551.17

18.3.2 营业用房工日、机械台班、材料用量汇总

营业用房工日、机械台班、材料用量汇总见表18.7。

表18.7 工日、机械台班、材料汇总表

工程名称:营业用房

序号	名 称	单位	数 量	其 中
一	人 工			
1	人 工	工日	3 494.77	土方:349.77;脚手架:140.52;砌筑:279.22;混凝土:971.53;构件运安:72.67;门窗:234.92
				楼地面:345.62;屋面:49.25;保温:26.32;装饰:1 024.95
二	机 械			
1	电动打夯机	台班	29.33	土方:29.33
2	6 t汽车	台班	18.29	脚手架:1.14;混凝土及钢筋混凝土:3.41;运安:13.74
3	200 L灰浆机	台班	18.74	砌筑:5.94;钢筋混凝土:0.22;楼地面:2.96;装饰:9.62
4	5 t汽车吊	台班	10.97	混凝土及钢筋混凝土:1.80;运安:9.17
5	500 mm圆锯	台班	2.90	混凝土及钢筋混凝土:2.60;木结构:0.302
6	600 mm压刨床	台班	0.01	混凝土及钢筋混凝土:0.01
7	5 t卷扬机	台班	0.71	混凝土及钢筋混凝土:0.71
8	φ40钢筋切断机	台班	0.42	钢筋混凝土:0.42
9	φ40钢筋弯曲机	台班	0.99	钢筋混凝土:0.99
10	直流焊机30 kW	台班	1.23	钢筋混凝土:1.23
11	对焊机75 kVA	台班	0.19	钢筋混凝土:0.19
12	400 L混凝土搅拌机	台班	16.18	钢筋混凝土:10.60;楼地面:5.58
13	插入式振捣器	台班	19.67	钢筋混凝土:19.67
14	1 t搅拌机翻斗车	台班	5.53	钢筋混凝土:5.53
15	6 t塔吊	台班	0.52	钢筋混凝土:0.52
16	15 m皮带运输机	台班	0.96	钢筋混凝土:0.96
17	10 t龙门吊	台班	0.48	钢筋混凝土:0.48
18	8 t汽车	台班	0.20	运安:0.20
19	450 mm平刨	台班	0.87	木结构:0.87
20	400 mm三面刨	台班	0.83	木结构:0.83
21	50 mm打眼机	台班	1.24	木结构:1.24
22	160 mm开榫机	台班	1.15	木结构:1.15
23	400 mm裁口机	台班	0.37	木结构:0.37
24	平板式振动器	台班	4.57	钢筋混凝土:0.48;楼地面:4.09

序号	名　称	单位	数　量	其　中
25	石料切割机	台班	14.71	楼地面:10.43;装饰:4.28
26	2 t 卷扬机	台班	155.75	垂直运输:155.75
三	材　料			
1	钢　管	kg	1 135.24	钢筋混凝土:482.47;脚手架:652.77
2	直角扣件	个	127.21	脚手架:127.21
3	对接扣件	个	18.04	脚手架:18.04
4	回转扣件	个	7.63	脚手架:7.63
5	底　座	个	3.48	脚手架:3.48
6	钢模板	kg	732.85	钢筋混凝土:732.85
7	卡　具	kg	571.43	钢筋混凝土:571.43
8	ϕ6.5 圆钢筋	t	0.068	钢筋混凝土:0.068
9	ϕ8 圆钢筋	t	1.347	钢筋混凝土:1.347
10	ϕ10 圆钢筋	t	0.145	钢筋混凝土:0.145
11	ϕ12 圆钢筋	t	0.076	钢筋混凝土:0.076
12	$\pm$20 螺纹钢筋	t	0.81	钢筋混凝土:0.81
13	$\pm$22 螺纹钢筋	t	0.723	钢筋混凝土:0.723
14	$\pm$25 螺纹钢筋	t	1.111	钢筋混凝土:1.111
15	木脚手架	m³	1.326	脚手架:1.326
16	枋板材	m³	4.413	钢筋混凝土:2.653;运安:0.047;木结构:1.642;楼地面:0.02;屋面:0.051
17	方　木	m³	2.271	钢筋混凝土:2.271
18	松厚板	m³	0.199	装饰:0.199
19	三层板	m²	77.09	木结构:77.09
20	垫　木	m³	0.134	运安:0.127;木结构:0.007
21	白水泥	kg	92.81	楼地面:64.46;装饰:28.35
22	1:2.5 水泥砂浆	m³	12.696	楼地面:10.426;装饰:2.27
23	1:1.5 水泥砂浆	m³	0.093	装饰:0.093
24	1:1:6 混合砂浆	m³	27.833	装饰:27.833
25	1:1:4 混合砂浆	m³	17.138	装饰:17.138
26	1:2 水泥砂浆	m³	1.989	钢筋混凝土:1.989
27	1:1 水泥砂浆	m³	0.25	楼地面:0.25
28	麻刀灰浆	m³	0.102	木结构:0.102

续表

序号	名　称	单位	数　量	其　中
29	M5 水泥砂浆	m³	6.896	砌筑:6.896
30	M5 混合砂浆	m³	28.76	砌筑:28.76
31	混凝土块(加气)	块	4 063	砌筑:4 063
32	混凝土块	m³	0.831	钢筋混凝土:0.831
33	黏土标准砖	块	66 355	砌筑:66 355
34	1∶3水泥砂浆	m³	16.862	楼地面:6.93;装饰:9.932
35	C10 混凝土	m³	52.31	楼地面:52.31
36	C15 混凝土	m³	6.30	钢筋混凝土:2.76;楼地面:3.54
37	C20 混凝土	m³	55.36	钢筋混凝土:55.36
38	C25 混凝土	m³	39.18	钢筋混凝土:39.18
39	C30 混凝土	m³	93.68	钢筋混凝土:93.68
40	沥青砂浆	m³	0.434	楼地面:0.434
41	水泥蛭石	m³	38.07	保温:38.07
42	花岗岩板	m³	358.75	楼地面:316.44;装饰:42.31
43	石料切割锯片	片	9.16	楼地面:6.58;装饰:2.58
44	面　砖	m²	714.32	楼地面:43.83;装饰:670.49
45	地　砖	m²	359.61	楼地面:359.61
46	瓷板砖	m²	149.74	装饰:149.74
47	全玻地弹门	m²	8.40	门窗:8.40
48	卷帘门	m²	112.27	门窗:112.27
49	10#厚玻璃固定窗	m²	90.19	门窗:90.19
50	铝合金推拉窗	m²	117.84	门窗:117.84
51	26#镀锌铁皮	m²	1.79	门窗:1.79
52	不锈钢管栏杆	m	12.66	楼地面:12.66
53	22#铁丝	kg	16.96	钢筋混凝土:16.96
54	8#铁丝	kg	347.36	脚手架:188.74;钢筋混凝土:153.37;运安:6.25
55	铁钉	kg	123.44	砌筑:27.38;钢筋混凝土:90.9;门窗:6.16
56	螺栓 110 mm	套	17.99	屋面:17.99
57	铁　件	kg	10.01	楼地面:3.25;装饰:6.76
58	电焊条	kg	42.24	钢筋混凝土:41.57;运安:0.67

续表

序号	名 称	单位	数 量	其 中
59	垫 铁	kg	2.64	运安:2.64
60	水	m³	337.73	砌筑:22.08;钢筋混凝土:253.64;楼地面:25.90;保温:25.63;装饰:10.48
61	防锈漆	kg	56.49	脚手架:56.49
62	80#草板纸	张	114.41	钢筋混凝土:114.41
63	尼龙帽	个	173.41	钢筋混凝土:173.41
64	乳胶漆	kg	0.04	木结构:0.04
65	素水泥浆	m³	2.418	楼地面:1.003;屋面:0.66;装饰:0.728
66	粗 砂	m³	0.005	楼地面:0.005
67	30#石油沥青	kg	82.14	楼地面:0.55;屋面:81.59
68	不锈钢管弯头	个	2.02	楼地面:2.02
69	玛蹄脂	kg	0.28	屋面:0.28
70	APP 油毡	m²	133.23	屋面:133.23
71	SBC120 卷材	m²	486.29	屋面:486.29
72	107 胶	kg	65.88	屋面:50.26;装饰:15.62
73	聚氨酯甲料	kg	84.10	屋面:84.10
74	聚氨酯乙料	kg	126.14	屋面:126.14
75	φ110 塑料管	m	26.56	屋面:26.56
76	铸铁水口	个	3.03	屋面:3.03
77	塑料水斗	个	3.03	屋面:3.03
78	冷底子油	kg	26.95	屋面:26.95
79	麻 丝	kg	20.76	楼地面:20.76
80	木 柴	kg	47.55	楼地面:47.55
81	建筑油膏	kg	33.21	楼地面:33.21
82	24#铁锌铁皮	m²	16.49	楼地面:16.49
83	调和漆	kg	27.35	装饰:27.35
84	熟桐油	kg	1.62	装饰:1.62
85	砂 纸	张	18.24	装饰:18.24
86	石膏粉	kg	1.92	装饰:1.92
87	草袋子	m²	153.05	钢筋混凝土:153.05
88	钢丝绳	kg	1.21	运安:1.21

续表

序号	名　称	单位	数　量	其　中
89	麻　绳	kg	0.187	运安:0.187
90	乳白胶	kg	4.75	木结构:4.75
91	清　油	kg	0.67	木结构:0.67
92	溶剂油	kg	0.34	木结构:0.34
93	仿瓷涂料	kg	551.17	装饰:551.17

18.3.3　营业用房直接费计算

营业用房直接费计算见表18.8。

表 18.8　直接费计算表(实物金额法)

工程名称:营业用房

序　号	名　称	单　位	数　量	单价/元	合价/元
一	人　工	工日	3 494.77	25.00	87 369.25
二	机　械				21 074.23
1	电动打夯机	台班	29.33	20.24	593.64
2	6 t 载重汽车	台班	18.29	242.62	4 437.52
3	200 L 灰浆搅拌机	台班	18.74	15.92	298.34
4	5 t 汽车吊	台班	10.97	385.53	4 229.26
5	500 mm 圆锯	台班	2.90	22.29	64.64
6	600 mm 压刨床	台班	0.01	24.17	0.24
7	5 t 卷扬机	台班	0.71	77.28	54.87
8	φ40 钢筋切断机	台班	0.42	36.73	15.43
9	φ40 钢筋弯曲机	台班	0.99	24.69	24.44
10	直流焊机 30 kW	台班	1.23	47.42	58.33
11	对焊机 75 kV·A	台班	0.19	69.89	13.28
12	400 L 混凝土搅拌机	台班	16.18	94.59	1 530.47
13	插入式振捣器	台班	19.67	10.62	208.90
14	1 t 翻斗车	台班	5.53	92.03	508.83
15	6 t 塔吊	台班	0.52	447.70	232.80
16	15 m 皮带运输机	台班	0.96	67.64	64.93
17	10 t 龙门吊	台班	0.48	227.14	109.03
18	8 t 汽车	台班	0.20	333.87	66.77
19	450 mm 平刨	台班	0.87	16.14	14.04
20	400 mm 三面刨	台班	0.83	48.15	39.96
21	50 mm 打眼机	台班	1.24	10.01	12.41

序 号	名 称	单 位	数 量	单价/元	合价/元
22	160 mm 开榫机	台班	1.15	49.28	56.67
23	400 mm 裁口机	台班	0.37	30.16	11.16
24	平板式振动器	台班	4.57	12.77	58.36
25	石料切割机	台班	14.71	18.41	270.81
26	2 t 卷扬机	台班	155.75	52.00	8 099.00
三	材 料				368 528.65
1	钢管	kg	1 135.24	3.50	3 973.34
2	直角扣件	个	127.21	4.80	610.61
3	对接扣件	个	18.04	4.30	77.57
4	回转扣件	个	7.63	4.80	36.62
5	底 座	个	3.48	4.20	14.62
6	钢模板	kg	732.85	4.50	3 297.83
7	卡 具	kg	571.43	4.60	2 628.58
8	φ6.5 圆钢筋	t	0.068	2 450.00	166.60
9	φ8 圆钢筋	t	1.347	2 440.00	3 286.68
10	φ10 圆钢筋	t	0.145	2 430.00	352.35
11	φ12 圆钢筋	t	0.076	2 420.00	183.92
12	⾴20 螺纹钢筋	t	0.81	2 420.00	1 960.20
13	⾴22 螺纹钢筋	t	0.723	2 420.00	1 749.66
14	⾴25 螺纹钢筋	t	1.111	2 410.00	2 677.51
15	木脚手板	m³	1.326	1 500.00	1 989.00
16	枋板材	m³	4.413	1 600.00	7 060.80
17	方 木	m³	2.271	1 400.00	3 179.40
18	松厚板	m³	0.199	1 450.00	288.55
19	三层板	m²	77.09	14.00	1 079.26
20	垫 木	m³	0.134	1 380.00	184.92
21	白水泥	kg	92.81	0.45	41.76
22	1:2.5 水泥砂浆	m³	12.696	210.72	2 675.30
23	1:1.5 水泥砂浆	m³	0.093	232.64	21.64
24	1:1:6 混合砂浆	m³	27.833	128.22	3 568.75
25	1:1:4 混合砂浆	m³	17.138	155.32	2 661.87
26	1:2 水泥砂浆	m³	1.989	230.02	457.51
27	1:1 水泥砂浆	m³	0.25	288.98	72.25
28	麻刀灰浆	m³	0.102	101.10	10.31
29	M5 水泥砂浆	m³	6.896	124.32	857.31
30	M5 混合砂浆	m³	28.76	120.00	3 451.20

续表

序 号	名 称	单 位	数 量	单价/元	合价/元
31	加气混凝土块	块	4 063	2.16	8 776.08
32	混凝土块	m³	0.831	100.00	83.10
33	黏土标准砖	块	66 355	0.15	9 953.25
34	C10 混凝土	m³	52.31	133.39	6 977.63
35	C15 混凝土	m³	6.30	144.40	909.72
36	C20 混凝土	m³	55.36	155.93	8 632.28
37	C25 混凝土	m³	39.18	165.80	6 496.04
38	C30 混凝土	m³	96.68	170.64	15 985.56
39	沥青砂浆	m³	0.434	378.92	164.45
40	水泥蛭石	m³	38.07	172.50	6 567.08
41	花岗岩板	m²	358.75	310.00	111 212.50
42	石料切割锯片	片	9.16	65.00	595.40
43	面 砖	m²	714.32	48.00	34 287.36
44	地 砖	m²	359.61	52.00	18 699.72
45	瓷 砖	m²	149.74	24.00	3 593.76
46	全玻地弹门	m²	8.40	220.00	1 848.00
47	卷帘门	m²	112.27	158.00	17 738.66
48	10 mm 厚玻璃固定窗	m²	90.19	210.00	18 939.90
49	铝合金推拉窗	m²	117.84	166.12	19 575.58
50	26# 镀锌铁皮	m²	1.79	18.00	32.22
51	不锈钢管栏杆	m	12.66	235.00	2 975.10
52	22# 铁丝	kg	16.96	4.30	72.93
53	8# 铁丝	kg	347.36	4.10	1 424.18
54	铁 钉	kg	123.44	5.35	660.40
55	螺栓 110 mm	套	17.99	2.45	44.08
56	铁 件	kg	10.01	3.50	35.04
57	电焊条	kg	42.24	6.00	253.44
58	垫 铁	kg	2.64	3.50	9.24
59	水	m³	337.73	1.20	405.28
60	防锈漆	kg	56.49	14.50	819.11
61	80# 草板纸	张	114.41	1.10	125.85
62	尼龙帽	个	173.41	0.70	121.39
63	乳胶漆	kg	0.04	18.00	0.72
64	素水泥浆	m²	2.418	461.70	1 116.39

序　号	名　称	单　位	数　量	单价/元	合价/元
65	粗　砂	m³	0.005	45.00	0.23
66	30#石油沥青	kg	82.14	0.88	72.28
67	不锈钢管弯头	个	2.02	25.00	50.50
68	玛蹄脂	kg	0.28	1.25	0.35
69	APP 油毡	m²	133.23	20.00	2 664.60
70	SBC120 卷材	m²	486.29	20.00	9 725.80
71	107 胶	kg	65.88	1.10	72.47
72	聚氨酯甲料	kg	84.10	8.10	681.21
73	聚氨酯乙料	kg	126.14	8.90	1 122.65
74	ϕ110 塑料水落管	m	26.56	18.00	478.08
75	铸铁水口	个	3.03	26.00	78.78
76	塑料水斗	个	3.03	19.00	57.57
77	冷底子油	kg	26.95	2.10	56.60
78	麻　丝	kg	20.76	9.00	186.84
79	木　柴	kg	47.55	0.50	23.78
80	建筑油膏	kg	33.21	2.00	66.42
81	24#镀锌铁皮	m²	16.49	17.00	280.33
82	调和漆	kg	27.35	12.00	328.20
83	熟桐油	kg	1.62	10.00	16.20
84	砂　纸	张	18.24	0.80	14.59
85	石膏粉	kg	1.92	0.30	0.58
86	草袋子	m²	153.05	1.50	229.58
87	钢丝绳	kg	1.21	6.70	8.11
88	麻　绳	kg	0.187	10.00	1.87
89	乳白胶	kg	4.75	2.60	12.35
90	清　油	kg	0.67	8.10	5.43
91	溶剂油	kg	0.34	7.60	2.58
92	仿瓷涂料	kg	551.17	2.65	1 460.60
93	1∶3水泥砂浆	m³	16.862	182.82	3 082.71

18.3.4　营业用房脚手架费、模板费分析表

由于在计算工程造价时脚手架费和模板及支架费列入措施费单独计算,所以要根据表

18.7 中的工料机数量和表 18.8 中给定的单价,重新计算营业用房脚手架费、模板费,具体计算见表 18.9。

表 18.9　营业用房脚手架费、模板费分析表

费用名称		工料机名称	单位	数　量	单价/元	合价/元	小计/元	
脚手架费	人工费	人　工	工日	140.52	25.00	3 513.00	3 513.00	10 537.85
	材料费	钢　管	kg	652.77	3.50	2 284.70	6 748.26	
		直角扣件	个	127.21	4.80	610.61		
		对接扣件	个	18.04	4.30	77.57		
		回转扣件	个	7.63	4.80	36.62		
		底　座	个	3.48	4.20	14.62		
		木脚手板	m³	1.326	1 500.00	1 989.00		
		8#铁丝	kg	188.74	4.10	773.83		
		铁　钉	kg	26.58	5.35	142.20		
		防锈漆	kg	56.49	14.50	819.11		
	机械费	6 t 载重汽车	台班	1.14	242.62	276.59	276.59	
模板及支架费	人工费	人　工	工日	583.10	25.00	14 577.50	14 577.50	28 957.48
	材料费	钢模板	kg	732.85	4.50	3 297.83	12 824.69	
		枋板材	m³	2.454	1 600.00	726.40		
		卡　具	kg	571.43	4.60	2 628.58		
		铁　钉	kg	90.90	5.35	486.32		
		8#铁丝	kg	137.47	4.10	563.63		
		80#草板纸	张	114.41	1.10	125.85		
		22#铁丝	kg	0.42	4.30	1.81		
		钢　管	kg	482.47	3.50	1 688.65		
		尼龙帽	个	173.41	0.70	121.39		
		1:2水泥砂浆	m³	0.021	230.02	4.83		
		方　木	m³	2.271	1 400.00	3 179.40		
	机械费	6 t 载重汽车	台班	3.37	242.62	817.63	1 555.29	
		5 t 汽车吊	台班	1.80	385.53	693.95		
		500 mm 圆锯	台班	1.95	22.29	43.47		
		600 mm 压刨床	台班	0.01	24.17	0.24		

18.4 工程造价计算

18.4.1 计算条件

①本工程为营业用房,位于市区。

②施工企业取费等级为二级。

③直接费(含单价措施项目费——脚手架费和模板费,见表18.8)为476 972.13 元。

人工费　87 369.25 元　⎫
机械费　21 074.23 元　⎬ 476 972.13 元
材料费　368 528.65 元 ⎭

④企业管理费、总价措施项目费、规费、利润和税金计算。根据某地区建筑安装工程费用标准(见表5.4)计算营业用房的企业管理费、总价措施项目费、规费、利润和税金,见表18.10。

表 18.10　某工程建筑工程施工图预算造价计算表

序号	费用名称		计算基数	费率/%	金额/元
1	直接费		∑ 分项工程费+单价措施项目费 (476 972.13 元) 其中:人工费 87 369.25 机械费 21 074.23		476 972.13
2	企业管理费		∑ 分项工程、单价措施项目人工费+机械费 (108 443.48)	25	27 110.87
3	利润			27	29 279.74
4	总价措施费	安全文明施工费	∑ 分项工程、单价措施项目人工费 (87 369.25)	28	24 463.39
5		夜间施工增加费		2	1 747.39
6		冬、雨季施工增加费	∑ 分项工程费+单价措施项目费 (476 972.13)	0.5	2 384.86
7		二次搬运费	∑ 分部分项工程费+单价措施项目费 (476 972.13)	1	4 769.72
8		提前竣工费	按经审定的赶工措施方案计算		
9	其他项目费	暂列金额	∑ 分项工程费+单价措施项目费		
10		总承包服务费	分包工程造价		
11		计日工	按暂定工程量×单价		

续表

序号	费用名称		计算基数	费率/%	金额/元
12	规费	社会保险费	∑ 分项工程、单价措施项目人工费 （87 369.25）	15	13 105.39
13		住房公积金		5	4 368.46
14		工程排污费	∑ 分项工程费+单价措施项目费 （476 972.13）	0.60	2 861.83
15		增值税税金	税前造价（序1～序14之和） （587 063.78）	9	52 835.74
	工程造价		序1～序15之和		639 899.52

说明：表中序1～序14各费用均以不包含增值税可抵扣进项税额的价格计算。

复习思考题

1.该工程的工程量计算基数有哪些？如何计算？

2.该工程采用了哪几种门窗？分别简述。

3.该工程是什么结构工程？

4.该工程有哪些回填土？怎么计算工程量？

5.如何计算土方运土工程量？怎么确定运距？

6.该工程采用了什么类型的砌筑砂浆？为什么？

7.该工程采用的混凝土强度等级有哪几种？分别用在什么地方？

8.该工程外墙面做了哪些装饰？在什么部位？

9.简述该工程直接费计算依据。

10.该工程计算了哪些费用？如何计算的？

第 19 章
清单计价方式工程造价计算实例

知识点

熟悉建筑施工图和结构施工图的识图方法,熟悉门窗代号的含义,熟悉挖地坑土方和挖地槽土方的清单工程量计算方法,熟悉现浇独立基础的清单工程量计算方法,熟悉混凝土柱和梁的清单工程量计算方法,熟悉混凝土砌块墙的清单工程量计算方法,熟悉墙面抹灰的清单工程量计算方法,熟悉地面面层和墙面面层的清单工程量计算方法,熟悉门窗的清单工程量计算方法,熟悉清单计价方式分部分项工程费计算方法,熟悉清单计价方式的工程造价计算方法。

技能点

能计算坑槽挖土方的清单工程量,能计算独立基础的清单工程量,能计算混凝土柱和梁的清单工程量,会计算砌块墙和楼地面的清单工程量,会计算墙面抹灰的清单工程量,会计算分部分项工程费,会计算清单计价方式的工程造价。

课程思政

2018 年 9 月 28 日,习近平总书记在参观抚顺市雷锋纪念馆时指出:"实现中华民族伟大复兴,需要更多时代楷模。我们既要学习雷锋的精神,也要学习雷锋的做法,把崇高理想信念和道德品质追求转化为具体行动,体现在平凡的工作生活中,作出自己应有的贡献,把雷锋精神代代传承下去。"在新时代,我们要讲好雷锋故事,传承好雷锋精神,更好构筑中国精神、中国价值、中国力量,用理想之光照亮奋斗之路。作为高等职业院校的一名学员,一定要牢记习主席的教导,刻苦学习、精益求精,只有练就一身真功夫,才能在宏伟的社会主义大厦上做一颗永不生锈的螺丝钉!

我为祖国骄傲

19.1 工程量清单编制实例

根据某接待室工程施工图（见图19.1至图19.4）和该工程招标文件及《建设工程工程量清单计价规范》（GB 50500—2013）编制工程量清单。

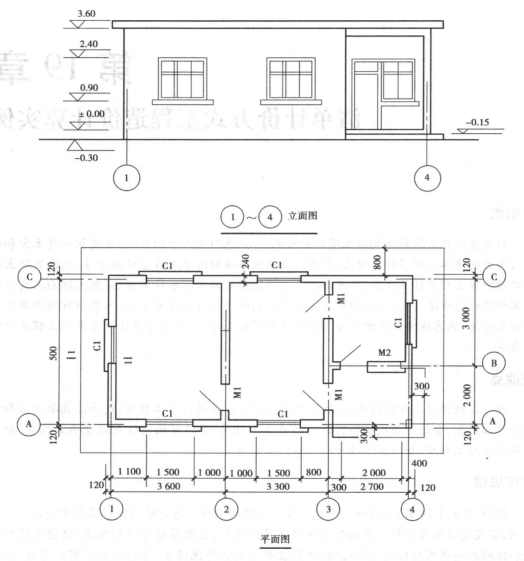

图 19.1 立面图和平面图

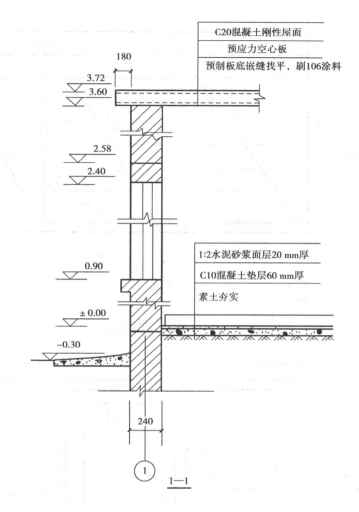

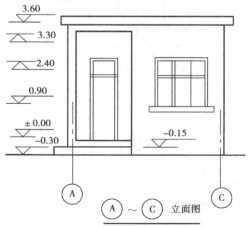

门窗表

名称	编号	洞口尺寸/mm		框外围尺寸/mm		数量
		宽	高	宽	高	
门	M1	900	2 400	880	2 390	3
	M2	2 000	2 400	1 980	2 390	1
窗	C1	1 500	1 500	1 480	1 480	6

图 19.2 侧立面和剖面图

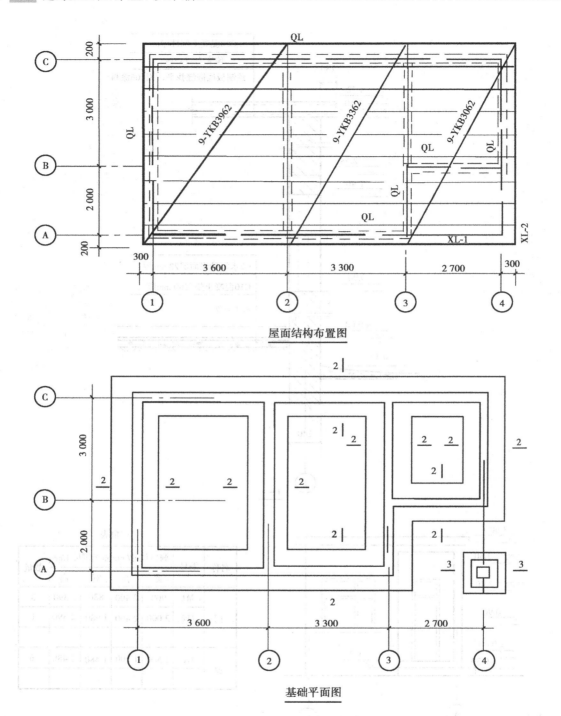

图 19.3　屋面结构布置图和基础平面图

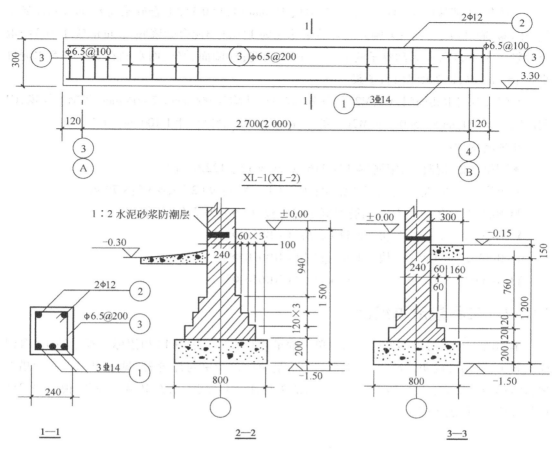

图 19.4 梁大样图、基础剖面图

19.1.1 接待室工程施工图设计说明

①结构类型及标高:本工程为某单位砖混结构接待室工程。室内地坪标高为±0.00,室外地坪标高为−0.30。

②基础:M5 水泥砂浆砌砖基础,C20 混凝土基础垫层 200 mm 厚,位于−0.06 m 处做 1:2 水泥砂浆防潮层(加 6%防水粉)20 mm 厚。

③墙、柱:M5 混合砂浆砌砖墙、砖柱。

④地面:基层素土回填夯实,C10 混凝土地面垫层 80 mm 厚,面铺 400 mm×400 mm× 10 mm 浅色地砖,1:2 水泥砂浆黏结层 20 mm 厚。1:2 水泥砂浆 20 mm 厚贴瓷砖踢脚线,150 mm高。

⑤屋面:预制空心板屋面 1:3 水泥砂浆找平层 30 mm 厚,C20 混凝土刚性屋面 40 mm 厚,1:2 水泥砂浆防水层 20 mm 厚(加 6%防水粉)。

⑥台阶、散水:C10 混凝土基层,1:2 水泥白石子浆 15 mm 厚水磨石台阶;C10 混凝土散水 60 mm 厚,沥青砂浆塞伸缩缝。

⑦抹灰:内墙抹面为 1:0.3:3 混合砂浆底 18 mm 厚,1:0.3:3 混合砂浆面 8 mm 厚,面满刮腻子两遍、刷乳胶漆两遍;天棚面混合砂浆抹面为 1:0.3:3 混合砂浆底 12 mm 厚,1:0.3:3 混合砂浆面 5 mm 厚,面满刮腻子两遍、刷乳胶漆两遍;外墙面、梁柱面水刷石为 1:2.5 水泥砂浆底 15 mm 厚,1:2 水泥白石子浆 10 mm 厚。

⑧门、窗:实木装饰门,M1,M2(门部分)洞口尺寸均为 900 mm×2 400 mm;塑钢推拉窗,C1 洞口尺寸 1 500 mm×1 500 mm,M2(窗部分,以下称 C2)洞口尺寸 1 100 mm×1 500 mm。

⑨现浇构件:

• 圈梁:C20 混凝土,钢筋(φ12:116.80 m;φ6.5:122.64 m)。

• 矩形梁:C20 混凝土,钢筋(Φ14:18.41 kg;φ12:9.02 kg;φ6.5:8.70 kg)。

⑩预制构件:预应力 C30 钢筋混凝土空心板,单件体积及钢筋质量如下:

YKB-3962　0.164 m³/块　6.57 kg/块(CRB650 ϕ^R4)

YKB-3362　0.139 m³/块　4.50 kg/块(CRB650 ϕ^R4)

YKB-3062　0.126 m³/块　3.83 kg/块(CRB650 ϕ^R4)

19.1.2　工程量清单编制

编制的工程量清单详见后面的清单工程量计算表(见表 19.1)和招标工程量清单[含封面签署页,编制总说明,分部分项工程与单价措施项目清单与计价表(见表 19.2),总价措施项目清单与计价表(见表 19.3),其他项目清单与计价汇总表(见表 19.4),规费、税金项目清单与计价表(见表 19.5)]。

工程名称：接待室工程

表 19.1 清单工程量计算表

序号	项目编码	项目名称	单位	工程数量	计算式
		A. 土石方工程			
1	010101001001	平整场地	m²	51.56	$S = (5.0+0.24) \times (3.60+3.30+2.70+0.24)$ $= 5.24 \times 9.84 = 51.56(m^2)$
2	010101003001	挖基础土方(墙基)	m³	34.18	基础垫层底面积 $=[(5.0+9.6) \times 2 + (5.0-0.8) + (3.0-0.8)] \times 0.8$ $= (29.20+4.2+2.2) \times 0.8 = 35.60 \times 0.8 = 28.48(m^2)$ 基础土方 $= 28.48 \times 1.20 = 34.18(m^2)$
3	010101004001	挖基础土方(柱基)	m³	0.77	基础垫层底面积 $= 0.8 \times 0.8 = 0.64(m^2)$ 基础土方 $= 0.64 \times 1.20 = 0.77(m^3)$
4	010103001001	人工基础回填土	m³	16.71	$V = $ 挖方体积 $-$ 室外地坪以下基础体积 $= 34.18+0.77-15.08+36.72 \times 0.24 \times 0.30 \times 0.24 \times 0.24 - (28.48+0.64) \times 0.2$ $= 34.18+0.77-15.08+2.64+0.02-5.82 = 16.71(m^3)$
5	010103001002	人工室内回填土	m³	8.11	$V = $ 主墙间净面积 $\times$ 回填厚度 $=$ (建筑面积 $\times$ 回填厚度 $-$ 墙、柱结构面积) $\times$ 回填厚度 $= (51.56-36.72 \times 0.24-0.24 \times 0.24) \times (0.30-0.08-0.02-0.01)$ $= 42.69 \times 0.19 = 8.11(m^3)$
		D. 砌筑工程			
6	010401001001	M5 水泥砂浆砌砖基础	m³	15.08	砖墙基础 $= (29.20+5.0-0.24+3.0-0.24) \times [(1.50-0.20) \times 0.24+$ $0.007\,875 \times 12]$ $= 36.72 \times (1.30 \times 0.24+0.094\,5) = 36.72 \times 0.406\,5 = 14.93(m^3)$ 砖柱基础 $= [(0.24+0.062\,5 \times 4) \times (0.24+0.062\,5 \times 4) + (0.24+0.062\,5 \times 2) \times (0.24+0.062\,5 \times$ $2)] \times 0.126 \times 2 + (1.50-0.20-0.126 \times 2) \times 0.24 \times 0.24$ $= (0.24+0.133) \times 0.252+0.06$ $= 0.094+0.06$ $= 0.15(m^3)$ 小计:$14.93+0.15 = 15.08(m^3)$

续表

序号	项目编码	项目名称	单位	工程数量	计算式
7	010402003001	M5混合砂浆砌砖墙	m³	24.91	V=(墙长×墙高-门窗面积)×墙厚-圈梁体积 =(36.72×3.60-0.9×2.40×4-1.50×1.50×6-1.10×1.50)×0.24-29.20×0.18×0.24 =(132.19-5.83-2.16-13.50-1.65)×0.24-1.26 =111.30×0.24-1.26=24.91(m³)
8	010401009001	M5混合砂浆砌砖柱	m³	0.19	V=柱断面×柱高=0.24×0.24×3.30=0.19(m³)
		E.混凝土及钢筋混凝土工程			
9	010404001001	C20混凝土基础垫层	m³	5.82	V=[(5.0+9.6)×2+(5.0-0.8+3.0-0.8)]×0.80×0.20+0.80×0.80×0.20 =(29.20+6.40)×0.80×0.20+0.128 =35.60×0.80×0.20+0.128=5.82(m³)
10	010503001001	现浇C20混凝土矩形梁	m³	0.36	V=梁长×梁断面面积=(2.70+0.12+2.0+0.12)×0.24×0.30=0.36(m³)
11	010503004001	现浇C20混凝土圈梁	m³	1.26	V=圈梁长×断面积=29.20×0.18×0.24=1.26(m³)
12	010507001001	混凝土散水	m²	22.63	S=散水长×散水宽-台阶面积 =(29.20+0.24×4)×0.80-(2.7-0.12+0.12+0.3+2.0-0.12+0.12)×0.30 =24.13-5.0×0.30=22.63(m²)
13	010512002001	预应力C30混凝土空心板	m³	3.86	YKB3962　0.164×9=1.476(m³) YKB3662　0.139×9=1.251(m³)　} 3.86 m³ YKB3062　0.126×9=1.134(m³)
14	010515001001	现浇构件钢筋	t	0.172	圈梁:HPB300　Φ12:116.80×0.888=103.72(kg)　Φ6.5:122.64×0.26=31.89(kg) 矩形梁:HPB300　Φ12:9.02 kg　Φ6.5:8.70 kg HRB400　Φ14:18.41 kg 小计:Φ10内:40.59 kg　Φ10外:131.15 kg 合计:171.74 kg

序号	项目编码	项目名称	单位	工程量	计算式
15	010515005001	先张法预应力钢筋	t	0.134	空心板板筋：CRB650 ϕ^R4 YKB3962　6.57×9=59.13（kg） YKB3662　4.50×9=40.5（kg）　}134.10 kg YKB3062　3.83×9=34.47（kg）
		J.屋面及防水工程			
16	010902003001	屋面混凝土刚性防水层	m²	55.08	$S=（5.0+0.2×2）×（9.60+0.3×2）=5.40×10.2=55.08（m^2）$
		L.楼地面工程			
17	011102003001	块料地面面层	m²	42.69	$S=室内回填土面积=42.69\ m^2$
18	011105003001	块料踢脚线	m²	6.54	$S=踢脚线长×踢脚线高$ $=[（5.0−0.24+3.60−0.24）×2−0.9+（5.0−0.24+3.30−0.24）×2−（0.9−0.1×2）×1+（3.0−0.24+2.70−0.24）×2−（0.9−0.1×2）+（2.0+2.7−0.9×2+0.1×2×2）+（柱:0.24×4）]×0.15$ $=（15.34+14.94+9.04+3.30+0.96）×0.15=43.58×0.15=6.54（m^2）$
19	011107005001	现浇水磨石台阶	m²	2.82	$S=（2.70+2.0）×0.30×2$ $=2.82（m^2）$
		M.墙柱面装饰与隔断、幕墙工程			
20	011201001001	混合砂浆抹内墙面	m²	137.92	$S=墙长×墙高−门窗面积$ $=[（5.0−0.24+3.60−0.24）×2+（5.0−0.24+3.30−0.24）×2+（2.70−0.24+3.0+2.70）]×3.60−1.50×1.50×6（樘）−1.10×1.50−0.9×2.40×8（面）$ $=（16.24+15.64+10.44+5.0）×3.60−13.50−1.65−17.28$ $=170.35−32.43=137.92（m^2）$

建筑工程计量与计价

续表

序号	项目编码	项目名称	单位	工程数量	计算式
21	011201002001	外墙面水刷石	m²	85.79	$S=$墙长×墙高-窗面积 $=(29.20+0.96-2.7-2.0)×(3.60+0.30)-1.50×1.50×6$ $=25.46×3.90-13.50=85.79(\text{m}^2)$
22	011202002001	柱面水刷石	m²	0.19	$S=0.24×0.24×3.30=0.19(\text{m}^2)$
23	011202002002	梁面水刷石	m²	3.75	$S=(2.70-0.12+2.0-0.12)×(0.3×2+0.24)$ $=4.46×0.84=3.75(\text{m}^2)$
24	011301001001	N.天棚工程 混合砂浆抹天棚	m²	46.21	$S=$屋面面积-墙、柱结构面积$=55.08-8.87=46.21(\text{m}^2)$
25	010801001001	H.门窗工程 实木装饰门	樘	4	M1,M2:4樘 洞口尺寸:900 mm×2 400 mm
26	010807001001	塑钢推拉窗C1	樘	6	C1 6樘
27	010807001002	塑钢推拉窗C2	樘	1	C2 1樘
28	011406001001	P.油漆、涂料、裱糊工程 内墙面、天棚面乳胶漆	m²	184.13	$S=$内墙抹灰面积+天棚抹灰面积$=137.92+46.21=184.13(\text{m}^2)$
29	011702006001	S.措施项目 矩形梁模板	m²	3.98	$S=$侧模$(2.70+2.0+2.70+0.24+2.0+0.24)×0.30+$底模$(2.70-0.24+2.0-0.24)×0.24=$ $9.88×0.24+4.22×0.24=3.98(\text{m}^2)$
30	011702007001	圈梁模板	m²	13.37	$S=29.20×0.18×2(边)+(1.50×6+0.90+2.00)×0.24$ $=10.51+2.86=13.37(\text{m}^2)$

<u>××接待室工程</u>

招 标 工 程 量 清 单

招 标 人：<u>　××× 　</u>　　　　　　　　　　　　造价咨询人：<u>　　　××× 　　　</u>

　　　　（单位盖章）　　　　　　　　　　　　　　　　　（单位资质专用章）

法定代表人　　　　　　　　　　　　　　　　　　法定代表人

或其授权人：<u>　××× 　</u>　　　　　　　　　　　或其授权人：<u>　××× 　</u>

　　　　（签字或盖章）　　　　　　　　　　　　　　　　（签字或盖章）

编 制 人：<u>　××× 　</u>　　　　　　　　　　　　复 核 人：<u>　××× 　</u>

　　　（造价人员签字盖专用章）　　　　　　　　　　　（造价工程师签字盖专用章）

编制时间：2018 年×月×日　　　　　　　　　　　复核时间：2018 年×月×日

总说明

工程名称：接待室工程

1.工程概况：本工程为砖混结构，单层建筑物，建筑面积为 51.56 m²，计划工期为 60 天。

2.工程招标范围：本次招标范围为施工图范围内的建筑工程和装饰装修工程。

3.工程量清单编制依据：

　（1）接待室施工图。

　（2）《建设工程工程量清单计价规范》（GB 50500—2013）。

表 19.2　分部分项工程与单价措施项目清单与计价表

工程名称:接待室工程　　　　　　　　标段:

序号	项目编码	项目名称	项目特征描述	计量单位	工程量	金额/元		
						综合单价	合价	其中:暂估价
			A.1 土(石)方工程					
1	010101001001	平整场地	土壤类别:Ⅱ、Ⅲ类土综合 弃土、取土距离:土方就地挖填找平	m²	51.56			
2	010101003001	挖基础土方(墙基)	土壤类别:Ⅲ类土 基础类型:条形基础 垫层底宽:800 mm 挖土深度:1.20 m 弃土运距:5 km	m³	34.18			
3	010101004001	挖基础土方(柱基)	土壤类别:Ⅲ类土 基础类型:独立基础 垫层底宽:800 mm 底面积:0.64 m² 挖土深度:1.20 m 弃土运距:5 km	m³	0.77			
4	010103001001	土方回填(基础)	土质要求:含砾石粉质黏土 密实度要求:密实 粒径要求:10~40 mm 砾石 夯填:分层夯填	m³	16.71			
5	010103001002	土方回填(室内)	土质要求:含砾石粉质黏土 密实度要求:密实 粒径要求:10~40 mm 砾石 夯填:分层夯填	m³	8.11			
			分部小计		111.33			
			D.砌筑工程					
6	010401001001	砖基础	砖品种、规格、强度等级:MU10 标准砖 基础类型:带形 基础深度:1.20 m 砂浆强度等级:M5 水泥砂浆	m³	15.08			
			本页小计					
			合　计					

续表

序号	项目编码	项目名称	项目特征描述	计量单位	工程量	金额/元		
						综合单价	合价	其中：暂估价
7	010402003001	实心砖墙	砖品种、规格、强度等级：MU7.5 标准砖 墙体类型：实砌标准砖墙 墙厚：240 mm 墙高：3.60 m 砂浆强度等级：M5 混合砂浆	m³	24.91			
8	010401009001	实心砖柱	砖品种、规格、强度等级：MU7.5 标准砖 柱类型：标准砖柱 柱截面：240 mm×240 mm 柱高：3.30 m 砂浆强度等级：M5 混合砂浆	m³	0.19			
			分部小计		40.18			
			E.混凝土及钢筋混凝土工程					
9	010404001001	垫层	混凝土强度等级：C20	m³	5.82			
10	010503001001	矩形梁	梁底标高：3.30 m 梁截面：240 mm×300 mm 混凝土强度等级：C20 混凝土拌合料：中砂,5~20 mm 砾石	m³	0.36			
11	010503004001	圈梁	梁底标高：2.40 m 梁截面：180 mm×240 mm 混凝土强度等级：C20 混凝土拌合料：中砂,5~20 mm 砾石	m³	1.26			
12	010507001001	散水	垫层材料：素土夯实 散水厚度：60 mm 混凝土强度等级：C10 填塞材料：沥青砂浆 混凝土拌合料：中砂,5~20 mm 砾石	m²	22.63			
			本页小计					
			合　计					

续表

序号	项目编码	项目名称	项目特征描述	计量单位	工程量	金额/元		
						综合单价	合价	其中：暂估价
13	010512002001	空心板	混凝土强度等级：C30 构件尺寸：3 900 mm×600 mm 安装高度：3.60 m 构件运距：8 km 混凝土拌合料：中砂,5~20 mm砾石 接头灌浆：C20 细石混凝土	m³	3.86			
14	010515001001	现浇混凝土钢筋	钢筋种类、规格： HPB300 φ 12 HPB300 φ 6.5 HRB400 ⨮ 14	t	0.172			
15	010515005001	先张法预应力钢筋	钢筋种类、规格：CRB650 φ^R4	t	0.134			
		分部小计			34.236			
		J.屋面及防水工程						
16	010902003001	屋面刚性防水	混凝土厚度：40 mm 找平层及厚度：1∶2水泥砂浆 30 mm 防水砂浆及厚度：1∶2水泥砂浆 20 mm（加6%防水粉） 混凝土强度等级：C20	m²	55.08			
		分部小计			55.08			
		L.楼地面工程						
17	011102003001	块料地面面层	垫层及厚度：C10 混凝土,800 mm 厚 结合层及厚度：1∶2水泥砂浆 20 mm 厚 面层：三元牌 400 mm×400 mm 奶油色地砖	m²	42.69			
		本页小计						
		合　计						

序号	项目编码	项目名称	项目特征描述	计量单位	工程量	金额/元		
						综合单价	合价	其中：暂估价
18	011105003001	块料踢脚线	踢脚线高度：150 mm 砂浆配合比：1∶2水泥砂浆 20 mm 厚 黏结层厚度、材料种类： 面层：三元牌 150 mm×300 mm 奶油色踢脚砖	m²	6.54			
19	011107005001	现浇水磨石台阶面	基层：素土基层，C20 混凝土台阶 面层：1∶2水泥白石子浆 15 mm 厚 石子：方解石，白色 磨光、打蜡要求：普通	m²	2.82			
			分部小计		52.05			
			M.墙柱面装饰与隔断、幕墙工程					
20	011201001001	混合砂浆抹内墙面	墙体类型：标准砖墙 底层：1∶0.3∶3混合砂浆 18 mm 厚 面层：1∶0.3∶3混合砂浆 8 mm 厚	m²	137.92			
21	011201002001	外墙面水刷石	墙体类型：标准砖墙 底层：1∶2.5 水泥砂浆 15 mm 厚 面层：1∶2水泥白石子浆 10 mm 厚	m²	85.79			
22	011202002001	柱面水刷石	柱体类型：标准砖墙 底层：1∶2.5 水泥砂浆 15 mm 厚 面层：1∶2水泥白石子浆 10 mm 厚	m²	3.17			
			本页小计					
			合　计					

续表

序号	项目编码	项目名称	项目特征描述	计量单位	工程量	综合单价	合价	其中:暂估价
23	011202002002	梁面水刷石	梁类型:混凝土矩形梁 底层:1:2.5 水泥砂浆 15 mm 厚 面层:1:2 水泥白石子浆 10 mm 厚	m²	3.75			
			分部小计		230.63			
			N.天棚工程					
24	011301001001	混合砂浆抹天棚	基层类型:预制空心板 底层:1:0.3:3 混合砂浆 12 mm 厚 面层:1:0.3:3 混合砂浆 5 mm 厚	m²	46.21			
			分部小计		46.21			
			H.门窗工程					
25	010801001001	实木装饰门	门类型:单扇、有亮、平开 门框截面尺寸:90 mm×45 mm 单樘面积:2.16 m² 骨架材料:细木工板 面层材料:三利牌棕色胡桃木面胶合板 油漆品种、遍数:聚酯漆,3 遍	樘	4			
26	010807001001	塑钢窗C1	窗类型:推拉窗 框扇材质:塑钢(浅色) 外围尺寸:1 460 mm×1 460 mm 玻璃品种、厚度:浮法玻璃,3 mm厚	樘	6			
27	010807001002	塑钢窗C2	窗类型:推拉窗 框扇材质:塑钢(浅色) 外围尺寸:1 060 mm×1 460 mm 玻璃品种、厚度:浮法玻璃,3 mm厚	樘	1			
			本页小计					
			合　计					

续表

序号	项目编码	项目名称	项目特征描述	计量单位	工程量	金额/元 综合单价	合价	其中:暂估价
			分部小计		11			
		P.油漆、涂料、裱糊工程						
28	011406001001	内墙面、天棚面乳胶漆	基层类型:混合砂浆 腻子种类及要求:石膏腻子满刮两遍 涂料品种及刷喷遍数:三箭牌乳胶漆两遍	m²	184.13			
			分部小计		184.13			
		S.措施项目						
29	011702006001	矩形梁模板		m²	3.98			
30	011702007001	圈梁模板		m²	13.37			
			分部小计					
		本页小计			17.35			
		合　计						

表 19.3　总价措施项目清单与计价表

工程名称:接待室工程　　　　　　　　　　标段:　　　　　　　　　　第1页　共1页

序号	项目编码	项目名称	计算基础	费率/%	金额/元	调整费率/%	调整后金额/元	备注
1	011707001001	安全文明施工	定额人工费					
2	011707002001	夜间施工	定额人工费					
3	011707004001	二次搬运	定额人工费					
4	011707005001	冬、雨季施工	定额人工费					
		合　计			5 920.63			

编制人(造价人员):　　　　　　　　　　　　　　复核人(造价工程师):

表 19.4　其他项目清单与计价汇总表

工程名称:接待室工程　　　　　　　　　标段:　　　　　　　　　第 1 页 共 1 页

序　号	项目名称	金额/元	结算金额/元	备注
1	暂列金额	5 000.00		
2	暂估价			
2.1	材料(工程设备)暂估价			
2.2	专业工程暂估价			
3	计日工			
4	总承包服务费			
5	索赔与现场签证			
	合　计	5 000.00		

注:接待室工程的其他项目清单只有暂列金额一项。材料(工程设备)暂估单价计入清单项目综合单价,此处不汇总。

表 19.5　规费、税金项目清单与计价表

工程名称:接待室工程　　　　　　　　　标段:　　　　　　　　　第 1 页 共 1 页

序　号	项目名称	计算基础	计算基数	计算费率/%	金额/元
1	规费				
1.1	社会保障费				
(1)	养老保险费				
(2)	失业保险费				
(3)	医疗保险费	定额人工费 (分部分项+ 单价措施项目)			
(4)	工伤保险费				
(5)	生育保险费				
1.2	住房公积金				
1.3	工程排污费	按工程所在地区 规定计取	分部分项工程费		
2	增值税税金	税前造价		9	
	合　计				

19.2　按清单计价定额编制工程量清单报价实例

由于接待室工程在市区,施工企业工程取费等级为二级,因此按清单计价定额及工程量计算规则计算的计价工程量及表 5.4 的费用标准,编制的工程量清单报价详见后面的定额工程量计算表,综合单价分析表,分部分项工程和单价措施项目清单与计价表,分部分项工程和单价措施项目人工费计算表,总价措施项目清单与计价表,其他项目清单与计价汇总表,规费、税金项目清单与计价表。最后将分部分项工程和单价措施项目清单与计价表、总价措施项目清单与计价表、其他项目清单与计价汇总表、规费和税金项目清单与计价表中的数据汇总到单位工程投标报价汇总表,再加上接待室工程投标总价扉页和编制总说明。

表 19.6　定额工程量计算表

序号	项目编码		项目名称	单位	工程数量	计算式
			A.土石方工程			
1	010101001001	主项	平整场地	m²	51.56	人工平整场地： $S = (5.0+0.24)×(3.60+3.30+2.70+0.24) = 5.24×9.84 = 51.56（m²）$
		附项				
2	010101003001	主项	挖（墙）基础土方	m³	34.18	基础垫层底面积 $=[(5.0+9.6)×2+(5.0-0.8)+(3.0-0.8)]×0.8$ $= (29.20+4.2+2.2)×0.8 = 35.60×0.8 = 28.48（m²）$ 基础土方 $=28.48×1.20 = 34.18（m³）$
		附项	土方外运 运距 5 km	m³	57.79	土方外运工程量计算： 墙基础土方，工作面宽 300 mm，不放坡 $V=[(5.0+9.6)×2+(5.0-0.8-0.3×2)+(3.0-0.8-0.3×2)]×$ $(0.80+0.30×2)×(1.50-0.30)$ $= (29.20+3.60+1.60)×1.40×1.20 = 57.79（m³）$ 土方外运:57.79 m³
3	010101004001	主项	挖（柱）基础土方	m³	0.77	基础垫层底面积 $= 0.8×0.8 = 0.64（m²）$ 基础土方 $= 0.64×1.20 = 0.77（m³）$
		附项	土方外运 运距:5 km	m³	2.35	土方外运计算： 工作面 300 mm，不放坡 $V = (0.80+0.30×2)×(0.80+0.30×2)×1.20$ $= 1.40×1.40×1.20 = 2.35（m³）$ 土方外运:2.35 m³
4	010103001001	主项	基础回填土	m³	16.25	$V =$ 挖方体积-室外地坪以下基础体积 $=34.18+0.77-15.08+36.72×0.24×0.30+0.30×0.24×0.24-5.82（垫层）$ $= 34.95-15.08+2.66-5.82 = 16.25（m³）$
		附项	买土回填	m³	41.90	按实际挖方体积： $V =$ 挖方体积-室外地坪以下基础体积 $=57.79+2.35-15.08+36.72×0.24×0.30+0.30×0.24×0.24-5.82（垫层）$ $= 41.90（m³）$

续表

序号	项目编码		项目名称	单位	工程数量	计算式
5	010103001002	主项	人工室内回填土	m³	8.11	$V=$ 主墙间净面积×回填厚度 =（建筑面积-墙、柱结构面积）×回填厚度 =（51.56-36.72×0.24-0.24×0.24）×（0.30-0.08-0.02-0.01） =42.69×0.19=8.11（m³）
		附项	买土回填	m³	8.11	
			D. 砌筑工程			
6	010401001001	主项	M5 水泥砂浆砌砖基础	m³	15.08	M5 水泥砂浆砌砖基础： 砖墙基础=（29.20+5.0-0.24+3.0-0.24）×[（1.50-0.20）×0.24+ 0.007 875×12]=36.72×（1.30×0.24+0.094 5） =36.72×0.406 5=14.93（m³） 砖柱基础=[（0.24+0.062 5×4）×（0.24+0.062 5×4）+（0.24+0.062 5×2）× （0.24+0.062 5×2）]×0.126×2+（1.50-0.20-0.126×2）×0.24×0.24 =（0.24+0.133）×0.252+0.06 =0.094+0.06=0.15（m³） 小计：14.93+0.15=15.08（m³）
		附项	砖基础防潮层	m²	8.87	防潮层=36.72×0.24+0.24×0.24=8.87（m²）
7	010402003001	主项	M5 混合砂浆砌砖墙	m³	24.91	$V=$（墙长×墙高-门窗面积）×墙厚-圈梁体积 =（36.72×3.60-0.9×2.40×4-1.50×1.50×6-1.10×1.50）×0.24- 29.20×0.18×0.24 =（132.19-5.83-2.16-13.50-1.65）×0.24-1.26 =111.30×0.24-1.26=24.91（m³）
		附项				
8	010401009001	主项	M5 混合砂浆砌砖柱	m³	0.19	$V=$ 柱断面×柱高=0.24×0.24×3.30=0.19（m³）
		附项				

E.混凝土及钢筋混凝土

序号	项目编码		项目名称	单位	工程量	计算式
9	010404001001	主项	C20混凝土基础垫层	m³	5.82	C20混凝土基础垫层： $V=[(5.0+9.6)×2+(5.0-0.8+3.0-0.8)]×0.80×0.20+0.80×0.80×0.20$ $=(29.20+6.40)×0.80×0.20+0.128$ $=35.60×0.80×0.20+0.128=5.82(m³)$
		附项				
10	010503001001	主项	现浇C20混凝土矩形梁	m³	0.36	$V=梁长×梁断面=(2.70+0.12+2.0+0.12)×0.24×0.30=0.36(m³)$
		附项				
11	010503004001	主项	现浇C20混凝土圈梁	m³	1.26	$V=圈梁长×断面积=29.20×0.18×0.24=1.26(m³)$
		附项				
12	010507001001	主项	混凝土散水	m²	22.63	$S=散水长×散水宽-台阶面积$ $=(29.20+0.24×4)×0.80-(2.7-0.12+0.12+0.3+2.0-0.12+$ $0.12)×0.30=24.13-5.0×0.30=22.63(m²)$
		附项	伸缩缝沥青砂浆	m	37.48	伸缩缝沥青砂浆： 墙根同长 $[5.0+0.24+0.30(台阶)+9.60+0.24+0.30(台阶)]×2=31.36(m)$ 四角 $0.80×1.414×4(角)=4.52(m)$ (A)、(B)轴各加一道 $0.80×2(道)=1.60(m)$ 小计:37.48 m
13	010512002001	主项	预应力C30混凝土空心板	m³	3.86	YKB3962 $0.164×9=1.476(m³)$ YKB3662 $0.139×9=1.251(m³)$ YKB3062 $0.126×9=1.134(m³)$ 小计:3.86 m³
		附项	空心板运输	m³	3.86	运输:$V=净用量=3.86$ m³

续表

序号	项目编码		项目名称	单位	工程数量	计算式
14	010515001001	主项	现浇构件钢筋 HPB300 Φ12 HPB300 Φ6.5 HRB400 Φ14	t	0.172	圈梁:HPB300 Φ12 116.80×0.888=103.72(kg) Φ6.5 122.64×0.26=31.89(kg) 矩形梁:HPB300 Φ12 9.02 kg Φ6.5 8.70 kg HRB400 Φ14 18.41 kg 小计:HPB300 Φ12 112.74 kg Φ6.5 40.59 kg HRB400 Φ14 18.41 kg 合计:0.172 t(其中Φ10以内Φ0.041 t;Φ10以外0.131 t)
		附项				
15	010515005001	主项	先张法预应力钢筋	t	0.134	空心板钢筋:CRB650 Φ4 YKB3962 6.57×9=59.13(kg) YKB3662 4.50×9=40.5(kg) YKB3062 3.83×9=34.47(kg) }小计:134.10 kg
		附项				

J.屋面及防水工程

序号	项目编码		项目名称	单位	工程数量	计算式
16	010902003001	主项	屋面混凝土刚性防水层	m^2	55.08	屋面 C20 混凝土 40 mm 厚 $S=(5.0+0.2×2)×(9.60+0.3×2)=5.40×10.2=55.08(m^2)$
		附项	1:2水泥砂浆找平层 30 mm 厚	m^2	55.08	1:2水泥砂浆找平层 30 mm 厚:55.08 m^2
		附项	1:2防水砂浆(加6%防水粉)	m^2	55.08	1:2防水砂浆(加6%防水粉):55.08 m^2

L.楼地面工程

序号	项目编码		项目名称	单位	工程数量	计算式
17	011102003001	主项	块料地面层(400 mm×400 mm 地砖)	m^2	42.69	$S=$室内回填土面积$=42.69$ m^2
		附项	C10 混凝土垫层	m^3	3.41	C10 混凝土垫层工程量:42.69×0.08=3.41(m^3)

序号	项目编码	主项/附项	项目名称	单位	工程量	计算式
18	011105003001	主项	块料踢脚线(150 mm×300 mm 踢脚砖)	m²	6.54	$S=$踢脚线线长×踢脚线高 $=[(5.0-0.24+3.60-0.24)×2-0.9+(5.0-0.24+3.30-0.24)×2-(0.9-0.1×2)×1+(3.0-0.24+2.70-0.24)×2-(0.9-0.1×2)+(2.0+2.7-0.9×2+0.1×2×2)+$ 柱$(0.24×4)]×0.15$ $=(15.34+14.94+9.04+3.30+0.96)×0.15=43.58×0.15=6.54$(m²)
		附项				
19	011107005001	主项	现浇水磨石台阶	m²	2.82	$S=(2.70+2.0)×0.30×2=2.82$(m²) 折合体积$=2.82×(0.30+0.15)÷2=2.82×0.225=0.6345$(m³)
		附项	台阶打蜡	m²	2.82	台阶打蜡:2.82 m²

M.墙柱面装饰与隔断、幕墙工程

序号	项目编码	主项/附项	项目名称	单位	工程量	计算式
20	011201001001	主项	混合砂浆抹内墙面	m²	137.92	$S=$墙长×墙高-门窗面积 $=[(5.0-0.24+3.60-0.24)×2+(5.0-0.24+3.30-0.24)×2+(2.70-0.24+3.0-0.24)×2+2.0+2.70]×3.60-1.50×1.50×6$(墙)$-1.10×1.50-0.9×2.40×8$(面) $=(16.24+15.64+10.44+5.0)×3.60-13.50-1.65-17.28$ $=170.35-32.43=137.92$(m²)
		附项				
21	011201002001	主项	外墙面水刷石	m²	85.79	$S=$墙长×墙高-窗面积 $=(29.20+0.96-2.7-2.0)×(3.60+0.30)-1.50×1.50×6$ $=25.46×3.90-13.50=85.79$(m²)
		附项				
22	011202002001	主项	柱面水刷石	m²	3.17	$S=0.24×4×3.30=3.17$(m²)
		附项				
23	011202002002	主项	梁面水刷石	m²	3.75	$S=(2.70-0.12+2.0-0.12)×(0.3×2+0.24)=4.46×0.84=3.75$(m²)
		附项				

续表

序 号	项目编码		项目名称	单 位	工程数量	计 算 式
24	011301001001	主项	N.天棚工程 混合砂浆抹天棚	m²	46.21	$S=$屋面面积$-$墙、柱结构面积$=55.08-8.87=46.21(\text{m}^2)$
		附项				
25	010801001001	主项	H.门窗工程 实木装饰门	樘	4	M1,M2:4樘 洞口尺寸:900 mm×2 400 mm 门洞面积:$0.90×2.40×4=2.16×4=8.64(\text{m}^2)$
		附项				
26	010807001001	主项	塑钢推拉窗 C1	樘	6	6樘 1 500 mm×1 500 mm
		附项				
27	010807001002	主项	塑钢推拉窗 C2	樘	1	1樘 1 100 mm×1 500 mm
		附项				
28	011406001001	主项	P.油漆、涂料、裱糊工程 内墙面、天棚面 乳胶漆	m²	184.13	$S=$内墙抹灰面积$+$天棚抹灰面积$=137.92+46.21=184.13(\text{m}^2)$
		附项	满刮腻子两遍	m²	184.13	满刮腻子两遍:184.13 m²
29	011702006001		矩形梁模板	m²	3.98	只有主项工程量
30	011702007001		圈梁模板	m²	13.37	只有主项工程量

表 19.7 **综合单价分析表**

工程名称:接待室工程　　　　　　　标段:　　　　　　　

项目编码	010101001001	项目名称	平整场地	计量单位	m²

清单综合单价组成明细

定额编号	定额名称	定额单位	数量	单价				合价			
				人工费	材料费	机械费	管理费和利润	人工费	材料费	机械费	管理费和利润
AA0001	平整场地	100 m²	0.010	21.18		46.01	10.08	0.21		0.46	0.10
人工单价			小 计					0.21		0.46	0.10
25元/工日			未计价材料费								
清单项目综合单价								0.77			

材料费明细	主要材料名称、规格、型号	单位	数量	单价/元	合价/元	暂估单价/元	暂估合价/元
	其他材料费						
	材料费小计						

注:1.如不使用省级或行业建设主管部门发布的计价依据,可不填定额项目、编号等。

2.招标文件提供了暂估单价的材料,按暂估的单价填入表内"暂估单价"栏及"暂估合价"栏。

表 19.8 综合单价分析表

工程名称:接待室工程   标段: 第 2 页 共 30 页

项目编码	010101003001		项目名称	墙基土方	计量单位		m³

清单综合单价组成明细

定额编号	定额名称	定额单位	数量	单价				合价			
				人工费	材料费	机械费	管理费和利润	人工费	材料费	机械费	管理费和利润
AA0004	挖基础土方	10 m³	0.100	79.56			11.93	7.96			1.19
AA0013	机械运土方	10 m³	0.305	14.78		31.28	6.91	4.51		9.54	2.11
AA0014×4	机械运土方	10 m³	0.305	2.00		31.28	5.00	0.61		9.54	1.53
人工单价		小　计						13.08		19.08	4.83
25 元/工日		未计价材料费									
清单项目综合单价								36.99			

	主要材料名称、规格、型号	单　位	数　量	单价/元	合价/元	暂估单价/元	暂估合价/元
材料费明细							
	其他材料费						
	材料费小计						

注:1.如不使用省级或行业建设主管部门发布的计价依据,可不填定额项目、编号等。

2.招标文件提供了暂估单价的材料,按暂估的单价填入表内"暂估单价"栏及"暂估合价"栏。

表 19.9　综合单价分析表

工程名称:接待室工程　　　　　　　　标段:　　　　　　　　第 3 页 共 30 页

项目编码	010101004001		项目名称	柱基土方	计量单位	m³
清单综合单价组成明细						

定额编号	定额名称	定额单位	数量	单价				合价			
				人工费	材料费	机械费	管理费和利润	人工费	材料费	机械费	管理费和利润
AA0004	挖基础土方	10 m³	0.100	79.56			11.93	7.96			1.19
AA0013	机械运土方	10 m³	0.169	14.78		31.28	6.91	2.50		5.29	1.17
AA0014 ×4	机械运土方	10 m³	0.169	2.00		31.28	5.00	0.34		5.29	0.85
人工单价		小　计						10.80		10.58	3.21
25 元/工日		未计价材料费									
清单项目综合单价								24.59			

材料费明细	主要材料名称、规格、型号			单　位	数　量	单价/元	合价/元	暂估单价/元	暂估合价/元
	其他材料费								
	材料费小计								

注:1.如不使用省级或行业建设主管部门发布的计价依据,可不填定额项目、编号等。

　2.招标文件提供了暂估单价的材料,按暂估的单价填入表内"暂估单价"栏及"暂估合价"栏。

表 19.10　综合单价分析表

工程名称：接待室工程　　　　　　　　标段：　　　　　　　　第 4 页 共 30 页

项目编码	010103001001	项目名称	基础回填土	计量单位	m³

清单综合单价组成明细

定额编号	定额名称	定额单位	数量	单价				合价			
				人工费	材料费	机械费	管理费和利润	人工费	材料费	机械费	管理费和利润
AA0039	基础回填土	10 m³	0.100	34.38	0.21	15.27	7.45	3.44	0.02	1.53	0.75
AA0041	买土回填	10 m³	0.251	42.30	104.93	15.27	8.64	10.62	26.34	3.83	2.17
人工单价		小　计						14.06	26.36	5.36	2.92
25 元/工日		未计价材料费									
清单项目综合单价								48.70			

材料费明细	主要材料名称、规格、型号	单位	数量	单价/元	合价/元	暂估单价/元	暂估合价/元
	水	m³	0.35	1.30	0.46		
	土	m³	3.238	8.00	25.90		
	其他材料费						
	材料费小计				26.36		

注：1.如不使用省级或行业建设主管部门发布的计价依据，可不填定额项目、编号等。

　　2.招标文件提供了暂估单价的材料，按暂估的单价填入表内"暂估单价"栏及"暂估合价"栏。

表 19.11　综合单价分析表

工程名称:接待室工程　　　　　　　标段:　　　　　　　

项目编码	010103001002	项目名称	室内回填土	计量单位	m²

| | | | | 清单综合单价组成明细 | | | | | | | |

定额编号	定额名称	定额单位	数量	单价				合价			
				人工费	材料费	机械费	管理费和利润	人工费	材料费	机械费	管理费和利润
AA0039	室内回填土	10 m³	0.100	34.38	0.21	15.27	7.45	3.44	0.02	1.53	0.75
AA0041	买土回填	10 m³	0.100	42.30	104.93	15.27	8.64	4.23	10.49	1.53	0.86
人工单价		小　计						7.67	10.51	3.06	1.61
25 元/工日		未计价材料费									
		清单项目综合单价						22.85			

	主要材料名称、规格、型号		单　位	数　量	单价/元	合价/元	暂估单价/元	暂估合价/元
材料费明细	水		m³	0.149	1.30	0.19		
	土		m³	1.29	8.00	10.32		
	其他材料费							
	材料费小计					10.51		

注:1.如不使用省级或行业建设主管部门发布的计价依据,可不填定额项目、编号等。

　　2.招标文件提供了暂估单价的材料,按暂估的单价填入表内"暂估单价"栏及"暂估合价"栏。

表 19.12　综合单价分析表

工程名称:接待室工程　　　　标段:　　　　第 6 页 共 30 页

项目编码	010401001001			项目名称		砖基础		计量单位		m³	
清单综合单价组成明细											
定额编号	定额名称	定额单位	数量	单价				合价			
				人工费	材料费	机械费	管理费和利润	人工费	材料费	机械费	管理费和利润
AC0003	砖基础	10 m³	0.100	302.90	1 073.89	6.10	139.05	30.29	107.39	0.61	13.91
AG0523	防潮层	100 m²	0.005 88	227.84	565.65	3.97	104.31	1.34	3.33	0.02	0.61
人工单价		小计						31.63	110.72	0.63	14.52
25 元/工日		未计价材料费									
清单项目综合单价								157.50			

材料费明细	主要材料名称、规格、型号	单位	数量	单价/元	合价/元	暂估单价/元	暂估合价/元
	防水粉	kg	0.39	1.20	0.47		
	水泥 32.5	kg	61.09	0.30	18.33		
	中砂	m³	0.012 6	50.00	0.63		
	水	m³	0.202	1.30	0.26		
	红砖	块	524	0.15	78.60		
	细砂	m³	0.276	45.00	12.43		
	其他材料费						
	材料费小计				110.72		

注:1.如不使用省级或行业建设主管部门发布的计价依据,可不填定额项目、编号等。

2.招标文件提供了暂估单价的材料,按暂估的单价填入表内“暂估单价”栏及“暂估合价”栏。

表 19.13 综合单价分析表

工程名称:接待室工程　　　　　　　　标段:　　　　　　　　

项目编码	010402003001		项目名称		实心砖墙		计量单位		m³

清单综合单价组成明细									
定额编号	定额名称	定额单位	数量	单价				合价			
				人工费	材料费	机械费	管理费和利润	人工费	材料费	机械费	管理费和利润
AC0001	M5 混合砂浆砌砖墙	10 m³	0.00	411.40	1 070.33	5.64	187.69	41.14	107.03	0.56	18.77

人工单价	小　计			41.14	107.03	0.56	18.77
25 元/工日	未计价材料费						
清单项目综合单价				167.50			

	主要材料名称、规格、型号	单　位	数　量	单价/元	合价/元	暂估单价/元	暂估合价/元
材料费明细	水泥 32.5	kg	40.10	0.30			
	水	m³	0.173	1.30			
	红砖	块	531	0.15			
	细砂	m³	0.26	45.00			
	石灰膏	m³	0.031	98.00	3.04		
	其他材料费				0.36		
	材料费小计				107.02		

注:1.如不使用省级或行业建设主管部门发布的计价依据,可不填定额项目、编号等。

　　2.招标文件提供了暂估单价的材料,按暂估的单价填入表内"暂估单价"栏及"暂估合价"栏。

表19.14 综合单价分析表

工程名称：接待室工程   标段：   第 8 页 共 30 页

项目编码	010401009001		项目名称	实心砖柱	计量单位		m³

清单综合单价组成明细

定额编号	定额名称	定额单位	数量	单价				合价			
				人工费	材料费	机械费	管理费和利润	人工费	材料费	机械费	管理费和利润
AC0049	M5混合砂浆	10 m³	0.100	507.40	1 093.13	5.95	231.01	50.74	109.31	0.60	23.10
人工单价		小 计						50.74	109.31	0.60	23.10
25 元/工日		未计价材料费									
清单项目综合单价								183.75			

材料费明细	主要材料名称、规格、型号	单 位	数 量	单价/元	合价/元	暂估单价/元	暂估合价/元
	红砖	块	543	0.15	81.45		
	水泥 32.5	kg	41.35	0.30	12.41		
	石灰膏	m³	0.032 3	98.00	3.16		
	细砂	m³	0.268	45.00	12.06		
	水	m³	0.178	1.30	0.23		
	其他材料费						
	材料费小计				109.31		

注:1.如不使用省级或行业建设主管部门发布的计价依据,可不填定额项目、编号等。

    2.招标文件提供了暂估单价的材料,按暂估的单价填入表内"暂估单价"栏及"暂估合价"栏。

表 19.15 综合单价分析表

工程名称:接待室工程　　　　　　　标段:　　　　　　

项目编码	010404001001		项目名称	基础垫层	计量单位	m³

清单综合单价组成明细

定额编号	定额名称	定额单位	数量	单价				合价			
				人工费	材料费	机械费	管理费和利润	人工费	材料费	机械费	管理费和利润
AD0018	混凝土基础垫层 C20	10 m³	0.100	56.95	1 441.21	0.43	174.32	35.70	44.12	3.04	17.43

人工单价	小 计	35.70	144.12	3.04	17.43
25 元/工日	未计价材料费				

清单项目综合单价	200.29

主要材料名称、规格、型号	单位	数量	单价/元	合价/元	暂估单价/元	暂估合价/元
水泥 32.5	kg	299.97	0.30	89.98		
中砂	m³	0.495	50.00	24.75		
卵石 5~40 mm	m³	0.889	32.00	28.45		
水	m³	0.725	1.30	0.94		
其他材料费						
材料费小计				144.12		

材料费明细

注:1.如不使用省级或行业建设主管部门发布的计价依据,可不填定额项目、编号等。
　2.招标文件提供了暂估单价的材料,按暂估的单价填入表内"暂估单价"栏及"暂估合价"栏。

表 19.16　综合单价分析表

| 项目编码 | 010503001001 | 项目名称 | | 矩形梁 | | 计量单位 | | m³ |

| 清单综合单价组成明细 |

定额编号	定额名称	定额单位	数量	单价				合价			
				人工费	材料费	机械费	管理费和利润	人工费	材料费	机械费	管理费和利润
AD0111	C20混凝土矩形梁	10 m³	0.100	430.84	1 465.25	48.78	215.83	43.08	146.53	4.88	21.58
人工单价		小　计						43.08	146.53	4.88	21.58
25 元/工日		未计价材料费									
清单项目综合单价								216.07			

主要材料名称、规格、型号	单 位	数 量	单价/元	合价/元	暂估单价/元	暂估合价/元
水泥 32.5	kg	301.46	0.30	90.44		
中砂	m³	0.497 4	50.00	24.87		
卵石 5~40 mm	m³	0.893	32.00	28.58		
水	m³	1.073	1.30	1.39		
材料费明细						
其他材料费				1.24		
材料费小计				146.52		

注:1.如不使用省级或行业建设主管部门发布的计价依据,可不填定额项目、编号等。

　　2.招标文件提供了暂估单价的材料,按暂估的单价填入表内"暂估单价"栏及"暂估合价"栏。

表 19.17　综合单价分析表

工程名称:接待室工程　　　　　　标段:　　　　　　　　　　　第 11 页 共 30 页

项目编码	010503004001	项目名称	圈梁	计量单位	m³

清单综合单价组成明细

定额编号	定额名称	定额单位	数　量	单　价				合　价			
				人工费	材料费	机械费	管理费和利润	人工费	材料费	机械费	管理费和利润
AD0131	C20混凝土圈梁	10 m³	0.100	586.63	1 469.46	48.78	285.93	58.66	146.95	4.88	28.59
人工单价		小　计						58.66	146.95	4.88	28.59
25 元/工日		未计价材料费									
清单项目综合单价								239.08			

	主要材料名称、规格、型号	单　位	数　量	单价/元	合价/元	暂估单价/元	暂估合价/元
材料费明细	水泥 32.5	kg	301.46	0.30	90.44		
	中砂	m³	0.497 3	50.00	24.87		
	卵石 5~40 mm	m³	0.893	32.00	28.58		
	水	m³	1.087	1.30	1.41		
	其他材料费				1.65		
	材料费小计				146.95		

注:1.如不使用省级或行业建设主管部门发布的计价依据,可不填定额项目、编号等。

　　2.招标文件提供了暂估单价的材料,按暂估的单价填入表内"暂估单价"栏及"暂估合价"栏。

表 19.18　综合单价分析表

工程名称：接待室工程　　　　　　　标段：　　　　　　　　　第 12 页 共 30 页

项目编码	010507001001	项目名称		散水	计量单位		m²

清单综合单价组成明细

定额编号	定额名称	定额单位	数量	单价				合价			
				人工费	材料费	机械费	管理费和利润	人工费	材料费	机械费	管理费和利润
AD0437	混凝土散水	10 m³	0.006	375.21	185.19	77.60	203.76	2.25	9.51	0.47	1.22
AG0538	沥青砂浆伸缩缝	10 m	0.165 6	15.58	45.72		7.01	2.58	7.57		1.16
人工单价		小　计						4.83	17.08	0.47	2.38
25 元/工日		未计价材料费									
清单项目综合单价								24.76			

主要材料名称、规格、型号	单 位	数 量	单价/元	合价/元	暂估单价/元	暂估合价/元
水泥 32.5	kg	20.34	0.30	6.10		
中砂	m³	0.030	50.00	1.50		
卵石 5~20 mm	m³	0.05	35.00	1.75		
汽油	kg	0.203	2.40	0.49		
石油沥青 30#	kg	2.13	1.80	3.84		
滑石粉	kg	3.96	0.35	1.39		
中砂	m³	0.010	50.00	0.50		
水	m³	0.074	1.30	0.10		
其他材料费				1.40		
材料费小计				17.07		

注：1.如不使用省级或行业建设主管部门发布的计价依据，可不填定额项目、编号等。
　　2.招标文件提供了暂估单价的材料，按暂估的单价填入表内"暂估单价"栏及"暂估合价"栏。

表 19.19 综合单价分析表

工程名称:接待室工程　　　　　　　　标段:　　　　　　　　第 13 页 共 30 页

项目编码	010512002001	项目名称		空心板	计量单位		m³

清单综合单价组成明细

定额编号	定额名称	定额单位	数量	单价				合价			
				人工费	材料费	机械费	管理费和利润	人工费	材料费	机械费	管理费和利润
AD0625	预应力C30	10 m³	0.100	863.41	2 345.52	201.73	479.31	86.34	234.55	20.17	47.93
AD0918	空心板运输	10 m³	0.100	54.86	28.37	341.25	178.25	5.49	2.84	34.13	17.83
人工单价		小　计						91.83	237.39	54.30	65.76
25 元/工日		未计价材料费									
清单项目综合单价								449.28			

	主要材料名称、规格、型号	单位	数量	单价/元	合价/元	暂估单价/元	暂估合价/元
材料费明细	二等锯材	m³	0.013	1 050.00	13.65		
	钢筋φ10 内	t	0.002	2 500.00	5.00		
	铁件	kg	0.475	3.30	1.57		
	水泥 32.5	kg	12.60	0.30	3.78		
	水泥 42.5	kg	421.00	0.33	138.93		
	中砂	m³	0.554	50.00	27.70		
	卵石 5~10 mm	m³	0.909	40.00	36.36		
	水	m³	2.36	1.30	3.06		
	其他材料费				7.34		
	材料费小计				237.39		

注:1.如不使用省级或行业建设主管部门发布的计价依据,可不填定额项目、编号等。

　　2.招标文件提供了暂估单价的材料,按暂估的单价填入表内"暂估单价"栏及"暂估合价"栏。

表 19.20 综合单价分析表

工程名称:接待室工程　　　　　　　　标段：　　　　　　　　第 14 页 共 30 页

项目编码	010515001001		项目名称	现浇混凝土钢筋	计量单位		t

清单综合单价组成明细

定额编号	定额名称	定额单位	数量	单　价				合　价			
				人工费	材料费	机械费	管理费和利润	人工费	材料费	机械费	管理费和利润
AD0897	现浇构件钢筋 φ10 内	t	0.762	378.88	2 735.64	21.26	180.06	212.51	2 084.56	16.20	137.21
AD0898	现浇构件钢筋 φ10 外	t	0.238	193.31	2 721.21	64.85	116.17	46.01	647.65	15.43	27.65
人工单价			小　计					258.52	2 732.21	31.63	164.86
25 元/工日			未计价材料费								
清单项目综合单价								3 187.22			

	主要材料名称、规格、型号	单　位	数　量	单价/元	合价/元	暂估单价/元	暂估合价/元
材料费明细	φ10 内钢筋	t	0.823	2 500.00	2 057.50		
	φ10 外钢筋	t	0.254 62	200.00	636.55		
	水	m³	0.031	1.30	0.04		
	焊条	kg	2.142	4.00	8.57		
	其他材料费				29.55		
	材料费小计				2 732.21		

注：1.如不使用省级或行业建设主管部门发布的计价依据,可不填定额项目、编号等。

　　2.招标文件提供了暂估单价的材料,按暂估的单价填入表内"暂估单价"栏及"暂估合价"栏。

表 19.21 综合单价分析表

工程名称:接待室工程　　　　　　　标段:　　　　　　　　　第 15 页 共 30 页

项目编码	010515005001			项目名称		先张法预应力钢筋		计量单位		t	

清单综合单价组成明细

定额编号	定额名称	定额单位	数量	单 价				合 价			
				人工费	材料费	机械费	管理费和利润	人工费	材料费	机械费	管理费和利润
AD0909	先张法预制构件	t	1.000	395.55	2 922.24	67.38	208.32	395.55	2 922.24	67.38	208.32
人工单价		小 计						395.55	2 922.24	67.38	208.32
25 元/工日		未计价材料费									
清单项目综合单价								3 593.49			

材料费明细	主要材料名称、规格、型号	单 位	数 量	单价/元	合价/元	暂估单价/元	暂估合价/元
	高强钢丝 φ5 内	t	1.11	2 500.00	2 775.00		
	张拉机具及锚具摊销费	元			138.64		
	其他材料费				8.60		
	材料费小计				2 922.24		

注:1.如不使用省级或行业建设主管部门发布的计价依据,可不填定额项目、编号等。

2.招标文件提供了暂估单价的材料,按暂估的单价填入表内"暂估单价"栏及"暂估合价"栏。

表 19.22　综合单价分析表

工程名称:接待室工程　　　　　　　标段:　　　　　　　　　　第 16 页　共 30 页

项目编码	010902003001	项目名称		屋面刚性防水	计量单位		m²

清单综合单价组成明细

定额编号	定额名称	定额单位	数量	单价				合价			
				人工费	材料费	机械费	管理费和利润	人工费	材料费	机械费	管理费和利润
AG0424	细石混凝土刚性屋面	100 m²	0.010	315.28	867.43	20.81	151.24	3.15	8.67	0.21	1.51
BA0004	1:2水泥砂浆找平层	100 m²	0.010	315.92	470.21	5.19	78.98	3.16	4.70	0.05	0.79
AG0523	防水砂浆	100 m²	0.010	227.84	565.65	3.97	104.31	2.28	5.66	0.04	1.04
人工单价			小　计					8.59	19.03	0.30	3.34
25 元/工日			未计价材料费								
清单项目综合单价								31.26			

材料费明细	主要材料名称、规格、型号	单位	数量	单价/元	合价/元	暂估单价/元	暂估合价/元
	水泥 32.5	kg	41.42	0.30	12.43		
	中砂	m³	0.062	50.00	3.10		
	石油沥青 30#	kg	0.023 9	1.80	0.04		
	汽油	kg	0.057 4	2.40	0.14		
	卵石 5~20 mm	m³	0.033 3	40.00	1.33		
	水	m³	0.144 3	1.30	0.19		
	建筑油膏	kg	0.198	1.30	0.26		
	二等锯材	m³	0.000 6	1 050.00	0.63		
	防水粉	kg	0.664	1.20	0.80		
	其他材料费				0.12		
	材料费小计				19.04		

注:1.如不使用省级或行业建设主管部门发布的计价依据,可不填定额项目、编号等。

　　2.招标文件提供了暂估单价的材料,按暂估的单价填入表内"暂估单价"栏及"暂估合价"栏。

表 19.23 综合单价分析表

工程名称:接待室工程   标段:

项目编码	011102003001	项目名称	块料地面面层	计量单位	m²

清单综合单价组成明细											
定额编号	定额名称	定额单位	数量	单价				合价			
				人工费	材料费	机械费	管理费和利润	人工费	材料费	机械费	管理费和利润
BA0088	彩釉砖楼地面	100 m²	0.010	1 178.02	3 773.26	24.43	765.71	11.78	37.73	0.24	7.66
AD0022	C10 混凝土垫层	10 m²	0.007 99	160.02	2 239.72	8.24	75.72	1.60	22.40	0.08	0.76
人工单价		小 计						13.38	60.13	0.32	8.42
25 元/工日		未计价材料费									
清单项目综合单价								82.25			

材料费明细	主要材料名称、规格、型号	单 位	数 量	单价/元	合价/元	暂估单价/元	暂估合价/元
	××牌彩釉地砖 400 mm×400 mm	m²	1.025	33.00	33.83		
	白水泥	kg	0.15	0.40	0.06		
	水泥 32.5	kg	9.12	0.30	2.74		
	中砂	m³	0.015 8	50.00	0.79		
	商品混凝土 C10	m³	1.015	220.00	22.33		
	其他材料费				0.35		
	材料费小计				60.10		

注:1.如不使用省级或行业建设主管部门发布的计价依据,可不填定额项目、编号等。

2.招标文件提供了暂估单价的材料,按暂估的单价填入表内"暂估单价"栏及"暂估合价"栏。

表 19.24 综合单价分析表

工程名称:接待室工程　　　　　　标段:

项目编码	011105003001	项目名称	块料踢脚线	计量单位	m²

				清单综合单价组成明细							

定额编号	定额名称	定额单位	数量	单 价				合 价			
				人工费	材料费	机械费	管理费和利润	人工费	材料费	机械费	管理费和利润
BA0141	彩釉砖踢脚线	100 m²	0.010	2 155.96	392.92	24.43	1 401.37	21.56	32.93	0.24	14.01
人工单价			小 计					21.56	32.93	0.24	14.01
25 元/工日			未计价材料费								
			清单项目综合单价					68.74			

主要材料名称、规格、型号	单 位	数 量	单价/元	合价/元	暂估单价/元	暂估合价/元
彩釉地砖 300 mm×300 mm	m²	1.02	28.00	28.56		
白水泥	kg	0.15	0.40	0.06		
水泥 32.5	kg	9.12	0.30	2.74		
中砂	m³	0.015 8	50.00	0.79		
其他材料费				0.78		
材料费小计				32.93		

注:1.如不使用省级或行业建设主管部门发布的计价依据,可不填定额项目、编号等。

　　2.招标文件提供了暂估单价的材料,按暂估的单价填入表内"暂估单价"栏及"暂估合价"栏。

表 19.25 综合单价分析表

工程名称:接待室工程　　　　　　　　标段:　　　　　　　　　　　　　第 **19** 页 共 **30** 页

项目编码	011107005001		项目名称		现浇水磨石台阶		计量单位		m²

清单综合单价组成明细

定额编号	定额名称	定额单位	数量	单价				合价			
				人工费	材料费	机械费	管理费和利润	人工费	材料费	机械费	管理费和利润
AD0439	混凝土台阶	10 m³	0.022 6	374.46	1 598.47	77.60	203.43	8.46	36.13	1.75	4.60
BA0178	水磨石梯面	100 m²	0.010	6 652.61	2 681.93	11.13	1 663.15	66.53	26.82	0.11	16.63
BA0252	台阶打蜡	100 m²	0.010	677.50	61.65		440.38	6.76	0.62		4.40
人工单价		小　计						81.75	63.57	1.86	25.63
25 元/工日		未计价材料费									
清单项目综合单价								172.81			

	主要材料名称、规格、型号	单　位	数　量	单价/元	合价/元	暂估单价/元	暂估合价/元
材料费明细	水泥 32.5	kg	125.35	0.30	37.61		
	中砂	m³	0.162 2	50.00	8.11		
	卵石 5~20 mm	m³	0.191 5	40.00	7.66		
	水	m³	0.441	1.30	0.57		
	白砂	kg	43.57	0.20	8.71		
	其他材料费				1.81		
	材料费小计				63.57		

注:1.如不使用省级或行业建设主管部门发布的计价依据,可不填定额项目、编号等。

　　2.招标文件提供了暂估单价的材料,按暂估的单价填入表内"暂估单价"栏及"暂估合价"栏。

表 19.26 综合单价分析表

工程名称:接待室工程   标段:

项目编码	011201001001	项目名称	混合砂浆抹内墙	计量单位	m²

清单综合单价组成明细

定额编号	定额名称	定额单位	数量	单价				合价			
				人工费	材料费	机械费	管理费和利润	人工费	材料费	机械费	管理费和利润
BB0007	混合砂浆墙面	100 m²	0.010	487.22	338.89	5.95	121.81	4.87	3.39	0.06	1.22

人工单价		小 计	4.87	3.39	0.06	1.22
25 元/工日		未计价材料费				

清单项目综合单价	9.54

主要材料名称、规格、型号	单 位	数 量	单价/元	合价/元	暂估单价/元	暂估合价/元
水泥 32.5	kg	6.08	0.30	1.83		
石灰膏	m³	0.003 5	98.00	0.34		
细砂	m³	0.025 4	45.00	1.14		
水	m³	0.022 3	1.30	0.03		
其他材料费				0.05		
材料费小计				3.39		

(材料费明细)

注:1.如不使用省级或行业建设主管部门发布的计价依据,可不填定额项目、编号等。
2.招标文件提供了暂估单价的材料,按暂估的单价填入表内"暂估单价"栏及"暂估合价"栏。

表 19.27　综合单价分析表

工程名称:接待室工程　　　　　　　　标段:　　　　　　　　　　第 21 页 共 30 页

项目编码	011201002001		项目名称	外墙面水刷石	计量单位		m²

| | | | | | 清单综合单价组成明细 | | | | | |

定额编号	定额名称	定额单位	数量	单价				合价			
				人工费	材料费	机械费	管理费和利润	人工费	材料费	机械费	管理费和利润
BB0063	墙面水刷石	100 m²	0.010	1 252.84	986.99	7.63	313.21	12.53	9.87	0.08	3.13

人工单价	小　计	12.53	9.87	0.08	3.13
25 元/工日	未计价材料费				

清单项目综合单价	25.61

主要材料名称、规格、型号	单　位	数　量	单价/元	合价/元	暂估单价/元	暂估合价/元
水泥 32.5	kg	17.85	0.30	5.36		
中砂	m³	0.019 7	50.00	0.99		
白石子	kg	16.93	0.20	3.38		
水	m³	0.018 2	1.30	0.02		
其他材料费				0.12		
材料费小计				9.87		

注:1.如不使用省级或行业建设主管部门发布的计价依据,可不填定额项目、编号等。

2.招标文件提供了暂估单价的材料,按暂估的单价填入表内"暂估单价"栏及"暂估合价"栏。

表 19.28　综合单价分析表

工程名称:接待室工程　　　　　　　　标段:　　　　　　　　　　　　第 22 页 共 30 页

项目编码		011202002001		项目名称		柴面水刷石		计量单位		m²	
清单综合单价组成明细											
定额编号	定额名称	定额单位	数量	单价				合价			
				人工费	材料费	机械费	管理费和利润	人工费	材料费	机械费	管理费和利润
BB0108	柱面水刷石	100 m²	0.010	1 589.86	951.92	7.32	397.47	15.90	9.52	0.07	3.97
人工单价		小　计						15.90	9.52	0.07	3.97
25 元/工日		未计价材料费									
清单项目综合单价								29.46			
材料费明细	主要材料名称、规格、型号				单　位	数　量		单价/元	合价/元	暂估单价/元	暂估合价/元
	水泥 32.5				kg	17.13		0.30	5. 14		
	白石子				kg	16.34		0.20	3.27		
	中砂				m³	0.019		50.00	0.95		
	水				m³	0.017		1.30	0.02		
	其他材料费								0.14		
	材料费小计								9.52		

注:1.如不使用省级或行业建设主管部门发布的计价依据,可不填定额项目、编号等。

2.招标文件提供了暂估单价的材料,按暂估的单价填入表内"暂估单价"栏及"暂估合价"栏。

表 19.29　综合单价分析表

工程名称：接待室工程　　　　　　　　　标段：　　　　　　　　　第 23 页 共 30 页

项目编码	011202002002		项目名称		梁面水刷石		计量单位		m²
清单综合单价组成明细									

定额编号	定额名称	定额单位	数量	单价				合价			
				人工费	材料费	机械费	管理费和利润	人工费	材料费	机械费	管理费和利润
BB0126	梁面水刷石	100 m²	0.010	2 465.52	951.92	7.32	616.38	24.66	9.52	0.07	6.16
人工单价		小　计						24.66	9.52	0.07	6.16
25 元/工日		未计价材料费									
清单项目综合单价								40.41			

主要材料名称、规格、型号	单　位	数　量	单价/元	合价/元	暂估单价/元	暂估合价/元
水泥 32.5	kg	17.13	0.30	5.14		
白石子	kg	16.34	0.20	3.27		
中砂	m³	0.019	50.00	0.95		
水	m³	0.017	1.30	0.02		
其他材料费				0.14		
材料费小计				9.52		

注：1.如不使用省级或行业建设主管部门发布的计价依据，可不填定额项目、编号等。

　　2.招标文件提供了暂估单价的材料，按暂估的单价填入表内"暂估单价"栏及"暂估合价"栏。

表 19.30　综合单价分析表

工程名称：接待室工程　　　　　　　　　标段：　　　　　　　　　　　　第 24 页　共 30 页

项目编码	011301001001	项目名称	混合砂浆抹天棚	计量单位	m²

清单综合单价组成明细

定额编号	定额名称	定额单位	数量	单　价				合　价			
				人工费	材料费	机械费	管理费和利润	人工费	材料费	机械费	管理费和利润
BC0005	混合砂浆抹天棚	100 m²	0.010	532.42	388.49	5.03	319.45	5.32	3.88	0.05	3.19
人工单价		小　计						5.32	3.88	0.05	3.19
25 元/工日		未计价材料费									
清单项目综合单价								12.44			

主要材料名称、规格、型号	单　位	数　量	单价/元	合价/元	暂估单价/元	暂估合价/元
水泥 32.5	kg	8.77	0.30	2.63		
细砂	m³	0.017 7	45.00	0.80		
107 胶	kg	0.102	1.00	0.10		
石灰膏	m³	0.002 7	98.00	0.26		
水	m³	0.018 2	1.30	0.02		
其他材料费				0.07		
材料费小计				3.88		

（材料费明细）

注：1. 如不使用省级或行业建设主管部门发布的计价依据，可不填定额项目、编号等。

　　2. 招标文件提供了暂估单价的材料，按暂估的单价填入表内"暂估单价"栏及"暂估合价"栏。

表 19.31 综合单价分析表

工程名称:接待室工程　　　　　标段:　　　　　　　　　

项目编码	010801001001	项目名称	实木装饰门	计量单位	樘

清单综合单价组成明细

定额编号	定额名称	定额单位	数量	单价				合价			
				人工费	材料费	机械费	管理费和利润	人工费	材料费	机械费	管理费和利润
BD0071	成品实木门	扇	1.00	9.00	353.03		5.85	9.00	353.03		5.85
人工单价			小　计					9.00	353.03		5.85
25 元/工日			未计价材料费								
清单项目综合单价								367.88			

材料费明细	主要材料名称、规格、型号			单　位	数量	单价/元	合价/元	暂估单价/元	暂估合价/元
	成品实木门			樘	1.0	350.00	350.00		
	合页			副	1.0	3.03	3.03		
	其他材料费								
	材料费小计						353.03		

注:1.如不使用省级或行业建设主管部门发布的计价依据,可不填定额项目、编号等。

　　2.招标文件提供了暂估单价的材料,按暂估的单价填入表内"暂估单价"栏及"暂估合价"栏。

表 19.32　综合单价分析表

工程名称:接待室工程　　　　　　　　标段:　　　　　　　　　第 26 页 共 30 页

项目编码	010807001001	项目名称	塑钢窗 C1	计量单位	樘

清单综合单价组成明细

定额编号	定额名称	定额单位	数量	单价				合价			
				人工费	材料费	机械费	管理费和利润	人工费	材料费	机械费	管理费和利润
BD0164	塑钢推拉窗	100 m²	0.022 5	1 725.00	17 091.21	214.24	1 121.25	38.81	384.55	4.82	25.23
人工单价		小　计						38.81	384.55	4.82	25.23
25 元/工日		未计价材料费									
清单项目综合单价								453.41			

	主要材料名称、规格、型号	单位	数量	单价/元	合价/元	暂估单价/元	暂估合价/元
材料费明细	塑钢推拉窗 C1	m²	2.160 9	168.00	363.03		
	其他材料费				21.52		
	材料费小计				384.55		

注:1.如不使用省级或行业建设主管部门发布的计价依据,可不填定额项目、编号等。
　　2.招标文件提供了暂估单价的材料,按暂估的单价填入表内"暂估单价"栏及"暂估合价"栏。

表 19.33　综合单价分析表

工程名称:接待室工程　　　　　　　　　标段:　　　　　　　　　

项目编码	010807001002	项目名称	塑钢窗 C2	计量单位	樘

<table>
<tr><td colspan="12" align="center">清单综合单价组成明细</td></tr>
<tr><td rowspan="2">定额
编号</td><td rowspan="2">定额
名称</td><td rowspan="2">定额
单位</td><td rowspan="2">数　量</td><td colspan="4" align="center">单　价</td><td colspan="4" align="center">合　价</td></tr>
<tr><td>人工费</td><td>材料费</td><td>机械费</td><td>管理费
和利润</td><td>人工费</td><td>材料费</td><td>机械费</td><td>管理费
和利润</td></tr>
<tr><td>BD0164</td><td>塑钢
推拉窗</td><td>100 m²</td><td>0.016 5</td><td>1 725.00</td><td>17 091.21</td><td>214.24</td><td>1 121.25</td><td>28.46</td><td>282.00</td><td>3.53</td><td>18.50</td></tr>
<tr><td>人工单价</td><td colspan="3" align="center">小　计</td><td colspan="4"></td><td>28.46</td><td>282.00</td><td>3.53</td><td>18.50</td></tr>
<tr><td>25 元/工日</td><td colspan="3" align="center">未计价材料费</td><td colspan="8"></td></tr>
<tr><td colspan="4" align="center">清单项目综合单价</td><td colspan="8" align="center">332.49</td></tr>
</table>

<table>
<tr><td rowspan="16">材料费明细</td><td colspan="3" align="center">主要材料名称、规格、型号</td><td>单　位</td><td>数　量</td><td>单价
/元</td><td>合价
/元</td><td>暂估
单价/元</td><td>暂估合
价/元</td></tr>
<tr><td colspan="3" align="center">塑钢推拉窗 C2</td><td>m²</td><td>1.584 66</td><td>168.00</td><td>266.22</td><td></td><td></td></tr>
<tr><td colspan="3"></td><td></td><td></td><td></td><td></td><td></td><td></td></tr>
<tr><td colspan="3"></td><td></td><td></td><td></td><td></td><td></td><td></td></tr>
<tr><td colspan="3"></td><td></td><td></td><td></td><td></td><td></td><td></td></tr>
<tr><td colspan="3"></td><td></td><td></td><td></td><td></td><td></td><td></td></tr>
<tr><td colspan="3"></td><td></td><td></td><td></td><td></td><td></td><td></td></tr>
<tr><td colspan="3"></td><td></td><td></td><td></td><td></td><td></td><td></td></tr>
<tr><td colspan="3"></td><td></td><td></td><td></td><td></td><td></td><td></td></tr>
<tr><td colspan="3"></td><td></td><td></td><td></td><td></td><td></td><td></td></tr>
<tr><td colspan="3"></td><td></td><td></td><td></td><td></td><td></td><td></td></tr>
<tr><td colspan="3"></td><td></td><td></td><td></td><td></td><td></td><td></td></tr>
<tr><td colspan="3"></td><td></td><td></td><td></td><td></td><td></td><td></td></tr>
<tr><td colspan="3"></td><td></td><td></td><td></td><td></td><td></td><td></td></tr>
<tr><td colspan="5" align="center">其他材料费</td><td></td><td>15.72</td><td></td><td></td></tr>
<tr><td colspan="5" align="center">材料费小计</td><td></td><td>282.00</td><td></td><td></td></tr>
</table>

注:1.如不使用省级或行业建设主管部门发布的计价依据,可不填定额项目、编号等。

　　2.招标文件提供了暂估单价的材料,按暂估的单价填入表内"暂估单价"栏及"暂估合价"栏。

表 19.34　综合单价分析表

项目编码	011406001001	项目名称	内墙面、天棚面乳胶漆	计量单位	m²

清单综合单价组成明细

定额编号	定额名称	定额单位	数量	单价				合价			
				人工费	材料费	机械费	管理费和利润	人工费	材料费	机械费	管理费和利润
BE0268	内墙、天棚面乳胶漆	100 m²	0.010	205.14	1 593.27		133.34	2.05	15.93		1.33
BE0266	满刮成品腻子膏	100 m²	0.010	218.40	2 400.00		141.96	2.18	24.00		1.42
人工单价		小　计						4.23	39.93		2.75
25 元/工日		未计价材料费									
清单项目综合单价								46.91			

主要材料名称、规格、型号	单位	数量	单价/元	合价/元	暂估单价/元	暂估合价/元
成品腻子	kg	2.00	12.00	24.00		
乳胶底漆	kg	0.135 7	30.75	4.17		
乳胶面漆	kg	0.353	33.21	11.72		
其他材料费				0.04		
材料费小计				39.93		

（材料费明细）

注:1.如不使用省级或行业建设主管部门发布的计价依据,可不填定额项目、编号等。

　　2.招标文件提供了暂估单价的材料,按暂估的单价填入表内"暂估单价"栏及"暂估合价"栏。

表 19.35　综合单价分析表

工程名称:接待室工程　　　　　　　　　标段:　　　　　　　　　　　　第 29 页 共 30 页

项目编码	011702006001		项目名称	矩形梁模板	计量单位		m²

<table>
<tr><th colspan="8">清单综合单价组成明细</th></tr>
<tr><th rowspan="2">定额
编号</th><th rowspan="2">定额
名称</th><th rowspan="2">定额
单位</th><th rowspan="2">数　量</th><th colspan="4">单　价</th><th colspan="4">合　价</th></tr>
</table>

定额 编号	定额 名称	定额 单位	数　量	人工费	材料费	机械费	管理费 和利润	人工费	材料费	机械费	管理费 和利润
TB0014	矩形梁 模板	100 m²	0.01	1 228.35	1 221.87	203.90	286.45	12.28	12.22	2.04	2.86
人工单价			小　计					12.28	12.22	2.04	2.86
25 元/工日			未计价材料费								
清单项目综合单价								29.40			

	主要材料名称、规格、型号	单　位	数　量	单价 /元	合价 /元	暂估单 价/元	暂估合 价/元
材料费明细	组合钢模板	kg	0.773 4	4.50	3.48		
	摊销卡具和支撑钢材	kg	1.367 7	5.00	6.84		
	二等锯材	m³	0.000 32	1 400	0.45		
	其他材料费				1.45		
	材料费小计				12.22		

注:1.如不使用省级或行业建设主管部门发布的计价依据,可不填定额项目、编号等。

2.招标文件提供了暂估单价的材料,按暂估的单价填入表内"暂估单价"栏及"暂估合价"栏。

表 19.36 综合单价分析表

工程名称:接待室工程　　　　　　　　　标段:　　　　　　　　　第 30 页 共 30 页

项目编码	011702007001		项目名称	圈梁模板		计量单位		m²

| 清单综合单价组成明细 | | | | | | | | | | | | |

定额编号	定额名称	定额单位	数量	单　价				合　价			
				人工费	材料费	机械费	管理费和利润	人工费	材料费	机械费	管理费和利润
TB0016	圈梁模板	100 m²	0.01	1 032.15	1 026.12	87.80	223.99	10.32	10.26	0.88	2.24
人工单价		小　计						10.32	10.26	0.88	2.24
25 元/工日		未计价材料费									
清单项目综合单价								23.70			

材料费明细	主要材料名称、规格、型号	单　位	数　量	单价/元	合价/元	暂估单价/元	暂估合价/元
	组合钢模板	kg	0.765	4.5	3.44		
	摊销卡具和支撑钢材	kg					
	二等锯材	m³	0.000 7	1 400	0.98		
	其他材料费				5.84		
	材料费小计				10.26		

注:1.如不使用省级或行业建设主管部门发布的计价依据,可不填定额项目、编号等。

　　2.招标文件提供了暂估单价的材料,按暂估的单价填入表内"暂估单价"栏及"暂估合价"栏。

表 19.37 分部分项工程和单价措施项目清单与计价表

工程名称:接待室工程　　　　　　　　标段:　　　　　　　　　　第 1 页 共 6 页

序号	项目编码	项目名称	项目特征描述	计量单位	工程量	金额/元		
						综合单价	合　价	其中:暂估价
			A.土石方工程					
1	010101001001	平整场地	土壤类别:Ⅱ、Ⅲ类土综合 弃土、取土距离:土方就地 挖填找平	m²	51.56	0.77	39.70	
2	010101003001	挖基础土方(墙基)	土壤类别:Ⅲ类土 基础类型:条形基础 垫层底宽:800 mm 挖土深度:1.20 m 弃土运距:5 km	m³	34.18	36.99	1 264.32	
3	010101003002	挖基础土方(柱基)	土壤类别:Ⅲ类土 基础类型:独立基础 垫层底宽:800 mm 底面积:0.64 m² 挖土深度:1.20 m 弃土运距:5 km	m³	0.77	24.59	18.93	
4	010103001001	土方回填(基础)	土质要求:含砾石粉质黏土 密实度要求:密实 粒径要求:10~40 mm 砾石 夯填:分层夯填	m³	16.71	48.70	813.78	
5	010103001002	土方回填(室内)	土质要求:含砾石粉质黏土 密实度要求:密实 粒径要求:10~40 mm 砾石 夯填:分层夯填	m³	8.11	22.85	185.31	
			分部小计				2 322.04	
			D.砌筑工程					
6	010301001001	砖基础	砖品种、规格、强度等级:MU10 标准砖 基础类型:带形 基础深度:1.20 m 砂浆强度等级:M5 水泥砂浆	m³	15.08	157.50	2 375.10	
			本页小计				4 697.14	
			合　计				4 697.14	

表 19.38　分部分项工程和单价措施项目清单与计价表

工程名称:接待室工程　　　　　　　　标段:　　　　　　　　　　

序号	项目编码	项目名称	项目特征描述	计量单位	工程量	综合单价	合　价	其中:暂估价
7	010302001001	实心砖墙	砖品种、规格、强度等级:MU7.5 标准砖 墙体类型:实砌标准砖墙 墙体厚度:240 mm 墙体高度:3.60 m 砂浆强度等级:M5 混合砂浆	m³	24.91	167.50	4 172.43	
8	010302005001	实心砖柱	砖品种、规格、强度等级:MU7.5 标准砖 柱类型:标准砖柱 柱截面:240 mm×240 mm 柱高:3.30 m 砂浆强度等级:M5 混合砂浆	m³	0.19	183.75	34.91	
			分部小计				6 582.44	
			E.混凝土及钢筋混凝土工程					
9	010401006001	基础垫层	混凝土强度等级:C20	m³	5.82	200.29	1 165.69	
10	010403002001	矩形梁	梁底标高:3.30 m 梁截面:240 mm×300 mm 混凝土强度等级:C20 混凝土拌合料:中砂,5～20 mm 砾石	m³	0.36	216.07	77.79	
11	010403004001	圈梁	梁底标高:2.40 m 梁截面 180 mm×240 mm 混凝土强度等级:C20 混凝土拌合料:中砂,5～20 mm砾石	m³	1.26	239.08	301.24	
12	010407002001	散水	垫层材料:素土夯实 散水厚度:60 mm 混凝土强度等级:C10 填塞材料:沥青砂浆 混凝土拌合料:中砂,5～20 mm砾石	m²	22.63	24.76	560.32	
			本页小计				6 312.38	
			合　计				11 009.52	

表 19.39 分部分项工程和单价措施项目清单与计价表

工程名称:接待室工程　　　　　　　　　标段:　　　　　　　　　　　第 3 页 共 6 页

序号	项目编码	项目名称	项目特征描述	计量单位	工程量	综合单价	合价	其中:暂估价
13	010412002001	空心板	混凝土强度等级:C30 构件尺寸:3 900 mm×600 mm 安装高度:3.60 mm 构件运距:8 km 混凝土拌合料:中砂,5~20 mm 砾石 接头灌浆:C20 细石混凝土	m³	3.86	449.28	1 734.22	
14	010416001001	现浇混凝土钢筋	钢筋种类、规格: HPB300 φ12 HPB300 φ6.5 HRB400 Φ14	t	0.172	3 187.22	548.20	
15	010416005001	先张法预应力钢筋	钢筋种类、规格:CRB650 φᴿ4	t	0.134	393.49	481.53	
			分部小计				4 868.99	
			J.屋面及防水工程					
16	010702003001	屋面刚性防水	混凝土厚度:40 mm 找平层及厚度:1:2 水泥砂浆 30 mm 防水砂浆及厚度:1:2 水泥砂浆 20 mm(加 6%防水粉) 混凝土强度等级:C20	m²	55.08	31.26	1 721.80	
			分部小计				1 721.80	
			L.楼地面工程					
17	020102002001	块料地面面层	垫层及厚度:C10 混凝土,800 mm 厚 结合层及厚度:1:2 水泥砂浆 20 mm 厚 面层:三元牌 400 mm×400 mm 奶油色地砖	m²	42.69	82.25	3 511.25	
			本页小计				7 997.00	
			合　计				19 006.52	

表 19.40　分部分项工程和单价措施项目清单与计价表

工程名称：接待室工程　　　　　　　　标段：　　　　　　　　　　　　　　第 4 页 共 6 页

序号	项目编码	项目名称	项目特征描述	计量单位	工程量	金额/元		
						综合单价	合　价	其中：暂估价
18	020105003001	块料踢脚线	踢脚线高度：150 mm 砂浆配合比：1：2 水泥砂浆 20 mm 厚 黏结层厚度、材料种类： 面层：三元牌 150 mm × 300 mm 奶油色踢脚砖	m²	6.54	68.74	449.56	
19	020108004001	现浇水磨石台阶面	基层：素土基层，C20 混凝土台阶 面层：1：2 水泥白石子浆 15 mm 厚 石子：方解石，白色 磨光、打蜡要求：普通	m²	2.82	172.81	487.32	
			分部小计				4 448.13	
			M.墙柱面装饰与隔断、幕墙工程					
20	020201001001	混合砂浆抹内墙面	墙体类型：标准砖墙 底层：1：0.3：3 混合砂浆 18 mm 厚 面层：1：0.3：3 混合砂浆 8 mm 厚	m²	137.92	9.54	1 315.76	
21	020201002001	外墙面水刷石	墙体类型：标准砖墙 底层：1：2.5 水泥砂浆 15 mm 厚 面层：1：2 水泥白石子浆 10 mm 厚	m²	85.79	25.61	2 197.08	
22	020202002001	柱面水刷石	柱体类型：标准砖墙 底层：1：2.5 水泥砂浆 15 mm 厚 面层：1：2 水泥白石子浆 10 mm 厚	m²	3.17	29.46	93.39	
			本页小计				4 543.11	
			合　计				23 549.63	

表 19.41　分部分项工程和单价措施项目清单与计价表

工程名称:接待室工程　　　　　　　　标段:　　　　　　　　第5页 共6页

序号	项目编码	项目名称	项目特征描述	计量单位	工程量	金额/元		
						综合单价	合 价	其中:暂估价
23	020203002001	梁面水刷石	梁类型:混凝土矩形梁 底层:1:2.5 水泥砂浆 15 mm 厚 面层:1:2水泥白石子浆 10 mm 厚	m²	3.75	40.41	151.54	
			分部小计				3 757.77	
			N.天棚工程					
24	020301001001	混合砂浆抹天棚	基层类型:预制空心板 底层:1:0.3:3混合砂浆 12 mm 厚 面层:1:0.3:3混合砂浆 5 mm 厚	m²	46.21	12.44	574.85	
			分部小计				574.85	
			H.门窗工程					
25	020401003001	实木装饰门	门类型:单扇、有亮、平开 门框截面尺寸:90 mm×45 mm 单樘面积:2.16 m² 骨架材料:细木工板 面层材料:三利牌棕色胡桃木面胶合板 油漆品种、遍数:聚酯漆,3 遍	樘	4	367.88	1 471.52	
26	020406007001	塑钢窗C1	窗类型:推拉窗 框扇材质:塑钢(浅色) 外围尺寸:1 460 mm×1 460 mm 玻璃品种、厚度:浮法玻璃,3 mm 厚	樘	6	453.41	2 720.46	
			本页小计				4 918.37	
			合　计				28 468.00	

表 19.42 分部分项工程和单价措施项目清单与计价表

工程名称:接待室工程　　　　　　　标段:　　　　　　　　第 6 页 共 6 页

序号	项目编码	项目名称	项目特征描述	计量单位	工程量	金额/元		
						综合单价	合 价	其中:暂估价
27	020406007002	塑钢窗 C2	窗类型:推拉窗 框扇材质:塑钢(浅色) 外围尺寸:1 060 mm×1 460 mm 玻璃品种、厚度:浮法玻璃,3 mm 厚	樘	1	332.49	332.49	
			分部小计				4 524.47	
			P.油漆、涂料、裱糊工程					
28	020507001001	内墙面、天棚面乳胶漆	基层类型:混合砂浆 腻子种类及要求:石膏腻子满刮两遍 涂料品种及刷喷遍数:三箭牌乳胶漆两遍	m²	184.13	46.91	8 637.54	
			分部小计				8 637.54	
			S.措施项目					
29	011702006001	矩形梁模板		m²	3.98	29.40	117.01	
30	011702007001	圈梁模板		m²	13.37	23.70	316.87	
			分部小计				433.88	
			本页小计				9 403.11	
			合 计				37 871.91	

表 19.43　分部分项工程和单价措施项目人工费计算表

工程名称:接待室工程　　　　　　　　标段:　　　　　　　　　　　　第 1 页 共 2 页

序号	项目编码	项目名称	计量单位	工程量	金额/元	
					人工费单价	合　价
		A.土石方工程				
1	010101001001	平整场地	m²	51.56	0.21	10.83
2	010101003001	挖基础土方(墙基)	m³	34.18	13.08	447.07
3	010101003002	挖基础土方(柱基)	m³	0.77	10.80	8.32
4	010103001001	土方回填(基础)	m³	16.71	14.06	234.94
5	010103001002	土方回填(室内)	m³	8.11	7.67	62.20
		分部小计				763.36
		D.砌筑工程				
6	010301001001	砖基础	m³	15.08	31.63	476.98
7	010302001001	实心砖墙	m³	24.91	41.14	1 024.80
8	010302005001	实心砖柱	m³	0.19	50.74	9.64
		分部小计				1 511.42
		E.混凝土及钢筋混凝土工程				
9	010401006001	基础垫层	m³	5.82	35.70	207.77
10	010403002001	矩形梁	m³	0.36	43.08	15.51
11	010403004001	圈梁	m³	1.26	58.66	73.91
12	010107002001	散水	m³	22.63	4.83	109.30
13	010412002001	空心板	m³	3.86	91.83	354.46
14	010416001001	现浇混凝土钢筋	t	0.172	258.52	44.47
15	010416005001	先张法预应力钢筋	t	0.134	395.55	53.00
		分部小计				858.42
		J.屋面及防水工程				
16	010702003001	屋面刚性防水	m²	55.08	8.59	473.14
		分部小计				473.14
		本页小计				3 606.34

表 19.44　分部分项工程和单价措施项目人工费计算表

工程名称：接待室工程　　　　　　　标段：　　　　　　　　　　　　第 2 页 共 2 页

序号	项目编码	项目名称	计量单位	工程量	金额/元	
					人工费单价	合　价
		L.楼地面工程				
17	020102002001	块料地面面层	m²	42.69	13.38	571.19
18	020105003001	块料踢脚线	m²	6.54	21.56	141.00
19	020108004001	现浇水磨石台阶面	m²	2.82	81.75	230.54
		分部小计				942.73
		M.墙柱面装饰与隔断、幕墙工程				
20	020201001001	混合砂浆抹内墙面	m²	137.92	4.87	671.67
21	020201002001	外墙面水刷石	m²	85.79	12.53	1 074.95
22	020202001001	柱面水刷石	m²	3.17	15.90	50.40
23	020203001001	梁面水刷石	m²	3.75	24.66	92.48
		分部小计				1 889.50
		N.天棚工程				
24	020301001001	混合砂浆抹天棚	m²	46.21	5.32	245.84
		分部小计				245.84
		H.门窗工程				
25	020401003001	实木装饰门	樘	4	9.00	36.00
26	020406007001	塑钢窗 C1	樘	6	38.81	232.86
27	020406007002	塑钢窗 C2	樘	1	28.46	28.46
		分部小计				297.32
		P.油漆、涂料、裱糊工程				
28	020507001001	内墙面、天棚面乳胶漆	m²	184.13	4.23	778.87
		分部小计				778.87
		S.措施项目				
29	011702006001	矩形梁模板	m²	3.98	12.28	48.47
30	011702007001	圈梁模板	m²	13.37	10.32	137.98
		分部小计				186.45
		本页小计				4 340.71
		合　计				7 947.05

表 19.45　总价措施项目清单与计价表

工程名称:接待室工程　　　　　　　　　标段:　　　　　　　　　第 1 页 共 1 页

序号	项目编码	项目名称	计算基础	费率/%	金额/元	调整费率/%	调整后金额/元	备 注
1	011707001001	安全文明施工	定额人工费	25	1 986.76			人工费 7 947.05
2	011707002001	夜间施工	定额人工费	2	158.94			
3	011707004001	二次搬运	定额人工费	1	79.47			
4	011707005001	冬、雨季施工	定额人工费	0.5	39.74			
合　计					2 264.91			

编制人(造价人员):　　　　　　　　　　　　　复核人(造价工程师):

表 19.46　其他项目清单与计价汇总表

工程名称:接待室工程　　　　　　　　　标段:　　　　　　　　　第 1 页 共 1 页

序 号	项目名称	金额/元	结算金额/元	备 注
1	暂列金额	5 000.00		
2	暂估价			
2.1	材料(工程设备)暂估价			
2.2	专业工程暂估价			
3	计日工			
4	总承包服务费			
5	索赔与现场签证			
合　计		5 000.00		

注:材料(工程设备)暂估单价计入清单项目综合单价,此处不汇总。

表 19.47　规费、税金项目清单与计价表

工程名称:接待室工程　　　　　　　标段:　　　　　　　　　　第 1 页 共 1 页

序　号	项目名称	计算基础	计算基数	计算费率/%	金额/元
1	规费	定额人工费			1 589.41
1.1	社会保险费				1 192.06
(1)	养老保险费				
(2)	失业保险费				
(3)	医疗保险费	定额人工费	人工费 7 947.05	15	1 192.06
(4)	工伤保险费				
(5)	生育保险费				
1.2	住房公积金			5	397.35
1.3	工程排污费	按工程所在地区规定计取		—	—
2	增值税税金	分部分项工程费+措施项目费+其他项目费+规费-按规定不计税的工程设备金额	46 726.23	9	4 205.36
	合　计				5 794.77

表 19.48　单位工程投标报价汇总表

工程名称:接待室工程　　　　　　　标段:　　　　　　　　　　第 1 页 共 1 页

序　号	汇总内容	金额/元	其中:暂估价
1	分部分项工程	37 871.91	
1.1	土石方工程	3 322.04	
1.2	砌筑工程	6 582.44	
1.3	混凝土及钢筋混凝土工程	4 868.99	
1.4	门窗工程	4 524.47	
1.5	屋面及防水工程	1 721.80	
1.6	保温、隔热、防腐工程		
1.7	楼地面工程	4 448.13	
1.8	墙柱面装饰与隔断、幕墙工程	3 757.77	
1.9	天棚工程	574.85	
1.10	油漆、涂料、裱糊工程	8 637.54	
1.11	单价措施项目	433.88	
2	总价措施项目	2 264.91	
2.1	其中:安全文明费	1 986.76	

续表

序　号	汇总内容	金额/元	其中:暂估价
3	其他项目	5 000.00	
3.1	其中:暂列金额	5 000.00	
3.2	其中:专业工程暂估价		
3.3	其中:计日工		
3.4	其中:总承包服务费		
4	规费	1 589.41	
5	增值税税金	4 205.36	
	投标报价合计 = 1+2+3+4+5	50 931.59	

说明:表中序 1~序 4 各费用均以不包含增值税可抵扣进项税额的价格计算。

总 说 明

工程名称:接待室工程

1.工程概况:

本工程为砖混结构,单层建筑物,建筑面积为 51.56 m²,计划工期为 60 天。

2.投标报价包括范围:

本次招标的接待室工程施工图范围内的建筑工程和装饰工程。

3.投标报价编制依据:

(1)招标文件及其所提供的工程量清单和有关报价的要求,招标文件的补充通知和答疑纪要。

(2)接待室工程施工图及投标施工组织设计。

(3)有关的技术标准、规范和安全管理规定等。

(4)省建设主管部门颁发的计价定额和计价管理办法及相关计价文件。

投 标 总 价

招 标 人： ××学校

工程名称： 接待室建筑工程

投标总价：(小写) 50 931.59

(大写) 伍万零捌佰叁拾壹元伍角玖分整

投 标 人： ××建筑公司
(单位盖章)

法定代表人

或其授权人： ×××
(签字或盖章)

编 制 人： ×××
(造价人员签字盖专用章)

时间:2018 年×月×日

复习思考题

1.请计算该工程的工程量计算基数。

2.该工程采用了哪几种门窗？

3.该工程采用了哪些工程量计算规范？

4.该工程有哪些回填土？怎么计算工程量？

5.如何计算该工程土方运土工程量？怎么确定运距？

6.简述该工程分部分项工程费的计算依据与方法。

7.简述该工程措施项目费的计算依据与方法。

8.简述该工程其他项目费计算依据与方法。

9.简述该工程规费的计算依据与方法。

10 简述该工程税金的计算依据与方法。

第 20 章
工程结算编制

知识点

　　熟悉工程结算的概念,熟悉工程结算与竣工决算的联系和区别,熟悉工程结算的内容,了解编制工程结算的依据,熟悉工程结算的编制程序。

技能点

　　会调整工程变更工程量,会调整工程签证工程量,会计算调整工程量后的分部分项工程费,会计算调整工程量后的规费和税金,会计算工程结算造价。

课程思政

　　"坚持教育为社会主义现代化建设服务、为人民服务,把立德树人作为根本任务,全面实施素质教育,培养德智体美全面发展的社会主义建设者和接班人。"教学中要始终把"立德"放在首位。立德才能树人,才能培养出为人民服务、为社会主义服务的接班人。

　　"实事求是、不弄虚作假"是工程造价行业的职业道德规范。《中华人民共和国招标投标法实施条例》第七十二条规定:"评标委员会成员收受投标人的财物或者其他好处的,没收收受的财物,处 3 000 元以上 5 万元以下的罚款,取消担任评标委员会成员的资格,不得再参加依法必须进行招标的项目的评标;构成犯罪的,依法追究刑事责任。"

20.1　工程结算概述

1) 工程结算的概念

　　工程结算也称为工程竣工结算,是指单位工程竣工后,施工单位根据施工实施过程中实际发生的变更情况,对原施工图预算工程造价或工程承包价进行调整、修正、重新确定工程造价的经济文件。

虽然承包商与业主签订了工程承包合同,按合同价支付工程价款,但施工过程中往往会出现地质条件的变化、设计变更、业主新的要求、施工情况发生变化等。这些变化通过工程索赔已确认,那么,工程竣工后就要在原承包合同价格的基础上进行调整,重新确定工程造价。这一过程就是编制工程结算的主要过程。

2)工程结算与竣工决算的联系和区别

工程结算是由施工单位编制的,一般以单位工程为对象;竣工决算是由建设单位编制的,一般以一个建设项目或单项工程为对象。

工程结算如实反映了单位工程竣工后的工程造价;竣工决算综合反映了竣工项目建设成果和财务情况。

竣工决算由若干个工程结算和费用概算汇总而成。

3)工程结算的内容

工程结算一般包括下列内容:

①封面。内容包括工程名称、建设单位、建筑面积、结构类型、结算造价、编制日期等,并设有施工单位、审查单位及编制人、复核人、审核人的签字盖章的位置。

②编制说明。内容包括编制依据、结算范围、变更内容、双方协商处理的事项及其他必须说明的问题。

③工程结算直接费计算表。内容包括定额编号、分项工程名称、单位、工程量、定额基价、合价、人工费、机械费等。

④工程结算费用计算表。内容包括费用名称、费用计算基础、费率、计算式、费用金额等。

⑤附表。内容包括工程量增减计算表、材料价差计算表、补充基价分析表等。

4)工程结算的编制依据

编制工程结算除了应具备全套竣工图纸、预算定额、材料价格、人工单价、取费标准外,还应具备以下资料:

①工程施工合同;

②施工图预算书;

③设计变更通知单;

④施工技术核定单;

⑤隐蔽工程验收单;

⑥材料代用核定单;

⑦分包工程结算书;

⑧经业主、监理工程师同意确认的应列入工程结算的其他事项。

5)工程结算的编制程序

单位工程竣工结算的编制是在施工图预算的基础上,根据业主和监理工程师确认的设计变更资料、修改后的竣工图及其他有关工程索赔资料,先进行直接费的增减调整计算,再

按取费标准计算各项费用,最后汇总为工程结算造价。其编制程序和方法概述为:

①收集、整理、熟悉有关原始资料;

②深入现场,对照观察竣工工程;

③认真检查复核有关原始资料;

④计算调整工程量;

⑤套定额基价,计算调整直接费;

⑥计算结算造价。

20.2 工程量清单下的工程结算

1)工程量调整

(1)调整规定

工程量清单中的工程量是编制标底和投标报价的共同基础。工程竣工结算时,应根据招标文件规定对实际完成的工程量进行调整。

(2)调整方法

工程竣工时,承包人应根据工程量清单中的工程量和实际完成的工程量,提出调整意见,经发包人(或工程师)核实确认后,作为工程竣工结算的依据。

(3)综合单价的确定

①清单报价中已有适用于工程量变更的综合单价,按已有的综合单价结算工程价款;

②原清单报价中有类似综合单价的,可参照类似综合单价计算;

③原清单报价中没有适用或类似变更工程综合单价的,由承包人提出适当的综合单价,经发包人(或工程师)确认后,作为结算的依据。

2)甲供材料发生费用的处理

甲方供应的材料、设备与清单不符,可按下列情况分别处理:

①材料、设备单价与清单不符时,由甲方承担所有差价。

②材料、设备的种类、规格、质量等级与清单不符时,乙方可以拒绝接受保管,由甲方运出施工现场并重新采购。设备到货时如不能开箱检验,可以只验收箱子数量,但乙方开箱时需请甲方到场,出现缺件或质量等级、规格与清单不符,由甲方负责补足缺件或者重新采购。

③甲方供应材料与清单的规格型号不符时,乙方可以代为调剂替换,甲方应承担相应的费用。

④到货地点与清单不符,甲方负责倒运至清单指定地点。

⑤供应数量少于清单约定的数量时,甲方将数量补齐;供应数量多于清单约定数量时,甲方负责将多余部分运出施工现场。

⑥供应时间早于清单约定日期,甲方承担因此发生的保管费用。

⑦因甲方供应材料、设备的时间发生延误,应相应顺延工期,甲方赔偿由此给乙方造成的损失。

3)零星工作项目的报价和调整方法

零星工作项目是招标人视工程的具体情况在工程量清单的零星工作项目表中列出的内

容,并标明了暂定数量,这是招标人对未来可能发生的工程量清单项目以外的零星工作的预测。投标人根据表中的内容响应报价。这里的报价是综合单价的报价,应考虑管理费、利润、风险等。若招标人没有列出,而实际工作中发生了工程量清单以外的零星工程项目,投标人可按合同规定或按计价规范的规定,进行变更工程量调整。

20.3 工程结算编制实例

某营业用房工程已竣工,在工程施工过程中发生了一些变更,根据这些变更需要编制工程结算。

20.3.1 营业用房工程变更情况

营业用房基础平面布置图见图18.12,基础详图见图18.13和图18.14。

施工过程中发生的变更情况如下:

①第⑩轴的①~④段,基础底高程由原设计高程-1.50 m 改为-1.80 m,见表20.1。

②第⑩轴的①~④段,砖基础放脚改为等高式,基础垫层宽改为1 100 mm,基础垫层厚度改为0.30 m,见表20.1。

③C20 混凝土地圈梁由原设计的240 mm×240 mm 断面改为240 mm×300 mm 断面,长度不变,见表20.2。

表 20.1 设计变更通知单

工程名称	营业用房		
项目名称	砖基础		
⑩轴上①~④轴由于地槽开挖后地质情况有变化,故修改砖基础如下图:			
审查人	施工单位	张亮	设计人	陈功
	监理单位	胡成	校核	徐义
编 号	G-003		2018 年 5 月 5 日

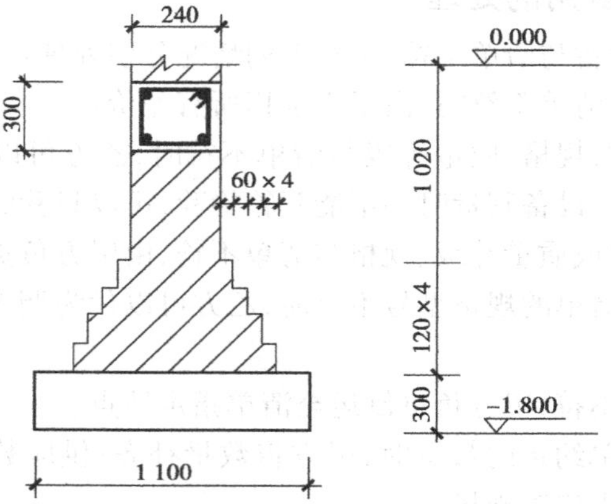

表 20.2　施工技术核定单

工程名称	营业用房	提出单位	××建筑公司
图纸编号	G-101	核定单位	××银行
核定内容	C20 混凝土地圈梁由原设计 240 mm×240 mm 断面改为 240 mm×300 mm 断面,长度不变		
建设单位意见	同意修改意见		
设计单位意见	同意		
监理单位意见	同意		
提出单位	核定单位		监理单位
技术负责人(签字) 张亮 2018 年 5 月 5 日	核定人(签字) 赵润 2018 年 5 月 5 日		现场代表(签字) 胡成 2018 年 5 月 5 日

④基础施工图 2—2 剖面有垫层砖基础计算结果有误,需更正,见表 20.3。

表 20.3　隐藏工程验收单

建设单位:××银行　　　　　　施工单位:

工程名称	营业用房	隐蔽日期	2018 年 5 月 6 日
项目名称	砖基础	施工图号	G-101
施工说明及简图	按照 5 月 5 日签发的设计变更通知单,⑪轴上①~④轴的地槽、砖基础、混凝土垫层、施工后的验收情况如下图:		
建设单位:××银行 主管负责人:赵润	监理单位:××监理公司 现场代表:胡成		施工单位:××建筑公司 项目负责人:张亮 质检员:孙力

20.3.2　计算调整工程量

（1）原预算工程量

①人工挖地槽：

$$V = (3.90+0.27+7.20) \times (0.90+2 \times 0.30) \times 1.35$$
$$= 11.37 \times 1.50 \times 1.35 = 23.02(\text{m}^3)$$

②C10 混凝土基础垫层：

$$V = 11.37 \times 0.90 \times 0.20 = 2.05(\text{m}^3)$$

③M5 水泥砂浆砌砖基础：

$$V = 11.37 \times [1.06 \times 0.24 + 0.007\ 875 \times (12-4)]$$
$$= 11.37 \times 0.317\ 4 = 3.61(\text{m}^3)$$

④C20 混凝土地圈梁：

$$V = (12.10+39.18+8.75+32.35) \times 0.24 \times 0.24$$
$$= 92.38 \times 0.24 \times 0.24 = 5.32(\text{m}^3)$$

⑤地槽回填土：

$$V = 23.02-2.05-3.61-(0.24-0.15) \times 0.24 \times 11.37$$
$$= 23.02-2.05-3.61-0.25 = 17.11(\text{m}^3)$$

（2）工程变更后工程量

①人工挖地槽：

$$V = 11.37 \times [1.10+0.3 \times 2 + \overbrace{(1.80 - 0.15)}^{1.65\,深} \times \underset{放坡系数}{0.30}] \times 1.65$$
$$= 11.37 \times 2.195 \times 1.65 = 41.18(\text{m}^3)$$

②C10 混凝土基础垫层：

$$V = 11.37 \times 1.10 \times 0.30 = 3.75(\text{m}^3)$$

③M5 水泥砂浆砌砖基础：

$$砌基础深 = 1.80 - \underset{垫层}{0.30} - \underset{圈梁}{0.30} = 1.20(\text{m})$$
$$V = 11.37 \times (1.20 \times 0.24 + 0.007\ 875 \times 20)$$
$$= 11.37 \times 0.445\ 5 = 5.07(\text{m}^3)$$

④C20 混凝土地圈梁：

$$V = 92.38 \times 0.24 \times 0.30 = 6.65(\text{m}^3)$$

⑤地槽回填土：

$$V = 41.18-3.75-5.07-6.65-(0.30-0.15) \times 0.24 \times 11.37$$
$$= 25.71-0.41 = 25.30(\text{m}^3)$$

（3）⑩轴①~④段工程变更后的工程量调整

①人工挖地槽：

$$V = 41.18 - 23.02 = 18.16(m^3)$$

②C10 混凝土基础垫层:

$$V = 3.75 - 2.05 = 1.70(m^3)$$

③M5 水泥砂浆砌砖基础:

$$V = 5.07 - 3.61 = 1.46(m^3)$$

④C20 混凝土地圈梁:

$$V = 6.65 - 5.32 = 1.33(m^3)$$

⑤地槽回填土:

$$V = 25.30 - 17.11 = 8.19(m^3)$$

(4)C20 混凝土圈梁变更后的砖基础工程量调整

①需调整的砖基础长:

$$L = 92.38 - 11.37 = 81.01(m)$$

②圈梁高度调整为 0.30 m 后的砖基础减少:

$$V = 81.01 \times (0.30 - 0.24) \times 0.24$$
$$= 81.01 \times 0.014\ 4 = 1.17(m^3)$$

(5)原预算砖基础工程量计算有误调整

①原预算有垫层砖基础 2—2 剖面的工程量:$V = 10.27\ m^3$。

②2—2 剖面更正后的工程量:

$$V = 32.25 \times [1.06 \times 0.24 + 0.007\ 875 \times (20 - 4)] = 12.31(m^3)$$

③砖基础工程量调增:

$$V = 12.31 - 10.27 = 2.04(m^3)$$

④由砖基础增加引起地槽回填土减少:$V = -2.04\ m^3$。

⑤由砖基础增加引起人工运土增加:$V = 2.04\ m^3$。

(6)调整项目工、料、机分析

调整项目工、料、机分析见表 20.4。

(7)调整项目直接费计算

调整项目直接费计算见表 20.5。

表20.4　调整项目工、料、机分析表

序号	定额编号	项目名称	单位	工程数量	综合工日	机械台班 电动打夯机	机械台班 200L灰浆机	机械台班 平板振动器	机械台班 400L搅拌机	机械台班 插入式振动器	材料用量 M5水泥砂浆/m³	材料用量 黏土砖/块	材料用量 水/m³	材料用量 C20混凝土/m³	材料用量 草袋子/m³	材料用量 C10混凝土/m³
		一、调增项目														
1	1-46	人工地槽回填土	m³	18.16	0.294/5.34	0.08/1.45										
2	8-16	C10混凝土基础垫层	m³	1.70	1.225/2.08			0.079/0.13	0.101/0.17				0.05/0.85			1.01/1.72
3	4-1	M5水泥砂浆砌砖基础	m³	1.46	1.218/1.78		0.039/0.06				0.236/0.345	524/765	0.105/0.15			
4	5-408	C20混凝土地圈梁	m³	1.33	2.41/3.21				0.039/0.05	0.077/0.10			0.984/1.31	1.015/1.35	0.826/1.10	
5	1-46	人工地槽回填土	m³	8.19	0.294/2.41	0.08/0.66										
6	4-1	M5水泥砂浆砌砖基础	m³	2.04	1.218/2.48		0.039/0.08				0.236/0.48	524/1 069	0.105/0.21			
7	1-49	人工运土	m³	2.04	0.204/0.42											
		调增小计			17.22	2.11	0.14	0.13	0.22	0.10	0.83	1 834	2.52	1.35	1.10	1.72
		二、调减项目														
8	4-1	M5水泥砂浆砌砖基础	m³	1.17	1.218/1.43		0.039/0.05				0.236/0.28	524/613	0.105/0.12			
9	1-46	人工回填土	m³	2.04	0.294/0.60	0.08/0.16										
		调减小计			2.03	0.16	0.05				0.28	613	0.12			
		合　计			15.69	1.95	0.09	0.13	0.22	0.10	0.55	1 221	2.40	1.35	1.10	1.72

表 20.5　调整项目直接费计算表

工程名称:营业用房

序　号	名　称	单　位	数　量	单价/元	金额/元
一	人工	工日	15.69	25.00	392.25
二	机械				64.43
1	电动打夯机	台班	1.95	20.24	39.47
2	200 L 灰浆搅拌机	台班	0.09	15.92	1.43
3	400 L 混凝土搅拌机	台班	0.22	94.59	20.81
4	平板振动器	台班	0.13	12.77	1.66
5	插入式振动器	台班	0.10	10.62	1.06
三	材料				69.00
	15 水泥砂浆	m³	0.55	124.32	68.38
	黏土砖	块	1 221	0.15	183.15
	水	m³	2.40	1.20	2.88
	C20 混凝土	m³	1.35	155.93	210.51
	草袋子	m²	1.10	1.50	1.65
	C10 混凝土	m³	1.72	133.39	229.43
	小　计				1 152.68

20.3.3　营业用房调整项目工程造价计算

营业用房调整项目工程造价计算的费用项目及费率完全同预算造价计算,见表 20.6。

表 20.6　营业用房调整项目工程造价计算表

序　号	费用名称		计算式	金额/元
(一)	直接工程费		见表 20.5	1 152.68
(二)	单项材料价差调整		采用实物金额法,不计算此费用	
(三)	综合系数调整材料价差		采用实物金额法,不计算此费用	
(四)	措施费	环境保护费	1 152.68×0.4% = 4.61(元)	58.78
		文明施工费	1 152.68×0.9% = 10.37(元)	
		安全施工费	1 152.68×1.0% = 11.53(元)	
		临时设施费	1 152.68×2.0% = 23.05(元)	
		夜间施工增加费	1 152.68×0.5% = 5.76(元)	
		二次搬运费	1 152.68×0.3% = 3.46(元)	
		大型机械进出场及安拆费		

续表

序 号	费用名称		计算式	金额/元
（四）	措施费	脚手架费		58.78
		已完工程及设备保护费		
		混凝土、钢筋混凝土模板及支架费		
		施工排、降水费		
（五）	规费	工程排污费		86.30
		社会保障费	见表 20.5：392.25×16%＝62.76（元）	
		住房公积金	见表 20.5：392.25×6.0%＝23.54（元）	
		危险作业意外伤害保险		
（六）	企业管理费		1 152.68×5.1%＝58.79（元）	58.79
（七）	利润		1 152.68×7%＝80.69（元）	80.69
（八）	增值税税金		1 438.62×9%＝129.48（元）	129.48
	工程造价		（一）～（十）之和	1 566.72

20.3.4 营业用房工程结算造价

（1）营业用房原工程预算造价

$$预算造价 = 639\ 899.52（元）$$

（2）营业用房调整后增加的工程造价

$$调增造价 = 1\ 566.72（元）（见表 20.6）$$

（3）营业用房工程结算造价

$$工程结算造价 = 639\ 899.52 + 1\ 566.72 = 641\ 466.24（元）$$

复习思考题

1.什么是工程结算？

2.什么是竣工决算？

3.工程结算与竣工决算之间有什么区别与联系？

4.简述工程结算的内容。

5.简述竣工决算的内容。

6.工程结算有哪些编制依据？为什么需要这些依据？

7.竣工决算有哪些编制依据？为什么需要这些依据？

8.简述工程结算的编制程序。

参考文献

［1］中华人民共和国住房和城乡建设部.建设工程工程量清单计价规范:GB 50500—2013 ［S].北京:中国计划出版社,2013.

［2］中华人民共和国住房和城乡建设部.房屋建筑与装饰工程工程量计算规范:GB 50854— 2013［S].北京:中国计划出版社,2013.

［3］袁建新.建筑工程预算［M].6 版.北京:中国建筑工业出版社,2019.

［4］袁建新.工程量清单计价［M].5 版.北京:中国建筑工业出版社,2020.

［5］袁建新.建筑工程造价［M].3 版.重庆:重庆大学出版社,2021.

［6］中华人民共和国住房和城乡建设.房屋建筑与装饰工程消耗量定额:TY01-31—2015 ［S].北京:中国计划出版社,2015.

［7］中华人民共和国住房和城乡建设部.建筑工程建筑面积计算规范:GB/T 50353—2013. ［S].北京:中国计划出版社,2013.

参考文献